开关电源维修从入门到精通
（第 3 版）

孙 莹 编著

电子工业出版社
Publishing House of Electronics Industry
北京·BEIJING

内 容 简 介

本书是一本开关电源维修教程，详细地介绍了生活中最常见的4种开关电源（台式计算机中的ATX电源、电动车充电器、手机或平板电脑充电器、LCD液晶显示器中的电源）和几种复杂的开关电源的原理和维修知识。同时，本书对电路原理进行了详细描述，并提供许多电路及实物大图，做到理论与实践相结合，便于读者阅读与理解。本书在第2版的基础上，结合实际应用需要，增加了对地阻值、液晶电视中的电源板、全桥充电机、半桥充电机的原理和维修知识。

本书非常适合初步接触开关电源维修、具有基本电学知识的业余爱好者阅读，也可作为硬件培训机构的课程教材，对从业维修人员具有较高的参考价值。

未经许可，不得以任何方式复制或抄袭本书之部分或全部内容。

版权所有，侵权必究。

图书在版编目（CIP）数据

开关电源维修从入门到精通 / 孙莹编著. —3 版. —北京：电子工业出版社，2021.1
ISBN 978-7-121-40332-3

Ⅰ. ①开… Ⅱ. ①孙… Ⅲ. ①开关电源—维修 Ⅳ.①TN86

中国版本图书馆 CIP 数据核字（2020）第 261612 号

责任编辑：李树林 　　文字编辑：底 　波
印　　刷：北京捷迅佳彩印刷有限公司
装　　订：北京捷迅佳彩印刷有限公司
出版发行：电子工业出版社
　　　　　北京市海淀区万寿路 173 信箱　　邮编：100036
开　　本：787×1 092　1/16　　印张：20.75　字数：531 千字
版　　次：2015 年 7 月第 1 版
　　　　　2021 年 1 月第 3 版
印　　次：2024 年 12 月第 8 次印刷
定　　价：79.00 元

凡所购买电子工业出版社图书有缺损问题，请向购买书店调换。若书店售缺，请与本社发行部联系，联系及邮购电话：(010) 88254888，88258888。

质量投诉请发邮件至 zlts@phei.com.cn，盗版侵权举报请发邮件至 dbqq@phei.com.cn。

本书咨询和投稿联系方式：(010) 88254463，lisl@phei.com.cn。

前　言

首先感谢购买本书第 1 版及第 2 版的读者，没有你们的肯定，就不会有本书的第 3 版。

在第 1 版及第 2 版出版后，不断有读者与我联系，提出了各种问题：既有询问具体技术问题的，也有反映编写及印刷错误的，还有要求增加新内容的。在此，我一一进行回复。

关于第 1 版及第 2 版中的编写及印刷错误。在第 3 版中，我与编辑一起，重新对本书进行了梳理，对发现的问题一一改正。

关于新内容的增加。应读者的要求，本书的第 3 版增加了液晶电视电源板以及大功率开关电源（全桥及半桥）的内容。

还有读者反映本书的深度不够、浅尝辄止，我重点回复一下这个问题。

我创作本书的最初目的是帮助具有基本电路基础的读者入门。这里的“基本电路基础”是指具有高中物理学力的读者。这是因为很多从事开关电源维修的人只具有高中所学的物理知识。因此，我在创作本书时，对定律、公式就采取了回避的态度。这并没有降低本书的创作难度，反而极大地增加了本书的创作难度。因为对外行人说内行话，要比对内行人说内行话难得多。

在元件基础部分，我采用了与别人不同的表达方式。不是因为这样更科学，而是因为这样更通俗易懂。在具体电源的选用上，我选择的都是廉价易得的开关电源。有的读者问我为什么不选择一些更有价值的电源，如设备电源（机床、ATM 等），我跟他说普通读者是很难获取这些特殊电源的。在电源的呈现上，我采用了实物跑线图的形式，使用 Photoshop 对高清实物图中的几乎每个元件、每条线路都进行了标记。工作量之大，信息之完备，都是同类书籍中少见的。

本书配有资料包，资料包放在华信教育资源网（https://www.hxedu.com.cn），读者可自行检索并下载使用，该资料包收录了本书用到的部分不便于印刷的图片。如有必要，读者可直接联系我索取本书中所有用到但未包含在资料包中的图片。

我想给读者一个成为高手的可能，仅此而已。

最后，如果读者确实遇到了疑难电源，也可以将实物发给我，我们共同探讨。可通过手机及微信（13869536183）联系我。

孙　莹

目　　录

第 1 部分　ATX 电源

第 2 部分　电动车充电器的原理及维修实例

第 3 部分　小型（小功率）充电器

第 4 部分　LCD 液晶显示器的电源及逆变器

第 5 部分　几种较复杂的开关电源

第 1 部分 ATX 电源

ATX 电源是台式计算机使用的开关电源。

在日常生活中，台式计算机早已广泛普及。对于有志于学习开关电源维修的人而言，如果能以 ATX 电源为最早的研究对象，将降低学习成本。因此，笔者将 ATX 电源作为本书的第一个研究对象来介绍。

本部分有关基本元件的内容也同样适用一切其他开关电源。

第1章 ATX电源综述

任何用电器都不能没有电源，台式计算机当然也不能例外。

在台式计算机中，直接为其提供电能的是"ATX"电源。历史地看，ATX 电源实际上是从更早期的"AT"电源（已被淘汰）的基础上发展起来的。

通过对任意 ATX 电源的观察不难发现，ATX 电源实际上是以交流市电 220V（有的还可通过机械开关切换为交流市电 110V）为输入，以±12V、±5V、3.3V 等几组直流输出以及 5VSB 直流输出和 PG（Power Good）、PSON（Power Supply ON）等信号为输出的 AC/DC 变换器。

隐藏于 ATX（由镀锌板或镀镍板制成的长方体壳体）内部的电路需要完成两项工作：一是完成从交流市电 220V 到±12V、±5V、3.3V、5VSB 的 AC/DC 变换；二是提供控制 ATX 电源启动与停止的 PSON 开关信号、在 ATX 电源启动后输出表征其各路输出已经正常的指示信号 PG。

ATX 电源输出端子上的各个引脚是按照固定顺序依次编号的，并且输出端子所使用的电缆的颜色也具有明确的含义，即特定颜色对应特定输出电压或信号。ATX 电源输出端子的各个引脚的排序编号及所使用电缆的颜色与输出电压的对应关系如图 1-1（清晰大图见资料包第 1 章/图 1-1）所示。

VCC/V	颜色	位置	正常范围/V
3.3	橙	1、2、11	3.135～3.465
5	红/灰/紫/绿	4、6、8、19、20、8、9、14	4.75～5.25
12	黄	10	11.4～12.6
-12	蓝	12	-11.4～-12.6
-5	白	18	-4.75～-5.25

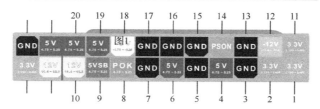

图 1-1　引脚的排序编号及所使用电缆的颜色与输出电压的对应关系

接下来，我们将通过使用万用表实测 ATX 电源输出端子的各个引脚的直流电压的方法，来初步分析一下 ATX 电源的各路直流输出及信号。

任意选取一个正常的 ATX 电源，用电源线将交流市电 220V 接入 ATX 电源，将万用表置于直流电压挡后测量 ATX 电源的 20/24 针输出端子上各个引脚的直流电压（黑表笔接 3、5、7、13、15、16、17、ATX 电源外壳均可，红表笔接其他引脚）。

通过实测不难发现，在遍历测量所有除地线（黑色电缆）以外的引脚电压的过程中，一共可以在两个引脚上测到不为0V的直流电压：在经紫色电缆引出到输出端子的第 9 脚（5VSB，又常被称为"紫 5V""待机 5V")上，测到一个约 5V 的电压；在经绿色电缆引出到输出端子第 14 脚（PSON，又常被称为"绿 5V"）上，测到一个 3～5V（5V 居多）的直流电压。除此之外，在其他各引脚上测得的电压均为 0V。

这个实测过程能明确说明以下问题：在 ATX 电源各路直流输出中，5VSB 是一个比较特殊的输出。它的产生时间要早于±12V、±5V、3.3V。实际上，只要 ATX 电源接入交流市电 220V，5VSB 就应该产生。

这个实测过程还比较明确地揭示了 5VSB 和 PSON 之间的关系：我们有充分的理由可以大胆推测，PSON 上的 5V 直流电压很有可能就是由 5VSB 直接或间接提供的（事实上的确如此）。就算是 PSON 与 5VSB 没有直接关系，两者也应该在 ATX 电源的加电时序上密切相关。因为 PSON 是 ATX 电源在接入市电后紧随 5VSB 的正常而正常起作用的唯一控制信号。

PSON 的英文全文为 Power Supply ON，其中 Power Supply 指 ATX 电源，ON 指打开。按照字面意思去理解，PSON 就是控制 ATX 是否打开的控制开关。实际上也的确如此，但 PSON 与通常意义上的开关有很大的不同。如台灯的开关，用手指打开开关，台灯亮，用手指关闭开关，台灯灭。台灯开关作为一个看得见摸得着的实体开关，是非常容易被理解的。反观 PSON，它在物理上是用绿色电缆从 ATX 电源内部引出至 ATX 电源输出端子的一个引脚（14 脚，上有一个 3～5V 的电平）。可见，就算 PSON 真的是 ATX 电源的开关，那么它也的确是一种与台灯开关有显著差异的开关。

无论是看得见摸得着的台灯机械开关，还是形如 ATX 电源的 PSON 开关，我们都可以首先从直观感性的角度出发，去设想一下是不是天底下的一切开关都应该具有某种共性（而不论其具体物理状态如何）。事实的确如此，天底下的一切开关都应该具有且必须具有（至少）两种稳定的逻辑状态：开关处于打开状态；开关处于关闭状态。

不难理解，对于看得见摸得着的台灯开关等机械开关而言，它的状态跟开关所处的物理位置是息息相关的。那么，具体到 PSON 开关，它的开关状态的物理表现形式又如何呢？

在数字电路中，电压/电平的高低显然对应不同的状态：即高电平（1）是一种状态，低电平（0）是一种状态。具体到 PSON 开关，我们推测当 PSON 处于高电平时，PSON 开关处于一种稳定的逻辑状态（代表关闭），而 PSON 处于低电平时，PSON 开关处于另一种稳定的逻辑状态（代表打开），事实的确如此。

如果我们不对 PSON 做任何操作，令其保持高电平，那么 ATX 电源就始终处于待机（不输出其他直流输出，内置散热风扇不转）的关闭状态。我们需要对 PSON 进行何种操作才能够使 ATX 电源打开，进而输出其他直流输出呢？很简单，令 PSON 变为低电平即可。要将绿 5V 拉低，能且只能令绿 5V 对地短路。换句话说，要么直接用导体（如镊子、导线）将绿 5V 与输出端子中的接地脚（ATX 电源外壳也可）短接，要么像台式机主板正常启动时通过机箱面板上的开机按钮经开机三极管或其他门电路间接令 PSON 持续对地短路。

请读者亲手用镊子短接 PSON 与其旁边的地线脚（此操作不会损坏 ATX 电源），观察 ATX 电源中的内置散热风扇的状态变化。我们会发现，在用镊子短接 PSON 与地线脚的那一刻，ATX 电源中的内置散热风扇开始转动。内置散热风扇的转动，是表征 ATX 电源被打开的最直观的可视化证据。

接下来，我们如法炮制，继续通过使用万用表实测 ATX 电源输出端子的各个引脚的直流电压的方法，来归纳 ATX 电源的各路直流输出。

通过实测不难发现，此时，在橙色电缆的引脚上能够测到约 3.3V 的直流电压，在红色电缆的引脚上已经能够测到约 5V 的直流电压，在白色电缆的引脚上已经能够测到约–5V 的直流电压，在黄色电缆的引脚上已经能够测到约 12V 直流电压，在蓝色电缆的引脚上已经能够测到–12V 的直流电压。

特别注意，此时在灰色电缆引出至 ATX 电源输出端子的第 8 脚（POK，又名 PG，又常被称为"灰 8"）上，已经能够测到一个约 5V 的直流电压。复测 PSON，因为之前已经用镊子将 PSON 直接与地线短接，此时在 PSON 上实际测到的是地线的电压，0V。复测 5VSB，测得的电压和未短接 PSON 与地线之前的相同，仍然是 5V。

然后，在将镊子取下（即取消 PSON 与地线之间的短路关系）的同时，观察 ATX 电源内置散热风扇的状态变化。发现风扇开始减速并最终停转。复测橙色电缆、红色电缆、白色电缆、黄色电缆、蓝色电缆、灰色电缆直流电压，均为 0V。

通过对镊子短接前后 ATX 电源的所有输出以及内置散热风扇状态的变化进行归纳，不难得出如下两个结论。

（1）PSON 的确是控制 ATX 电源开启与关闭的开关。只不过它是一个逻辑电平（而非机械）开关。当 PSON 为 5V 的高电平时，PSON 处于关闭状态；当 PSON 为 0V 的低电平时，PSON 开关处于打开状态。

（2）PG 在有各组输出时（PSON 对地短路，ATX 电源打开）为接近 5V 的直流电压，在无各组输出时（PSON 浮空，ATX 电源待机）为 0V。PG 也的确是用来表征 ATX 电源是否已经正常输出各组直流电压的指示信号。

实际上，PG 是在各路直流输出达到某个具体的门限值之后才由低变高的，这中间有 300ms 左右的延时。此延时可能由延时电容实现，也可能由芯片内部的延时门电路实现，需要具体电源具体分析。PG 对主板而言是一个非常重要的开启及同步信号，其主板一侧的用途已经超出了本书的范围，不再赘述。

综上所述，当 ATX 电源接入交流市电 220V 后，首先产生 5VSB。随后，5VSB 通过特定电路为 PSON 提供 5V 的直流电压，一旦 PSON 得到了 5V 的直流电压，ATX 电源就进入待机状态，时刻准备着在 PSON 被拉低后开机。最后，输出±12V、±5V、3.3V 等各组直流电压。ATX 电源的输入与输出的全部时序如下。

（1）接入交流市电 220V。

（2）产生 5VSB。

（3）产生 PSON。

（4）PSON 被人为或主板拉低。

（5）产生±12V、±5V、3.3V 等。

（6）延时 300ms 后发出高电平的 PG。

1.1　ATX 电源与开关电源的关系

ATX 电源是一种开关电源（与开关电源对应的是线性电源）。显然，ATX 电源只是众多开关电源中很小的一个子类——它专门被设计为给台式计算机主板供电。在现代社会中，开关电源被广泛使用（它包括但不仅限于 ATX 电源）。事实上，无论是在现代办公设备，还是在家用设备中，开关电源无处不在。

作为线性电源的替代品，开关电源拥有许多线性电源无法比拟的优点。工作在（磁芯）截止区与饱和区之间的高频开关变压器具有低能耗的特点，这直接减轻了电源自身的散热压力，其体积也可小型化。

开关电源有 4 种结构（拓扑），如图 1-2 所示。

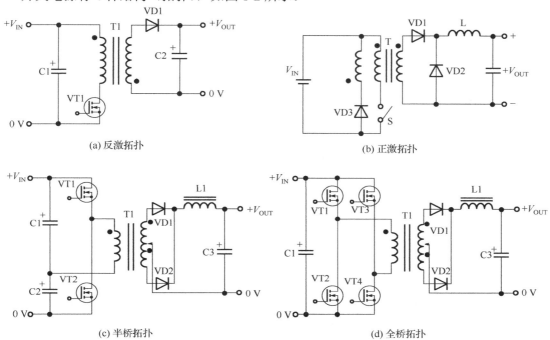

(a) 反激拓扑　　　　　　　　　　　　　　(b) 正激拓扑

(c) 半桥拓扑　　　　　　　　　　　　　　(d) 全桥拓扑

图 1-2　开关电源的 4 种结构

ATX 电源为一种开关电源，其中的"开关电源"主要有两层含义。

第一层含义：它是一种由开关控制输出的电源，PSON 就是 ATX 电源的开关。对比来说，的确有这样的电源，其输出是不经开关控制的。这样的电源既没有如台灯开关一样的机械开关，也没有如 ATX 电源 PSON 一样的逻辑电平开关，只要将电源接入交流市电 220V，就能够在其输出一侧得到正常的目标电压，例如，手机充电器、电动车充电器、LCD 液晶显示器内部电源板逆变器一体板上的低压电源。

第二层含义：它属于电源分类中的开关电源子类。这揭示了 ATX 电源在 AC/DC 的换能过程的根本电学原理，是最为科学的命名。在典型的由 TL494+LM339 为核心的 ATX 电源中，其辅助电源部分属于反激拓扑，其主电源部分属于半桥拓扑。反激拓扑开关电源的输出功率为 0～150W。正激拓扑开关电源的输出功率为 50～500W。半桥拓扑开关电源的输出功率为 100～1000W。全桥拓扑开关电源的输出功率在 500W 以上。

ATX 电源作为开关电源，其根本功能是完成 AC/DC 的电能转换。

交流市电 220V 首先经过交流输入及整流滤波电路转变为直流电能（整流后得到 310V 直流电压），这个直流电能的电压会在开关管的控制下以脉冲直流电流的形式间断而又连续地流经开关变压器的初级绕组。

在脉冲直流电流流经开关变压器的初级绕组的过程中，开关管处于打开状态。这个过程就是交流市电 220V 的电能转化为磁场能并储存在开关变压器磁芯中的过程（磁芯充能）。接下来，开关变压器还应该通过其次级线圈，将磁芯中的磁场能传递出去（磁芯释放电能），经低压侧整流、滤波储能等过程后，最终输出到 ATX 电源的输出端子。

在整个能量转换的过程中，开关管的导通时间有一个上限，它并不会（也不能）无限制导通（更不用说始终处于短路的极限情况了），其理由是显而易见的。对于开关变压器的磁芯而言，在开关管导通后，开关变压器的磁芯通过初级绕组流经的脉冲直流电进行充能，但磁芯所能容纳的磁场能也是有限度的。一旦超出了磁芯本身的储能能力，最直接的结果就是此刻的开关变压器的初级绕组对流经其自身的电流已经没有了阻碍的作用（此刻的初级绕组已经等价于普通直导线）。如果在此刻的临界状态下开关管无法被关闭（如开关管自身短路），就意味着 310V 直流电压会经开关管及变压器的初级绕组后直接回到整流全桥的负极。这相当于用导线直接将整流全桥的正负极输出短路，后果不言自明。

实际上，ATX 电源会根据其输出端子处实际输出的直流电压的高低（反馈），主动地控制开关管导通一段时间后再去关闭开关管。我们可以把开关管从开始导通到被关闭之间的这段时间称为"开关管导通时间"，记为 T_{ON}。可见，"开关管导通时间"的时长必须是可控的。

可以想象，对于同一个 ATX 电源而言，在低负荷和高负荷时的开关管导通时间一定是不一样的。在由低负荷转为高负荷时，开关管应该导通更长的时间，以便将更多的电能输送至后级电路。否则，输入电能的速度跟不上负载消耗电能的速度，将会造成输出端子的实际输出电压有下降的趋势，反之亦然（实际输出电压升高）。这个过程其实就是 ATX 电源的稳压过程。

综上所述，开关电源中的开关管实际上是"先打开，再关闭，再打开，再关闭"的往复循环、周而复始的工作模式。这种工作模式被称为"振荡"。

我们在查阅开关电源有关的资料时常常可以见到"起振"的字样。在开关电源领域，起振的本质含义是指开关管已经处于"先打开，再关闭，再打开，再关闭"往复循环工作模式。开关管起振，是开关电源能够正常工作的必要条件。

我们还可以进一步把开关管从开始被关闭到下一次被打开之间的这段时间定义为"开关管关闭时间"，记为 T_{OFF}。

那么，在开关管的一个振荡周期中，所经历的时间总长应为 $T_{ON}+T_{OFF}$。开关管导通时间与整个周期 $T_{ON}+T_{OFF}$ 的比值称为开关管的"占空比"。而所谓的脉宽调制（PWM），就是指通过具有 PWM 功能的芯片，主动调整 T_{ON} 的长短，以适应负载的变化。

对于一个具体的 ATX 电源而言，开关管的振荡周期是相对固定的，它更多的是在设计阶段就已经被确定好了。在单位时间（1s）内的振荡次数，就是开关电源的频率。频率与振荡周期是互为倒数的关系。

ATX 电源主回路的他励振荡源的频率一般为几十千赫。对于单开关管的 ATX 电源而言，单开关管的振荡频率与他励振荡源的频率相同，对于双开关管（两者轮流交替导通）的 ATX 电源而言，双开关管中每一个开关管的振荡频率为他励振荡源频率的 1/2。ATX 电源的他励振荡源的频率参数的具体高低更多是属于电源设计人员需要考虑的范围，对于维修人员的意义不大。

在前面的内容中，我们已经初步介绍了 ATX 电源与开关电源之间的关系，接下来，我们介绍 ATX 电源的具体分类。相信对于从事或爱好电源维修的读者而言，"双管半桥""单管正激""双管正激""主动 PFC""被动 PFC""同步整流"等专业术语并不陌生。其中的"双管半桥""单管正激""双管正激"这三个术语是属于开关电源领域的概念，"主动 PFC""被动 PFC"则是属于功率因数领域的概念，而"同步整流"则是属于整流领域的概念。"主动 PFC""被动 PFC""同步整流"三种技术，都是为开关电源服务的技术。

在开关电源（包括但不仅限于 ATX 电源）发展的历史过程中，人们一直在致力于开发更便宜、更稳定的开关电源。"双管半桥"拓扑的 ATX 电源是当前最便宜、最成熟的台式计算机电源，它至今仍占据着中低端 ATX 电源市场的不少份额。但是，随着板卡的发展，对 ATX 电源也提出了更高的换能要求。"双管半桥"拓扑的换能能力，已经逐渐跟不上板卡的耗能需求。因此，ATX 电源研发人员努力地完善"单管正激"和"双管正激"拓扑技术，在保证其稳定性的同时将其成本控制得更为合理，使其逐步取代"双管半桥"。

我们无法从"双管半桥""单管正激""双管正激"中选择一个所谓最好的 ATX 电源拓扑方案。这实际上是一个伪命题，一切都需要从实际需要出发。这是因为在具体选择 ATX 电源的拓扑结构时，要将负载的耗电需求与成本这两个因素综合起来考虑。对于小功率需要而言，最为成熟稳定的"双管半桥"拓扑是一个很好的选择。只有在中大功率需要的时候，才更倾向于选择"单管正激"或"双管正激"。最后，所谓的"正激"，将在 1.4 节中介绍。

1.2　ATX 电源电路板上的基本元件

请读者收集若干 ATX 电源实物，将壳体拆开后对其内部的电路板详细观察并归纳。我们会发现 ATX 电源的电路板上使用了很多种封装形式的元件。这些元件有电阻、电容、电感、二极管、三极管、场效应管等。

笔者将几乎一切电路板都具有的这些元件称为"基本元件"。因为性能及成本的原因，ATX 电源使用的基本元件以直插式为主，贴片式为辅。本书将在第 3 章深入介绍其相关知识。

对基本元件的学习主要是需要掌握对它们的种类识别、标称值识别与测量、好坏判断等。基本元件虽然数量众多，但其原理和结构都相对简单，仅在使用万用表的情况下即可方便准确地判断其好坏。

1.3　ATX 电源电路板上的芯片

通过观察，除能够发现 ATX 电源电路板上存在数量众多的基本元件之外，往往还具有若干芯片。从本质上说，芯片就是大量基本元件的有机组合。芯片厂商将成熟的具有特定功能的电路以集成电路的形式封装为芯片，这样既可以简化电路，又可以提高电路的可靠性。

芯片的功能是单一且明确的。芯片与其外围的基本元件一起，构成了 ATX 电路板上各个彼此相对独立又互相联系的电路。

并不是所有的元件都能够被方便地集成到芯片中，电感就是一个例子。

芯片作为集成电路，其内部集成的基本元件也会损坏（如静电击穿），这会导致其所在的电路失去本来的功能。这种损坏表现到芯片上，就是导致芯片的相关引脚/模块失去作用。此时，只能更换整个芯片。

每个芯片都对应有制造厂家编制的数据表。数据表就是芯片的说明书。数据表详细地说明了芯片的功能定义、工作原理、工作时序、电气参数、外观尺寸、焊接工艺、储存条件等技术信息。有的数据表甚至还包含公版电路，是我们了解、掌握芯片所需要的最准确、最权威的技术资料。

http://www.icpdf.com 是一个可用于查找芯片数据表的网站。

总体来说，ATX 电源电路板所使用的芯片可按照其功能的区别分成四类。

（1）产生开关电源所必需的开关脉冲源（振荡源）的 PWM（Pulse Width Modulation，脉宽调制）芯片，如主电源部分的 TL494、KA7500 等。

（2）用于对两个输入电压信号进行比较运算的运算放大器，如 LM339 等。

（3）用于反馈及稳压控制的光电耦合器，如 PC817 等。

（4）用于监测输出电压及输出控制信号（PSON、PG）的保护芯片，如 WT7510 等。

1.4　ATX 电源主板上的变压器

打开 ATX 电源外壳之后，通过观察，除能够发现 ATX 电源电路板上存在数量众多的基本元件及若干芯片外，最引人注目的就是外形与体积均与基本元件和芯片有显著不同的数个变压器。顾名思义，变压器在 ATX 进行 AC/DC 换能过程中起着变压的作用。

考虑到交流市电 220V 为较高的电压，而 ATX 电源的各组输出最高为 12V、最低为–12V，可以推定 ATX 电源所使用的变压器一定是一种降压变压器。

ATX 电源中的变压器并不是一种普通的变压器，而是开关变压器。与开关变压器相对的是交流变压器，本书不再赘述。

读者应当首先拆解若干数量的 ATX 电源实物，通过归纳后可以发现：在任何 ATX 电源电路板上都安装有 2～3 个变压器，它们大小各异，自然也应当具有不同的功能。其中最大的一个，本书称之为"主变压器"，其他变压器都是直接或间接为主变压器服务的。

总体来说，ATX 电源主变压器的性能与其长度（和高度）密切相关，如图 1-3 所示。

图 1-3　主变压器的长度

图 1-3 中的主开关变压器来自一个单管正激拓扑的山寨开关电源。其型号标注为 EI-33A，其中的 33 表示其磁芯的长度为 33mm。既然变压器在其型号中常常包含磁芯以毫米记的长度数字，可见，变压器的长度数据应该可以用来总体衡量一个变压器的性能。

这其实是非常容易理解的。要理解这个问题，还需要从变压器的功能（能量转换）本质出发。如果磁芯的长度大（总的体积与长度有相关性），就意味着在"电生磁"的过程中更大的磁芯可以容纳更多的磁场能。换个表达方式，即随着磁芯的增大，在单个振荡周期中，可以有更多电能经变压器转换为磁场能并继续向后级输送——变压器能量转换的能力得到了提高。而体现到最后的结果上，就是在 ATX 电源输出端子处能够输出更大的电能（电流）——整个电源的输出功率得到了提高。

这就是通过观察主变压器的外形尺寸就可以比较可靠地判断具体 ATX 电源真实输出功率的根本原因。无法想象，一个标称为 450W 输出功率的电源却使用了一个长度为 33mm 的主变压器，这是山寨电源的最常见的虚标造假手段。

变压器在 ATX 电源中起着承前启后的作用。从初级绕组输入的电能会转化为磁场能储存在磁芯中。储存在变压器磁芯中的磁场能需要在一个"合适"的时候经变压器的次级绕组输出至后级的整流电路。那么什么是"合适"的时候呢？我们通过现实生活中的例子来分析一下这个问题。

例 1-1　水库蓄能发电

水库中蓄有一定的水后，就可以开始发电。而与此同时，上游的来水可以继续流入水库中积蓄起来。这意味着对于承上启下的水库而言，在有输入（上游来水）的同时也是有输出（发电）的。

例 1-2　充电电池的充放电

当充电电池的电量耗光之后，需要充电。而只有充完电后，才能将其安装到设备中为设备提供正常工作的电能。这意味着对于承上启下的充电电池而言，在有输入（充电）的同时，是不能有输出（放电）的。读者可能要反问，为什么很多使用电池的设备可以在充电的同时正常使用呢（如笔记本电脑）？这实际上是一个假象，因为此刻为设备提供正常工作电能的是交流市电 220V，而非充电电池。

那么，开关变压器究竟是跟水库蓄能发电一样，可以在充能的同时经次级绕组输出电能，还是跟充电电池的充放电一样，在充能完成之后才能经次级绕组输出电能呢？答案是：都可以，只要避免开关变压器的磁芯过饱和即可。

对于在初级绕组充能的同时还通过次级绕组输出电能的变压器换能过程而言，称之为"正激"（类比为水库蓄能发电）。对于在初级绕组充能完毕之后再通过次级绕组输出电能的变压器换能过程而言，称之为"反激"（类比为充电电池先充电再放电）。

可见，"正激"和"反激"实际上并不是根据能量的传递方向（任何开关电源的方向都是固定的，从初级绕组传递至次级绕组）做出的区分标准，而是根据能量的传递时间做出的区分标准。因此，正激和反激在本质上是个能量储存、传递（释放）有关的时间概念。

对于"单管正激"和"双管正激"的 ATX 电源而言，其主开关变压器在初级绕组充能的同时，就已经开始通过次级绕组对后续的整流电路输出电能了。这就是"单管正激"和"双管正激"中"正激"的含义。

"反激"适合于功率较小的应用，而"正激"更适合于功率较大的应用。在 ATX 电源中，辅助电源的功率较小，基本都采用"反激"，而主电源的功率较大，基本都使用"正激"。虽然在"双管半桥"拓扑中没有"正激"的字样，但它实际上也是"正激"的一种。

常见主变压器的次级绕组在电路板一侧的焊盘（非引脚）数目具有"2+2+1"的结构。这是由主变压器的实际输出路数所决定的。

主变压器的输出路数是指其物理输出路数（次级绕组的数目），有几路输出就对应两倍的绕组数目。对于绝大多数 ATX 电源而言，ATX3.3V 实际上与 ATX5V 这两路低压输出公用主变压器的同一路物理输出（次级绕组），加上 ATX12V 对应的一路物理输出（次级绕组），主变压器实际上有两对（每路一对），共 4 个次级绕组。这 4 个次级绕组的另一端则并联在一起，成为 ATX 电源低压输出侧的地（这是 ATX 电源低压侧"输出地"的原始起点）。

有的主变压器的地以单独引出的粗电缆的形式（像一个小尾巴）出现，如图 1-4 所示。该小尾巴对应电路板上最大的一个焊孔，很容易通过肉眼分辨。

　　有的主变压器没有小尾巴，而是把地做到了变压器底部的引脚上（通常是 2 个引脚，在焊盘一侧使用同一块布线）。这样做的好处是显而易见的，它减小了变压器的体积，有利于电源整体体积的小型化。实际上，在小体积开关电源中（如笔记本电脑的适配器），均采用这种结构的开关变压器。

　　接下来，我们计算一下主变压器次级绕组一侧应该具有的引脚数目。

　　（1）ATX5V 的次级绕组：2 个引脚。

　　（2）ATX12V 的次级绕组：2 个引脚。

　　（3）4 个绕组另一端并联后得到的地：小尾巴（记为 1 个）或 2 个引脚（在焊盘一侧使用同一块布线）。

　　对应的，在 ATX 电源电路板焊盘处也应该有 4 个独立的焊盘（编号 1～4）和地的焊盘。如图 1-5 所示的地是以小尾巴的形式出现的（注意图中最大的那个圆孔），如图 1-6 所示的地是以变压器引脚的形式出现的。

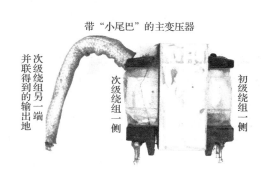

图 1-4　主变压器的地

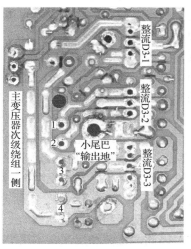

图 1-5　小尾巴的形式

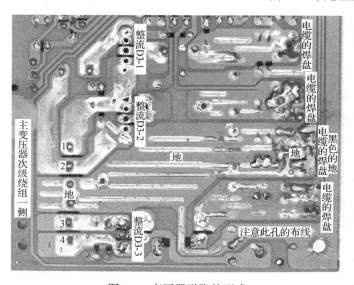

图 1-6　变压器引脚的形式

我们再来看一个不一样的电源实物，如图 1-7 所示。

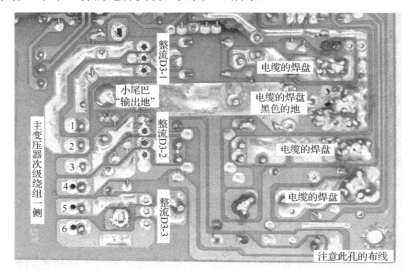

图 1-7　电源实物

图 1-7 中的 ATX 电源使用的是带有"小尾巴"的主变压器，其次级绕组一共有 6 个引脚而非常见的 4 个。继续观察 6 个引脚的布线，会发现它们分别接至 3 个整流二极管的负极。这说明此 ATX 电源的 ATX3.3V 输出并没有与 ATX5V 的输出公用一组次级绕组，是独立的输出。而且，此电源只有一个"大水泡"，没有 ATX3.3V 对应的磁放大稳压电路中的两个电感。这两个事实都毫无疑问地证明其 ATX3.3V 为独立输出。

1.5　ATX 电源使用的螺钉

ATX 电源的外壳，以及外壳内部的内置散热风扇、电路板，均是通过螺钉组合固定为一个整体的。

ATX 电源使用的螺钉主要为以下几类（单位均为 mm）。

（1）外壳固定螺钉（4 个）：平头，3×6（实测为 2.88×5.94）。

（2）被动 PFC 电感固定螺钉（4 个）：平头，3×6（实测为 2.88×5.94）。

（3）电源插座固定螺钉（每个插座 2 个）：平头，3×8（实测为 2.90×7.94）。

（4）电源插座地线与外壳互连用固定螺钉（1 个）：平头，3×6。

（5）电路板固定螺钉（4 个）：圆头，3×8（实测为 2.86×8.20）。

（6）风扇固定螺钉（4 个）：平头，5×10（实测为 5.03×9.89）。

1.6　ATX 电源中的地和正负极

在任何电路中"地"都是一个非常重要的概念。因为在任何电路中，电压都是其最为本质的属性之一。

在高中物理中，我们曾学习过电压的定义。电压定义的具体内容并不是我们所关心的，我们关心的是电压的相对性：电压是描述两个点之间的某个物理属性（实际上是电场力做功的能力）的物理量。尽管我们常常用"某点的电压是多少伏"这样的句子表达，但这并不表明"某点"就真正具有电压的属性，这仅仅是一个省略的说法。完整的说法如下：某点相对于参考点的电压是多少伏。

　　我们再观察一下可以用来测量电压的仪器，如万用表（示波器）。万用表有红表笔和黑表笔。在实测电路中某点的电压时，我们会使用红、黑表笔中的一只表笔的笔尖去接触该点，那另一支表笔呢？

　　如果另一支表笔哪里也不接，万用表会显示0V。此时的0V也并不代表该点的电压就是0V，它实际上是万用表读数的初始状态。只有将另一支表笔也接入电路中的其他点之后，万用表所显示的读数才是"某点"与"其他点"之间的电压值。

　　可见，这个"其他点"实际上是可以任意选择的。既然如此，为什么不选择一个最方便、最有全局意义的点作为参考点呢？答案是肯定的，这就是"地"。

　　"地"是大地的简称，它就是人们脚下所踩着的这片真实大地。

　　读者可能要问，难道所有设备中标有"地"的点/线都真的与大地相连吗？按照安全规范而言，的确应该如此。这就是为什么很多设备的插头都有三个金属片的原因。其中一个就是用来与大地相连的，而插座中地线的另一端，也的确应该通过导体与大地可靠连接。

　　在阅读ATX电源有关的资料时，读者往往还会遇到"热地"和"冷地"的说法。"热地""冷地"和"地"又有什么联系与区别呢？实际上，"热地""冷地"的说法比较通俗、方便，但并不科学。

　　"热地""冷地"中的地，实际上是参考点而非真实大地的概念。这直接给了我们一个很重要的提示：难道在ATX电源中，竟然需要选择两个参考点吗？事实的确如此。在ATX电源中，以变压器为界，通常认为变压器的上级属于高电压（交流市电220V）区，即热区；变压器的下级属于低电压区，即冷区。如此一来，"热地"就是ATX电源中高压区的参考点，"冷地"就是ATX电源中低压区的参考点。

　　拆开任意一个ATX电源的外壳，观察插座中的地线，会发现地线是通过螺钉与ATX电源的外壳互连的。进一步观察ATX电源电路板上的4个螺钉孔，会发现汇聚于螺钉孔处的布线也是通过固定螺钉与外壳互连的。总而言之，对于ATX电源而言，4个螺钉孔和外壳就是地。更进一步讲，我们还能通过测量ATX电源输出端子中的地线与外壳的直通性，判断出ATX电源输出端子中的地线也是地的结论。

　　综上所述，ATX电源输出端子中各路直流输出以及电路板上低电压区的电路都是以地为参考点的。本书将此地定义为"输出地"或"输出的地"。

　　看到这里，敏锐的读者可能会提出如下问题：按照笔者的思路，既然在ATX电源中有两个测量电压的参考点，其中一个是低电压区的大地（ATX电源的外壳、4个螺钉孔），那另一个自然是在高电压区中了。高电压区中的参考点又在哪儿呢？

　　在"双管半桥"拓扑的ATX电源中，经全桥整流后的310V直流电压会加在两个串联的大体积电解电容（笔者称其为"主电容"）的两端，如图1-8所示。

　　图中的A点（即全桥整流中的负极），就是ATX电源高电压区的参考点。本书将此参考点定义为"全桥负极"或"主电容负极"。

　　在跑线及实际维修过程中，通常都已经将ATX电源电路板从外壳中取出，为了方便，可以用导线将两个参考点引出至方便测量之处。图 1-9 所示是笔者为方便维修与测量制作的工具。

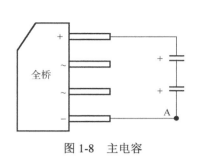

图 1-8　主电容

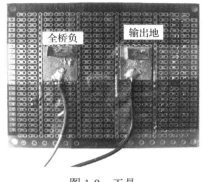

图 1-9　工具

使用时，将两根电缆焊接到电源的对应处即可。突起的铜片，供示波器探头的夹子（地）夹持。

1.7　ATX 电源中的功率

在高中物理中，我们学习过功率的概念。它是一个和功（能量）与时间有关的物理量（单位是 W），是指单位时间内所做的功。在 ATX 电源中，有几个与功率有关的概念：视在功率、有功功率、无功功率和功率因数。

1. 视在功率

考虑到 ATX 电源以交流市电 220V 为输入源，所以我们仅讨论交流市电 220V 以 ATX 电源为负载时的视在功率。

功率的定义是电压与电流的乘积。但是对于交流市电 220V 而言，其电压是呈正弦波形变化的。如果按照功率的定义，则交流市电 220V 在不同时刻的功率也一定是一个变化的值。总之，这个功率不是一个恒定的数值，它应随时间的变化而变化。

与此同时，我们又可以用钳形交流电流表（UT202）和万用表测量出真实 ATX 电源正常工作时的交流电流和交流电压，如图 1-10 所示（图中 ATX 电源为空载）。

钳形交流电流表测得此 ATX 电源空载时的交流电流为 0.079A。另用万用表实测此交流市电 220V 的电压为 233V。

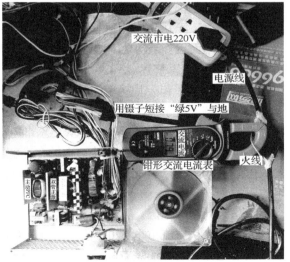

图 1-10　交流电流和交流电压

这里就产生了一个矛盾，即用钳形交流电流表和万用表实测得到的恒定电压/电流值与交流市电 220V 的电流/电压值实际上是随时间的变化而变化的非恒定值之间的矛盾。

　　可见，在真正衡量交流电的功率时（仪器实测），人们实际上是对随时间的变化而变化的电压/电流值进行了一种合理的平均化变换，即实测得到的交流市电 220V 为 233V、交流电流为 0.079A 都是一种平均值（实际为"有效值"）。

　　既然已经通过实测得到了从交流市电 220V 输入的实测电压/电流值，那么自然能够根据功率的定义计算出此时从交流市电 220V 输入的功率：233V×0.079A=18W。这个 18W，就是此时 ATX 电源的从交流市电 220V 输入的视在功率。

2．有功功率和无功功率

　　从交流市电 220V 输入的电能，会被 ATX 电源转换后提供给主板等负载使用。那么请读者思考一个问题，这个转换过程是 100%的转换吗？答案是否定的。

　　也许有的读者会说，任何电路都有其自身的损耗，这个过程当然不会是 100%的转换。事实也的确如此。如果我们将 ATX 电源理想化，认为其无电路损耗，那么这个转换过程会是 100%的转换吗？答案仍然是否定的。

　　对于基于电磁感应原理进行电能转换的设备而言，它们其实都是一种电感性负载（当然还存在与之对应的电容性负载及电阻性负载）。前面实测的、从交流市电 220V 输入的 18W 功率，除被 ATX 电源内置散热风扇和空载电阻消耗的功率之外，18W 功率实际上还有两个去向：一个是读者已经考虑到的任何电路都有的自身损耗；另一个就是感性负载中的电感（ATX 电源中的各种电感）产生的磁场中所储存的磁场能。

　　综上所述，如果从能量守恒的角度出发，可以不严格地认为有功功率是经 ATX 电源转换后，可被内置散热风扇、空载电阻、主板等负载所真实使用的功率，而无功功率则是 ATX 电源在换能过程中由其自身所占用的功率，这部分功率以磁场能的形式储存在 ATX 电源内部的电感之中。无功功率突出地表现为虽然这部分功率已经从交流市电 220V 输入到了 ATX 电源内部，但是无法被 ATX 电源输出到负载。因此，无功功率对于负载而言是毫无意义的。特别强调，这并不是说无功功率对 ATX 电源本身毫无意义。恰恰相反，无功功率的意义重大。

　　在电学中，无功功率并不是没有用的功率，它也不会凭空消失（能量不灭），它只是不能被负载所使用而已。无功功率的电学本质是交流市电 220V 电流与电压之间具有相位差（两者不同步），本书不再赘述。

　　理解有功功率和无功功率的概念对维修意义不大，但有助于我们理解 PFC 的功能。

　　不难理解，对于一个理想的 ATX 电源来说，我们希望它能够理想地完成换能过程：即在不考虑电路自身损耗的情况下，它从交流市电 220V 获得多少电能的输入，就能够在输出端子提供多少电能的输出。但是无功功率的存在实际上意味着 ATX 电源无法将从交流市电 220V 输入电能更为有效（再次强调，这里的有效与电路自身损耗毫无关系）地转换为负载可以使用的电能。

　　正是因为这个原因，人们开发了两种技术：主动（Active ）PFC 和被动（Passive）PFC。其目的是提高从交流市电 220V 输入能量的负载可利用率。

　　无论是无功功率还是有功功率，都对应着真实的能量。换句话说，ATX 电源无论有没有使用 PFC 技术，与 ATX 电源能节约多少电能没有任何关系。因为能量的真正去处只有电路自身的损耗（如热损耗）和负载消耗。在某些电源宣传语中标榜 PFC 节约电能的广告语纯粹是贻笑大方的噱头。

使用主动 PFC 不仅不会省电，还会随着主动 PFC 电路元件的增加而增加 ATX 电源整体电路的自身损耗，实际上是更费电（用户需要交纳更多的电费）。但是，使用主动 PFC 所额外付出的电费支出对电网却有着重要的意义，它能够有效地保证电网所提供的交流市电 220V 不至于因为此 ATX 电源的接入而降低供电质量。总之，无论采用何种 PFC，实际上都起不到省电的功能，但 PFC 可以提高能量转换的过程，使之更为有效，消除 ATX 电源本身对电网的不利影响。

3．功率因数

有功功率与视在功率的比值即为功率因数。

当设计中有被动 PFC 时，ATX 电源的功率因数为 0.70～0.80。当设计中有主动 PFC 时，ATX 电源的功率因数通常可达到甚至超过 0.98。

第 2 章　如何认识 ATX 电源及维修仪器

2.1　通过电路板上的标识认识 ATX 电源

与大多数电路板相同，ATX 电源电路板通常也会在元件的附近用丝印对其进行标注。

丝印包括"英文字母+数字"两部分：英文字母代表元件的类型，数字代表其在整个电路中的顺序号。

表 2-1 为英文字母与其所代表的元件类型。

表 2-1　英文字母与其所代表的元件类型

英 文 字 母	元 件 类 型	英 文 字 母	元 件 类 型
R	电阻	NTC	负温度系数电阻
C	电容	CY	对地滤波电容
D	二极管或双二极管	CX	跨接滤波电容
ZD	稳压二极管	J	跳线
L	电感	CON	各类插座
Q	三极管或场管	HS	散热片
IC	芯片	F	熔断丝

2.2　通过跑线认识 ATX 电源

标准 ATX 电源电路板通常是长为 145mm、宽为 110mm。

虽然 ATX 电源较为复杂，但电路板正面安装的元件的尺寸和电路板背面的印制电路布线均相对较大/较宽，在使用放大镜辅助的情况下，均能较好地辨认出元件的表面型号及布线的来龙去脉。

换句话说，即使在没有具体 ATX 电源图纸的情况下，也应当可以通过肉眼观察和万用表相结合的方法将电路板上所有元件之间的直通互连关系予以明确。在必要情况下，甚至可以手工画出其全部电路图。这个过程通俗地称为"跑线路"，即"跑线"。

有过维修经历的读者应该都知道，跑线是一项耗时、费力的工作。问题在于，这项工作有意义吗？为什么不通过图纸更为高效、快捷地获知 ATX 电源的电路知识呢？笔者在此明确地告诉读者，不能够仅仅依靠通过对 ATX 电源图纸的解读，就期望达到芯片级维修的水平。另一个方面，在实践中也很难找到与具体 ATX 电源相匹配的图纸。

对于初学者而言，往往陷入这样的困境：虽然已经通过对某种 ATX 电源图纸及其他技术资料的解读完成了维修前的理论准备，但在面对真实故障 ATX 电源时仍感觉无从下手。

这是因为图纸及其他技术资料虽然具有概括性，但同时也具有间接性，这都不可避免地遗漏了太多的过程细节，尤其是缺失了对 ATX 电源实物的感性认识。换句话说，要真正地达到芯片级维修的水平，除需要必要的理论基础外，还需要对 ATX 电源实物具有相当强的感性认识。而跑线，恰恰是初学者将理论知识向实际维修能力转化的实践过程。对于初学者而言，要想真正掌握 ATX 电源每个电路的构成，提出关于电路工作原理的有价值的问题，就必须经过这个实践过程。因此，笔者强烈建议读者亲自跑线，并绘制出电路图。

综上所述，跑线作为一种维修所需要的重要技能是不可缺少的，也是不容被忽视的。

2.3　跑线的工具和基本方法

万用表是跑线的主要工具，镊子常用于定位元件引脚的位置，放大镜用于仔细观察布线互连及元件的表面型号。

总体来说，跑线的基本方法有四个，它们是"观察法""试探法""对地阻值跑线法""元件封装尺寸区别法"。

观察法是通过肉眼观察，直接、明确地发现元件间的直通关系，观察的对象是肉眼可见的布线及元件引脚。因为 ATX 电源元件总数量相对于主板等其他电路板而言要少得多，且多为单层布线（最多为两层布线），使用观察法便可满足跑线的实际需要，跑线过程也非常直观，仅需要在布线被元件遮挡时用电烙铁和吸锡器摘掉若干元件即可（如变压器、散热片等）。

试探法是将万用表的一个表笔固定于一定点，另一个表笔通过试探接触多个动点，通过多次试探是否直通的方法来找到与定点直通的方法。试探法的优点是简单，但其缺点也是非常明显的，即便是在试探范围中确实存在直通点，也可能需要经过多次尝试才能找到这个直通点。一旦试探的范围过大，对跑线者的耐心就构成了一个考验。

更多的时候，试探法更适用于验证跑线者的主观猜测。即跑线者猜测某两个点直通，而用试探法尝试一次以验证自己的判断。而猜测本身又是基于对电路板的整体熟悉程度，因此这个方法更适合熟练者而不是初学者。

对地阻值跑线法可有效、高效、相对彻底地解决绝大部分电路板（包括但不仅限于 ATX 电源）的跑线问题，其具体过程及原理参考 5.6 节"山寨电源——辅助电源故障 2"中的实物图。本书通过该实例展示了对地阻值跑线法的一般过程和实际效果。

在实物图中，所有数字都是在元件引脚处用万用表测量得到的对地阻值（不分先后）。比如 A、B、C 点的对地阻值均为 767mV，笔者推测这 3 个测试点直通，然后用万用表确认其是否真的直通，结果确实是直通，然后用折线将其连接起来。不难想象，只要不断地重复这个过程（寻找数值足够接近的对地阻值，万用表验证是否直通），就能够将该板绝大部分的互连情况摸清。再结合观察法，几乎可以彻底地解决 ATX 电源的跑线问题。请读者给予"对地阻值跑线法"足够高的重视。

元件封装尺寸区别法是比较高级的跑线方法，只有对元件知识及电路知识相对熟悉之后，才有可能运用此法。此法在某些时候会起到意想不到的效果。

元件封装尺寸区别法包括两个核心内容：一是熟练掌握电路中所有元件的类型、封装尺寸、参数；二是熟练掌握元件在电路中的具体应用场合。它是除了对地阻值法之外另一个重要的辅助跑线方法。这也是一个更适合熟练者而不是初学者的跑线方法。

元件封装尺寸区别法实际上是观察法的扩展。在观察法中，观察的对象是肉眼可见的布线。在元件封装区别法中，观察的对象是多个元件之间可能的逻辑关系。

灵活运用上述 4 种方法，能够有效解决大多数电路板（包括但不仅限于 ATX 电源）的实际跑线问题。

2.4   认识要求

维修的本质是发现故障元件后的替换过程。因此，发现故障元件是维修的第一步。

当然，有的故障元件会比较明显，如炸裂的熔断器。但有的故障元件就需要经过仪器测量而非单纯肉眼观察之后才能被发现。当我们将注意力放到某个具体元件时，先是使用万用表等仪器对其进行测量，然后对测量的数据结果进行分析，最后得出该元件是好是坏的判断。

笔者首先问读者一个问题：是张三长得高，还是李四长得高呢？读者可能会反问笔者：你不让张三和李四站到一起让我怎么比呢？的确如此，如果不通过比较，则谁也无法做出谁高的判断。

实际上，对元件好坏判断的过程就是一个比较过程。只不过比较的不是身高，而是仪器测量的结果。我们首先必须通过对良品元件的测量，熟悉并掌握了良品元件的测量结果之后，再用良品元件的测量结果与需要判断好坏的元件实际测量结果相比较。如果两者相同，就认为需要判断好坏的元件是好的，反之则是坏的。因此，熟练地掌握元件性能是成为合格维修者的必要准备。

更进一步讲，读者还应该在实践中逐步树立关于元件、电路乃至信号的概念。总之，就是要解决 ATX 电源“是什么”的问题。其中最重要的就是要树立“开关”的概念，这是 ATX 电源作为开关电源的本质。本书会在具体内容中穿插介绍如何从“开关”的角度去理解元件及电路。

2.5   万用表在 ATX 电源维修中的用途

万用表是维修的必备测量仪器。

虽然任何一个万用表都可以用于 ATX 等开关电源的维修，但是数字的优于指针的，自动量程的优于非自动量程的。

2.5.1   万用表在 ATX 电源维修中的具体用途

万用表在 ATX 电源维修中有以下具体用途。

（1）测量测试点的电压和对地阻值。

（2）判断两个测试点之间的直通性。

（3）测量电阻的阻值。

（4）测量量程范围内电容的容量。

（5）判断三极管、场管的管型、极性及好坏。

（6）测量某电流。

2.5.2　数字万用表二极管挡的功能

自动量程数字万用表的二极管挡一般有 3 个功能选项：电阻，电阻蜂鸣，二极管压降蜂鸣。

（1）电阻选项：量纲为电阻欧姆，用于测量红、黑表笔间的真实电阻值。

（2）电阻蜂鸣选项：量纲为电阻欧姆，用于根据设定的最大蜂鸣电阻值（一般为 20Ω）来确定是否蜂鸣。如果红、黑表笔间的真实电阻值超过了最大蜂鸣电阻值，则万用表不发出蜂鸣，如果小则蜂鸣。

（3）二极管压降蜂鸣选项：在万用表处于二极管蜂鸣选项时，万用表的红表笔是带电压的，当红、黑表笔间的压降小于最大蜂鸣压降时，万用表会蜂鸣，反之不会蜂鸣。

非自动量程数字万用表的二极管挡的量纲不明确。有资料说量纲为电阻欧姆，也有资料说量纲为电压伏特。经实测，发现当读数较小时非自动量程数字万用表的示数与被测两点间的真实阻值相同，随着真实阻值的增大，万用表示数越来越偏离两点间的真实阻值。但是，无论其量纲是电阻欧姆还是电压伏特，均不影响测量过程及根据测量值所做出的判断。

笔者推荐优利德生产的 UT61E 自动量程数字万用表。此表二极管挡速度快、价格适中、结实耐用。

本书中提到的实测对地阻值均为用该型号万用表在二极管挡时测量得到的红、黑表笔之间的压降，量纲为电压伏特，如图 2-1 所示。

图 2-1　UT61E 自动量程数字万用表

此测试点的对地阻值实际为 0.4812V。为了方便，本书中的所有对地阻值均保留三位有效数字，并根据业内习惯以 mV 记为三位有效数字 481（481mV）。

2.5.3　用万用表测量的对地阻值

在 ATX 电源维修中，常常需要用万用表测量测试点的对地阻值。

对于交流高压输入一侧而言：选择万用表的二极管挡，红表笔接全桥的负极，黑表笔接测试点。这时，万用表会有一个读数，这个读数在本书中被称为 ATX 电源高压侧的"对地阻值"。对于直流低压输出一侧而言：选择万用表的二极管挡，红表笔接输出端子中的地，黑表笔接测试点。这时，万用表也会有一个读数，这个读数在本书中被称为 ATX 电源低压侧的"对地阻值"。总之，根据选择的参考点的不同，ATX 电源的对地阻值被笔者定义为"高压侧对地阻值"和"低压侧对地阻值"。

既然对地阻值可作为维修的依据，那么意味着对地阻值一定反映了测试点在电路中的某种本质属性，对此本质属性正常与否的判断，可有效地明确故障点。

不严格地说，对地阻值的本质上实际就是电路板的"负极"或"地"与"测试点"之间电路网络的等效内阻。

真实的电路都是网络状的，网络上有众多的节点。根据电学中"戴维南定理"描述：网络中的一个二端子网络，无论其内部是什么具体结构，都能够被等效成一个电阻（内阻）。这个等效电阻的两端，就是这个二端子网络的两端。当用万用表测量这个二端子网络的"对地阻值"时，其数值就表征了这个"等效电阻"。

对地阻值在中国台湾被称为"二极体值"。在主板维修中，"二极体值"的内涵体现得并不明显，但是在开关电源维修中，使用"二极体值"而非"对地阻值"的术语更能够体现出电路的本质属性。这部分内容，请参考 3.10.2 节中的内容。

第一，对地阻值的有无能反映出线路是否已经正常连通。通俗地说，电流一定要能够从测试点流回主板的地，否则就存在断路。因此，如果一个测试点没有对地阻值，则说明它跟地或负极之间是不通的，对于不掉件的电路板而言，这样的信号的确有但较少。

第二，对于具体测试点而言，其对地阻值不能过小乃至小到对地或对负极短路，也不能过大乃至大到开路。它会有一个正常值，这个正常值是由测试点所在的电路本身所决定的。如果某测试点的对地阻值明显偏离正常值，则可以明确判断出测试点所在的电路中存在故障元件，这是利用对地阻值判断是否可能存在故障元件的理论依据。

上述两点是对地阻值在维修中的基本价值。

在实际测量对地阻值时，表笔之间的电阻及表笔与测试点之间的接触电阻造成的压降有时候不能被忽略。对于表笔之间的电阻造成的误差，如果是数字万用表，则可以利用万用表本身提供的相对测量功能予以调零。对于表笔与测试点之间的接触电阻，应尽量用表笔的尖端可靠地接触测试点。

2.5.4　如何根据对地阻值对是否存在故障元件进行判断

实测时有三种情况：明显大于正常值；明显小于正常值；与正常值无明显差异。这里的正常值是同型号正常主板同一个测试点的对地阻值，或者不同主型号但电路构成基本一致的主板的同种测试点。

如果对地阻值有明显差异，则说明测试点所在的电路存在故障元件。若无明显差异，就不能从对地阻值的角度判断是否存在故障元件。在可能的情况下，应尽量获得同型号正常主板同一个测试点的对地阻值以便更精确地判断。

对地阻值明显大于正常值说明测试点所在电路有可能断线、线路氧化造成阻值增大、过孔脱镀导致阻值增大或开路。

对地阻值明显小于正常值说明其阻值被故障元件拉低。在供电电路中的阻值偏小大部分是因为滤波电容漏电或已被击穿造成测试点的对地阻值被拉低或直接拉低到地（对地短路）。注意，此故障元件一定与测试点直通。

2.5.5　关于"反向对地阻值"伪概念的辨析

所谓"反向对地阻值"应该是指用黑表笔接地（低电压区）或全桥的负极（高电压区）、红表笔接测试点得到的对地阻值。从表面上看似乎没有什么不同，但就 ATX 电源电路板而言，地（低电压区）或全桥的负极（高电压区）都是唯一的。红表笔接地（低电压区）或全桥的负极（高压区），实际上是以选定的参考点为起点来衡量测试点的"等效电阻"。这就如同海拔以海平面为起点来确定高度一样。而"反向对地阻值"没有唯一的起点，在多个测量值之间不具备可比性，因此也失去了其能够反映电路本质属性的功能。

其次，在对芯片进行开路测量时，其反向对地阻值往往无读数。

2.5.6　对地阻值的电学含义

在前面几节中，我们初步介绍了万用表的二极管挡。本节将深入介绍通过二极管挡测量得到的数值的电学内涵。

首先，我们回想一下万用表二极管挡最常用的功能。

在跑线时，我们常常利用二极管挡的蜂鸣功能来明确两个可能直通的测试点之间是否真的直通。如果两个测试点直通，那么在二极管挡下用红、黑表笔分别接触这两个测量点时，万用表就会蜂鸣。而蜂鸣意味着此时红、黑表笔间的压降小于该万用表的最大蜂鸣压降。

那么，红、黑表笔之间的这个压降除用于判断测试点之间是否直通之外，还有什么更为现实、更为重大的意义呢？如果二极管挡只能被应用于直通性的判断上，那么显然是"杀鸡用牛刀"。事实上，二极管挡的功能要远比我们想象的强大。

我们先区分一下"对地阻值"与"对地压降"这两个概念的异同。

众所周知，只有电阻才有阻值，也只有电压才谈得上压降。那么，如果万用表的二极管挡测量值的量纲真的为电压的话，那么其测量值只应被称为"对地压降"而非"对地阻值"。但是，在很多资料中，都是使用"对地阻值"而非"对地压降"这个术语来称呼使用万用表的二极管挡测量得到的测量值的。这是什么原因呢？主要是因为习惯。在高中物理中，老师会告诉你磁场强度不叫磁场强度，叫磁感应强度。当前人约定俗称之后，后来者只能将错就错。类似的情况在不同的学科中屡见不鲜。

我们遍历万用表的所有挡，会发现二极管挡是唯一一个明确的可以输出电压的挡。例如，我们用万用表的二极管挡去测量一个 LED 灯珠，会发现万用表除能显示该 LED 灯珠正负极之间压降数值之外，被测量的 LED 灯珠还能发出微弱但肉眼可见的光。这意味着此时的万用表具有电源的属性。

而对于万用表除二极管挡之外的其他挡位而言，即使它们也能输出电压（否则就无法正常测量），但均不明确。这里的明确特指万用表的读数的量纲是"电压"数值。

在万用表的说明书中，通常都会明确标明其二极管挡的开路电压，如 UT61E 的说明书中标明为 2.8V。我们甚至可以用两块万用表互相实测出其二极管挡的开路电压，如图 2-2 所示。

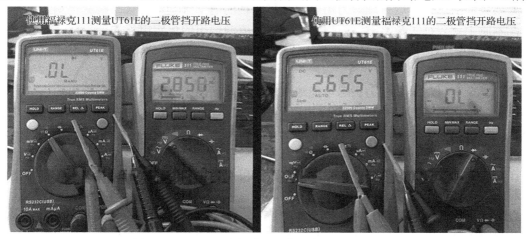

图 2-2　UT61E 及福禄克 111 的二极管挡开路电压

　　问题来了，这个经万用表的二极管挡输出的电压（可以驱动 LED 灯珠发出微弱但肉眼可见的光），究竟应该被理解为什么电源的电压呢？显然，我们只有深入剖析万用表之后，才有可能科学地回答这个问题。但事实上我们并不关心这个存在于万用表内部的电源，我们更关心的是外围电路对这个电源电压的影响。

　　常识告诉我们，当用万用表二极管挡去测量一个二极管（如 1N4148）的正偏压降时，约为 600mV。我们关心的是这个 600mV 究竟是怎么得来的，万用表内部用于二极管挡的恒流源及电压表如图 2-3 所示。

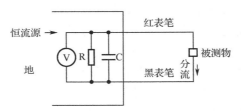

图 2-3　　万用表内部用于二极管挡的恒流源及电压表

　　我们用一个恒流源对 RC 充电，同时用一个电压表测量 C 两端的电压，选取恰当的 RC 参数及恒流源的输出电流，就一定能够在电压表上得到 2.8V 的稳定电压读数。测试时，将万用表的红、黑表笔接触被测物的两端，则被测物会对恒流源输出的电流进行分流。显然，经过被测物测分流的电流的具体大小是与被测物的导通性直接相关的。

　　我们假设被测物为一段铜导线，则由恒流源提供的恒定电流将全部被分流到地，电容 C 无法被充电，电压表应显示 0V。这就是直接碰触红、黑表笔时万用表显示 0V（并蜂鸣）的根本原因。

　　我们继续假设被测物的导通性一般，则由恒流源提供的恒定电流只会有一部分被分流到地，则电容 C 上的电压就应该在 2.8V 的基础上有一定程度的下降，此时，电压表会显示出一个小于 2.8V 的电压。换句话说，在我们测量 1N4148 的正偏压降时，表显的 600mV 的电压与 2.8V 之间的差值 2.2V（2.8V-0.6V=2.2V）实际上是二极管导通后的分流作用造成的。

　　如果我们从这个角度去理解万用表的二极管挡的电学含义，那么二极管挡测量得到的测量值在本质上就表征了被测物对万用表内部的恒流源输出的恒定电流的分流能力的大小：测量值越大，则分流作用越弱（对应被测物的导电能力越弱）；测量值越小，则分流作用越强（对应被测物的导电能力越强）。

　　我们甚至可以尽最大能力去尽可能地测量一下万用表中这个恒流源所输出的恒定电流的大小。笔者使用电子负载（IT8512+，电流最大分辨率为 1mA）实测了一下 UT61E，发现这个恒流源输出的恒定电流远远小于 1mA。有经验的读者应该知道，常用恒流源输出的恒定电流一般为微安级别。

　　在经过了如此多的前期准备之后，我们终于可以开始明确经万用表二极管挡所测量得到的"对地阻值"的电学含义了。

　　我们先看"对地"。简单地说，"对地阻值"具有一个明确的参考点"地"。换句话说，虽然被测物可以是元件（电阻、电容、电感等）、芯片、电路板，甚至是任何东西，但只具有地的被测物才有可能具有对地阻值。反过来说，没有地的元件虽然也可以使用二极管挡测量，但得到的数值不应被称为"对地阻值"，而只能称之为压降。

进一步讲，"对地"还意味着红、黑表笔中的一个笔必须接被测物的地。更进一步讲，"对"还指明了必须是红表笔接地。在红表笔接地这个问题上，很多人感到万分困惑。在此，我们解决一下这个问题。

要理解这个方向的问题，就必须从电路工作的方向入手。那么，电路在正常工作时有方向吗？当然有，那就是电流总是从高电势流向低电势（从电源流向地）。在维修测量时，将红表笔接地、黑表笔接测试点的这个过程，看起来就好像是为电路提供了一个与正常工作时相反的、电压为 2.8V 的测试电压。其意义何在呢？

我们都知道，对于一个正常的电路而言，由电源提供的电流会按顺序依次流过有关元件，最终流入电路的地。一个有意思的问题是，对于一个没有加电的电路而言，这个路径究竟是导通的还是截止的呢？

例如，江河上的大坝，水当然会通过大坝流向下游。但大坝总的来说是截止的，否则它就不能蓄水。换句话说，正常电路中的元件，总的来说也都是截止的。如果我们用红表笔接测试点，黑表笔接地会如何呢？当然是此路不通了，二极管挡很可能只测量得到一个 1 或 OL 的测量值，这不就失去了测量应有的意义了吗？

问题又来了，为什么为电路板提供一个与正常工作时相反的测试电压反而就能够得到测量值了呢？换句话说，为什么"逆流而上"反而是通的呢？这还要从电路的本质构成出发去解决这个问题。

在我国台湾地区，电路板制造及维修从业者将万用表二极管挡的测量值称为"二极体值"。显然，我国台湾地区的这个称呼比"对地阻值"要科学。毕竟，"二极体值"明确指出了二极管挡测量得到的是一个"二极体"的压降。那么，这个二极管真的存在吗？它又在哪里呢？

我们有理由怀疑这个二极管存在的真实性。毕竟，取一个 1000Ω 的电阻，也可以在其两端测量到约 1.061V 的压降。这说明即使在电路中没有二极管，也是有可能用二极管挡测量到一系列测量值的。我们完全可以大胆地猜测，在测量"对地阻值"的过程中，一定是有意无意地涉及了某些真实存在的二极管。否则，就不会出现"二极体值"这样的专业术语了。综上所述，尽管具体电路多种多样，但使用二极管挡测量具体测试点时，测量值要么是某个具体二极管的压降（这种情况相对较多），要么是某个电阻或电阻组合的压降（这种情况相对较少）。

接下来，我们明确电路板中的体二极管及独立的分立二极管。独立的分立二极管以开关电源次级一侧的整流二极管最为典型。当我们测量某个开关电源的某路输出对地阻值时，实际上是测量该路整流二极管的正偏压降。换句话说，此时测量得到的对地阻值可以用来判断整流二极管是否短路或开路。电路板中的体二极管主要指芯片的体二极管及各种基本元件（如场管 DS 之间的体二极管、431 的 CA 之间的体二极管）中的体二极管。我们这里主要介绍芯片的体二极管。真实芯片的结构如图 2-4 所示。

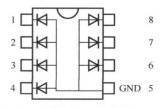

图 2-4　真实芯片的结构

除外露的引脚外，几乎所有芯片的内核都被塑料或陶瓷封装起来了。这使得我们无法通过观察发现芯片引脚处的保护用体二极管。

除接地脚外，每个引脚到地之间都集成一个二极管（正极为芯片引脚，负极并联后接地）。

这些从地到引脚的二极管都是用于保护对应引脚在芯片内部电路的。我们在测量芯片的对地阻值时，实际上是在测量这些集成在芯片内部的保护体二极管的正向压降。如果此保护二极管损坏，则芯片必定损坏。这才是通过万用表的二极管挡测量芯片引脚的对地阻值来判断芯片好坏的理论基础。

当然，真实的电路往往要复杂得多，它们往往是 RCD 和芯片的复杂组合。至此，我们已经基本把万用表二极管挡测量得到的读数及"对地阻值"的具体电学含义介绍清楚了。

2.5.7　万用表表笔的改装

如图 2-5 所示为用两种方法改装后的万用表表笔的实物图。

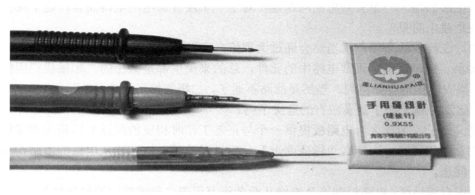

图 2-5　改装后的万用表表笔的实物图

第一个表笔是原配的表笔。

第二个表笔是直接把缝衣针用铜丝（网线去漆皮）绑好后加焊。

第三个表笔是用原配表笔的线，用中性笔的笔杆（短些的更好用）和针制作而成，针可使用热熔胶固定。改装后的表笔更适合跑过孔和芯片。

2.6　电容表

电容表是专门设计来测量电容容量的仪表。

笔者建议读者购买一个专用的电容表。这是因为普通万用表的电容挡量程相当有限。

2.7　示波器

万用表是简化了的示波器，示波器才是观察数字信号的有效工具。

示波器的原理很简单，就是显示一个信号在不同时刻的电压值。因为示波器 1s 内会对信号多次采样，每次采样都会得到与采样时刻所对应的一个电压。然后，示波器在其显示屏上以水平方向为时间轴，垂直方向为电压轴将其采样到的数据全部依次显示出来，这样就得到了被测量信号的具体波形。

因此，使用示波器，实际上就是在示波器的能力范围内合理地调节信号波形的显示效果以便观察信号的具体波形。

当波形不正确时，说明该信号不正常，可判断存在故障点。当波形正确时，说明该信号正常，可判断此信号不存在故障点。任何信号级别的判断过程均基于上述两个原理。

交流市电 220V 的频率是 50Hz。ATX 电源内部的他激振荡源的振荡频率一般都小于 100kHz。这对于主流示波器来说"根本不在话下"。

示波器本身的参数设置、使用均已经超出了本书的范围，在此不再赘述。

2.8   假负载

假负载是电源维修的必备工具，笔者建议使用电炉丝自制用于电源维修的假负载。

假负载用于在维修完成后实测电源的输出功率，确保其真正可用。这是因为对于一个正常的电源而言，仅仅能够输出各组目标电压是不够的（很多故障电源在空载时的实测输出电压与正常电源的实测输出电压不会有任何区别），还应该确保其能够驱动与电源铭牌中标称的负载相一致的负载。

对于电源而言，"负载"是一个功率的概念。如 ATX 电源的功率通常分为 150W、200W、250W、300W，甚至高达 1000W 等各种等级。按照电能输入、输出的方向来区分，ATX 电源实际上有两个方向上的功率：从交流市电输入到 ATX 电源的交流功率，此功率可以在交流一侧测量数据后计算得到；从 ATX 电源输出至负载的直流功率，此功率也可在直流一侧测量数据后计算得到。

那么，我们是否可以利用某种负载（如电炉丝）自制一些能够满足自己维修及学习时使用的假负载呢？答案是肯定的。使用电炉丝自制的假负载具有安全、便宜、灵活的优点。

制作过程如下：

买一些电炉丝，将可调的输出电压设为 3.3V、5V 或 12V，将可调电源的正极与电炉丝的一端相连，然后选取电炉丝中段的某点与可调的负极相连，观察可调的实际输出电流。如果实际输出电流大于目标电流，则说明可调正负极之间的电炉丝过短；如果实际输出电流小于目标电流，则说明可调正负极之间的电炉丝过长。通过不断观察，调整电炉丝的长度，就可以得到不同电流（功率）的纯电阻假负载。

图 2-6 所示为笔者自制的用于实测 5VSB 实际输出功率的假负载。

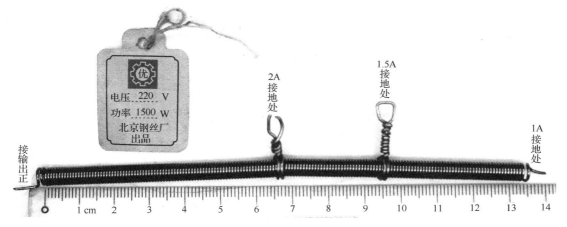

图 2-6   用于实测 5VSB 实际输出功率的假负载

图 2-7 所示为 2A/10W 的用于实测 5VSB 实际输出功率的假负载。其功率为 2.041×5≈10（W），下同。

图 2-8 所示为 2A/7.5W 的用于实测 5VSB 实际输出功率的假负载。

图 2-9 所示为 1A/5W 的用于实测 5VSB 实际输出功率的假负载。

笔者实际上是使用固定铜环截取了特定长度的电炉丝作为负载（其功率已通过实测标定）。感兴趣的读者甚至可以将固定铜环改为移动铜环以实现此种自制假负载的功率连续可调，即做成一个连续功率的负载。

图 2-10 为笔者使用 3500W 电炉丝制作的用于测量 ATX12V 实际输出功率的假负载。

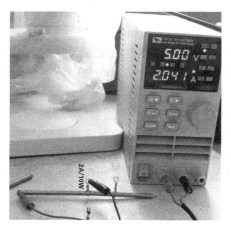

图 2-7   2A/10W 的假负载

图 2-8   2A/7.5W 的假负载

图 2-9   1A/5W 的假负载

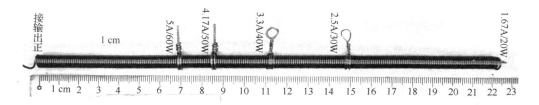

图 2-10   测量 ATX12V 实际输出功率的假负载

　　用于测量 ATX3.3V 实际输出功率的假负载不再展示，请读者在熟悉制作原理及过程后自制。例如，可以使用两段 7cm 左右的 3500W 电炉丝并联，以制得 12V/120W 的假负载。

　　读者可能会问，为什么不用真实台式计算机作为负载，以更直观地判断修好的电源是否可用呢？自制假负载是否是画蛇添足呢？这是因为上述假负载在深入探究电源的反馈及过流、过压、欠压保护电路的功能时有不可替代的功能。

　　有条件的读者可以购买较为专业的电子负载，如艾德克斯公司生产的 IT8512+。

第3章 开关电源元件的深入分析

在本章中，笔者将深入详细地介绍 ATX 电源所使用的全部元件（包括基本元件、芯片和变压器）。需要特别向读者强调的是，本章是本书的基础内容，将适用于本书所介绍的所有开关电源。

对独立元件的深入分析实际上较为脱离具体电路。从表面上看，其实践意义不是特别大，但这恰恰是我们明确其在具体电路中的具体功能的基础。

在学习和维修实践中，常常出现虽然"熟知"某个元件的具体特性，却根本无法理解其在电路中的具体功能的情况，陷入"眼高手低"的困境。换句话说，虽然我们自认为已经掌握了某个元件的基本特性，但是无情的实践给了我们否定的回答。

3.1 电阻

电阻属于基本元件中的基本元件，在 ATX 电源电路板上大量存在。

ATX 电源电路板上常用的电阻为直插（色环）或贴片碳膜/金属膜电阻。如果将石墨或金属制作为特定三维尺寸的碳膜/金属膜（实际上是依附在圆柱状/片状的陶瓷骨架上），则可以廉价地获得各种阻值的电阻。

从表面看来，电阻只不过是一种最简单的二端元件，对它的掌握应该不是一件特别困难的事情。但实践证明，越是简单的东西，越不容易被真正掌握。学习电阻时遇到的难点不在于它的辨别、测量、好坏判断，而是在于通过电阻去区分电路、寻找等价的测试点、明确与之有关的电路过程等环节。这些环节也同时是在学习其他基本元件时都需要注意的地方。可以想象一下，如果我们能够通过对基本元件的辨别（如电阻的封装尺寸、参数等）就能够达到区分不同电路、找到等价测试点的目的，那么肯定能够对实际的维修操作提供诸多方便。这种"看一眼就明白"的分析电路的能力实际上体现了对电路整体的感性认识水平。这是一种比较高层次的技能。

3.1.1 贴片电阻及其阻值

ATX 电源中使用的贴片电阻多为 0805 或 1206 封装。这个封装的电阻在所有贴片电阻中已经属于外形比较大的电阻了，其表面的空间足够印制标识其阻值参数的三位或四位数字组合。

厂家通常会在贴片电阻的背面印制三位或四位的数字组合来描述该贴片电阻的阻值。对于三位数字组合而言，我们令百位为 A，十位为 B，个位为 C，则 AB 是该贴片电阻阻值中的有效数字，C 为有效数字后所应添加的 0 的个数。因此，电阻的实际电阻值为 $AB \times 10^C$。如某贴片电阻背面的三位数字组合为 472，则其电阻值为 $47 \times 10^2 = 4.7k\Omega$，以此类推。

对于四位数字组合而言，我们令千位为 A，百位为 B，十位为 C，个位为 D，则 ABC 是该贴片电阻阻值中的有效数字，D 为有效数字后所应添加的 0 的个数。因此，电阻的实际电阻值为 $ABC \times 10^D$。如某贴片电阻背面的三位数字组合为 1001，则其电阻值为 $100 \times 10^1 = 1k\Omega$，以此类推。

若贴片电阻标称为 1R0、2R2 等，则 R 为小数点的意思，单位为 Ω。1R0 的阻值为 1.0Ω，2R2 的阻值为 2.2Ω，以此类推。

3.1.2　精密贴片电阻及其阻值

精密贴片电阻阻值表如表 3-1 所示。

表 3-1　精密贴片电阻阻值表

代码	数字	代码	数字	代码	数字	代码	数字	代码	数字		倍率	
01	100	21	162	41	261	61	422	81	681		A	0
02	102	22	165	42	267	62	432	82	698		B	1
03	105	23	169	43	274	63	442	83	715		C	2
04	107	24	174	44	280	64	453	84	732		D	3
05	110	25	178	45	287	65	464	85	750		E	4
06	113	26	182	46	294	66	475	86	768		F	5
07	115	27	187	47	301	67	487	87	787		G	6
08	118	28	191	48	309	68	499	88	806		H	7
09	121	29	196	49	316	69	511	89	825		X	−1
10	124	30	200	50	324	70	523	90	845		Y	−2
11	127	31	205	51	332	71	536	91	866		Z	−3
12	130	32	210	52	340	72	549	92	887			
13	133	33	215	53	348	73	562	93	909			
14	137	34	221	54	357	74	576	94	931			
15	140	35	226	55	365	75	590	95	953			
16	143	36	232	56	374	76	604	96	976			
17	147	37	237	57	383	77	619					
18	150	38	243	58	392	78	634					
19	154	39	249	59	402	79	649					
20	158	40	255	60	412	80	665					

如：01B=1kΩ　32Y=2.1Ω　40X=25.5Ω　51C=33.2kΩ

贴片电阻还有另一套阻值编码规则，用于精密贴片电阻真实阻值的标识。精密贴片电阻和普通贴片电阻并无本质区别，只是其阻值的制造误差更小（1% 精度）。

精密贴片电阻用于需要精确计量电压（电流）的场合，其作用往往是取样。取样后的结果用于各类芯片的输入。因此，大部分精密电阻均会以分压网络的形式成对出现，且分压送芯片的某输入脚，芯片会根据精密电阻的取样值来决定其工作状态。

3.1.3　直插（色环）电阻及其阻值

直插（色环）电阻根据其表面印刷的色环的数量分为两种：四环电阻和五环电阻。

印刷在直插电阻上的色环用于表示电阻的阻值及误差等级。

对于四环电阻而言，前三个色环中的每个色环都代表一个数字，组合起来表示电阻阻值。其中前两位表示电阻阻值的有效数字，第三位为需要添加的零的个数，第四位代表误差等级。

对于五环电阻而言，前四个色环中的每个色环也都代表一个数字，组合起来表示电阻阻值。其中前三位表示电阻阻值的有效数字，第四位为需要添加的零的个数，第五位表误差等级。

当色环代表数字时，其颜色与数字的对应关系如下：棕—1、红—2、橙—3、黄—4、绿—5、蓝—6、紫—7、灰—8、白—9、黑—0。

当色环代表需要添加的零的个数时，除0～9对应的十种颜色之外，还可能有金、银两种颜色。金色代表将有效数字的小数点左移一位，银色代表将有效数字的小数点左移二位。

使用色环来表示电阻的阻值无疑是方便和有效的。但是，色环的颜色有时会随着时间而变化，甚至会难以分辨，这是色环表示法的缺点。

读者可从网上下载一个"色环电阻计算器"。

3.1.4　电阻阻值的测量

尽管电阻属于最简单的二端元件，但也并不一定就能在电路板一侧（不摘下）准确测量到它的真实阻值。例如，分压网络中的分压电阻的真实阻值在电路板一侧常常是测不准的。请读者务必通过实测若干分压网络中的分压电阻在开路及在路时的阻值后通过比较得出此结论，本书不再列举实物图。

对分压网络中电阻阻值的排查应间接进行，先根据标称阻值计算理论分压，并与实际分压相比较。只要实际分压与理论分压足够接近即可推定电阻完好（或将电阻从电路板上摘下后测量）。

在此，笔者提出元件在板侧"可测性"的概念。如果电路中的某个正常元件，在无须将其拆下的情况下即可测得与其标称值一致的数据，我们就称其是"在路可测的"，反之则称为"在路不可测"。对于在路不可测的元件，就只能将其从电路板上拆下以便准确地判断其好坏，避免陷入维修的误区。

3.2　电容

3.2.1　电容的分类及作用

Rubycon（红宝石）官网的宣传图如图3-1所示。

图3-1　Rubycon（红宝石）官网的宣传图

电容的种类有很多，但不外乎以材质和用途分类。

"电解""固态""陶瓷""钽""聚丙烯薄膜"（CBB）都是描述制造电容的材质（导体或绝缘体）。

"滤波""耦合""储能""自举""升压""分压""加速""延时"用于描述特定电容在电路中作用，下面依次说明。

（1）"滤波"。无论是属于数字电路的计算机主板，还是属于模拟电路的其他电路，在正常工作时除会传导需要的信号之外，还不可避免地夹杂有不需要的"信号"——将此"信号"称为"干扰"或"噪声"更为科学。

在供电和信号中，这种干扰多数表现为高频杂波，但也有低频杂波（如台式计算机主板的 USB 接口电路中的 153 电阻用于对地滤除低频杂波）。因此，需要在电路中设计一个功能电路，用于将两者分离，将需要的留下，不需要的引导到电路以外（这个外就是地）或者消耗掉。因为电容有通"高频"阻"低频"的作用，所以常用 0.01～1μF 的电容旁通到地，让电路中的高频干扰导入地，起到滤除干扰的作用。

（2）"耦合"。这是电容用于信号传递的典型应用。耦合一般用于信号的发送端和接收端电压不一致的情况。在台式计算机主板上，最典型的应用就是声卡周边电路音频信号传输过程中的耦合和 SATA 接口电路的耦合，桥间总线和时钟信号也有使用。

图 3-2 所示为利用示波器自带的标准频率源构成的一个信号耦合演示电路。将 1kHz 方波频率源用导线外接至电容的一端，将探头分别与电容的两端相连，将探头的地经导线与 1kHz 方波频率源的地相连。

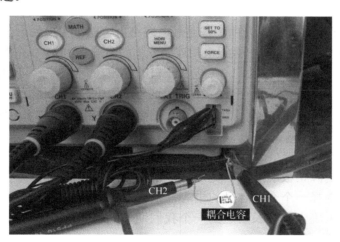

图 3-2　信号耦合演示电路

图 3-3 所示为该演示电路的实测波形图。

从 CH2 的波形可以看出，它基本上是 CH1 的副本。这说明信号从耦合电容的一端输入后，可以经过耦合电容，并以副本的形式传导至耦合电容的另一端，供下级电路使用。

（3）"储能"。当电容充电后，电能以电场的形式储存在电容中。

（4）"自举""升压"。任何驱动 N 沟道导通的场合下，都涉及"自举""升压"。在绝大多数驱动 N 沟道场管获得某路供电的情况下，往往都涉及电容的"自举""升压"。但在 ATX 电源中，这些功能均集成到了芯片内部，读者无须关心。

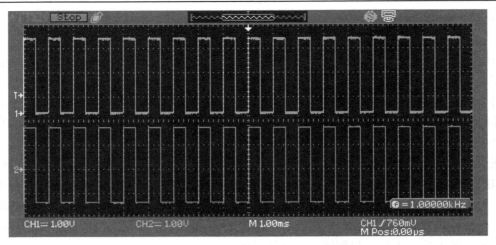

图 3-3　实测波形图

（5）"分压"。这里是电容串联的分压。读者熟知的是电阻的串联分压。电容的串联分压与电阻的串联分压极为相似。

（6）"加速"。假设有一个电阻，它传导一个信号。如果我们用一个电容和这个电阻并联，那么等于是为这个信号增加了一条支路。这个电容的唯一作用就是，令这个信号从电阻的输入端到输出端的时间减少了，当然，这个电容的容量是特别选定的。它的电学原理是"电流超前于电压"。

（7）"延时"。电容作为储能元件，是通过电源对电容充电实现的。当用恒定的电压、恒定的电流对电容充电时，电容与电源正极相连的一脚的电压将由 0V（充电开始）逐渐变大到电源正极的电压（充电结束），如图 3-4 所示。

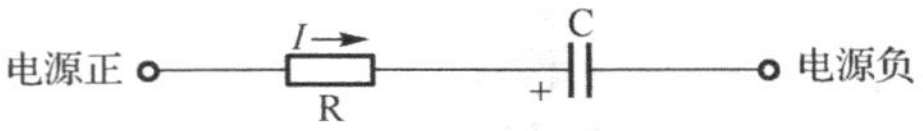

电源正 ○——[R]——||——○ 电源负
　　　　　　　　　C　+

图 3-4　延时

在这个过程中，从"充电开始"到"充电结束"所需要的时间称为电容的"充电时间"。对于容量确定的电容而言，充电时间可由公式准确计算。

当用一个恒定的相对较小的电流 I 对电容 C 充电时，电容 C 正极的电压不断升高，直到充电完成后等于电源正极的电压。更进一步讲，如果我们能够选取一个大小可控、恒定的充电电流，同时选择一个合适容量的电容，那么就有可能精确地控制充电时间，以便令电容的正极在经历了确定的时长后达到一个我们期望的明确的电压值。这就是电容用于延时的依据。

事实上，绝大部分开关电源芯片的软启动脚，就是用微安级的电流对其外接电容充电来实现的。另外，普通 ATX 电源的 PG 信号的延时，也都是由电容充电实现的。

3.2.2　ATX 电源上的电容

ATX 电源上的电容主要有两种（当然还有一些其他材质的数量较少的电容）：一种是体积和容量均较小的陶瓷电容；另一种是体积或容量都稍大的电解电容。

在所有电解电容中，以高压侧的一个或两个电解电容最易被注意到（因为其体积巨大）。其次是在低压侧（紧靠输出电缆）的若干密集排列的电解电容。

其他材质、颜色的电容散见于尖峰吸收、EMI 滤波和芯片的外围电路中。

电容在电路中的任何功能都是以其能够储存电荷的能力为前提的。因此，如果电容失去了储存电荷的能力（本书简称为"失容"），就意味着电容失去了在电路中应有的作用。在实践中，有的电容可能只会失去部分储存电荷的能力（本书简称为"部分失容"），部分失容是电解电容最常见的故障；有的电容也可能会完全失去储存电荷的能力（本书简称为"完全失容"），此时的电容可认为内部开路；有的电容还可能会（彻底）击穿而短路。总之，故障电容的表现形式只有部分失容、完全失容、短路这三种情况。

从外观上看，如果发现其鼓包，则基本可判定为故障电容。但是很多部分失容的电容往往不会鼓包，与正常电容没有显著的外观差别，这增加了维修排查的难度和工作量。

实际电容对应着一定的制造精度等级。精通等级通常以字母的形式标注在其表面型号中：D 为±0.5%，F 为±1%，G 为±2%，J 为±5%，K 为±10%，M 为±20%。一般来说，容量越大其允许偏离标称值的范围也越大。

3.2.3　电容容量的测量

电容容量的测量可使用万用表或电容表，但万用表的电容挡量程有限。电容表是专门用于电容容量测定的仪表，可测至皮法级。

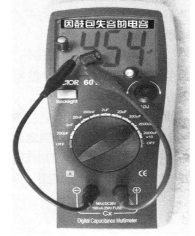

若电容容量超出万用表的量程范围，就无法使用万用表比较准确地判断其好坏，但仍可使用二极管挡大体判断其好坏。判断的方法是基于电容的充放电原理。具体过程如下：首先用万用表的表笔接触电容的两端，万用表的示数应由一正数逐渐变大，最后变为无穷大的 1；对调表笔顺序，再次接触电容的两端，万用表的示数应由一负数变为正数，最后变为无穷大的 1。若电容容量过小，那么这个充放电过程无法被万用表体现出来，此时应改用电容表。

如图 3-5 所示是用电容表测量电容容量的演示图：电容标称 1000μF，耐压 6.3V。

还可使用可调电源判断电容是否漏电。直接将可调电源的正极与电容正极连接，将可调电源的负极与电容负极连接。将可调电源的输出电压调节到一个低于其击穿电压的合理值，然后根据可调电源的电流表读数来判断电容是否漏电。

图 3-5　用电容表测量电容容量

3.2.4　电容充电与放电

将电容的正极与电源的正极连接，同时将电容的负极与电源的负极连接。电容将在很短的时间内被充电。充电完成后，该电容在本质上就等于一个电池。此时，电池的正极就是电容的正极，电池的负极就是电容的负极。

电容在物理上由两片导体及位于这两片导体中的绝缘层构成。分别从两片导体引出两个电极，即对应电容的正极与负极。绝缘层通常都是很薄的，当把电容的正极与电源（如干电池）的正极连接，把电容的负极与电源的负极连接时，电容中就会有电流"流过"——正电荷将聚集在电容正极的片状导体中，负电荷则聚集在电容负极的片状导体中，并在这两片导体之间形成一个静电场。

图3-6　验证电容可储能并放电

如图3-6所示为验证电容可储能并放电的演示图。

首先取一个较大容量的电容，利用可调电源（可取5V）或电池（应大于3V）为电容充电，然后断开可调电源或电池，取一个发光二极管，用发光二极管的正负极触碰电容充电时的正负极，可以看到发光二极管会被点亮，而后亮度迅速减弱，直至完全熄灭。此时如果马上用万用表测量放电后电容的电压，仍可通过万用表观察到一定的剩余电压。

根据发光二极管一闪即灭的事实，我们可以得出两个结论：一是电场是具有能量的（发光二极管发出的光能，就是储存在电容中的电能）；二是电容储存的能量是有限的，否则发光二极管就应该持续不断地发光。电容储存能量的多少与其容量密切相关。显然，容量越大的电容储存的能量越多。

电容本身的充放电过程非常容易理解。这直接导致了我们在学习电容的基本特性时往往忽略其充放电也是一个需要耗费时间的过程。而恰恰就是这个在充放电过程中所消耗的时间，被灵活地运用到各种电路中，实现了很多普通读者难以理解但又极为重要的电路功能。请读者不要忽视电容充放电时间在电路中的运用，这是绝大多数维修人员和业余爱好者在理解电路原理时遇到的拦路虎。

主电容是ATX电源中体量最大的元件之一。它起着滤波和储存电能的作用。位于全桥之后的主电容的两端，带有全波整流之后获得的310V高电压，应避免在维修时被其放电击伤。主电容两端的310V高电压在ATX电源切断市电供电后随时间变长而变小的速度，常被用作判断辅助电源是否起振的依据。这是因为一个好的辅助电源即使在切断交流市电220V后，还会继续工作一段时间，会急剧地消耗储存在主电容中的电能。经过实测，正常的辅助电源会在大约5s内消耗掉主电容上的电能，使主电容两端的电压迅速降低至个位数。如果在切断交流市电220V后，主电容上的电压长时间不能降低（30s内不能下降一半），就说明辅助电源有故障。

3.3　二极管

二极管是由一层N型半导体和一层P型半导体构成的只具有一个PN结的晶体管。二极管具有单向导电（正偏）的特性。在ATX电源中主要用于供电的整流、信号的传递、信号的钳位和元件的保护。

二极管的种类繁多，ATX电源上最常见的有以下3种：普通二极管（整流、单向传递信号用）；稳压二极管（实际为齐纳二极管）；快恢复二极管（FR）和高效率二极管（HER），常用于尖峰吸收和小电流整流。

3.3.1　齐纳二极管与稳压二极管的关系

稳压二极管的命名并不科学。对客观事物的命名，应以"唯一""科学"为原则。"二极管"的命名就是一个"唯一""科学"的命名。其唯一性在于我们可以通过"二极管"的命名，将这种元件与其他元件区分开来。其科学性在于，我们可以通过"二极管"的命名，了解这种元件的物理结构。

学过化学的人都知道一句话："结构决定性质"。这体现了内在结构的命名，更符合"科学"原则。

反观"稳压"这个命名。首先从字面去理解，"稳压"实际上是稳定电压之意，具体到电路中，应该是保持电路中的某个点的电压相对恒定之意。在"稳压二极管"这个命名中，似乎应该被理解为这种二极管的功能是保持电路中的某个点的电压相对恒定。我们暂且认为这就是"稳压二极管"的典型功能。

从"唯一"的原则出发分析，能够保持电路中的某个点的电压相对恒定的元件或电路数不胜数，431 精密稳压器就是一个很好的例子。可见，"稳压"并不是"稳压二极管"独有的功能。从"科学"的原则分析，"稳压"也不能反映出"稳压二极管"的物理结构。综上所述，"稳压"的命名，是不恰当的、片面的。

实际上，"稳压"只不过表述了元件或电路的具体功能（保持电路中的某个点的电压相对恒定）。这种从功能的角度对基本元件命名的方式非常不科学。"稳压二极管"这个名称，不仅不能帮助我们更好地理解这种二极管（齐纳二极管）的特性，反而造成了极大的阻碍。

当然，我们不能否认"稳压二极管"可能的确具有"稳压"的功能。我们甚至可以推测，齐纳二极管之所以被俗称为"稳压二极管"，很可能就是因为其能够实现"稳压"功能的电路常常以齐纳二极管这个基本元件为核心。

因此，笔者提出：只有当齐纳二极管实现稳压的核心功能时，我们才应将其称为稳压二极管。同样，在某个电路中，如果是由普通二极管而非齐纳二极管实现稳压的核心功能（实践中确实存在），我们也应该将其称为稳压二极管，这是没有问题的。

齐纳二极管与普通二极管的最大区别是它可以稳定地工作在二极管特性曲线的反向击穿区（齐纳二极管也可工作在二极管特性曲线的正向导通区），普通二极管则是工作在特性曲线的正向导通区（普通二极管不能工作在二极管特性曲线的反向击穿区）。因此，齐纳二极管实际上是具有一个 PN 结的，既可从二极管的正极到负极导通，又可从二极管的负极到正极导通的一个"双向导通"的单二极管。

如果是从正极到负极导通，则此时的齐纳二极管实际上表现为一个普通的二极管。如果是从齐纳二极管负极到正极导通，则此时的齐纳二极管才是一个名副其实的齐纳二极管，此时的齐纳二极管的 PN 结实际上是处于击穿状态的。

如果是普通的二极管，在反向击穿后将发生不可逆转的物理损坏。但是齐纳二极管在反向击穿后并不会发生这种不可逆转的物理损坏，它反而能够在这种击穿状态中持续稳定地工作。齐纳二极管要进入反向击穿状态，就需要在其 PN 结上加一个反向击穿电压（正接二极管的负极，负接二极管的正极）。经反向击穿电压逐渐增大，当其达到某个门槛值之后，齐纳二极管才会被击穿。这个门槛值就是齐纳二极管的稳压值（更科学的命名应为反向击穿电压）。

更为实际的问题是，齐纳二极管的稳压值具有什么现实意义？人们如何利用其反向击穿电压具有门槛值的这种特性，在电路中实现某种特定的功能（如稳压）？

事实上，将二极管理解为单向开关并不困难。换句话说，二极管在电路中就像是一个单向的阀门/开关，它允许电流从其正极流向负极，同时禁止电流从负极流向正极。齐纳二极管也是二极管，它当然也具有这样的单向阀门/开关功能。但是与此同时，它还同时允许电流从其负极流向正极，这意味着齐纳二极管还具有双向（反向）阀门/开关的功能。

　　只不过齐纳二极管的反向阀门/开关是有附加条件的——负极到正极的压降必须大于其稳压值。综上所述：齐纳二极管首先是个开关；齐纳二极管用作反向开关时具有附加条件。这就意味着齐纳二极管实际上成为一个"条件开关"。当"条件"满足时，此开关打开，并触发后续的电路行为；而当"条件"不满足时，此开关关闭，不会触发后续电路的行为。

　　齐纳二极管的这种性质实在是太可贵了。

　　我们通过下面的例子，来初步理解齐纳二极管作为"条件"开关的基本电路行为，如图 3-7 所示。这是一个笔记本电脑主板供电电路的一部分（由富士康代工的 SONY MS01 适配器输出电压检测电路），图纸中明确注明其功能为"Avoid 16V adaptor work"（避免使用 16V 适配器工作）。我们在此借助这个实际应用来说明齐纳二极管的电路行为。

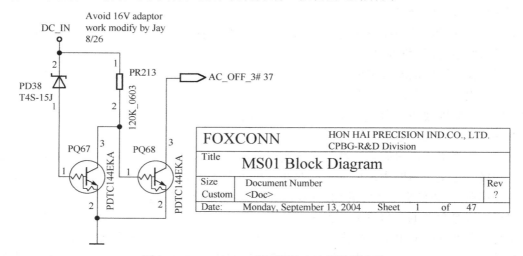

图 3-7　SONY MS01 适配器输出电压检测电路

　　如果这个电路真的能够实现其图纸中所标注的"Avoid 16V adaptor work"的功能，那么最起码说明该电路中一定具备一种可以"感知电压"的元件。因为如果此电路不具备感知适配器的输出电压的能力，则是无法做出后续动作的。那么，我们分析一下，究竟是电路中的哪个元件具有"感知电压"的功能呢？

　　看来看去只有 PD38，因为电阻 PR213 和两个三极管 PQ67、PQ68 怎么看也不像是压敏元件。而作为齐纳二极管的 PD38 则不同，它作为电压型的条件开关，是唯一可以明确地根据电压的高低做出导通或截止动作的元件。

　　当适配器的输出电压低于 16V 时，PD38 因为 16V 低于其反向击穿电压（稳压值），所以是不会打开的。这等价于 PD38 不存在，PQ67 得不到基极导通电压，也可认为不存在。低于 16V 的 DC_IN 通过 PR213 加至 PQ68 的基极，令其导通，AC_OFF_3#被拉低到地。AC_OFF_3# 在有效时表示"交流_关闭"。这正与图纸标注相符合。

　　当适配器的输出电压高于 16V 时，PD38 会在这个高于 16V 的反向电压作用下被击穿（超过其稳压值），PD38 将导通，PQ67 可得到基极导通电压而导通。PQ67 的导通，会将 PQ68 的基极电压拉低，PQ68 截止。AC_OFF_3#的电压与 PQ68 无关（实际会被后续电路中与之直通的一个上拉电阻拉为高电平）。

　　综上所述，PD38 的根本作用类似一个压敏的条件开关。

我们还可以从门的角度去理解上面的电路。DC_IN 是这个门的输入，AC_OFF_3#是这个门的输出。当 DC_IN 为高时（大于 16V），AC_OFF_3#为高；当 DC_IN 为低时（小于 16V），AC_OFF_3#为低。这是一个跟随门。

同理，我们也可以这样去理解齐纳二极管——具有明确门槛值的跟随门。

此时，齐纳二极管的负极为门的输入，齐纳二极管的正极为门的输出，齐纳二极管的稳压值即为判断门的输入是高还是低的门槛值。当负极电压小于稳压值时，此门的输入为低电平，此门的输出也为低电平。当负极电压等于稳压值时，门处于临近点，随着负极电压的增大，门的状态将由低进低出翻转为高进高出。

请读者根据图 3-8 所示组装元件电路图（R1 和 R2 最好使用电位器），根据齐纳二极管（ZD）的稳压值，选取恰当的正极电压，不断调整分压令 ZD 导通、截止，同时测量 ZD 分得的电压来理解齐纳二极管作为条件开关的本质。

笔者采用一个稳压值为 2.2V 的齐纳二极管，如图 3-9 所示。调节电位器的分压，直到 ZD 被击穿，LED 亮。经实测，其稳压值为 2.0V（有测量误差）。

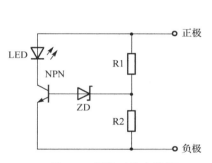

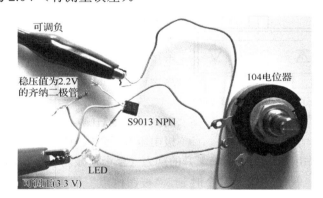

图 3-8　组装元件电路图　　　　　　　　图 3-9　采用 2.2V 的齐纳二极管

3.3.2　齐纳二极管的测量

数字万用表因为本身的设计原因，不太适用于测量齐纳二极管。这是因为如果使用数字万用表去测量齐纳二极管，只能使用其二极管挡，而数字万用表的二极管挡的开路电压是固定的（以 UT61E 为例，其二极管挡开路电压为 2.8V）。

当使用 UT61E 测量齐纳二极管时。如果此二极管的稳压值小于 2.8V，那么无论是红正黑负（这是测量 PN 结的正常笔序），还是红负黑正（这是反向击穿的笔序），万用表都会有示数。

读者可取一个稳压值为 2.2V 的齐纳二极管实测。笔者的实测结果如下：红正黑负，压降为 0.7V（正常的硅二极管的正向压降）；红负黑正，压降为 1.6V（齐纳二极管反向击穿导通后的压降）。

但是如果当齐纳二极管的稳压值大于数字万用表二极管挡红表笔的开路电压时，就只能测到二极管的正向压降，其反向压降会因红表笔电压低于稳压值而测不到数据（无穷大）。此时的数字万用表将不具备击穿其 PN 结以获得可测压降的能力。

相比较而言，指针万用表更适用于齐纳二极管的测量（应使用其电阻挡）。

这是因为指针万用表的电阻挡在不同倍数时（R×1k 挡、R×10k 挡等），其红表笔的开路电压是不同的。当为 R×1k 挡时，电压大约为 1.5V；当为 R×10k 挡时，电压大约为万用表内置电池的电压（如 9V）。因此，这样的指针万用表可以测量稳压值小于 9V 的齐纳二极管。

但是，如果某齐纳二极管的稳压值超过了指针万用表电阻挡的最大电压，则指针万用表也将不具备击穿其 PN 结以获得可测真实电阻的能力。

3.3.3　二极管的钳位

二极管的钳位功能又叫限幅，也就是限制信号的幅值。总之，就是对信号的一种限制。问题是，对于信号而言，有什么需要限制的呢？当然是信号的电压了。也就是说，可以通过二极管来限制某个信号的电压：如果我们不希望该信号的电压大于某个最大值，可以使用二极管钳位来实现；如果我们不希望该信号的电压小于某个最小值，也可以使用二极管钳位来实现。

我们考虑同时需要限制信号最大值和最小值的情况，如图 3-10 所示。

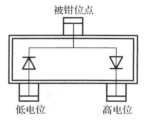

图 3-10　限制信号最大值和最小值

我们首先将信号接入"被钳位点"，然后将"高电位"接入与信号的最大电压数值相等的一个供电，最后将"低电位"接入与信号的最小电压数值相等的一个供电（也可以是地）。之后分析当信号的电压发生变化时，这两个二极管的导通与截止情况，及其对被钳位点当前电平的影响。

我们假设在某个时刻，"被钳位点"的电平高于"高电位"，并且高到了可令右侧这个二极管正偏导通的程度，此时，二极管就会因其正极电压大于负极电压而导通，"被钳位点"的电压因为钳位二极管的泄流作用而失去了继续上升的动力（至少是减弱了）。这不正是把信号的最大电压限制住了吗？

我们假设在某个时刻，"被钳位点"的电平低于"低电位"，并且低到了可令左侧这个二极管正偏导通的程度，此时，二极管就会因其正极电压大于负极电压而导通，"被钳位点"的电压因为钳位二极管的补流作用而具备了继续上升的动力（至少是增强了）。这不正是把信号的最小电压给限制住了吗？

总之，二极管的限幅作用是名副其实的，该电路结构的确可以令"被钳位点"的电平始终处于大于"低电位"而小于"高电位"的幅值之内。

广义地看，发射极接地的 NPN 三极管在其导通后，集电极电位被拉低到地的电路行为，源极接地的 N 沟道场管在其导通后，其漏极电位被拉低到地的电路行为，都可作为钳位来理解。

3.3.4　全桥

电源中的全桥只有两种：一种是以集成块形式出现的四脚全桥；另一种是以 4 个二极管形式出现的全桥。

对于四脚全桥，中间的两脚为交流输入，有缺角的另一脚为正极，剩余一脚为负极。

对于以 4 个二极管形式出现的全桥。可使用万用表的二极管挡，一表笔接火线或零线，另一表笔分别试探 4 个二极管的 8 个引脚，先找出其交流输入脚（4 个），再根据二极管的方向，观测出全桥正极（2 脚），剩余 2 脚即为全桥负极。

在维修任何电源时，最先进行的检测是对交流市电 220V 插座的火线与零线间直通性的测量。其本质意图就是判断全桥是否损坏。但是，该检测只能判断全桥中的二极管是否有反向击穿，不能判断全桥中的二极管是否正向开路。因此，对于全桥的测量，还是应该按照孤立二极管的测量方法，每个测量两次（正偏导通、反偏截止），共测量 8 次来判断其好坏。

3.3.5　整流二极管的型号识别

在实践中，我们常常需要明确具体整流二极管（包括全桥）的具体参数，这可以通过观察二极管的表面型号来获知。

通过查看任意整流二极管的数据表不难发现，二极管实际上具有很多电学参数，但其中最重要的只有两个：最大正向平均整流电流（Maximum Average Forward Rectified），本书简称"最大整流电流"；最大可重复峰值反向电压（Maximum Recurrent Peak Reverse Voltage），本书简称"最大反向电压"。还有一个重要的参数是"最大反向恢复时间"（MAX. Reverse Recovery Time），前文中已经介绍。

读者可以想象，如果让你为整流二极管命名，该如何做呢？请读者参考 3.3.1 节中关于命名原则的内容。

对于具体整流二极管而言，如果其型号能够包含它的两个最重要的参数信息，显然是合情合理的。这也的确是很多二极管厂家的实际做法。在实践中，包含"最大整流电流"和"最大反向电压"的命名有两种形式。

一种是将"最大整流电流"和"最大反向电压"的数值组合成型号中的数字部分，再在数字前后加上字母。例如，由意法半导体生产的"STPS2045CT/CF/CG"。其型号中的 2045 就是"最大整流电流"和"最大反向电压"的数值组合。20 代表其"最大整流电流"为 20A，45 代表其"最大反向电压"为 45V。其前缀 STPS 为系列名，后缀 CT/CF/CG 为分型。笔者将这种命名方式称为"直标法"。

另一种是将"最大整流电流"的数值和"最大反向电压"的等级代码的数值组合成型号中的数值部分，再在数字前后加上字母。例如，常见的快恢复二极管 FRIIV（FR 代表快恢复二极管，II 代表"最大整流电流"的两位数值，V 代表"最大反向电压"的等级代码的数值）。

"最大反向电压"的等级代码的数值与电压的对应关系，如表 3-2 所示。

表 3-2　"最大反向电压"的等级代码的数值与电压的对应关系

1	2	3	4	5	6	7
50V	100V	200V	400V	600V	800V	1000V

对于 FR107 来说，10 的数值代表其"最大整流电流"为 1.0A，7 代表其"最大反向电压"的等级代码的数值，对应为 1000V。对于 FR203 来说，20 的数值代表其"最大整流电流"为 2.0A，3 代表其"最大反向电压"的等级代码的数值，对应为 200V，以此类推。

最后，再介绍一种系统命名法。

在开关电源中，常常可以见到"1N+四位数字"的命名方法（如"1N4148""1N5408"）。这实际上是一种系统命名法。型号中的四位数字与"最大整流电流"和"最大反向电压"的数值没有特别明显的对应关系。对于这种命名，应通过查阅其数据表来明确其参数信息。

3.4　三极管

三极管是一种在几乎所有电路板中都广泛存在的信号传递或电压调制元件。

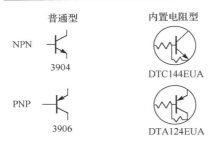

普通型　　　内置电阻型

NPN　3904　　　DTC144EUA

PNP　3906　　　DTA124EUA

图 3-11　三极管的符号

ATX 电源中的三极管有两种：一种是体积较小的用于信号传递的信号三极管（见于控制电路）；另一种是体积稍大或较大（甚至自带散热封装）的电压调制管（开关管）。它们在电路图中的符号如图 3-11 所示。

3.4.1　三极管的结构和符号

三极管在结构上是一个"三明治"：两层 N 型半导体中间夹一层 P 型半导体构成 NPN 三极管；两层 P 型半导体中间夹一层 N 型半导体构成 PNP 三极管。只有在用万用表测量时，才可将三极管看成两个二极管的简单组合。N 型半导体也叫多电子半导体；P 型半导体也叫缺电子半导体。它们都是通过在纯净的半导体材料上掺杂不同的杂原子获得的。三极管的双 N 层或双 P 层掺杂浓度不同，这决定了三极管的发射极和集电极之间电流的单向性。

如图 3-12 所示是 NPN 和 PNP 三极管的结构图及在电路中的符号。

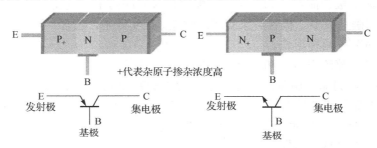

图 3-12　NPN 和 PNP 三极管的结构图及在电路中的符号

3.4.2　三极管 CE 间的电流方向与工作状态

三极管集电极（C 极）和发射极（E 极）间的电流具有单向性。当 NPN 三极管处于放大和饱和状态时，CE 间的电流从 C 极到 E 极。当 PNP 三极管处于放大和饱和状态时，EC 间的电流从 E 极到 C 极。

如图 3-13 所示为 CE 间的电流方向。特别强调，在放大和饱和状态时，基极（B 极）也有电流流过，但图 3-13 中未标出基极电流的方向。在此，笔者与读者约定，形状如图 3-13 中三极管的三脚管的脚位，将基极脚称为"左下脚"，将集电极脚称为"中间脚"，将发射极脚称为"右下脚"。

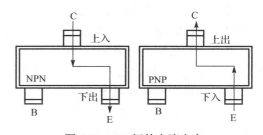

图 3-13　CE 间的电流方向

任何三极管都只有三种工作状态：截止、放大和饱和。

所谓截止是指三极管 CE 间的电阻为无穷大。对于 NPN 三极管来说，电流无法从 C 极流向 E 极；对于 PNP 三极管来说，电流无法从 E 极流向 C 极。这是因为三极管的基极没有可使三极管导通的适当的电压。

　　所谓放大是指三极管 CE 之间的电阻已经由无穷大减小为可通过一定的电流。这是因为三极管的基极已经附加有可能使三极管导通的适当电压。对于 NPN 三极管，电流将从 C 极流向 E 极，其基极为附加的正导通电压。对于 PNP 三极管，电流将从 E 极流向 C 极，其基极为附加的负导通电压。

　　在任意时刻，NPN 三极管的 $I_E = I_B + I_C$，并且 $I_C = I_B \times \beta$；PNP 三极管的 $I_E = I_B + I_C$，并且 $I_C = I_B \times \beta$，β 叫放大系数。也就是说当三极管处于放大工作区时，NPN 集电极和 PNP 的发射极电流是基极电流的若干倍。此特点被用于小电流控制大电流（因为 NPN 基极与集电极或 PNP 基极与集电极的电流大小间有相对严格的倍数关系）。

　　所谓饱和是指三极管 CE 间电阻已经减小到接近 0Ω 的最小阻值。此时意味着 NPN 基极所附加的正导通电压已可使三极管完全导通，对于 PNP 三极管而言，其基极所附加的负导通电压也令三极管完全导通。

　　在此，本书提出正常工作中三极管各极电压具有"内部一致性"的概念。即若三极管处于截止状态时，NPN 三极管的基极电压为低电平且集电极和发射极电压可以不同，PNP 三极管的基极电压为高电平且集电极和发射极电压可以不同；若三极管处于饱和导通状态时，NPN 三极管的基极电压为高电平且集电极和发射极电压应相同，PNP 三极管的基极电压为低电平且集电极和发射极电压应相同。利用三极管的"内部一致性"，可以对工作中的三极管进行有限度的初步盲测。

3.4.3　三极管的开关原理与基极感应电压

　　通俗地比喻，三极管就像一个水龙头。水龙头分为供水侧（具有一定水压的供水）、用水侧和开关三部分。

　　NPN 三极管的集电极等价于水龙头的供水侧，发射极等价于水龙头的出水侧，PNP 三极管的发射极等价于水龙头的供水侧，集电极等价于水龙头的出水侧，无论是 NPN 三极管还是 PNP 三极管的基极都等价于水龙头的开关。

　　如果开关关闭了，水龙头就处于截止状态，那么水就无法从供水侧流到用水侧；如果开关打开了，水龙头就处于放大或饱和状态，那么水就可以从供水侧流向出水侧。

　　同理，对于三极管而言，如果在 NPN 三极管的基极上附加一个合适的正导通电压，就等于打开了 NPN 三极管 CE 间的开关，此时电流就会从 NPN 三极管的集电极流向发射极；如果在 PNP 三极管的基极上附加一个合适的负导通电压，就等于打开了 PNP 三极管 EC 间的开关，此时电流就会从 PNP 的发射极流向集电极。

　　这就是为什么我们常说 NPN 三极管是正电压导通，而 PNP 三极管是负电压导通的原因。此表述不完整，反而为读者理解三极管的导通原理带来了极大的负面影响。这是因为在讨论三极管的开关原理时，往往忽视其导通前 NPN 三极管由集电极到发射极和 PNP 三极管由发射极到集电极的电压。换句话说，只有首先意识到三极管截止时 CE 间存在供电（等价于水龙头供水侧的具有一定水压的供水），才能找到理解三极管开关原理的金钥匙。

　　我们用下面的两个实验来明确三极管截止时其基极的电压情况，提出三极管在截止时基极具有"基极感应电压"的概念，作为我们理解三极管开关原理的帮手。只有首先明确了 NPN 和 PNP 三极管截止时其基极上的感应电压的具体数值，我们才能够真正完整且正确地理解 NPN 三极管为什么是高电平导通，而 PNP 三极管为什么是低电平导通。

　　取一个直插式的 PNP 三极管，将电池（笔者使用的是从台式计算机主板上拆下的 CMOS 电池槽及 CR2030 电池）正极接 PNP 三极管的发射极，电池负极接 PNP 三极管的集电极（遵从从发射极到集电极的电流方向）。将万用表置于直流电压挡，红表笔接 PNP 三极管的基极，黑表笔接电池的负极，测量三极管的基极是否有电压，是何种电压。

　　如图 3-14 和图 3-15 所示为验证 PNP 三极管具有正感应电压的实验装置图。

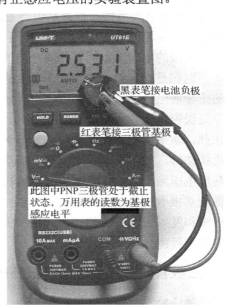

图 3-14　验证 PNP 三极管具有正感应
电压的实验装置 1

图 3-15　验证 PNP 三极管具有正感应
电压的实验装置 2

　　如图 3-14 和图 3-15 所示，万用表显示有电压，而且是正电压，它就是 PNP 三极管的"基极感应电压"。

　　此时的 PNP 三极管是截止的，若要使其导通，就需要在 PNP 三极管的基极上附加一个负导通电压。负电压可通过由地或电池的负极经电阻后引去基极获得。这就是 PNP 三极管低电平导通的本质。引入负电压的结果，是使 PNP 三极管的基极电压被拉低，而当基极电压被拉低到低于其导通时的门槛电压时，PNP 三极管开始导通。因此，PNP 三极管低电平导通的完整含义是其基极上的电压低于其截止时的感应电压后才有可能导通，如果基极电压被拉低到一定程度（低于门槛电压即可，无须拉低到 0V），PNP 三极管就已经完全导通了。

　　将 PNP 三极管换下，使用 NPN 三极管重复完成这个实验。此时，需要用电池正极接 NPN 三极管的集电极，电池负极接 NPN 三极管的发射极（遵从从发射极到集电极的电流方向）。将万用表置于直流电压挡，红表笔接 NPN 三极管的基极，黑表笔接电池的负极，测量三极管的基极是否有电压，是何种电压。观察万用表的显示，它应该不变，还是万用表初始的 0V，它就是 NPN 三极管的"基极感应电压"。此时，NPN 三极管是截止的，若要使其导通，就需要在 NPN 三极管的基极上附加一个正导通电压。正导通电压可通过由电池或供电的正极经电阻后引去基极获得。这就是 NPN 三极管高电平导通的本质。引入正电压的结果是使 NPN 三极管的基极电压高于其截止时的感应电压 0V，此时，NPN 三极管才有可能导通。因此，NPN 三极管高电平导通的完整含义是其基极上的电压高于其截止时的感应电压 0V 后才有可能导通，如果基极电压被拉高到一定程度（高于门槛电压，即为 0.6～0.7V，有的是 3V，与具体型号密切相关，应查数据表），NPN 三极管就已经完全导通了。

如果在原有实验装置的基础上增加一个发光二极管和若干个电阻，我们可以方便地用电阻从电池正极取高电平加至 NPN 的基极，或者从电池负极取低电平加至 PNP 的基极控制发光二极管的亮灭，以加深对三极管开关原理的理解。

可通过如图 3-16 所示的实验电路去摸索三极管的具体导通电压，笔者强烈建议读者实测。

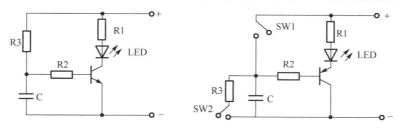

图 3-16　实验电路

R1 为限流电阻，R2 为隔离电阻，R3 对电容 C 延时充电/放电（先闭合开关 SW1，再断开 SW1、闭合开关 SW2），当电压达到三极管的基极导通门槛电压后，三接管导通，发光二极管亮。可通过恰当选择电阻 R3 的阻值及电容 C 的容量，调节控制从加电到 LED 亮的时间，使用万用表可方便地测量出三极管基极的具体导通电压。

如图 3-17 所示是使用 S9013 组装的实测电路，此 NPN 三极管的导通电压门槛值经实测约为 0.7142V（可调正 3.3V）。某厂家的官方数据表中的门槛值数据为 0.65～0.95V（低于 0.65V 一定不导通，高于 0.95V 一定导通）。

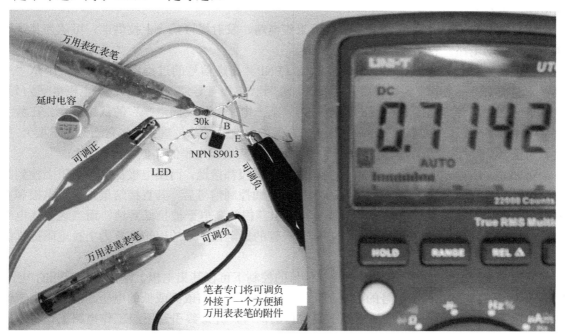

图 3-17　使用 S9013 组装的实测电路

在 PNP 的导通电压实验中，笔者使用的是直插式的 S8550，测得其导通电压门槛值约为

1.7V（可调正 5V），实物图不再拍照，读者可参考图 3-16 组装实测即可。另测得其基极感应电压为 4.12V，即至少要将基极电压拉低 4.12–1.7=2.42V，此 PNP 三极管才可导通。

3.4.4　三极管传递信号的原理及作用

三极管能够用于信号的传递。在信号传递的同时，也起到了将上级驱动电路与下级工作电路隔离的作用。

传递本身意味着三极管首先要从上级驱动电路接收控制信号，然后再通过自身"由截止到导通"或"由导通到截止"的状态变化转发给下级工作电路。因此，三极管的基极（左下脚）往往连接到芯片的引脚或 BGA 触点以接收这些芯片发出的控制信号。而集电极或发射极则在下级电路中作为控制信号的输入点或输入线。

接下来的问题是三极管如何将基极发来的控制信号通过集电极和发射极传递到下级工作电路。

这里，我们再次强调三极管的三个电极分处于前文所说的两个不同电路（上级驱动电路、下级工作电路）中，并且其基极一定属于上级驱动电路，而集电极和发射极则有两种具体情况（两者并无本质区别）。

（1）第一种情况。

在笔记本电脑主板中，经常发现这样的 NPN 三极管，它的发射极接地，也经常发现这样的 PNP 三极管，它的发射极接某一上拉供电（上述 NPN 三极管一定用于控制信号的传递，上述 PNP 三极管在排除了供电用途后，也几乎一定用于控制信号的传递）。

这样的 NPN 三极管的集电极属于下级工作电路，发射极接地，可认为其既不属于上级驱动电路，也不属于下级工作电路。

这样的 PNP 三极管的集电极属于下级工作电路，发射极接某一上拉供电，可认为其既不属于上级驱动电路，也不属于下级工作电路。

要理解三极管集电极（NPN）或发射极（PNP）传递信号的过程，首先要有一个从"三极管导通前 EC 间无电流到导通后 EC 间有电流"到"三极管导通前发射极或集电极电平为'某一电平'到三极管导通后 E 极或 C 极电平为'某一电平'的反向电平"的认识转换。在数字电路中，PNP 三极管 EC 间或 NPN 三极管 CE 间的电流并不总是重要的（它当然很重要），更重要的是 EC 和 CE 之间的开关状态会导致发射极或集电极电平的高低转换。

正如前文所述，主板上很多 NPN 三极管的发射极都接地，而集电极都是经电阻上拉到高电平的，一旦 NPN 三极管响应了某个高电平的导通控制信号后，其直接结果是令集电极和发射极间导通，间接结果则会令集电极经上拉电阻获得的高电平被拉低到地，而当这个高电平的导通信号变为低电平后，又会令此 NPN 三极管的集电极由地的电平恢复为上拉电阻提供的高电平。

换句话说，NPN 三极管的基极在控制信号的控制下可在其集电极上输出或高或低的电平，PNP 三极管的基极在控制信号的控制下可在其发射极上输出或高或低的电平。而此或高或低的输出电平才是真正被三极管传递到下级电路的信号，并最终引起下级工作电路工作状态的变化。

（2）第二种情况。

三极管的集电极和发射极都属于下级工作电路。

在 ATX 电源中,用于主开关管的三极管是此种情况的典型案例。这是因为主开关管的集电极和发射极实际上是串联在回路中的,从集电极流向发射极的电流才是电路赖以工作的因素。

3.4.5 三极管的测量

1. 普通信号三极管(无内置电阻)的测量

通常使用万用表的二极管挡区分三极管的管型、极性及好坏。测量时最好先将三极管从主板上吹下。

如果我们选万用表的任意一个表笔先固定接三极管的一个引脚,然后再用另一个表笔接三极管的剩余两个引脚,可进行两次测量。按此法循环 3 次,即可得到 6 次测量结果,完成全部测量工作。

我们首先分析这 6 次测量的可能结果。

通过对三极管开关原理的学习,我们已经知道当三极管的基极上无导通电压时,无论是 NPN 的 CE 间还是 PNP 的 EC 间的阻值都为无穷大。因此,用万用表开路测量正常 NPN 的 CE 两引脚或正常 PNP 的 EC 两引脚之间的压降都应该是无穷大 1。也就是说,这两次的测量结果为 1。

通过对三极管结构的学习,我们已经知道 NPN 三极管的 BE 之间相当于一个二极管(B 极正、E 极负)、BC 之间也相当于一个二极管(B 极正、C 极负),而 PNP 三极管的 BE 之间相当于一个二极管(B 极负、E 极正)、BC 之间也相当于一个二极管(B 极负、C 极正)。当万用表的表笔顺序恰好符合二极管的方向时,应能够测到一个 650mV 左右的数值,当万用表的表笔顺序不符合二极管的方向时,应测到无穷大 1。也就是说,当表笔恰好测量到上述两个二极管的正负极时,应有两次的结果为 1,两次的结果为 650mV 左右。

而当表笔恰好测量到 C 极和 E 极之间的压降时,均应不通:万用表的两次示数为 1。

综上所述,全部 6 次的测量工作应该得到表 3-3 所示的测量结果。

表 3-3 测量结果

测 试 顺 序		PNP	NPN
红一左下	黑一中间	1	650mV
	黑一右下	1	650+mV
红一中间	黑一左下	650mV	1
	黑一右下	1	1
红一右下	黑一左下	650+mV	1
	黑一中间	1	1

在两次有读数的测量中,我们发现:有一个表笔及其所接触的极是固定的。这个表笔所接触的固定的极就是三极管的基极。如果这个表笔是红的,那么三极管就是 NPN 型的;如果这个表笔是黑的,那么三极管就是 PNP 型的。

判断出基极后,还应根据两次测量数值的大小来判断其他极。数值稍大的为发射极,数值稍小的为集电极。需要注意的是这个差别较小(往往只有 0.01V),质量差的万用表会测到两次相等的示数,此时需要更换精度更高的万用表。

　　当因万用表的精度不够高造成无法区分集电极和发射极时，如果此三极管是长引脚的直插三极管，则可以用润湿法来进一步判断。尽管笔记本电脑实际使用的三极管封装尺寸过小（贴片 SOT23），难以用润湿法方便地判断，但读者仍应掌握此方法以更好地理解三极管的导通原理。

　　润湿法是专门用于在判断出基极后继续判断直插式三极管集电极和发射极的方法。其原理是模拟三极管导通。对于 NPN 而言，用表笔接触除基极以外的两引脚，此时万用表的读数应该是 1。用吐沫先润湿手指，然后用手指同时触碰基极和红表笔所接的电极。如果有读数，且读数比较规律地减小，那么红表笔所接就是 NPN 的集电极。

2．数字三极管的测量

　　内置电阻的数字三极管与普通信号三极管的测量过程不同。因为其内置电阻的存在，在使用万用表测量三极管的发射结［红表笔接基极（左下脚），黑表笔接发射极（右下脚）］和集电结［红表笔接基极（左下脚），黑表笔接发射极（中间脚）］时往往测不到其 PN 结的压降，万用表读数为无穷大。

　　因此，不能采用前文中的方法测出数字三极管的好坏，此时应使用辅助"偏置电源"。

3．使用辅助偏置电源测量信号三极管及数字三极管

　　可使用辅助偏置电源模拟三极管的导通过程来测量普通信号三极管及内置电阻数字三极管，也可用于在板侧大致判断其好坏（偏置电源的制作及与万用表的组装请参考 3.5.8 节）。

　　当使用辅助偏置电源在板侧令三极管导通后（特别注意，万用表读数由较大值变为较小值的过程即是数字三极管由截止变为导通的过程），可从万用表上看到其 CE 间或 EC 间的压降（这意味着三极管已导通）。

　　对于普通 NPN 信号三极管而言，万用表测得的 CE 间的压降（红表笔接中间脚、黑表笔接右下脚）约为 0.500V 而不是 0V。对于普通 PNP 信号三极管而言，万用表测得的 EC 间的压降（黑表笔接中间脚、红表笔接右下脚）约为 1.500V 而不是 0V。对于数字 NPN 三极管而言，万用表测得的 CE 间的压降（红表笔接中间脚、黑表笔接右下脚）应小于 0.060V 而不是 0V。对于数字 PNP 三极管而言，万用表测得的 EC 间的压降（黑表笔接中间脚、红表笔接右下脚）应是 1.3～0.7V 而不是 0V。读者应通过实测来掌握使用偏置电源普通信号三极管和数字二极管在测量时的区别，而不是记忆笔者所列举的具体数据，因为这些数据因具体的管子会有所不同。

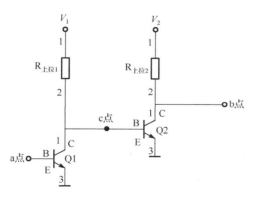

图 3-18　跟随门

　　这些实测数据也说明了数字三极管的性能远优于普通信号三极管。

3.4.6　三极管与门的关系

　　事实上，利用三极管及电阻可以非常方便地在主板上组成逻辑门电路。

　　如图 3-18 所示为笔记本电脑主板及台式计算机主板上常见的由两个三极管构成的跟随门。

　　a 点和 b 点之间为一个跟随门。

　　当 a 点为高电平时，NPN 三极管 Q1 的 CE 间导

通，R_上拉1 电阻的 2 脚经过 Q1 的 CE 后对地短路。这令 c 点的电平变为接近于地的低电平，即 Q2 的基极电压变为低电平，Q2 截止，在 Q2 的集电极（R_上拉2 电阻的 2 脚）输出 V_2，即 b 点为高电平。

当 a 点为低电平时，NPN 三极管 Q1 截止，Q1 的集电极输出 V_1（R_上拉1 电阻的 2 脚），这令 c 点的电平变为接近于 V_1 的高电平，即 Q2 的基极电压变为高电平，NPN 三极管 Q2 的 CE 间导通，R_上拉2 电阻的 2 脚经过 Q2 的 CE 后对地短路，这令 b 点的电平变为接近于地的低电平。

上述跟随门经常用于信号的传递隔离，同时也可实现电平的转换（从 a 点输入的高电平在经过门后，被转化为 V_2 的高电平）。

为了加深读者对由三极管构成的门的理解，笔者再介绍一个某苹果笔记本电脑使用的一个简单门芯片，如图 3-19（清晰大图见资料包第 3 章/图 3-19）所示。

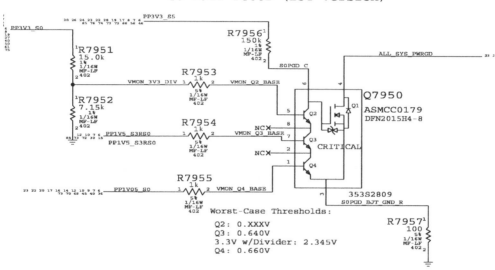

图 3-19　简单门芯片

Q7950 实现了一个与门的功能。6 脚经 R7956 上拉到 3.3V 供电，5、7、1 脚是这个与门的三路输入，只有这三路输入同时为高后，内部集成的 N 沟道场管 Q1 的 S 极才能够获得从 6 脚输入的高电平（历经 Q2、Q3、Q4 的 3 个 C 极到 E 极），并在 Q1 导通后输出。

不严格地说，独立的门芯片实际上就是一堆三极管和场管。TTL 中的第一个 T，就是指三极管。

3.4.7　ATX 电源的主开关管

在双管半桥拓扑的 ATX 电源中，主电源回路中有两个开关管。最常见的型号为 13007 或 13009，它们均为 NPN 开关管。

主开关管是 ATX 电源的易损件，应原值代换或以更高值代换。

3.5　场效应管

场效应管（FET）简称场管，是功能上与三极管几乎完全相同，但性能更为优良的晶体管。场管按沟道可分为 N 沟道场管和 P 沟道场管。N 沟道场管类似于 NPN 三极管，P 沟道场管类似于 PNP 三极管。

通过对三极管的学习，我们介绍了三极管的工作状态、导通时各电极间的电流方向、由截止到导通饱和的基极导通电压等。同样，对场管的学习，也需要明确上述问题。由于场管和三极管具有很大的相似性，一些用于三极管的概念，也完全适用于场管。

3.5.1　场管通识——增强型绝缘栅场效应管的结构及图例

增强型绝缘栅场效应管的结构及图例如图 3-20 所示。

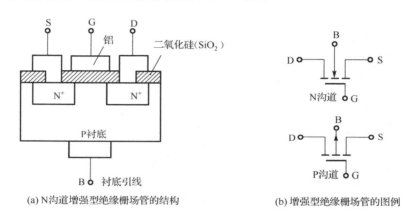

(a) N沟道增强型绝缘栅场管的结构　　　　(b) 增强型绝缘栅场管的图例

图 3-20　增强型绝缘栅场效应管的结构及图例

图中用箭头方向来表示场管的沟道类型：箭头指向管内表示 N 沟道，箭头指向管外表示 P 沟道。B 为衬底引线。增强型绝缘栅场效应管又称为 MOS 管。MOS 分别是"金属""氧化物""半导体"三个英文单词的首字母，它们是制造场管的原材料。

3.5.2　场管通识——场管 DS 间的电流方向与工作状态

通过仔细观察 N 沟道增强型绝缘栅场效应管的结构图可以发现，场管的漏极和源极在结构上并没有什么本质的不同。这一点和三极管有很大的区别。

三极管的集电结和发射结因为掺杂浓度不同属于不对称结，而使集电极和发射极具有本质区别。流经集电极和发射极的电流方向具有单向性。但对于场管而言，既然场管的漏极和源极在结构上并没有什么本质的不同，这就意味着场管的漏极和源极本质上是等价的（结构决定性质），因此对于绝缘栅场管而言，流经其漏极和源极的电流就没有了单向性的限制。这意味着场管的漏极和源极在实际电路中是可以互换使用的。换句话说，当场管导通后，无论是 N 沟道还是 P 沟道，其 DS 之间等价于一根普通的导线。

这里的互换主要是针对电路设计的习惯所说的。按照一般习惯，N 沟道场管的漏极 D 均用作电能的输入端，其源极 S 用作电能的输出端，此时电流从漏极流向源极。但若对布线做出调整，也完全可以以 N 沟道场管的源极作为电能的输入端，其漏极作为电能的输出端，此时电流从源极流向漏极。

同三极管一样，场管也只有三种工作状态：截止、放大、饱和。

3.5.3　场管通识——场管触发及导通的开关原理

场管的触发仅指在用万用表或偏置电源对场管进行测量时，以特定的表笔顺序对场管进行的一个操作，这个操作可使处于截止状态的场管进入饱和导通状态，其过程如下。

将万用表置于二极管挡（数字万用表的二极管挡是带电压的：红表笔为正，黑表笔为负，如 UT61E 万用表开路为 2.8V），用红、黑表笔接触场管特定的两个引脚，利用表笔所带电压即可在场管的二氧化硅绝缘栅上感应出一个可令 DS 间双向导通的静电场（同时短接场管的三个引脚则可撤销触发，令场管回到截止状态，或者等待绝缘栅上的静电流失掉）。此时用万用表测量 DS 间的压降或真实电阻，会测到一个小数值，甚至是 0。这就是场管的触发。

对于 N 沟道：黑表笔接 DS 中的任何一个，红表笔接 G，场管即被触发。触发后 DS 间相当于导线（将万用表调到电阻挡，可以测出 DS 导通后的真实电阻）。

对于 P 沟道：红表笔接 DS 中的任何一个，黑表笔接 G，场管即被触发。触发后 DS 间是导通的，相当于导线（将万用表调到电阻挡，可以测出 DS 导通后的真实电阻）。

从场管触发的过程不难看出：对于 N 沟道而言，通过万用表的红表笔在其 G 栅极上引入正电压即可；对于 P 沟道而言，通过万用表的黑表笔在其 G 栅极上引入负电压即可。可见，在控制极是高电平导通还是低电平导通的问题上，场管与三极管是相同的。

通俗地说，当 N 沟道场管的栅极上为高电平时 DS 间导通；当 P 沟道场管的栅极上为低电平时 DS 间导通。更准确地说，当 N 沟道场管的栅极电压大于其源极电压（即 $V_{GS}>4.5V$）时 DS 间开始导通；当 P 沟道场管的栅极电压低于其源极电压（即 $V_{GS}<-4.5V$）时 DS 间开始导通。若要完全导通，则 V_{GS} 应更大（N 沟道）或更小（P 沟道），具体电压可查场管的数据表后明确，其绝对值一般为 9～12V。也就是说，当 V_{GS} 的绝对值为 9～12V 时，可认为场管已完全导通。V_{GS} 的电压值可用万用表一表笔接栅极、一表笔接源极后测得。

图 3-21　验证 N 沟道场管为高电平导通的实验电路 1

如图 3-21 至图 3-23 所示为一个验证 N 沟道场管为高电平导通的实验电路。可调正接场管 D，场管 S 接风扇正，风扇负接可调负，场管 G 单独引线用于控制。

如将场管的栅极导线直接触碰可调电源的负极与正极，可以清晰地观察到 N 沟道场管低电平截止（栅极下拉到地），高电平（栅极上拉到可调正）导通的特性。

如图 3-24 至图 3-26 所示为一个验证 P 沟道场管为高电平导通的实验电路。可调正接场管 S，场管 D 接风扇正，风扇负接可调负，场管 G 单独引线用于控制。

　　如果将场管的栅极导线直接触碰可调电源的负极与正极，则可以清晰地观察到 P 沟道场管低电平（栅极下拉到地）导通，高电平（栅极上拉到可调正）截止的特性。

图 3-22　验证 N 沟道场管为高电平导通的实验电路 2

图 3-23　验证 N 沟道场管为高电平导通的实验电路 3

图 3-24　验证 P 沟道场管为高电平导通的实验电路 1

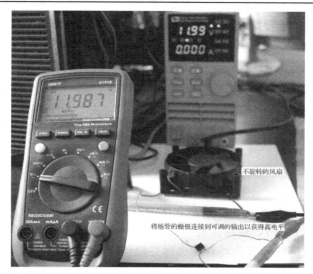

图 3-25　验证 P 沟道场管为低电平导通的实验电路 2

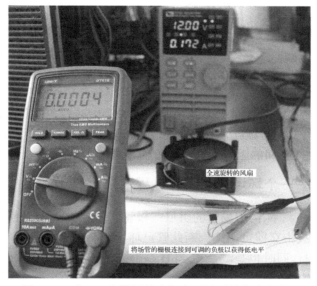

图 3-26　验证 P 沟道场管为低电平导通的实验电路 3

3.5.4　场管通识——沟道类型已知的正常场管的测量顺序

本小节专为解决初学者在实测场管时所遇到问题所写。

虽然场管与三极管相同，其完整的测量过程也是 6 次，但这 6 次必须按照特定的顺序进行才能得到预期的结果。否则，整个测量过程会被场管的触发所造成的干扰打乱，这是一个令初学者感到十分迷惑的问题。

当按照如下顺序测量 N 沟道增强型绝缘栅场管时会得到以下 6 个结果。

（1）DS（红 D 黑 S 场管未触发）间不通 1；DS（红 S 黑 D 场管未触发）间通 500～600mV。

（2）GD（红 G 黑 D 场管第一次触发）间不通 1；GD（红 D 黑 G 场管触发后又被撤销触发）间不通 1。

（3）GS（红 G 黑 S 场管第二次触发）间不通 1；GS（红 S 黑 G 场管触发后又被撤销触发）间不通 1。

当按照如下顺序测量 P 沟道增强型绝缘栅场管时会得到以下 6 个结果。

（1）DS（红 S 黑 D 场管未触发）间通 500～600mV；DS（红 D 黑 S 场管未触发）间不通 1。

（2）GD（红 D 黑 G 场管第一次触发）间不通 1；GD（红 G 黑 D 场管触发后又被撤销触发）间不通 1。

（3）GS（红 S 黑 G 场管第二次触发）间不通 1；GS（红 G 黑 S 场管触发后又被撤销触发）间不通 1。

综上所述，只有按照上述顺序进行的 6 次测量才会得到有且仅有一次为 500～600mV 的读数，其余 5 次为无穷大的 1。有且仅有一次为 500～600mV 的读数是集成在场管内部 DS 间的一个阻尼二极管（有资料称其为场管的"体二极管"）的压降，其作用是保护场管，避免其绝缘栅因感应电压而被击穿。

3.5.5　场管通识——对坏场管的定义

所谓的坏，都是相对于好来说的。好的场管因为 DS 间有一个阻尼二极管，当用万用表两两测量 6 次时只会有一次有读数（红 S 黑 D），其他笔序都应为无穷大。坏也只有 3 种可能：GS 间击穿短路、GD 间击穿短路、DS 间击穿短路。有时可能三者全击穿，有时可能是其中的一个或两个击穿。总之，只要有一个击穿场管即已损坏。各种短路情况在实际维修中均可遇到。

场管的击穿以 DS 击穿居多（因其流经大电流），当 DS 击穿时，在板侧即可测量出 DS 间常态导通。但在正常情况下，红 D 黑 S 或红 S 黑 D 是不通的。DS 击穿后，红 D 黑 S 或红 S 黑 D 会蜂鸣。

还有一种情况就是 DS 间的阻值增大，场管的导通能力下降。

3.5.6　场管通识——一个坏场管的测量过程

第一步　黑 D 红 S 测 N 沟道场管的阻尼二极管，显示 109（已经击穿），正常为 500 多 mV。仅从阻尼二极管被击穿即可明确判断此管已坏。

第二步　模拟触发，同时也是测量 G 到 D 是否击穿。显示 1，说明 G 到 D 无击穿。如果场管是好的，则它应该已触发。

第三步　红 S 黑 D 验证场管是否被触发成功。462mV 数值过大，应为 0.xmV。至此，可得出结论：场管阻尼二极管不良，并且场管本身已不能正常触发，场管损坏。

3.5.7　场管的极性顺序及用万用表判断沟道和极性

三脚场管的脚位顺序因其已经固定，读者仅需实测验证即可。

若无法找到数据表，则应首先根据布线特点分析出是单场管还是双场管。然后在开路情况下，先用万用表两两测量找到阻尼二极管连接的 D 和 S，然后再利用场管的触发过程明确场管的栅极 G。结合场管的触发类型及二极管的方向即可明确被测场管的沟道类型和极性。

3.5.8　场管的具体测量过程

如果要可靠地判断场管的好坏，则必须将其从主板上吹下。

首先测量场管的阻尼二极管（无论是 N 沟道还是 P 沟道，DS 间都有一个阻尼二极管，用途是中和绝缘栅上感应出的静电，防止绝缘栅击穿以保护场管，此二极管若击穿，此场管必坏）的好坏。

对于 N 沟道：一般的电流方向是从 D 到 S，阻尼二极管的方向与之相反，S 接阻尼二极管的正，D 接阻尼二极管的负。所以，红 S 黑 D 应该有一个 0.5V 左右硅二极管的压降。

对于 P 沟道：一般的电流方向是从 S 到 D，阻尼二极管的方向与之相反，D 接阻尼二极管的正，S 接阻尼二极管的负。所以，红 D 黑 S 应该有一个 0.5V 左右硅二极管的压降。

测到阻尼二极管的压降后，接着触发场管，观察万用表读数（N 沟道红 D 黑 S，P 沟道红 S 黑 D）是否已经为 0。

极少数主板确实可以在板侧大致测其好坏：黑 D 红 G（N 沟道），观察阻尼二极管是否良好。然后快速地将红表笔从 G 滑向 S，如果听到一声蜂鸣，则说明管子触发过，也就是好的。但此法通用性太差，无实际价值。

如果外加一个偏置电源，即使不将 N 沟道场管从主板上吹下，也可以比较可靠地测量其好坏。偏置电源也可以采用第二块万用表或直接使用电池盒。

如图 3-27 所示为用电池盒制作的偏置电源。

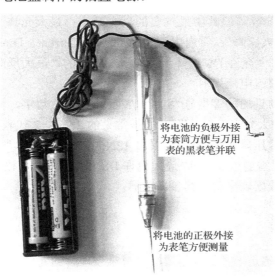

将电池的负极外接为套筒方便与万用表的黑表笔并联

将电池的正极外接为表笔方便测量

图 3-27　用电池盒制作的偏置电源

如果使用第二块万用表，那么此表仅用于触发场管，必须使用其二极管挡。第一块万用表可以使用电阻挡或二极管挡，其红、黑表笔分别接触 N 沟道场管的 D 或 S。两块表的黑表笔并联，再用第二块万用表的红表笔接触 G 极，此时应注意观察第一块万用表的测量数值是否显著变小，甚至变为 0。如果测量数值如前文所述，则说明场管是好的。

如果使用电池盒，则万用表可以使用电阻挡或二极管挡，其红、黑表笔分别接触 N 沟道场管的 D 或 S。观察万用表的测量值，它应为一个较大的值。在用电池盒的正极红表笔接触 G 极的同时，注意观察万用表的测量数值是否显著变小，甚至变为 0。

如图 3-28 所示为组合好的偏置电源和万用表，用于不吹下场管时测量其好坏。

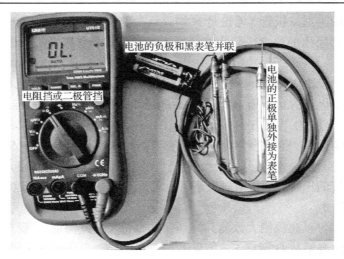

图 3-28　组合好的偏置电源和万用表

3.5.9　场管的型号识别

在实践中，我们常常需要明确场管的具体参数，通过查看任意场管数据表不难发现，场管实际上具有很多电学参数，但其中最重要的只有两个：最大允许 DS 压降（Drain-Source Voltage），本书简称"最大压降"；雪崩电流（Avalanche Current、Drain Current）。单纯从开关的角度来说，场管的"最大允许 DS 压降"类似于二极管的"最大反向电压"，而"雪崩电流"类似于二极管的"最大整流电流"。

在开关电源中，最常见的场管型号为"INVV"：I 为一位数字，代表其"雪崩电流"；VV 为两位数字，代表其"最大允许 DS 压降"。如最常见的 2N60，2 代表其"雪崩电流"为 2.0A，60 代表其"最大允许 DS 压降"为 600V。又如 12N60，12 代表其"雪崩电流"为 12.0A。

若型号中的数字与"雪崩电流"和"最大允许 DS 压降"的数值没有特别明显的对应关系，则读者应该通过查阅其数据表来明确其参数信息。

3.6　电感与变压器

在 ATX 电源中，电感是一类极其重要却又很难被理解的元件。相对于其他用电器而言，ATX 电源实际上属于电感性负载（当然还对应有电阻性负载和电容性负载）。因此，对电感的学习，是 ATX 电源学习中的重中之重，这个关系到对整个电能转换过程的深入理解。

电感实际上由直导线绕制而成。根据其绕制形成的空腔中是否有附加有磁芯，又可分为有磁芯电感和无磁芯电感两种。磁芯也是一种"导体"，只不过它跟我们常见的金、银、铜、铁、铝这些传递电流（电场）的导体不同，它是用来传递磁（场）的导体。显然，磁芯的加入，一定是为了提高电感的某种性能。

接下来，我们将逐步地认识电感，提出与电感有关的概念，并解释其在电路中的作用。

对于任何事物而言，决定其性质的都是其结构。因此，我们必须首先分析一下电感的结构。对于电感而言，我们几乎不用考虑其中的磁芯（外形及材质）。电感的空间结构才是我们所关注的。决定电感空间结构的因素是其绕制过程。

3.6.1　电感线圈的绕制

请读者准备一根铜线及铅笔粗细的棒体，发挥想象力，实际地手工绕制若干电感，并分析它们的相同点与不同点。

我们将依据图 3-29 所示定义的方位和方向（起绕点、结束点、观察方向、环绕观察方向从左至右、环绕观察方向从右至左）来分析这个实际绕制过程。

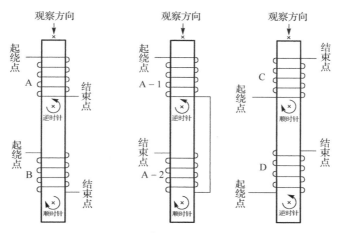

图 3-29　绕制的方位和方向

在实际绕制铜丝时，既可以围绕棒体先绕过棒体的上侧再绕过棒体的下侧（如 A、C）绕制，也可以围绕棒体先绕过棒体的下侧再绕过棒体的上侧（如 B、D）绕制；既可以从起始点开始顺着观察方向沿着棒体延伸绕制（如 A、B），也可以从起始点开始逆着观察方向沿着棒体延伸绕制（如 C、D）。

可见，在绕制电感时，实际上有两个方向的选择问题：先绕棒体的上侧（下侧），再绕棒体的下侧（上侧）；相对于观察方向的延伸方向（顺着棒体、逆着棒体）。根据排列组合，不难得出在同一根棒体上，只能绕制出 4 种不同的线圈，我们将其命名为 A、B、C、D。

那么，按照不同的方向绕制出来的 A、B、C、D 这 4 个电感的结构是否彼此不同呢？

经过仔细对比后可以发现，电感 A 和电感 D 能够重合，这说明两者本质是一样的，不论绕制时两个方向如何选择，相对于观察方向而言（从磁芯的上端往下端看），电感 A 和电感 D 都是"逆时针"绕制在磁芯上的。同样，经过仔细对比后也可以发现，电感 B 和电感 C 也能够重合，这说明两者本质上也是一样的，不论绕制时两个方向如何选择，相对于观察方向而言，电感 B 和电感 C 都是"顺时针"绕制在磁芯上的。但电感 A（电感 D）和电感 B（电感 C）无论如何也无法重合，可见，两者在结构上虽然极其类似但是具有本质的区别。

实际上，电感 A（电感 D）和电感 B（电感 C）这两类根据不同的绕制方向而得到的电感，可以最后根据线圈相对于观察方向的绕制方向被区分为顺时针绕制而成的电感和逆时针绕制而成的电感。

综上所述，在使用直导线绕制电感时，无论如何绕制，最后只能得到两类电感。并且可以最终根据相对于观察方向而言是顺时针绕制还是逆时针绕制，将所有的电感分为电感 A（电感 D）和电感 B（电感 C）两类。对于电感 A（电感 D）而言，是相对于观察方向"逆时针"

绕制到磁芯上的；对于电感 B（电感 C）而言，是相对于观察方向"顺时针"绕制到磁芯上的。这种绕制方向的不同，决定了电感线圈的本质不同。

具体到变压器，绕制在同一个磁芯上的全部电感线圈，也可以根据其绕制方向的不同（顺时针或逆时针）被区分为两种——顺时针电感线圈和逆时针电感线圈。我们可以人为地规定从变压器有引脚一侧到无引脚一侧为我们的观察方向，反之亦然。总之，在规定好观察方向的前提之后，就能够判断出具体变压器上的具体电感到底是属于顺时针电感还是逆时针电感了。

最后，明确电感线圈结构的目的，是为了引入"同名端"和"异名端"的概念。"同名端"和"异名端"与"正激"和"反激"的概念有着内在的本质联系。

3.6.2　电感线圈的自感

在前面的内容中，我们详细地分析了电感的绕制，并将电感按照绕制过程的不同，区分为两类结构上本质不同的电感。对于任何事物而言，结构才是决定性质的根本因素。因此，对电感结构的分析是非常有意义的。

按照结构决定性质的规律，我们可以进行如下合理猜想：顺时针电感线圈和逆时针电感线圈在实际电路中应该有不同的表现。那么，这种表现的具体形式是什么呢？答案当然是其在电磁感应过程中的表现。

实际上，电感还有一个比较通俗的名字——扼流圈。"扼"就是限制的意思，"流"是指电流，两者合起来就是限制电流变化的意思。换句话说，当有电流试图通过电感时，电感虽然不能阻止电流的通过，却能够对流过的电流产生某种限制作用。

这种限制作用实际上发生在两个时间段。当电感中的电流从无到有时，电感会令通过其中的电流不至于很快地增大到最大值；当电感中的电流从有到无时，电感会令通过其中的电流不至于很快地减小到最大值（0）。

我们重点分析电感中的电流从无到有的情况，以此为例来说明电感的自感现象。

"当电感中的电流从无到有时，电感会令通过其中的电流不至于很快地增大到最大值。"

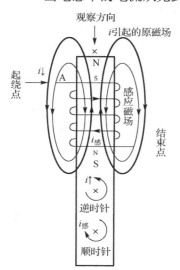

图 3-30　电感的自感现象

这句话表达了一个基本事实，即作为基本元件的电感，跟电阻一样，也是一种对电流具有阻碍作用的元件。那么，电感对电流的阻碍和电阻对电流的阻碍有何区别呢？

实际上，只要在电阻的两端加上电压，就会在电阻中流过恒定的电流，这是欧姆定律所描述的基本电学规律。但是电感是由良好的导体制造的，其线材的电阻可以小到被忽略（使用足够粗的线材）的程度。换句话说，电感对电流的阻碍，就算是跟电阻对电流的阻碍在效果上相同（实际上既有相同点也有不同点），但根本就不是一回事。

电感对电流的阻碍，更主要是基于电感的自感现象，如图 3-30 所示。

设电流 i（从 0 开始不断增大）从电感 A 的起绕点流入电感。此时，电感 A 变为通电螺线管，电感 A 会等价于一个条形磁铁。根据"右手螺旋定则"（此定则用于根据流过通电螺线管的电流方向来判断等价条形磁铁的磁场方向），将四指沿着电流的环绕方向（从观察方向看，电流为逆时针绕向）抓握住磁芯，拇指所指的方向（电感 A 的上端）就是电流 i 在磁芯中产生的磁场的方向（图 3-30 中的大 N 和大 S）。即电感 A 的上端等价于条形磁铁的 N 极，作为通电螺线管的电感 A 的下端等价于条形磁铁的 S 极。我们把由 i 直接产生的磁场称为"原磁场"。

当原磁场产生之后，其磁场强度会随着电流 i 的增大而增大。即由电流 i 产生的原磁场实际上是一个逐渐增大的磁场，而且这个增大的趋势会一直保持到 i 达到其最大值 i_{max} 为止——当 i 达到其最大值 i_{max} 之后，原磁场的磁场强度也达到其最大值。可见，由流经电感 A 的电流 i 产生并最后维持的原磁场的强度实际上是由 i_{max} 的大小来决定的，并且最后得到的原磁场处于一种稳定的不再变化的状态。

在电流 i 由 0 增大到 i_{max} 的这段时间中，原磁场一直在增大。对于电感 A 而言，尽管原磁场是由于流经其自身的电流 i 产生的，但电感 A 仍然还是一个处于原磁场中的导体。而根据"楞次定律"，对于处于变化的磁场中的导体，必会感应出一个阻碍该变化磁场的变化的感应磁场。对于电感 A 而言，原磁场（在不断增大）就是变化的磁场，在电感 A 中，就应该产生一个阻碍原磁场变化的感应磁场，而这个感应磁场应该阻碍原磁场的变化。

那么，在电感 A 中，需要产生一个什么样的感应磁场才能够阻碍原磁场的变化呢？因为原磁场实际是不断增大的，因此，感应磁场必须能够使原磁场的磁场强度减小才能够阻碍原磁场的变化。而要达到这个效果，对于电感 A 而言，其产生的感应磁场的上端就只能等价于条形磁铁的 S 极，电感 A 的下端等价于条形磁铁的 N 极（图 3-30 中的小 S 小 N）。因为只有这样，感应磁场才有可能抵消原磁场的强度，原磁场增大的趋势才有可能被阻碍。

这里补充一句，磁场是有方向的矢量，如果矢量的方向不同，叠加后的效果即最后的磁场方向是绝对值较大的那个矢量的方向。具体到电感 A 而言，原磁场（它的强度较大）的方向自下而上，感应磁场（它的强度较小）的方向自上而下，两者叠加之后电感 A 的上端还是等价于条形磁铁的 S 极，电感 A 的下端还是等价于条形磁铁的 N 极，但这是感应磁场已经抵消了原磁场之后的总结果。

到这里，我们已经明确了电感 A 在发生自感时所产生的感应磁场的方向：上 S 下 N。接下来，我们继续根据感应磁场的方向去推断感应电动势（电感 A 的自感电动势）的方向。使用到的物理法则是"右手螺旋定则"。

事实上，我们在之前的分析中就已经使用过一次"右手螺旋定则"，用于判断电流 i 在电感 A 中产生的原磁场的方向。这是在已知电流的情况下判断未知磁场方向。而对于感应磁场而言，与之正好相反，是在已知磁场方向的情况下判断未知电流（实际上是感应电流）方向。同理，右手大拇指向下（指向感应磁场的 N 极），四指的方向就是感应电流（$i_感$）的方向。

可见，当自感发生时，感应电流（自感现象中的感应电流并不是真实的电流，但其效果却真实存在）的方向与流经电感 A 的电流方向相反。这意味着电流 i 受到了阻碍，虽然 i 不断增大，但在感应电流的抵消下需要花费更多的时间才能增大到最大值。因此，电感本质上一定与时间有关。

接下来，我们再分析电流 i 由大变小到 0 的情况，如图 3-31 所示。

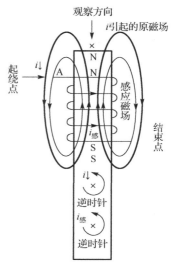

图 3-31　电流 i 由大变小到 0

　　当 i 减小时，原磁场的磁场强度减小，电感 A 中的自感磁场应该阻碍原磁场的减小，因此，感应磁场的上端为 N，下端为 S，只有这样，原磁场在感应磁场的叠加下才能够有可能保持强度不减小。根据"右手螺旋定则"，要在电感 A 中产生上 N 下 S 的感应磁场，就应该有相对于观察方向逆时针的感应电流（与 i 的方向相同）。

　　可见，当自感发生时，感应电流的方向与流经电感 A 的电流方向相同。这意味着电流 i 受到了阻碍，虽然 i 不断减小，但在感应电流的叠加下需要花费更多的时间才能减小的 0。

　　综上所述，自感现象表现为当流经电感的电流变大时，电流需要更长的时间才能够变大（电能转化为磁场能的电感充能过程），当流经电感的电流变小时，电流也需要更长的时间才能够变小（磁场能转化为电能的释能过程）。可见，自感本质上是一个电能与磁场能之间的能量转换过程，并且是一个与电流 i 及时间都有关的物理量。

　　在前文中，我们还指出电感与电阻对电流的阻碍在效果上既有相同点也有不同点。至此，也可以更明确地指出：两者的相同点在于都会对电流的传导产生阻碍作用，不同点在于电阻在阻碍电流的同时会消耗电能（电能会被电阻消耗为热量而损耗），而电感并没有消耗电能，仅仅是将一部分电能以磁场的形式储存了起来。

　　电感 B 的分析过程与电感 A 的基本相同，本书不再赘述。

3.6.3　电感线圈的互感与同名端、异名端

　　在 3.6.2 节中，我们介绍了电感的自感现象。在自感中，作为分析对象的电感数量只有一个，而在互感中，作为分析对象的电感数量则至少为两个。自感和互感都是电感线圈在电磁感应现象中的具体现象，两者并没有本质的区别。

　　单个电感的自感或多个电感之间的互感常被人们用来实现变压，即在真实的变压器中，既有利用自感进行变压的变压器，也有利用互感进行变压的变压器。

　　接下来，我们详细地分析两个电感之间的互感现象，如图 3-32（清晰大图见资料包第 3 章/图 3-32）所示。

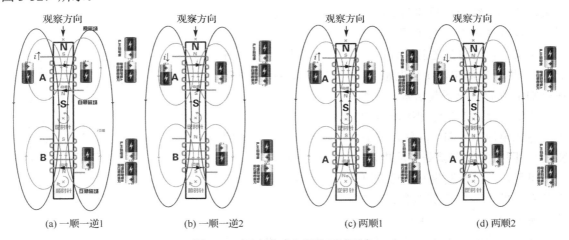

　　　(a) 一顺一逆1　　　　　(b) 一顺一逆2　　　　　(c) 两顺1　　　　　(d) 两顺2

图 3-32　两个电感之间的互感现象

　　因为电感分为顺时针电感和逆时针电感，当选取两个电感分析其互感现象时，电感的组合情况存在 3 种可能。

（1）两个电感都是顺时针电感。

（2）两个电感都是逆时针电感。

（3）一个电感是顺时针电感，另一个电感是逆时针电感。

图 3-32 中（a）、（b）对应第（3）种情况：电感 A 为顺时针电感，电感 B 为逆时针电感。图 3-32 中（c）、（d）对应第（1）种情况（第（2）种情况与第（1）种情况的分析过程雷同）：两个电感（图中为电感 A，若选为电感 B 则其分析过程雷同）都是顺时针电感。

在图 3-32（a）、（c）中，我们令电流 i（从 0 开始增大）从电感 A 的起绕点流入。在图 3-32（b）、（d）中，我们令电流 i（从最大值减小为 0）从电感 A 的起绕点流入。换句话说，我们人为地将位于磁芯上端的电感 A 选定为变压器的初级绕组，将位于磁芯下端的电感作为变压器的次级绕组。令电流 i 从 0 开始增大，对应着开关管处于打开状态，交流市电 220V 开始输入到变压器中；令电流 i 从最大值减小为 0，对应着开关管处于关闭状态，交流市电 220V 停止输入到变压器中。

以下是图 3-32（a）的详细分析过程。

当电流 i（从 0 开始增大）流入电感 A 后，在整个磁芯中产生上 N 下 S 的原磁场。对于作为初级线圈的电感 A 和次级线圈的电感 B 而言，均处于逐渐增大的原磁场中，必然会在电感 A 和电感 B 中产生感应磁场。在电感 A 中，会产生一个与原磁场方向相反的自感磁场，在电感 B 中也会产生一个与原磁场方向相反的互感磁场。可见，对于电感 A 而言，造成其自感磁场的原因是电感 A 自身，而对于电感 B 而言，造成其互感磁场的原因是电感 A，这就是互感和自感的根本区别与本质性质。

在已知自感磁场和互感磁场的方向之后，我们就可以根据"右手螺旋定则"来判断在电感 A 中产生的自感电流和在电感 B 中产生的互感电流的方向。

要在电感 A 中产生相对于观察方向顺时针绕向的自感电流，就意味着电感 A 中的自感电动势的方向上端为正，下端为负。此时，具有自感电动势的电感 A 事实上就变成了一个电源（可以类比为电池）。因此，自感的直接结果是令电感 A 变成了一个电源，而且是一个与产生 i 的电源正正相连的电源，这不正是充电电池在正常充电时的连接形式吗？

要在电感 B 中产生相对于观察方向顺时针绕向的互感电流，就意味着电感 B 中的自感电动势的方向上端为负，下端为正。此时，具有互感电动势的电感 B 事实上也变成了一个电源（可以类比为电池）。因此，互感的直接结果是令电感 B 也变成了一个电源，而且是一个与产生 i 的电源正负相连的电源，这不正是多节电池的串联放电的连接形式吗？

以下是图 3-32（b）的详细分析过程。

当电流 i（从最大值减小为 0）流入电感 A 后，在整个磁芯中产生上 N 下 S 的原磁场。对于作为初级线圈的电感 A 和次级线圈的电感 B 而言，均处于逐渐减小的原磁场中，必然会在电感 A 和电感 B 中产生感应磁场。在电感 A 中，会产生一个与原磁场方向相同的自感磁场，在电感 B 中也会产生一个与原磁场方向相同的互感磁场。

利用"右手螺旋定则"分别判断出电感 A 和电感 B 中的感应电流的方向。

要在电感 A 中产生相对于观察方向逆时针绕向的自感电流，就意味着电感 A 中的自感电动势的方向上端为正，下端为负。此时，具有自感电动势的电感 A 事实上就变成了一个电源（可以类比为电池）。因此，自感的直接结果是令电感 A 变成了一个电源，而且是一个与产生 i 的电源正负相连的电源，这不正是多节电池的串联放电的连接形式吗？

要在电感 B 中产生相对于观察方向逆时针绕向的互感电流，就意味着电感 B 中的自感电动势的方向上端为正，下端为负。此时，具有互感电动势的电感 B 事实上也变成了一个电源（可以类比为电池）。因此，自感的直接结果是令电感 B 变成了一个电源，而且是一个与产生 i 的电源正正相连的电源，这不正是充电电池在正常充电时的连接形式吗？

图 3-32（c）、(d) 的详细分析过程与图 3-32（a）、(b) 的分析过程雷同，不再赘述。

在图 3-32（c）中，无论是自感中的电感 A 还是互感中的电感 A，其结果是两个电感 A 都变成了电源，而且是一个与产生 i 的电源正正相连的电源，这不正是充电电池在正常充电时的连接形式吗？

在图 3-32（d）中，无论是自感中的电感 A 还是互感中的电感 A，其结果是两个电感 A 都变成了电源，而且是一个与产生 i 的电源正负相连的电源，这不正是多节电池的串联放电的连接形式吗？

综上所述，笔者详细地分析了互感过程中初级线圈和次级线圈在电流 i 增大和减小两种情况时的感应电动势的具体方向，并将其类比为电源/电池。之所以进行这样的类比，是因为对电感的学习，不可能绕过对基本电学定律的掌握，但是，对于理论基础相对薄弱的维修人员而言，却带来了很大的理解困难。因此，笔者根据初级线圈和次级线圈在电磁感应过程中的实际效果（感应电动势），在介绍理论知识的同时，也有意识地进行分析过程的简化和分析结果的形象化。

更为重要的，在将自感电动势或互感电动势与输入电源之间的关系被形象化为"电池的串联"和"充电电池的充电"之后，即可以很好地理解电感是通过"充电/放电"的过程来完成换能的，更可以帮我们引出彼此互感的两个线圈有关的重要概念：互感电感的同名端和异名端。

我们先分析一下同名端和异名端这两个词。

"同名""异名"通俗地说就是"具有相同的名字""具有不同的名字"。"端"就是指凸起状的事物，显然，在电感中，只能是指电感的两端。

如果我们用"具有相同的名字"和"具有不同的名字"这两个短语去区分事物，那么显然只能针对两个或多个事物。例如，"张三"和"李四"是两个不同的名字，我们只能说"张三"和"李四""具有不同的名字"，但我们不能说"张三""具有不同的名字"，也不能说"李四""具有相同的名字"，等等。

我们再针对两个电感的两个"起绕点"和"结束点"（共四个"端"点）来进行分析。有没有这种可能，在互感过程中，这四个端点可以分为两类，其中的一类端点被称为"同名端"，另外一类端点被称为"异名端"？事实的确如此。

我们先看图 3-32（a）、(b) 的两个电感，当电感 A 的自感电动势上端为正时，电感 B 的互感电动势下端为正，而当电感 A 的自感电动势上端为负时，电感 B 的互感电动势下端为负。那么我们能不能将两个电感在电磁感应过程中都为正的端（或都为负的端）称为同名端呢？即电感 A 的起绕点和电感 B 的结束点为同名端，电感 A 的结束点和电感 B 的起绕点也为同名端，电感 A 的起绕点和电感 B 的起绕点为异名端，电感 A 的结束点和电感 B 的结束点为异名端。

我们先看图 3-32（c）、(d) 的两个电感，当上面的电感 A 的自感电动势上端为正时，下面的电感 A 的互感电动势上端为正，而当上面的电感 A 的自感电动势上端为负时，下面的电感 A 的互感电动势上端为负。同理，我们也可以将这两个电感在电磁感应过程中都为正的端（或都为负的端）称为同名端，即上面的电感 A 的起绕点和下面的电感 A 的起绕点为同名端，上面的电感 A 的结束点和下面的电感 A 的结束点也为同名端，上面的电感 A 的起绕点和下面的电感 A 的结束点为异名端，上面的电感 A 的结束点和下面的电感 B 的起绕点为异名端。

以上即是电感的"同名端"和"异名端"的概念。

从分析过程不难看出，"同名端"和"异名端"与电感本身是密切相关的。对于同类电感而言（顺时针、逆时针），其两个起绕点和两个结束点就是"同名端"，而一个电感的结束点（起绕点）和另一个电感的起绕点（结束点）就是"异名端"。而对于不同的电感而言，顺时针电感的起绕点和逆时针电感的结束点是"同名端"，顺时针电感的结束点和逆时针电感的起绕点也是"同名端"。

综上所述，要对两个互感电感的四个端进行"同名端"或"异名端"的区分，有两个方法：一个是根据电感的绕制方向，先将其区分为顺时针电感或逆时针电感后判断；另一个是引入一个用来激发自感电动势和互感电动势的原磁场，并通过某种方法实测出自感电动势和互感电动势的方向后判断。

对于具体变压器而言，要搞清楚其初级线圈和次级线圈的绕制方向往往需要进行破拆，这显然限制了"方法一"的使用。因此，如何根据 ATX 电源中的开关变压器的特点，设计一个方便实用的电路来通过"方法二"来实现"同名端"或"异名端"的区分才是有价值的。

对于实际维修而言，掌握"同名端"或"异名端"的区分方法有着现实意义。因为这是手工绕制变压器的必要知识储备。

3.6.4　实际变压器同名端、异名端的判断

在 3.6.3 节中，我们详细地分析了两个电感线圈之间所发生的互感现象，将两个电感（初级线圈和次级线圈）上产生的感应电动势类比为电池，然后根据电池电动势的方向与初级线圈输入电源的电动势的方向相同或不同，提出了"电池的串联"（两个电动势方向相同）和"充电电池的充电"（两个电动势方向不同）这两个等价模型，最后引出了变压器"同名端"或"异名端"的概念。

接下来，笔者打算拆解一个实际的变压器，准备仅通过肉眼观察判明该变压器绕组的"同名端"或"异名端"，如图 3-33 所示。

这是一个 3842 核心的 48V 电动车充电器所使用的开关变压器。3842 是一款经典的单端反激他励 PWM 芯片，因此，该变压器也必然是一款反激变压器。在前面的内容中，我们已经介绍过"正激"和"反激"的概念，这里不再赘述。

该变压器共四个电感线圈，分五圈绕制。

这四个线圈分别是初级绕组（第三圈、第五圈），反馈绕组（第二圈），工作绕组（第一圈），主输出绕组（第四圈）。特别注意，反馈绕组、工作绕组、主输出绕组都是次级绕组，只是功能有所区别。

笔者规定，从左到右为观察方向。

我们先观察初级绕组。这是一个顺着观察方向逆时针缠绕在磁芯上的电感线圈，因此，它是一个逆时针电感。电感的起点和终点是在我们规定好观察方向根据其延伸方向后观察得出的，与该电感在变压器中的具体作用是没有任何关系的，这一点，请读者特别注意。

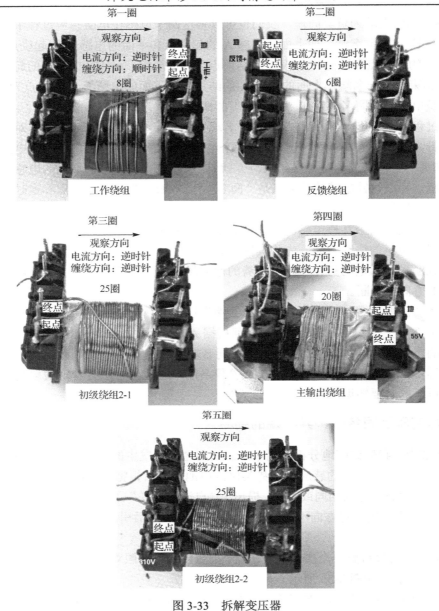

图 3-33　拆解变压器

我们依次观察其他电感，明确其电感的类型（顺时针电感、逆时针电感）、起点、终点，并将其标注在实物图中。

在四个电感中，有三个是顺时针电感（初级绕组、反馈绕组、主输出绕组），有一个是逆时针电感（工作绕组）。

对于同为顺时针电感的初级绕组、反馈绕组、主输出绕组而言，其三个起点和三个终点就是"同名端"。对于类型不同的初级绕组与工作绕组而言，初级绕组的起点与工作绕组的终点就是"同名端"。

接下来，我们结合该变压器各个引脚的具体功能来验证我们的判断。

初级线圈的起点直通全桥正极（310V），当开关管由截止变为导通（励磁电流由小变大时）

后，将产生起点为正、终点为负的感应电动势。在同一时刻，必然在三个次级绕组中产生相应的感应电动势。

对于工作绕组而言，其终点与初级绕组的起点为同名端。因此，工作绕组中会产生终点为正、起点为负的感应电动势。此时，外接在工作绕组起点的整流二极管处于反向偏置的状态，是截止的。由市电 310V 输入的电能会以磁场能的形式储存在变压器中。工作绕组并不会向下级电路输出电能。

对于反馈绕组而言，其起点与初级绕组的起点为同名端。因此，在反馈绕组中会产生起点为正、终点为负的感应电动势。此时，外接在反馈绕组终点的整流二极管处于反向偏置的状态，是截止的。由市电 310V 输入的电能会以磁场能的形式储存在变压器中。反馈绕组并不会向下级电路输出电能。

对于主输出绕组而言，其起点与初级绕组的起点为同名端。因此，在主输出绕组中会产生起点为正、终点为负的感应电动势。此时，外接在主输出绕组终点的整流二极管处于反向偏置的状态，是截止的。由市电 310V 输入的电能会以磁场能的形式储存在变压器中。主输出绕组并不会向下级电路输出电能。

总之，变压器的三个次级绕组实际上都处于截止的状态，变压器在充电（充能）。

当开关管由导通变为截止（励磁电流由大变小时）后，四个绕组中的感应电动势必将反向。这意味着外接在工作绕组起点的整流二极管、外接在反馈绕组终点的整流二极管、外接在主输出绕组终点的整流二极管将结束其反向偏置，因正向偏置而导通，对外输出电能。

3.6.5　变压器的结构

变压器是一种由磁芯和电感线圈构成的换能（电能—磁能—电能）元件。

变压器通常由以下几部分构成。

1．骨架

变压器的骨架通常由耐高温的塑料制成。它实际上起一个基础结构的作用，便于电感线圈的缠绕、磁芯的装配、绝缘胶带的缠绕、焊接引脚的布置及引出。

2．磁芯

变压器的磁芯通常由铁氧磁体或钴磁体制成。无论其为双 E 对接形还是 EI 对接形，磁芯都应该具有封闭环状回路结构，如图 3-34 所示。

这种封闭环状回路结构是由电生磁（电能转换为磁能）的效果所希望的：磁芯在物理上的环状回路结构有助于磁场回路的形成。换句话说，磁芯的这种物理结构，有利于电能向磁能的转换（更快）及储存（更多）过程。

图 3-34　磁芯

3．电感线圈

电感线圈用铜丝（单根或多根）作为材质，铜丝外层已经用绝缘漆处理。在变压器中，所有的电感线圈（数量在大多数时会多于两个）都可按照电能的输入（从电源输入变压器）、输出（从变压器输出到负载）的方向被区分为两类。

一类是属于电能输入方向一侧的"初级线圈"，另一类是属于电能输出方向一侧"次级线圈"（即"负载线圈"）。

对于初级线圈来说，尽管在实物上通常由两段独立的铜丝分"最内"和"最外"两层分别缠绕而成，但从物理学的本质上看，其数量还是一个。对于次级线圈而言，其数量至少有一个，但是这个线圈也可以采用多段独立的铜丝分层缠绕而成。具有"中间抽头"的次级线圈就是通过这种缠绕工艺实现的。一个变压器可以有多个独立的次级线圈。

辅助变压器还具有用于反馈的"反馈线圈"，"反馈线圈"与"次级线圈"从本质上来说并没有任何区别。但是"反馈线圈"所驱动的并不是通常的负载。因此，一般都根据其功能的独特性（用于反馈），将"反馈线圈"单独归类。

综上所述，"初级线圈"和"次级线圈"是对变压器中线圈的一种抽象分类，彼此独立的次级线圈的数量，以及具体的次级线圈所具有的"中间抽头"的数量都需要具体问题具体分析。而"反馈线圈"则是一种用于反馈的特殊的"次级线圈"。

4．黄色绝缘胶带

变压器电感线圈使用的每一段铜丝，都是逐层单独缠绕在骨架上的，当缠绕完一段铜丝后，还需要使用黄色绝缘胶带覆盖缠绕，然后再缠绕下一段铜丝。通过黄色绝缘胶带的隔离，可使处于相对内层的铜丝与处于相对外层的铜丝彼此绝缘。

5．焊接引脚

可以通过变压器拥有的焊接引脚的数量及位置，以及焊接引脚上的铜丝数量，综合判断该变压器的引脚归属及分组。即哪些引脚属于初级绕组，哪些引脚属于次级绕组。

还可以使用带有相对测量功能的万用表的电阻挡，通过测量各引脚间真实电阻的阻值，来粗略判断其缠绕的匝数、位于外层还是内层，进一步明确其内部的物理缠绕详情。

3.6.6 ATX 电源用变压器的种类及功能

读者应首先自己动手拆解若干 ATX 电源外壳以便观察、归纳实物 ATX 电源主板上所使用的变压器的数量及外观形态。通过观察和归纳后不难发现，ATX 电源通常具有 2 个（一大一小）或 3 个（一大一中一小）大小不一的变压器。

ATX 电源的功能是，将高压交流市电 220V 转换为多组低压直流输出供给计算机主板使用，ATX 电源要实现上述功能，就必然具有从 220V 到低压的降压功能。因此，ATX 电源必然具备某种以"降压"为其主要功能的电路。而说起降压（与升压一起，构成电压调制的两个方向），就不得不让人联想起最为常见的降压元件"变压器"。

换句话说，我们仅仅从单纯逻辑推理的角度出发，就能够得到降压型"变压器"，并且它很有可能会作为核心的降压元件而被应用到 ATX 电源中。实际上，无论是从电学原理，还是从换能性能、可靠性、生产成本、历史原因等多个方面的考虑，使用"变压器"作为降压元件，都是电源（包括但不仅限于 ATX 电源）的不二选择。我们在观察 ATX 电源电路板的过程中不难发现若干个变压器，有理由推断这些或大或小的变压器中应该就有一个是用于将交流市电 220V 转换为多组低压直流输出的核心降压元件。

接下来，我们再思考一个问题：众所周知，ATX 电源是为主板供电的电源，那么 ATX 电源本身是否需要供电？如果需要供电，那么谁又为 ATX 电源供电？之所以提出这个看似无意义的问题，是因为在绝大多数情况下，我们都会忽略电源本身工作所需要的电源。

换句话说，对于不了解 ATX 电源底层工作原理的初学者而言，我们往往忽视 ATX 电源本身也包含有用电器的因素。将对 ATX 电源的认识提高到芯片级水平的过程，恰恰就是开始于建立起"电源的电源"的概念。在有了"电源的电源"的概念之后，我们才能进一步深入学习。

我们换一种表达方式再次强调这个问题。

我们都知道，任何电路的工作都离不开电源，在一切他励开关电源中，他励 PWM 的芯片也是需要某种供电的。所谓电源的电源，就是指为他励回路供电的电源。具体到 ATX 电源，它就是 ATX 电源中的辅助电源。总之，ATX 电源实际上包括两个电源：一个是由他励源控制的主回路电源；另一个是为他励源供电的电源，即辅助电源。

通过观察和归纳后不难发现，ATX 电源只有唯一的交流市电 220V 电源输入接口，因此，辅助电源一定也是以交流市电 220V 作为其电能来源的。那么，辅助电源的大概输出情况如何呢？这可以通过对其服务对象（他励源）的观察来明确。

我们以最常见的他励 PWM 芯片 TL494（德州仪器产）为例，推测一下辅助电源的输出。其数据表中载明的供电电压如图 3-35 所示（数据表第 3 页）。

Recommended Operating Conditions 推荐工况

		最小	最大	单位
		MIN	MAX	UNIT
V_{CC}	Supply voltage 供电电压	7	40	V

图 3-35　载明的供电电压

最小为直流 7V，最大为直流 40V，总之，这也是一个低压直流供电。可见，辅助电源与主回路一样，也需要实现一个降压的功能。与主回路一样，辅助电源也是使用变压器作为降压的核心元件的，笔者称之为"辅助（脉冲）变压器"。

在具有 3 个变压器的双管半桥拓扑 ATX 电源中，还有一个与辅助变压器大小接近的变压器。笔者将这个变压器命名为"驱动（脉冲）变压器"。驱动变压器是直接驱动开关管及主变压器进行换能的元件。

3.6.7　辅助变压器

如图 3-36 所示为某 ATX 电源辅助变压器实物图。我们将通过万用表实测及拆解，逐步明确此辅助变压器的物理结构。

辅助变压器的宽度介于主变压器与驱动脉冲变压器之间（"一大一中一小"中的"一中"）。

我们首先观察这个辅助变压器（EE19 型），它是一个双列直插式引脚的变压器。

这个变压器的骨架本可容纳更多的焊接引脚，但有的焊接引脚并没有安装。而在已经安装的焊接引脚中，还有一个短脚（其他为可以插透主板的长脚）。

我们首先对其脚位自定义一个脚位序号，仅供方便在讲解时使用。

首先，我们使用万用表的二极管通断挡来判断这个变压器一共具有几个电感线圈。

一表笔接 1 脚，另一表笔依次划过剩余所有长短脚，发现接 2、3 脚时万用表蜂鸣，判定 1、2、3 脚为一组。

在剩余引脚中任意选定一脚（笔者选定的是 4 脚），接一表笔，另一表笔依次划过剩余所有长短脚，发现接 7、8 脚时万用表蜂鸣，判定 4（短脚）、7、8 脚为一组。

图 3-36　辅助变压器实物图

至此，还有剩余的两脚（5、6）未判断。

两表笔分别接 5、6 脚，万用表蜂鸣，判定 5、6 脚为一组。

综上所述，此辅助变压器实际上由 3 个独立的电感线圈构成。

接下来，我们将通过观察及测量电感线圈的真实电阻值这两个方法来分析 1、2、3 脚这组电感线圈，试图推测出其在骨架内部的缠绕情况。

通过观察，我们发现 1 脚上焊接有一股细铜丝、2 脚上焊接有一细两粗共三股铜丝、3 脚上焊接有两股粗铜丝。我们可以推测，1、2 脚之间为一段独立的细铜丝，2、3 脚之间为一段独立的两股粗铜丝，3 脚为两段独立铜丝的公共接点。

然后，将万用表置于电阻挡并短接红、黑表笔调零（数字万用表的"相对测量"功能）以排除表笔部分电阻的干扰。一表笔接 1 脚，一表笔接 2 脚，万用表显示 1、2 脚之间的电阻为 0.19Ω；一表笔接 1 脚，一表笔接 3 脚，万用表显示 1、3 脚之间的电阻为 0.21Ω；一表笔接 2 脚，一表笔接 3 脚，万用表显示 1、3 脚之间的电阻为 0.02Ω。我们发现，1、2 脚之间的电阻加 2、3 脚之间的电阻正好等于 1、3 脚之间的电阻。

综合观察和实测的结果，我们可以判定 1、2、3 脚这组电感线圈由两段独立的铜丝绕制而成：1、2 脚之间为一段（单股细铜丝），2、3 脚之间为一段（双股粗铜丝）。

我们再利用同样的方法和过程来分析 4、7、8 脚这组电感线圈。

通过观察，我们发现 4 脚上焊接有两股细铜丝、7 脚上焊接有一股细铜丝、8 脚上焊接有两股细铜丝。不同于前文中 1、2、3 脚这组电感线圈，4、7、8 脚这组线圈实际上有 2+1+2 共 5 个引出端。这是一个值得思考的问题，因为一段独立的铜丝只会有两个引出端，无论内部如何缠绕，其焊接在引脚上的引出端数量都应该是一个偶数而非奇数。而引出端呈现奇数的情况使我们无法仅通过观察来判断内部的绕制情况，同时也提示我们：此绕组在骨架内部肯定"另有乾坤"。

接下来测其电阻，发现 4、7 脚之间为 1.69Ω；7、8 脚之间为 4.12Ω；4、8 脚之间为 2.43Ω。我们发现，4、7 脚之间的电阻加 4、8 脚之间的电阻正好等于 7、8 脚之间的电阻。

综合观察和实测的结果，我们可以判定 4、7 脚这组电感线圈是由两段独立的铜丝绕制而成的：4、7 脚之间为一段（单股细铜丝），4、8 脚之间为一段（单股粗铜丝）。至此，我们已经明确了两段独立铜丝的 4 个引出端（4 脚上 2 个、7 脚上 1 个、8 脚上 1 个），而 8 脚上实际有两股细铜丝，这说明 8 脚上还连接有其他暂时未知结构的铜丝（我们会通过下面的拆解来进一步说明）。

我们再利用同样的方法和过程来分析 5、6 脚这组电感线圈。

通过观察，我们发现 5 脚上焊接有一股细铜丝、6 脚上焊接有一股细铜丝，实测其电阻为 0.08Ω。

将黄色的绝缘胶带撕开，拆开或砸碎磁芯，暴露出变压器的柱状缠绕部分。再依次将柱状缠绕部分的黄色绝缘胶带撕开，逐层明确此辅助变压器的电感线圈，如图 3-37 所示。

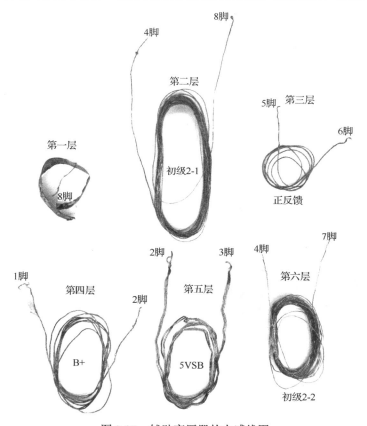

图 3-37 辅助变压器的电感线圈

第一层（最外层）：一个封闭的片状铜环，经铜线引出并焊接在 8 脚。

第二层：其阻值为 2.43Ω，是辅助变压器初级线圈的"外圈"部分，100 匝。

第三层：其阻值为 0.08Ω，是辅助变压器正反馈线圈，7 匝。

第四层：其阻值为 0.19Ω，是辅助变压器次级线圈中的 B+（其命名原因请参考 4.2.1 节）产生线圈，20 匝。

第五层：其阻值为 0.02Ω，是辅助变压器次级线圈中的 5V 产生的线圈，10 匝。

第六层：其阻值为 1.69Ω，是辅助变压器初级线圈的"内圈"部分，100 匝。

第一层的片状铜环显然既不是辅助变压器的初级线圈，也不是辅助变压器的次级线圈，它处于变压器的最外层，显然是一个用于屏蔽的抗干扰结构。第二层和第六层分别是辅助变压器初级线圈的"外圈"和"内圈"部分。可见，初级线圈实际上是分为两部分缠绕的。外圈的铜丝要长于内圈的铜丝，因此其阻值稍大。第四层为 B+，第五层为 5VSB，两者首尾相连，粗细不同。首尾相连说明 1、2、3 脚这组电感线圈实际上是一个具有中间抽头的电感线圈，2 脚即为其抽头，从整个感应电动势中截取出 5V 来。粗细不同，说明流经 1、3 脚的电流要小于流经 2、3 脚的电流，即 5VSB 的电流大于 B+的电流。

可以根据电感线圈的匝数来计算 B+及 5VSB 的输出电压，但计算结果均偏大，这是因为实际制造时需要考虑损耗的原因。

至此，我们已经完全明确了此辅助变压器的内部结构及绕制情况。

在图 3-36 中，笔者还标注了 B+、5VSB、冷地、正反馈电路、全桥负、开关管 D/C、全桥正等字样。这些都是笔者经过实际跑线之后对其含义（所外接的电路）的明确。在明确了辅助变压器的内部结构之后，还需要结合这些实际的定义进一步理解其工作原理，笔者将在本书的其他部分一一介绍。

3.6.8 脉冲驱动变压器

如图 3-38 所示为某 ATX 电源中的驱动变压器实物图。我们将通过万用表实测及拆解，逐步明确此辅助变压器的物理结构。

图 3-38 驱动变压器实物图

在有 3 个变压器的 ATX 电源中，它是中间的那一个，其宽度相对最小（"一大一中一小"中的"一小"）。

我们首先观察这个辅助变压器（EEL16 型），它和 3.6.7 节中的辅助变压器相同，也是一个双列直插式引脚的变压器。

这个变压器的骨架也可容纳更多的焊接引脚，但有的焊接引脚并没有安装。

我们仍然首先对其脚位自定义一个脚位序号，仅供在讲解时方便使用。

首先，我们使用万用表的二极管通断挡来判断这个变压器一共具有几个电感线圈（参考 3.6.7 节中的内容）。

最终发现此驱动变压器实际上由 3 个独立的电感线圈构成：1、4、5 脚为一组；2、3 脚为一组；6、7、8 脚为一组。

接下来，我们将通过观察及测量电感线圈的真实电阻这两个方法来分析这 3 组电感线圈，推测出其在骨架内部的缠绕情况。

通过观察，我们发现 1 脚上焊接有三股细铜丝、4 脚上焊接有一股铜丝、5 脚上焊接有四股细铜丝。我们可以推测，4、5 脚之间为一段独立的细铜丝，1、5 脚之间为一段独立的三股细铜丝，5 脚为两段独立铜丝的公共接点。

实测电阻：4、5 脚之间为 0.09Ω；1、5 脚之间为 0.01Ω；1、4 脚之间为 0.10Ω。我们发现，4、5 脚之间的电阻加 1、5 脚之间的电阻正好等于 1、4 脚之间的电阻。

综合观察和实测的结果，我们可以判定 1、4、5 脚这组电感线圈由两段独立的铜丝绕制而成：1、5 脚之间为一段（三股细铜丝），4、5 脚之间为一段（单股粗铜丝）。

我们再利用同样的方法和过程来分析 2、3 脚这组电感线圈和 6、7、8 脚这组电感线圈。下面仅列举实测的电阻数据：2、3 脚之间为 0.09Ω；6、7 脚之间为 0.36Ω；6、8 脚之间为 0.40Ω。

笔者不再用图示及文字标出各电感线圈的缠绕方式及各引脚定义，相关内容将在本书的其他部分介绍，请读者举一反三。

将黄色绝缘胶带撕开，拆开或砸碎磁芯，暴露出变压器的柱状缠绕部分。再依次将柱状缠绕部分的黄色绝缘胶带撕开，逐层明确此辅助变压器的电感线圈，如图 3-39 至图 3-42 所示。

第一层：1、5 脚之间，三股铜丝，2 匝。绕制方向为顺时针（判断绕制方向所依据的轴向方向为从带引脚一侧到不带引脚一侧）。

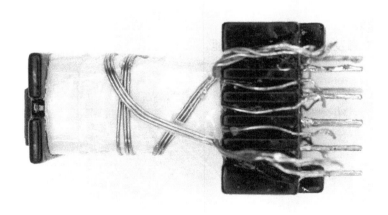

图 3-39　第一层

这个绕组使用了三股铜丝（其他绕组均为单股），这说明该绕组上的电流要远远大于其他绕组的电流。那么，流经此绕组的电流究竟是什么电流呢？这个电流实际上就是流经主开关管的电流，也就是流经主变压器初级绕组的电流。

第二层：4、5 脚之间，单股、10 匝。

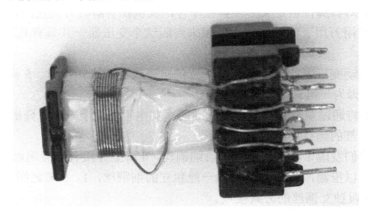

图 3-40　第二层

第三层：2、3 脚之间，10 匝。

图 3-41　第三层

第四层：6、7 脚及 6、8 脚之间，35 匝。

图 3-42　第四层

通过拆解此脉冲驱动变压器，我们不难发现该变压器除 1、5 脚之间绕组的其他绕组的特点。2、3 脚之间的绕组和 4、5 脚之间的绕组彼此"很像"（都是单股，10 匝），6、7 脚及 6、

8 脚之间的绕组就"更像"了（根本就是双股铜丝一起绕制后分别抽头）。

这 4 个绕组结构的相似性，也意味着其功能的相同。脉冲驱动变压器的作用是，将主回路的他励脉冲信号放大直接驱动主开关管。

脉冲变压器显然是通过 2、3 脚之间的绕组和 4、5 脚之间的绕组接收他励脉冲信号，经匝数更多的 6、7 脚及 6、8 脚之间的绕组输出更高的他励脉冲信号以驱动主开关管的。因此，2、3 脚之间的绕组和 4、5 脚之间的绕组属于初级绕组，6、7 脚之间的绕组和 6、8 脚之间的绕组则属于次级绕组。

请读者投入时间自学脉冲驱动变压器的拆解，以及摸索其外围电路，为驱动回路的学习做准备。

3.6.9　主变压器

如图 3-43 所示为某 ATX 电源中的驱动变压器实物图。我们将通过万用表实测及拆解，逐步明确此辅助变压器的物理结构。

图 3-43　驱动变压器实物图

主变压器是 ATX 电源中单体体积最大（"一大一中一小"中的"一大"）的元件，非常容易识别。

我们首先观察这个主变压器（EI33 型），它与 3.6.7 节中的辅助变压器、3.6.8 节中的脉冲变压器相同，也是一个双列直插式引脚的变压器。这个变压器的骨架本可容纳更多的焊接引脚，但有的焊接引脚并没有安装。而在已经安装的焊接引脚中，还有一个短脚（其他为可以插透主板的长脚）。笔者在实物图中已经自定义了脚位序号，仅供讲解时引用。

首先，我们使用万用表的二极管通断挡来判断这个变压器一共有几个电感线圈。最终发现此驱动变压器实际上由两个独立的电感线圈构成：1、2、3 脚为一组；4、5、6、7、8、9、

10 脚为一组。并且，每组电感线圈各自占据变压器的一侧。

当我们再次试图用测量各引脚间真实电阻的方法明确其内部缠绕结构式时，却发现遇到了很大的困难：各引脚之间排列组合的方式过多，测得的数据量显著增多，造成分析困难；各引脚间的电阻并无显著性差异，不容易通过对电阻的计算分析进而推断出电感线圈的互连顺序。换句话说，利用测量各引脚间真实电阻的方法虽可以明确辅助变压器和驱动变压器的内部结构，但在运用到主变压器时，有很大的困难。

因此，我们直接拆解。将黄色绝缘胶带撕开，拆开或砸碎磁芯，暴露出变压器的柱状缠绕部分。再依次将柱状缠绕部分的黄色绝缘胶带撕开，逐层明确此辅助变压器的电感线圈，如图 3-44 至图 3-50 所示。

第一层：1、2 脚之间，单股铜丝，20 匝。拆卸时向外，缠绕时向内（起点为 1 脚）。

第二层：1 脚，片状铜环，1 匝。

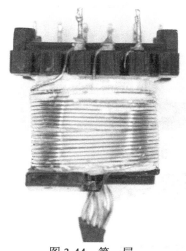
图 3-44　第一层

图 3-45　第二层

第三层：4（黄）、9 和 7（红，带套管）、5 脚之间，单股铜丝，4 匝。拆卸时向外，缠绕时向内（起点为 4、7 脚）。

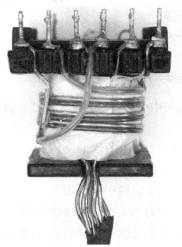

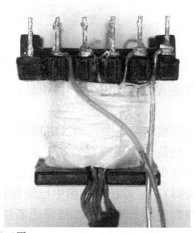

图 3-46　第三层

第四层：8、10 脚之间，两股铜丝，3 匝，拆卸时向外，缠绕时向内（起点为 8 脚）；9、10 脚之间，单股铜丝，3 匝，拆卸时向外，缠绕时向内（起点为 9 脚）。

第五层：6（双股）、7（单股）、10 脚之间，三股铜丝，3 匝，拆卸时向内，缠绕时向外（起点为 6、7 脚）。

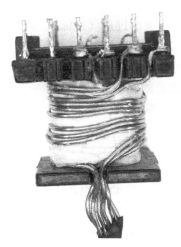

图 3-47 第四层

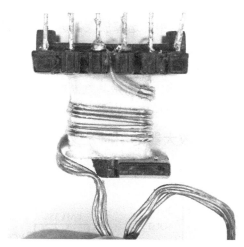

图 3-48 第五层

第六层：1 脚，片状铜环，1 匝。

第七层：2、3 脚之间，单股铜丝，20 匝，拆卸时向外，缠绕时向内（起点为 2 脚）。

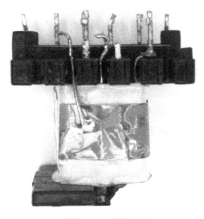

图 3-49 第六层

图 3-50 第七层

最后，介绍主变压器的规格（宽度）与输出功率的对应关系，优质主变压器的高度应该达到电源整体高度的一半以上，如表 3-4 所示。

表 3-4 主变压器的宽度与输出功率的关系

主变压器的宽度	对应输出功率	主变压器的宽度	对应输出功率
28mm	200W	35mm	250～300W
33mm	220W	39mm	300W

3.7　运算放大器

在 ATX 电源中，运算放大器是除 PWM 芯片之外最显著的芯片之一。实践中最常见的是四路运算放大器 339 或两路运算放大器 358。

在 ATX 电源中，运算放大器进行的运算往往涉及电源本身的过压（过流）、缺相（缺少某路输出）等逻辑判断，以及 PG 信号的产生。因此，对运算放大器的学习重点是其外围阻容而非芯片本身。对于具体的运算放大器而言，我们应该尽可能地通过跑线明确其同相、反相、输出脚的外围电路，搞清楚其判断的具体内容及其输出所代表的确切含义。

运算放大器的具体运用是除 PWM 外另一个重要知识点，学习难度较大。

3.7.1　运算放大器的引脚定义及实物图

如图 3-51 所示为两种运算放大器的引脚定义图。

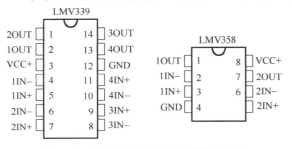

图 3-51　两种运算放大器的引脚定义图

运算放大器在 ATX 电源中主要用于执行逻辑判断，以及根据判断的结果输出特定的逻辑信号。逻辑判断是指某个电路事件的发生。常识告诉我们，任何复杂电路的工作，都涉及一系列状态的变化。那么具体电路在物理上是通过哪些元件构成的电路来实现状态的监控呢？在大多数情况下，都离不开运算放大器的参与。

下面，笔者通过一个生活常识，来初步解释什么是电路中的逻辑判断。

当电动车电压欠压时，需要对其进行充电。我们首先插上充电器的市电插座，会发现充电器绿色指示灯亮起，当接入电池时，会发现绿色指示灯熄灭，红色指示灯亮起，而当充满电之后，红色指示灯熄灭，绿色指示灯又会重新亮起。

顾名思义，指示灯中的"指示"，就是用来指明电路的具体工作状态的。在电动车充电过程中，充电器的指示灯有两次变化过程：第一次，指示灯由待机绿灯变为充电红灯（起因是接入电池）；第二次，指示灯由充电红灯变为待机绿灯（起因是充电完毕）。

对于电动车充电器电路而言，其指示灯的每一次变化过程都对应着一次逻辑判断。

在第一次变化中，电路对电池是否接入进行了逻辑判断，并根据判断的结果输出了开启充电的逻辑信号。 在第二次变化中，电路对电池是否充满电进行了逻辑判断，并根据判断的结果输出了停止充电的逻辑信号。这就是所谓的电路中的逻辑判断。

在 ATX 电源中，也需要对某些电路事件进行判断，并根据判断的结果输出特定的逻辑信号。例如，ATX 电源需要判断实际输出是否过压（过流）、过功率，并根据判断的结果输出保护（如锁死电路）或延迟（取消）保护的信号。又如，ATX 电源需要在实际输出达到规定值之后输出一个延时的 PG 信号（灰色电缆 8Pin）。这些逻辑判断过程都是通过运算放大器实现的。

即使在 ATX 电源中见不到独立的 339 或 358，也并不说明电路中不存在运算放大器，而是被集成到了芯片中（在 TL494 中已经集成了两路体运算放大器）。

　　请读者带着以下问题来学习运算放大器有关的电路：在 ATX 电源中，究竟有哪些电路事件需要运算放大器来判断呢？

　　我们首先抛开具体电路，尽可能地想象一下 ATX 电源究竟存在哪些电路事件需要判断。不难归纳出以下几个事件：ATX 电源是否从主板的开机排针处获得了开机跳变；ATX 电源是否已经工作了；是否发生了保护事件。这部分内容，本书将在其他章节中详细介绍。

3.7.2　运算放大器的工作原理

　　运算放大器的每一路运算放大器都有两个输入脚——同相脚（IN+）、反相脚（IN–），有一个输出脚（OUT）。

　　运算放大器输出脚的电平高低由同相脚和反相脚的电平共同决定：当反相脚的电压大于同相脚的电压时，运算放大器的输出脚在芯片内部被拉低到地，输出与地基本一致的低电平；当反相脚的电压小于同相脚的电压时，运算放大器的输出脚在芯片内部可能被拉高到运算放大器的供电（VCC+），输出接近于 VCC+脚的高电平。

　　如图 3-52 和图 3-53 所示为测试运算放大器输出脚的实际输出电平的实验装置（也可用来测试运算放大器的好坏）。实验装置中使用的运算放大器为台式计算机主板上常见的 358（当然使用 339 亦可）。笔者将直流可调电源的正极与 358 的 VCC+和两个 102 可调电阻的 1 脚相连，将可调电源的负极与 358 的地和两个 102 可调电阻的 3 脚相连，将 358 运算放大器的同相脚、反相脚分别与两个 102 可调电阻的 2 脚相连。

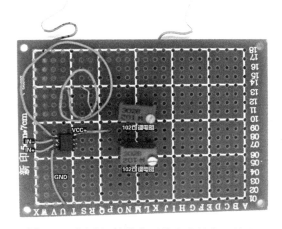

图 3-52　测试运算放大器输出脚的实际输出
电平的实验装置 1

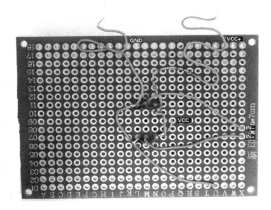

图 3-53　测试运算放大器输出脚的实际输出电平的
实验装置 2

　　通过旋转 102 可调电阻的螺钉，即可调节 2 脚的分压，使 358 运算放大器的同相脚和反相脚获得设定的电压，然后使用万用表测量并观察 358 运算放大器的输出端电压。

　　经过实测，得出以下实验结果：当反相脚电压大于同相脚电压时，OUT 脚的实测电压为–0.40V 左右（可认为此时的输出脚在芯片内部接地）。当同相脚电压大于反相脚电压时，OUT 脚的实测电压如表 3-5 所示。

表 3-5　OUT 脚的实测电压

VCC+/V	OUT/V	OUT/VCC+*100%	VCC+/V	OUT/V	OUT/VCC+*100%
1.0	0.696	69.60%	8.0	6.67	83.38%
2.0	0.685	34.25%	9.0	7.66	85.11%
3.0	1.678	55.93%	10.0	8.66	86.60%
4.0	2.67	66.75%	11.0	9.66	87.82%
5.0	3.67	73.40%	12.0	10.66	88.83%
6.0	4.67	77.83%	13.0	11.66	89.69%
7.0	5.67	81.00%			

可见，当运算放大器正常工作（VCC+脚大于 2.7V）时，若其 OUT 脚输出高电平，则 OUT 脚的高电平应大于二分之一 VCC+脚的电平。

上述实验说明了以下事实：运算放大器输出的高电平是与运算放大器 VCC+脚具体电压值有关的。

运算放大器作为一种基本元件，广泛地运用在各种电路中（台式计算机主板、笔记本电脑主板、充电器）。有台式计算机主板、笔记本电脑主板、充电器维修经验的读者可能会发现，在维修台式计算机主板、笔记本电脑主板、充电器时，我们基本上没有必要去关心运算放大器供电的具体电压。

但是，在 ATX 电源中则有很大的不同。在最常见的 494+339 架构的 ATX 电源中，339 运算放大器的 3 脚 VCC 是来自于 494 的 14 脚 REF 提供的 5V 精密稳压供电的，这最起码能提醒我们电源的设计者希望 393 运行在一个稳定的环境中，设计者希望当 393 在输出高电平时，其具体的电压值更为明确。

494 的 14 脚 REF（REFerence）是"参考"之意。所谓的"参考"就是一把尺子，它给出了比较的原点。

3.7.3　作为门使用的运算放大器

下面介绍运算放大器与门的关系。这部分内容的难度较大，却是我们理解 339 运算放大器在 ATX 电源中应用的关键，请读者给予足够的重视。

运算放大器可作为跟随门使用，如图 3-54 所示。

如果我们将运算放大器的反相脚接至一个大小确定的稳定电压上，如 3.3V，那么应分析该运算放大器同相脚输入的电平与运算放大器输出脚输出的电平之间的关系。

当同相脚输入的电压小于 3.3V 时，运算放大器因同相脚电压小于反相脚电压而在其输出脚输出低电平（实际上是在运算放大器内部拉低到地）；当同相脚输入的电压大于 3.3V 时，运算放大器因同相脚电压大于反相脚电压而在其输出脚输出高电平（实际上是在运算放大器内部拉高到 P 供电）。即高进高出，低进低出。

此时的运算放大器就是一个跟随门，而且是一个门槛电压明确的门（反相脚所接大小确定的稳定电压值）。

同理，运算放大器可作为非门使用，如图 3-55 所示。其分析过程不再赘述。

在对实物 ATX 电源中的运算放大器进行跑线实践时，一定要先明确每一路运算放大器的同相端接固定的门槛电压，还是反相端接固定的门槛电压。其目的是明确该路运算放大器到底是被当作一个高进高出、低进低出的跟随门来使用，还是被当作一个低进高出、高进低出的非门来使用。以此来作为我们继续分析后续电路的基础。

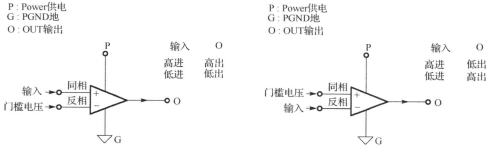

图 3-54　作为跟随门使用的运算放大器　　　　　图 3-55　作为非门使用的运算放大器

3.8　光耦

在 ATX 电源中，最常见的光耦为 PC817，其内部结构如图 3-56 所示。

光耦是一种以光信号来实现物理隔离的信号传递元件。其内部集成一个"光二极管"和一个"光三极管"（NPN 型的光敏三极管）。"光二极管"和"光三极管"在实际电路中都工作在振荡状态。

既然光耦属于物理隔离元件，那么我们立刻就应该想到一个问题：光耦隔离的是什么？换句话说，在实际电路中，光耦的两侧又分别属于何种电路？

我们首先根据光耦的内部结构图介绍光耦的工作原理及过程。

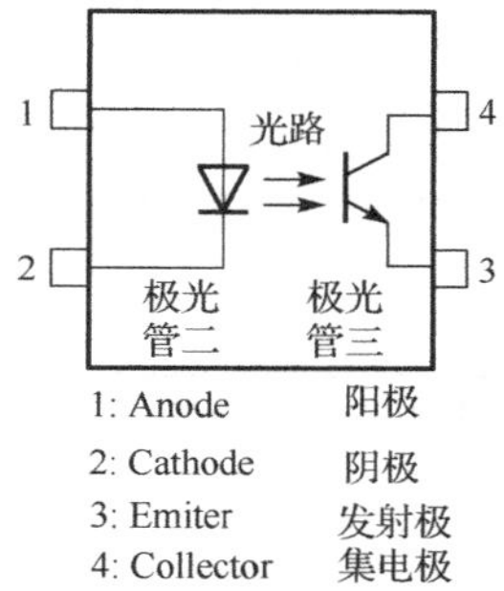

当在光耦的 1 脚和 2 脚之间加上一个正偏（1 脚正、2 脚负）的电压后，光耦内部集成的光二极管中就会有正向电流流过，此时，光二极管将发出一个光信号（此时的光二极管就是一个发光二极管，考虑其发出的光信号是否为可见光是无意义的）。当光三极管接收到（实际上是通过光三极管的光敏基极）这个光信号之后，就会使 4 脚到 3 脚开始导通。而且，当光耦的 1 脚和 2 脚之间的正偏电压越大，光二极管中流过的电流强度越强，光二极管发出的光信号越强，光三极管通过其光敏基极接收到的导通信号越强，最终将导致 4 脚和 3 脚之间的导通程度越大。

从光耦的工作原理不难看出，它与其他基本元件有一个显著的区别：光耦是直接以光信号而非电流来完成信号传递过程的。从物理上来看，光二极管和光三极管中间的光路实际上是一种隔离。这种隔离被巧妙地运用在开关电源中的反馈电路和稳压电路之间，既起到了将反馈电路获取的实际输出电压大小的信号传递给稳压电路的作用，又起到了利用光路隔离的物理形式将反馈电路和稳压电路隔离开的作用。

综上所述，光耦中的光二极管属于反馈电路，光耦中的光三极管属于稳压电路。光耦的两侧分别是整个电源的反馈电路和稳压电路。

在 ATX 电源中，光耦主要使用在辅助电源部分。因此，光耦通常布置在辅助变压器的周边，并与属于反馈电路的分压电阻、431 精密稳压器、辅助变压器的正反馈绕组等联用。

图 3-56　PC817 的内部结构

接下来，我们探讨用万用表和可调电源测量光耦好坏的过程和方法。

在光耦的内部结构图中，我们已经知道了光耦是由光二极管和光三极管构成的。既然光耦的 1 脚和 2 脚之间是一个光二极管，那么我们能否使用万用表的二极管挡来测量这个二极管 PN 结正偏及反偏时的压降呢？答案当然是肯定的，此时，光二极管的测量表现应与普通二极管完全相同。

请读者从一个好的 ATX 电源上拆下一个光耦，自己实测。笔者实测的结果是正偏 1.07V（红表笔接 1 脚，黑表笔接 2 脚），反偏无穷大（红表笔接 2 脚，黑表笔接 1 脚）。

接下来的问题是，如何测量光三极管的好坏。要测量光三极管的好坏，其实就是需要判断在光二极管发出光信号之后光三极管的集电极到发射极是否开始导通。这也可以通过利用万用表测量 4 脚到 3 脚（注意方向性）之间的二极管挡压降来判断。

为了事先令光二极管发光，笔者使用了可调电源作为补充测量仪器。对于没有可调电源的读者，可使用第二块万用表的二极管挡表笔电压提供或偏置电源（一节 5 号电池即可，1.3V 左右）提供。

将可调正接光耦的 1 脚，可调负接光耦的 2 脚（若使用第二块万用表，则红表笔接 1 脚，黑表笔接 2 脚；若使用偏置电源，则电源正接 1 脚，电源负接 2 脚，其缺点是无法连续测量，用途有限）。将万用表设置到二极管挡，红表笔接 4 脚，黑表笔接 3 脚。将可调的电流门限值设置为 1mA，电压门限值设置为 5V。并按照 1mA 的步长连续调高可调的电流门限值，观察万用表显示的 4 脚和 3 脚之间的实际压降变化。

笔者实测的某光耦的数据如表 3-6 所示。

表 3-6　某光耦的数据

电流/mA	1 脚、2 脚间压降/V	4 脚、3 脚间压降/V	电流/mA	1 脚、2 脚间压降/V	4 脚、3 脚间压降/V
1	1.07	1（不通）	10	1.16	0.478
2	1.07	1（不通）	15	1.2	0.414
3	1.08	1（不通）	20	1.22	0.391
4	1.11	1（不通）	30	1.26	0.369
5	1.11	1.37	40	1.31	0.352
6	1.13	1.08	50	1.35	0.342
7	1.14	0.8	60	1.38	0.333
8	1.16	0.571	70	1.4	0.324
9	1.16	0.529			

因为在某型 817 中见到其允许最大正向压降为 1.4V，因此实测到 1.4V 为止。

从表 3-6 中的数据不难看出：随着光二极管中流过的电流的增大，此光耦光三极管集电极到发射极之间的导通程度的确在变大（万用表显示的实际压降是减小的）。因此，我们可以得出结论，此光耦的实际测量表现与我们先前分析光耦工作过程是一致的，可以认为这是一个比较正常的光耦。

特别值得注意的是，从表 3-6 中的数据不难看出，817 光耦光三极管的集电极到发射极之间的导通程度是可以连续变大的。这个特点对于稳压而言是非常重要的。这就是所谓的线性光耦。

下面介绍光耦的稳压过程。

光耦参与稳压的过程可以类比为水龙头对水流的节流（控制水流的大小）过程，两者的实际过程虽有本质区别，但结果相同，都是对电能/水流大小的控制。

在水龙头节流过程中，水龙头的阀门开闭状态可以处于关闭、部分打开、全部打开三种状态。如果水龙头的阀门处于关闭状态，那么就等于没有水的流出。如果处于部分打开状态，则此时的水流实际上是处于中等可调节的状态。如果处于全部打开状态，则水流最大。

对于光耦而言，控制的是电流/电能。如果光耦处于关闭（这里的关闭对应着关闭电能的输出）的状态，则应定义为光耦 1 脚和 2 脚之间的光二极管中流过的电流已经达到其允许流过的最大电流，光耦 4 脚和 3 脚之间的光三极管也已经达到最大的导通程度，开关管会被最大限度地截止。

如果光耦处于部分打开的状态，则应定义为光耦 1 脚和 2 脚之间的光二极管中流过的电流应在零与允许流过的最大电流之间，光耦 4 脚和 3 脚之间的光三极管也处于中等导通程度，开关管的导通与截止处于光耦的实时控制之中。这个状态才是光耦在正常电源中的正常工作状态。

如果光耦处于全部打开（这里的全部打开对应着最大开启电能输入）的状态，则应定义为光耦 1 脚和 2 脚之间的光二极管中流过的电流为零，光耦 4 脚和 3 脚之间的光三极管也处于不导通的状态。这意味光耦实际上是失效或不存在的，因为光耦已经无法通过 4 脚和 3 脚的导通起到控制开关管的截止作用了。而无法截止的开关管显然是非常危险的，开关管、熔断器、变压器的初级绕组中的一个或全部一定会因为不受光耦控制的急剧增大的初级电流而烧毁。

综上所述，光耦在稳压电路中主要起到在接收到反馈电路要求关闭开关管的信号（通过光耦 1 脚、2 脚之间的压降）之后，利用光耦 4 脚到 3 脚之间的导通来间接（中间还有一个直接负责拉低开关管控制极的三极管）关闭开关管的作用。稳压过程还涉及负载的变化，笔者会在其他章节补充介绍。

光耦的稳压过程提示我们在实际维修时如果发现开关管、熔断器、变压器的初级绕组有烧毁等严重短路故障时，是不能仅仅以替换良品开关管、良品熔断器、良品变压器为维修终点的，因为我们还没有找到大电流流经开关管、熔断器、变压器的初级绕组并使其烧毁的真正原因，这就是为什么很多初学维修的人更换良品后通电即烧熔断器的原因。我们必须再次检查光耦及直接负责拉低开关管控制极的三极管是否完好。

最后，某 ATX 电源良品 5VSB 电路的光耦在板侧实测其 1 脚和 2 脚之间的压降为 459.3mV。

3.9　精密稳压源 431

如图 3-57 所示是精密稳压源 431 的图形符号及模块图。

431 有 3 个脚（多为 TO-92 封装）。如果我们面对印刷有表面型号的"标致面"，那么最左侧的一脚是参考极 R，最右侧的一脚为阴极 C（或用 K 表示），中间的一脚为阳极 A。

在绝大多数情况下，属于供电电路稳压控制元件的 431 的阳极 A 在电源主板（包括但不仅限于 ATX 电源）中都是接地的。而参考极 R 和阴极 C 则会有两种情况：一种是参考极 R 和阴极 C 彼此直通（R、C 并联）；另一种是参考极 R 和阴极 C 各自连接不同的电路。

我们先根据 431 的模块图介绍它的工作原理和过程。从 431 的模块图中可以看出，431 主要由三部分构成：内部稳压源；内部集成的"体运算放大器"；内部集成的 NPN"体三极管"。

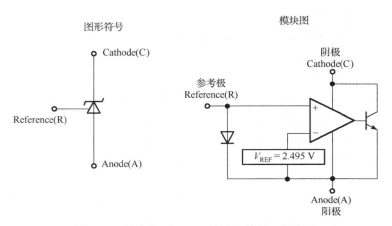

图3-57 精密稳压源431的图形符号及模块图

不知道读者是否注意，431具有一个显著区别于其他芯片的特点：431竟然没有明确的供电脚和接地脚。这是个非常令人困惑但又无法回避的问题，因为常识告诉我们，一个电路如果真的能够工作，它必须有供电和接地这两类引脚。事实上，431的阴极C就是它的供电脚（模块图中清楚地显示它直接提供体运算放大器的工作电压），而431的阳极A就是它的接地脚。当阴极C得到电之后，431内部的精密稳压源会产生一个2.495V的电压，送至431的体运算放大器的反相脚，并与参考脚R输入的电压（送至431的体运算放大器的同相脚）进行比较。如果参考脚R的电压大于2.495V，则431的体运算放大器会输出高电平，令431的NPN体三极管导通，试图将阴极C的电位拉低到阳极A（绝大多数时刻是接地的）。如果参考脚R的电压小于2.495V，则431的体运算放大器会输出低电平，431的体NPN三极管截止，阴极C的电位将不受431的影响。

综上所述，431实际上是一个以"参考极R上的电压"为条件，以"从阴极C到阳极A的单向开关"为开关的"条件开关"——如果参考极R上的电压大于2.495V，则"从阴极C到阳极A的单向开关"打开；反之则关闭。

接下来，我们看一下431精密稳压源在电路中的实际应用。

我们首先分析"精密稳压源"的字面含义。"精密"是指精度高；"稳压"是指对电压具有稳定的作用，也就是令电压始终保持在一个理想的目标值（这里是2.5V）。这说明稳压本质上是一个调整动作；"源"是指来源、源头，调整动作的始作俑者。综合起来，431就是一种能够在供电电路中主动调节"某个点"的电压高精度地保持在2.5V的一种元件。在此，笔者提出一个关系431本质作用的问题：前一句中的"某个点"究竟是电路中的哪个点呢？还是431的某个脚呢？显而易见的是，"某个点"一定不会是431的阳极A，因为它是接地的。那么"某个点"是参考极R，还是阴极C呢？

我们通过一个在台式计算机主板（2.5V）供电电路中利用431驱动场管的实例，来分析并回答上述问题。

431曾在早期的台式计算机主板供电电路中用于内存供电调制。这并不偶然，因为431天生就是用来产生2.5V供电的元件，与DDR使用的电压正好相符合。

DDR2.5V主供电电路实物图如图3-58所示。

该DDR2.5V主供电电路主要由一个场管和一个431构成。431的参考极R直通接场管的

S 极（输出），目的是去检测这个电压的大小；431 的阴极 C 直通场管的栅极 G；场管栅极 G 还同时经上拉电阻（两个 271）上拉到 ATX12V。开机后，场管的栅极 G 通过上拉电阻得到 12V 的高电平开始导通，直到其 S 极输出电压达到 2.5V 前，431 实际上是不工作的。随着场管的继续导通，场管的 S 极输出将超过 2.5V，一旦 431 从参考极 R 感知到场管的 S 极输出超过了 2.5V，就会试图打开其 NPN 体三极管，令阴极 C 的电位拉低到阳极 A 的电位（实际接地），这会令场管从上拉电阻得到的导通电压下降，场管的导通能力开始变弱。这个过程不断往复，最终，431 会将场管 S 极的电压（也就是参考极 R）维持在 2.5V。

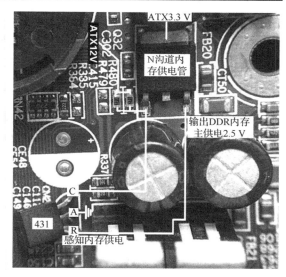

图 3-58　DDR2.5V 主供电电路实物图

可知，"某个点"是指 431 的参考极 R 及电路中与参考极 R 直通的其他点。

如果在实践中发现 431 的参考极 R 和阴极 C 直通，则说明 431 在此处仅用于令与参考极 R 和阴极 C 直通的点的稳压。这种情况大量地见于分压电路与 431 联用的情况：首先利用分压电阻分出一个略大于 2.5V 的电压，再利用 431 将该分压精密地稳压在 2.5V。

判断 431 的好坏应优先使用在路实测电压法，只要测到其输出的 2.5V 稳压值正常即说明它基本是正常的。

如表 3-7 所示为一个正常 431 的开路实测值，读者可实测多个 431 后独自归纳其开路测量判断好坏的依据。

表 3-7　正常 431 的开路实测值

测试顺序		431—1	431—2	431—3	...
红 R	黑 A	1884	OL	OL	—
	黑 C	838	789	746	—
红 A	黑 R	1392	757	1388	—
	黑 C	621	672	637	—
红 C	黑 R	OL	OL	OL	—
	黑 A	OL	OL	OL	—

3.10　市电输入/输出端子与直流输出端子

在本书的前面部分，已经介绍了 ATX 电源直流输出端子的输出参数。接下来，将介绍 ATX 电源市电输入端子与直流输出端子及其真实阻值和对地阻值。

尽管在 2.5 节就已经介绍了对地阻值的测量过程，也进行了反向对地阻值概念的辨析，但笔者在此处还是想再次强调一下。对地阻值是使用万用表的二极管挡测量到的数据，当选择高压侧的"全桥负极"为参考点（红表笔接全桥负极，黑表笔接测试点）时得到的数值为 ATX 电源高压侧对地阻值，当选择输出端子中的黑色电缆的"地"为参考点时（红表笔接地，黑表笔接测试点）得到的数值为 ATX 电源低压侧对地阻值。反向对地阻值的测量过程与对地阻值的测量过程除表笔对调外无任何区别。除去对地阻值外的其他二极管挡测出的数据本书统称为二极管挡压降，它与对地阻值、真实阻值一样，都可以作为衡量被测两点之间导通程度的数据。真实阻值是万用表在电阻挡（而非二极管挡）时测得的红、黑表笔之间的数据。

3.10.1 ATX 电源市电输入端子及其真实阻值和二极管挡压降

所有的 ATX 电源都具有一个公座（市电输入端子），早期的 ATX 电源有时还会具有一个供 CRT 显示器电源线插入的母座（市电输出端子），如图 3-59 所示。

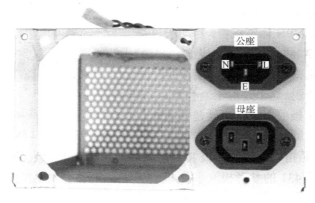

图 3-59　市电输出端子

公座中的火线和零线经两根较粗的漆包线直接或经插座与 ATX 电源主板相连，地线经一根较粗的漆包线与 ATX 电源外壳（通常用螺钉紧固）相连。以下为常见的漆包线颜色与 220V 市电（三相四线制）的对应关系。

（1）棕色线：火线；蓝色线：零线；黄绿线：地线。

（2）红色线：火线；黑色线：零线；黄绿线：地线。

（3）黑色线：火线；白色线：零线；黄绿线：地线。

不遵守规范的山寨厂电源的火线和零线有时还会使用同一种颜色（如黑色）。

我们首先思考如下问题：对于公座而言，其地线 E、火线 L、零线 N 之间应该具有什么样的真实阻值和对地阻值呢？显然，三者之间不应该是彼此直通（或者部分导通）的。其原因很简单，因为一旦直通，就意味着短路。

请读者任意取一个良品电源，自己实测一下公座的真实阻值和对地阻值（参考点取 ATX 电源的外壳或公座的地线）。

如表 3-8 所示是笔者通过实测航嘉 BS-3600 电源公座的数值（某些良品 ATX 电源可在 N、L 之间测到一个接近于 1MΩ 的数据）。

表 3-8　实测航嘉 BS-3600 电源公座的数值

被测试的两点	真 实 阻 值	二极管挡压降
红 L、黑 N		
红 N、黑 L		
红 L、黑 E	无穷大	
黑 E、红 L		
红 N、黑 E		
红 E、黑 N		

我们再根据电源内部的结构分析这个结果，如图 3-60 所示。

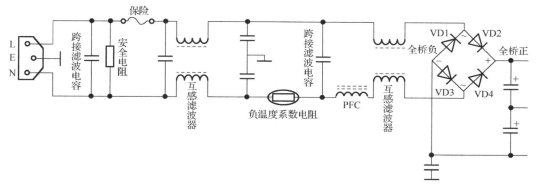

图 3-60　BS-3600 电源内部结构

在 ATX 电源内部，火线 L 和零线 N 的起点是公座，终点是全桥的两个交流输入点。

对于全桥而言，实际上这两个交流输入点是无差别的（不用区分火线与零线，只要接入即可），经常可以见到山寨电源在内部不区分火线与零线的情况，即公座的火线 L 经电缆连接到 ATX 电源主板时应接入丝印为 L 的焊点，但实际上接入的是丝印为 N 的焊点。

我们分析火线 L 和零线 N 有直通（短路）或某种程度的互通（存在可测到的压降、阻值）的可能情况。

这里有如下几种：跨接滤波电容短路；安全电阻阻值变小或短路；VD4、VD1 反向有击穿（红 L 黑 N 时会有压降）；VD3、VD2 反向有击穿（红 N 黑 L 时会有压降）。

综上所述，在对公座进行真实阻值或二极管挡压降的测量，实际上是在测量全桥中集成的 4 个二极管的好坏（一共有两次测量，每次可判断两个二极管是否反向击穿，但此法不能判断 4 个二极管是否正常导通），以及若干跨接滤波电容的好坏和安全电阻的好坏。

在实践中，跨接滤波电容、安全电阻损坏的情况很少，全桥损坏的故障较多。

最后，安全电阻阻值较大（如 680kΩ），在板侧一般测不到它的真实阻值。它的用途是在拔下市电电缆后对跨接滤波电容放电，令火线、零线之间的电压迅速降低，它是安全规范要求的电阻。有的山寨电源会省掉此电阻。

3.10.2　ATX 电源直流输出端子及其真实阻值和对地阻值

ATX 电源直流输出端子的线序及电缆颜色在本书的开始部分就已经介绍过，这里不再赘述。本小节主要介绍其真实阻值和对地阻值，以及这些测量数据的来源和可判断的问题。

如表 3-9 所示是笔者实测的良品航嘉 BS-3600（双管半桥）ATX 电源的直流输出端子的真实阻值和对地阻值。

表 3-9　良品航嘉 BS-3600 ATX 电源的直流输出端子的真实阻值和对地阻值

测　试　点	电阻 1（红地黑测试点，Ω）	电阻 2（黑地红测试点，Ω）	对地阻值/mV	反向对地阻值/mV
ATX3.3V	25.78	25.75	42.5	42.5
ATX5V	38.58	37.37	60.9	63.3
ATX12V	无穷大	无穷大	353.7	822.9
ATX−12V	无穷大	无穷大	1037	469.6

续表

测 试 点	电阻 1（红地黑测试点，Ω）	电阻 2（黑地红测试点，Ω）	对地阻值/mV	反向对地阻值/mV
5VSB	95.34	95.32	151.1	151.2
PG	无穷大	无穷大	726.4	779.4
PSON	无穷大	无穷大	1460	无穷大

可见，各路供电在某种程度上对地都是通的。如 ATX3.3V 的真实阻值是 25.78Ω，这已经是一个比较小的数值了，其对应二极管挡压降也才有几十毫伏。

将 ATX 电源拆开，取出电路板，翻转到背面，找到直流低压输出一侧的 3 个整流二极管。直接在板侧测量这 3 个双二极管的正偏及反偏压降，将数据记录下来，如表 3-10 所示。

表 3-10　双二极管的正偏及反偏压降数据

测 试 点	正偏压降/mV	反偏压降/mV	测 试 点	正偏压降/mV	反偏压降/mV
3.3V 整流管	42.5	42.5	12V 整流管	350.4	822.6
5V 整流管	60.6	63.2			

通过比较这两个表中的数据，相信读者不难发现：在 ATX 电源直流输出端子上测出的各供电的对地阻值，实际上就是该路供电的整流二极管在板侧的正偏压降。因此，此测量数据可以用来判断整流二极管是否正向短路。

要正确地理解这个结论，需要分析整流管在整个电路中的位置，如图 3-61 所示。

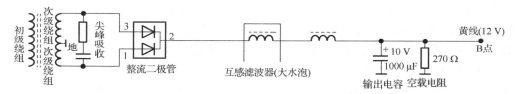

图 3-61　整流管在整个电路中的位置

对于使用整流二极管作为整流元件的 ATX 电源低压直流输出电路而言，其各路输出的结构基本与图 3-61 相同，只不过元件参数有所差别。当我们在 ATX 电源直流输出端子上测量各供电的对地阻值时（红接地、黑接测试点），实际上是将万用表的红表笔连接至 A 点（地），但是 A 点实际上是通过次级绕组与整流二极管的两个正极都直通的，而且，整流二极管的公共负极与测试点（B 点）也是经由电感（大水泡或输出电感）直通的。

3.11　ATX 电源中的各种芯片

在本节中，笔者将介绍几种具体的芯片。

在维修人员和业余爱好者的实践中，肯定会一些没有在本节中介绍过的芯片。因此，笔者在介绍这些芯片时尽可能地将其提高到开关电源本质的角度，希望读者能够触类旁通、举一反三。

3.11.1　辅助电源 PWM 之 DM0265

DM0265 的引脚定义如图 3-62 所示。

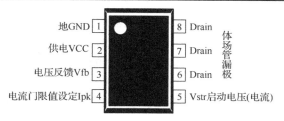

图 3-62　DM0265 的引脚定义

Pin1（GND）：内部集成的体开关场管（与辅助变压器的初级绕组串联）的源级，同时也是内部控制电路的地。

Pin2（VCC）：芯片的供电。此引脚与辅助变压器的反馈绕组相连，集成有欠压保护功能，大于 12V 时，芯片才可工作。

Pin3（Vfb）：此引脚是芯片内部 PWM 比较器的同相输入端。通常外接电容和光耦光三极管的集电极。此引脚集成有过载保护（Over Load Protection）功能，当此引脚电压大于 6V，且超过延时时常后，将触发芯片的过载保护动作。

Pin4（Ipk）：流经体场管 DS 两极的最大允许电流门限值设定引脚。此引脚外接一对地分压电阻（内部已经集成有一个 2.8kΩ 的分压电阻），其阻值将决定实际的电流门限值。若将此脚与 VCC 互连或悬空不用，则电流门限值为 1.2A。

Pin5（Vstr）：Vstr 中的 str 是 start（开始）的缩写，在这里是启动之意，整个振荡电路通过此引脚获得启动电压。此引脚与全桥正相连，储存在主电容中的电能通过芯片内部的开关为 VCC 的外接储能电容充电，直到其达到芯片可以工作的 12V 为止。在此之后，VCC 的供电由辅助变压器的反馈绕组提供。

Pin6～8（Drain）：此 3 个引脚与辅助变压器的初级绕组相连。

3.11.2　辅助电源 PWM 之 0165R

这是由仙童公司生产的一种将开关管与他励方波源集成在一起的开关电源芯片，在 ATX 电源中用于辅助回路。

其引脚定义如图 3-63 所示。

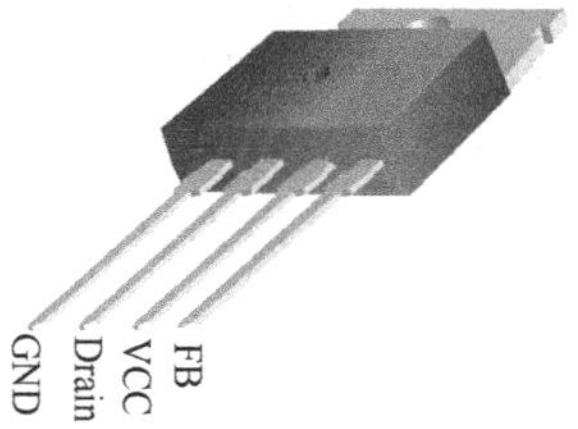

Pin1（GND）：接地脚。此引脚接电源高压侧的地，即全桥负极。

图 3-63　0165R 的引脚定义

3.11.3　主电源 PWM 之 TL494/KA7500

TL494/KA7500 的引脚定义如图 3-64 所示。

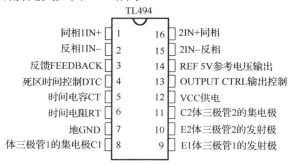

图 3-64　TL494/KA7500 的引脚定义

Pin1（1IN+）：内部集成的第一个体运算放大器的同相脚。

Pin2（1IN–）：内部集成的第一个体运算放大器的反相脚。

Pin16（2IN+）：内部集成的第二个体运算放大器的同相脚。

Pin15（2IN–）：内部集成的第二个体运算放大器的反相脚。

Pin3（FEEDBACK）：内部集成的两个体运算放大器的两个输出并联后在芯片外部的引出脚，此引脚同时在芯片内部与"PWM 比较器"的同相脚相连。

在 TL494（简称 494）中，还集成有另外两个决定着是否在 494 的 8、9 脚（两个体 NPN 驱动三极管的集电极）输出驱动方波的比较器（这两个比较器才是直接决定 494 是否输出他励源的元件），"PWM 比较器"只是其中的一个，另一个是"死区控制比较器"。PWM 比较器的同相输入来自 3 脚的 FEEDBACK 的事实，意味着 1、2 脚，16、15 脚之间的两个比较器的运算结果是能够直接影响 8、9 脚所输出的驱动方波的因素之一。因此，494 事实上是通过 1、2 脚，16、15 脚之间的两个比较器的运算判断结果（某个逻辑事件是否发生）来决定是否在 8、9 脚输出驱动方波的。而学习 PWM 芯片，就是要明确其驱动方波产生和变化的具体过程，可见，对 1、2、16、15 脚外围电路的理解是学习 494 的重中之重。

Pin4（DTC）：Dead Time Control 直译为死区时间控制。在 PWM 中，"死区"是指驱动方波的低电平时段，是一个时间长短的概念。DTC 脚实际上是通过 494 内部的"死区控制比较器"来设定整个低电平时段的时长的。在前面的内容中，我们已经介绍过"PWM 比较器"也是影响驱动方波的因素之一。因此，驱动方波的低电平时段，一部分是由 DTC 脚决定的，另一部分则是由"PWM 比较器"（即 1、2 脚，16、15 脚之间的两个运算放大器）决定的。

Pin5（CT）、Pin6（RT）：CT 为时间电容，RT 为时间电阻。在 PWM 中，时间主要是指驱动方波的周期/频率。连接在 CT 脚上的电容容量，与连接在 RT 脚上的电阻阻值，直接决定着驱动方波的周期/频率。其计算公式请读者独自查阅数据表。特别注意，CT 脚在待机和正常工作状态时均为锯齿波，如图 3-65 所示。

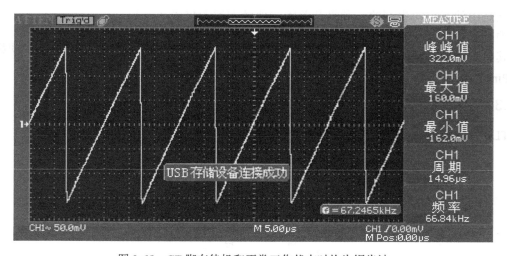

图 3-65　CT 脚在待机和正常工作状态时均为锯齿波

CT 脚在 494 内部接有两个重要的比较器的反相端。理解 CT 脚上的锯齿波，是理解 494 波形产生过程的关键之一。

如图 3-66（清晰大图见资料包第 3 章/图 3-66）所示是德州仪器官方数据表中 494 的 CT、RT 的取值与振荡频率的关系。

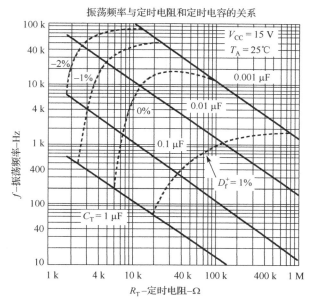

图 3-66　494 的 CT、RT 的取值与振荡频率的关系

不难看出，当 RT 恒定时，振荡频率随 CT 的增大而减小；当 CT 恒定时，振荡频率随 RT 的增大而减小。

Pin8（C1）、Pin9（E1）、Pin10（E2）、Pin11（C2）：它们分别是芯片集成的两个体 NPN 驱动三极管的集电极、发射极。C1、C2 是 494 发出的驱动方波的源头。但是，这两个体 NPN 驱动三极管的驱动能力有限，还不足以直接驱动驱动变压器。因此，在电源主板上还设计有与之匹配的两个用于放大驱动方波的 NPN 三极管（直接驱动驱动变压器）。

Pin12（VCC）：芯片的供电。494 的供电来自辅助电源回路。辅助变压器的次级绕组有两个抽头，一个抽头产生 5VSB 的电，另一个抽头产生 B+。此引脚经整流二极管后与辅助变压器的对应引脚相连。德州仪器推荐的供电范围为 7～40V，实践中实测多为 12～24V。

Pin13（OUTPUT CTRL）：输出控制脚。若下拉到地，则芯片集成的两个体 NPN 驱动三极管会同时截止或导通（两个当一个来用）；若上拉到 14 脚 REF，则两个体 NPN 驱动三极管中的一个在导通时，另一个截止（反之亦然），即它们工作在推挽模式。

Pin14（REF）：参考电压输出脚，5V。很多芯片都有参考电压脚。在芯片内部，整个电压是由低压差线性稳压器（LDO）产生的。LDO 是一种傻瓜式供电，只要有合适输入，就应该有准确的输出。其重要意义不仅是为了给一路供电，更重要的在于为芯片其他引脚的工作提供了一个可参考的标准环境（REF 始终是稳定的、不会变化的 5V）。

接下来，我们根据其内部框架图来分析一下 494 的工作原理和过程，如图 3-67 所示。

494 作为 PWM 芯片，其功能就是产生驱动方波。

那么，494 是如何通过 4 个电平比较元件（2 个运算放大器，即 1、2 脚，16、15 脚之间的两个运算放大器；两个比较器，即"死区控制比较器""PWM 比较器"）来控制后续元件（1 个或门、脉冲驱动触发器/正反器、2 个与门、2 个或非门）最终驱动 Q1 和 Q2，才能产生驱动方波呢？

FUNCTION TABLE

INPUT TO OUTPUT CTRL	OUTPUT FUNCTION
V_I = GND	Single-ended or parallel output
V_I = V_{ref}	Normal push-pull operation

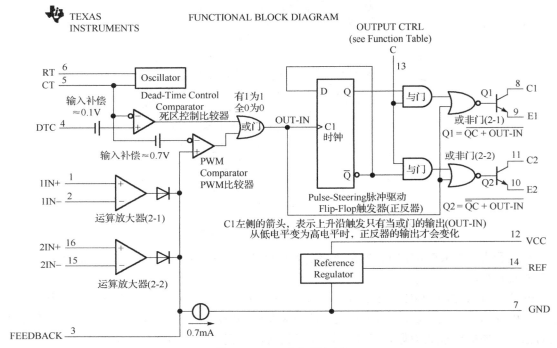

图 3-67   494 内部框架图

任何 PWM 芯片在输出振荡之前需要首先确定的一件事情就是确定其振荡周期（周期的具体时长），494 是通过 CT 的容量和 RT 的阻值来确定的：CT 经时间电容到地，RT 经时间电阻到地。

接下来，以或门为界，将图划分为左侧和右侧，并将或门的输出定义为 OUT-IN。这是因为对于左侧而言，OUT-IN 是唯一的输出，而对于右侧而言，OUT-IN 又是其唯一的输入。可见，只要分析清楚 OUT-IN 是如何作为输出而产生的，以及如何作为输入而引起下级电路发生后续动作的，就能把 494 产生方波的全部过程分析清楚，这是没有问题的。

我们先分析 OUT-IN 为高电平情况。

作为或门输出的 OUT-IN 如果为高电平，就说明其两个输入至少有一个为高电平。3 种可能的情况如下。

（1）死区控制比较器当前输出高电平，PWM 比较器当前输出低电平（这可能是正常 ATX 电源待机时的真实输出）。

（2）PWM 比较器当前输出高电平，死区控制比较器当前输出低电平（这可能是正常 ATX 电源正常工作时的真实输出）。

（3）死区控制比较器和 PWM 比较器同时输出高电平（这种可能性不存在）。

在对这 3 种可能性做出分析之前，我们首先思考一个问题：对于正常的 ATX 电源而言，死区控制比较器和 PWM 比较器究竟谁最先工作？答案当然是死区控制比较器。

有两个理由：DTC 是开机脚（拉低 PSON 令 ATX 电源开机的本质是拉低 DTC 脚的电压），负责开机的死区控制比较器当然应该早于 PWM 比较器而工作；既然 PWM 比较器中有 PWM 的字样，那么说明它有意义的时段一定是在已经有了 PWM 振荡波形之后，在 ATX 电源没有开机的时段，PWM 比较器是不工作的（存在但无意义）。

实际上，494 集成在 1、2 脚，16、15 脚之间的两个运算放大器都是在开机后才工作的。它们中的一个被用于稳压控制（本书将 494 中此用途的体运算放大器称为"稳压运算放大器"），一个用于保护芯片（关闭 Q1 和 Q2 输出，本书将 494 中此用途的体运算放大器称为"保护运算放大器"）及电源。换句话说，在 ATX 电源正常待机时，1、2 脚，16、15 脚之间的两个运算放大器是不工作的。要真正理解这个问题，就必须了解 1、2、16、15 脚的外围电路。

总之，对于正常的 ATX 电源而言，在待机时，PWM 比较器不工作，它输出低电平。死区控制比较器的 DTC 上到高电平，输出高电平。

我们接着分析作为下级电路输入的高电平的 OUT-IN，重点分析它对 Q1 和 Q2 的控制。

从图 3-67 中不难看出，OUT-IN 是两个或非门的输入，当 OUT-IN 为高电平时，或非门应该输出低电平（此时，两个与门的输出对或非门无影响），即两个体 NPN 三极管处于截止状态。

有想象力的读者可能会有如下猜测：既然 OUT-IN 为高电平时，Q1 和 Q2 截止，那么是不是当 OUT-IN 为低电平时，Q1 和 Q2 就开始（轮流）导通了呢？事实的确如此。

我们再分析 OUT-IN 为低电平的情况。

作为或门输出的 OUT-IN 如果为低电平，就说明其两个输入全部为低电平，即死区控制比较器和 PWM 比较器同时输出低电平。

实际上，当我们短接 PSON 与地之后，已经人为地拉低了 DTC 的电平（因为有 0.1V 的电压补偿，DTC 脚电压不会被拉低到 0V），而此时 PWM 比较器刚刚开始工作，其输出（开机一刻为低电平）即将根据反馈发生变化。

当 OUT-IN 为低电平时，或非门的输出开始受触发器和两个与门的影响。作为触发器输出的 Q 和 Q#是反相的，我们可以任意假定一种情况分析。两个与门的一个输入来自 13 脚 OUTPUT CTRL，它要么接地，要么拉高到 5VREF。总之，与门的 4 个输入一共有 4 种可能。

笔者在这里指分析 Q 为高电平，Q#为低电平，13 脚接地的情况。剩余 3 种可能的情况请读者独自分析。

当 Q 为高电平时，上方的与门一个输入为高，另一个输入为低（接地），与门将输出低电平；与此同时，Q#为低电平，下方的与门一个输入为低，另一个输入为低（接地），与门输出低电平。对于两个或门而言，其所有输入都是低电平，其输出则都为高电平，Q1 和 Q2 同时导通（Q1 和 Q2 工作在单边模式——两个管子当作一个用）。

常识告诉我们，开关管不能不受控制的导通。那么什么时候去关闭它呢？当然是根据反馈。在前面的内容中，我们已经将 494 两个体运算放大器中的一个命名为稳压运算放大器。接下来，我们就介绍这个稳压运算放大器是如何在合适的时间去关闭开关管的。这个过程就是主回路的稳压过程。

稳压运算放大器的同相脚外接"反馈"阻容网络，当 DTC 被拉低后，494 并不会立刻打开开关管，这是因为芯片内置在 DTC 脚上的 0.1V 的补偿电压会提供脉宽 5%左右的固有死区时间。

这是因为"死区控制比较器"要想输出对应开关管打开的低电平的 OUT-IN，CT 脚的锯齿波就需要先达到 0.1V 的电压，从其波形不难看出，锯齿波是从低于 0.1V 的某个电平线性上升的，必然要经历这段固有死区时间（固有死区的存在是为了保护芯片）。

当锯齿波上升到 0.1V 后，死区控制比较器才能够发出低电平，或非门也才能输出低电平的 OUT-IN，Q1 和 Q2 开始（轮流）导通，主电路回路开始工作。

当主供电回路开始工作之后，稳压运算放大器通过（反馈）阻容网络对实际输出进行采样，一旦达到了反相脚设定的门限值，稳压运算放大器的输出就从低电平变为高电平，PWM 比较器的输出会紧跟着变为高电平，或门也会输出高电平的 OUT-IN，最终去关闭 Q1 和 Q2。随着负载对输出电能的消耗，实际输出电压有下降的趋势，最终又会导致稳压运算放大器的输出从高电平的输出反相为低电平的输出，芯片将进入下一轮振荡。

感兴趣的读者，还可以进一步分析 494 的时序图（此图可见摩托罗拉或 FIC 公司生产的 494 的数据表）。因其已经远远超出了维修需要，笔者不再赘述。

综上所述，我们通过分析得到了两个结论。

结论一：在 OUT-IN 为高电平时，Q1 和 Q2 截止；在 OUT-IN 为低电平时，Q1 和 Q2（轮流）导通。

显然，Q1 和 Q2 的截止与导通，必将影响到"双 NPN 放大电路"（参考 4.3.1 节的内容）中两个 NPN 放大管的导通与截止。但笔者并没有做如下判定：当 Q1 或 Q2 导通时，与之匹配的 NPN 放大管也随之导通。笔者也没有做如下的判定：当 Q1 或 Q2 截止时，与之匹配的 NPN 放大管也随之截止。因为这与事实不符。在 ATX 电源待机时，可以在 NPN 放大管的基极 B 上测到一个高电平（2.3V 左右），既然 NPN 型的三极管是高电平导通的，那么此时的两个 NPN 放大管究竟是处于放大/饱和，还是截止状态呢？请读者充分思考，本书将在 4.3.1 节中揭晓答案。

结论二：导致 OUT-IN 为高电平的原因有两个：死区控制比较器输出高电平；PWM 比较器输出高电平。死区控制比较器实际上是他励源的使能，而 PWM 比较器则是他励源的脉宽调制。两者既有联系又有区别。

3.11.4　主电源 PWM 之 KA3511

KA3511 实际上是 TL494 的升级版本。

KA3511 的引脚定义如图 3-68 所示。

Pin1（VCC）：芯片的供电，14～30V。

Pin2（COMP）：芯片内部集成的误差放大器的输出端（其同相输入端为 4 脚、反相输入端为 3 脚）。它同时也是芯片内部集成的 PWM 比较器的同相输入端。

KA3511 的 2 脚（COMP）等价于 TL494 的 3 脚（FEEDBACK）。

Pin3（E/A(−)）：芯片内部集成的误差放大器的反相输入端。在芯片内部，由一个 1.25V 的电压源提供稳定的参考电压。

Pin4（E/A(+)）：芯片内部集成的误差放大器的同相输入端。此引脚会外接主电源的稳压反馈电路。

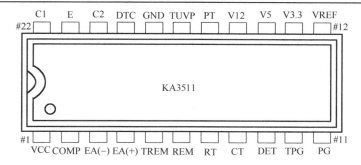

图 3-68　KA3511 的引脚定义

Pin No.	名称	I/O	功能	Pin No.	名称	I/O	功能
1	VCC	I	Supply voltage	12	VREF	O	Precision reference VTG
2	COMP	O	E/A output	13	V3.3	I	OVP, UVP input for 3.3 V
3	E/A(−)	I	E/A(−) input	14	V5	I	OVP, UVP input for 5 V
4	E/A(+)	I	E/A(+) input	15	V12	I	OVP, UVP input for 12 V
5	TREM	−	Remote on/off delay	16	PT	I	Extra protection input
6	REM	I	Remote on/off input	17	TUVP	−	UVP delay
7	RT	−	Oscillation freq.settting R	18	GND	−	Signal ground
8	CT	−	Oscillation freq.settting C	19	DTC	I	Deadtime control input
9	DET	I	Detect input	20	C2	O	Output 2
10	TPG	−	PG delay	21	E	−	Power ground
11	PG	O	Power good signal output	22	C1	O	Output 1

　　KA3511 会根据误差放大器的输出来动态调节他励 PWM 的实际脉宽，以实现主电源实际输出的稳压。当误差放大器输出低电平时，主电源的输出实际上处于欠压状态，KA3511 会试图增长他励 PWM 的脉宽长度。同理，当误差放大器输出高电平时，主电源的输出实际上处于过压状态，KA3511 会试图减短他励 PWM 的脉宽长度。这个过程与 TL494 的稳压过程是完全相同的。

　　Pin5（TREM）：其中的 T 是 Time 的首字母。这是一个与时间有关的引脚。REM 是 REMote 的前三个字母。Remote 的本意是远程，这里指开关机控制。此引脚经一个电容（CT，其容量决定延时的时长）接地，用于设置延时时间。此延时时间包括开机延时时间和关机延时时间。

　　Pin6（REM）：开机脚。KA3511 的开机与 TL494 的开机是完全一样的，都是通过拉低其 DTC 的电压来实现的。不同于 TL494，KA3511 在芯片内部增设了一个触发器，REM 是这个触发器的输入脚。我们可以把这个触发器简化理解为一个位于 REM 和 DTC 之间的非门，即 REM 为高时，DTC 被拉低；REM 为低时，DTC 被拉高。

　　Pin7（RT）、Pin8（CT）：他励 PWM 振荡周期（频率）设定脚。在 TL494 中，也有同名的两个引脚，其功能完全相同，不再赘述。

　　Pin9（DET）：欠压检测脚。DET 是 DETect 的前三个字母，检测之意。在仙童公司的官方数据表的模块图中，此引脚通过一个分压电路对芯片的 VCC 进行取样，用于判断芯片的供电是否正常。如果欠压，芯片是不会工作的。

　　Pin10（TPG）：PG 信号延时输出时长设定脚。此引脚一般经 2.2μF 电容对地。此电容的容量将决定主电源在其输出达到标准范围之后延时多久再输出 PG 信号。

　　Pin11（PG）：由 KA3511 主动输出的电源信号。高电平代表电源正常，低电平代表电源不正常。

Pin12（VREF）：5.03V 参考电压，2%精度。等价于 TL494 的 14 脚 REF。

Pin13（V3.3）、Pin14（V5）、Pin15（V12）：主电源三路输出的过压反馈脚。当主电源的 ATX3.3V、ATX5V、ATX12V 中的任何一路过压时，芯片会关闭他励 PWM 的输出，电源进入过压保护状态。

Pin16（PT）：芯片提供的额外保护信号输入脚。此引脚是提供给 ATX 电源生产商的，用于其开发板侧保护电路的接口引脚。

Pin17（TUVP）：欠压保护延时触发设定脚。其中的 T 是 Time 的首字母。此引脚也是一个与时间有关的引脚。UVP 是 Under Voltage Protect 三个首字母，欠压保护之意。此引脚经一个电容（CT，其容量决定延时的时长）接地，用于设置延时保护触发的时间。换句话说，只有当欠压的时间超过了此引脚设定的时长之后，芯片才会真正触发欠压保护逻辑。

Pin19（DTC）：此引脚与 TL494 的 DTC 作用完全相同。

Pin20（C2）、Pin21（E）、Pin22（C1）：参考 TL494 中的相关内容。

3.11.5　主电源 PWM 之 384X

字母 X 代表数字 2、3、4、5。同 TL494 一样，384X 系列的 PWM 也被广泛地使用于包括 ATX 电源在内的各种开关电源中。

384X 的引脚定义如图 3-69 所示。

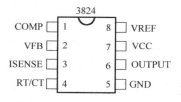

图 3-69　384X 的引脚定义

其内部模块图如图 3-70 所示。

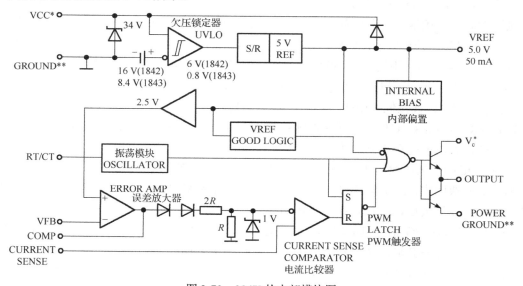

图 3-70　384X 的内部模块图

Pin1（COMP）：COMPensation 的前 4 个字母，补偿之意。无论其内涵还是外延，都与 KA3511 的 COMP 完全相同。在 TL494 中，虽然没有出现以 COMP 命名的引脚，但其 FEEDBACK 实际上就是 COMP。请读者特别注意这类引脚既可被命名为 COMP，又可被命名为 FEEDBACK 的事实。这起码说明此引脚有两种用途。

当被命名为 COMP 时，更强调其作为"补偿"的作用；当被命名为 FEEDBACK 时，更强调其作为反馈的作用。这两种应用方式的区别，决定了 COMP 和 Pin2 VFB 的具体外围电路。

Pin2（VFB）：误差放大器的反相输入端。在实践中，读者会发现 384X 的 VFB 有的接地，有的不接地。当其接地时，实际上是弃用了 384X 内部集成的这个误差放大器，COMP 脚实际以 FEEDBACK 的方式应用。当其不接地时，COMP 会经阻容网络后连接至 VFB，将误差放大器的输出补偿给 VFB，COMP 的命名才名副其实。

Pin3（ISENSE）：电流感知脚，外接限流电阻。此引脚的电压实际上就是流经变压器初级绕组、开关管、限流电阻的电流（也就是励磁电流）在限流电阻非对地一端的电压。限流电阻非对地端的电压一旦超过了门限值，就会触发芯片的过流保护关断动作。在 384X 的模块图中，ISENSE 实际上是芯片内部集成的电流比较器的同相输入端。感兴趣的读者，可进一步分析电流比较器的输出对 PWM 触发器输出的影响，笔者不再赘述。

在某些电源中，还会利用芯片自身的这个过流保护关断功能脚引入一个额外的开关管驱动电压过压保护功能，实际上是拓展了此引脚的功能。

Pin4（RT/CT）：此引脚经一个电阻上拉至芯片的 Pin8 VREF，同时经一个电容对地。用于设置芯片他励方波的具体振荡频率。

Pin5（GND）：因为 384X 属于高压侧元件，所以此地实际上是全桥负极或主电容的负极。

Pin6（OUTPUT）：他励方波输出脚。一般经小阻值电阻后直通开关管的控制脚。

Pin7（VCC）：芯片的供电脚。384X 芯片实际上有两路供电。因此，此引脚一方面通过大阻值启动电阻（如 150kΩ）直通全桥正极获得第一路供电，一方面通过整流二极管（如 FR107）及限流电阻（如 15kΩ）从变压器的反馈绕组获得第二路供电。

通过查阅各个厂家的数据表不难发现，384X 的启动电流（Start-Up Current）的典型值为 0.45mA，最大值为 1mA。这意味对于大部分 384X 而言，只要启动电阻能够提供 0.45mA 的启动电流，384X 就可以开始工作，部分 384X 则需要 1mA 的启动电流。当启动电阻为 150kΩ 时，可以从 310V 获得大概 2mA 的启动电流，足以满足 384X 的启动需要了。通常只有在对电源进行改装时，才需要调整启动电阻的阻值。

当 384X 启动后，第二路供电开始为芯片供电（此供电在数据表中被称为 Min. Operation Voltage After Turn-On），其电压不应低于 8.2V。

Pin8（VREF）：5V 精密参考电压输出脚。此引脚几乎只服务于芯片的 Pin4。少数开关电源会利用此引脚屏蔽启动电阻：设计一个以参考电压为使能信号的电路，当无参考电压时，启动电阻可正常工作，当产生参考电压后，启动电阻被屏蔽到电路之外。

下面，我们分析 384X 与 TL494、KA3511 的区别。

它们最大的区别就是，384X 的工作是不受使能引脚控制的。在没有发生保护的情况下，384X 只要获得供电，就开始输出他励方波，而 TL494、KA3511 不同，这两种芯片都具有 DTC（REM）使能引脚。

常识告诉我们，对于任何真正可用的 PWM 而言，就算是芯片没有明显的工作使能引脚，它也应该既有同等功能的引脚。对于 384X 这类 PWM 而言，其使能引脚就是 COMP（COMP 在 FEEDBACK 方式下），或 VFB（COMP 在 COMP 模式下）。

3.11.6　主电源"监控及 PG"之 TPS3510/WT7512

在"339+494"架构的 ATX 电源中，ATX 电源对主电源输出的监控，以及监控到主电源输出过压/欠压后的保护性动作，都是由以运算放大器 339 为核心的电路实现的。

为了提高这部分电路的稳定性及可靠性，简化电路，厂家又陆续开发出了一些专用的监控及 PG 芯片，TPS3510/WT7512 是其中的代表。

TPS3510/WT7512 的引脚定义如图 3-71 所示。

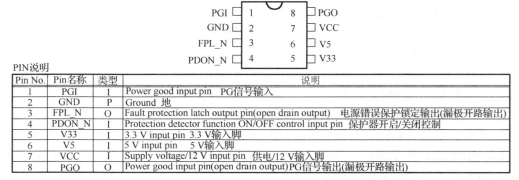

图 3-71　TPS3510/WT7512 的引脚定义

TPS3510/WT7512 可为 ATX 电源提供以下 4 种功能。

（1）电源的保护。

（2）PG 信号的主动输出。

（3）电源发生错误（此处指过压/欠压事件）后的保护锁定。

（4）（过压、欠压）检测器的使能及复位。

在 TPS3510/WT7512 中，集成一个"过压检测器"，它监控着 ATX3.3V（芯片从 Pin5 采样获得）、ATX5V（芯片从 Pin6 采样获得）、ATX12V（芯片从 Pin7 采样获得）。TPS3510/WT7512 中还集成一个"欠压检测器"，它监控着 ATX3.3V、ATX5V。一旦这两个检测器检测到过压或欠压事件，就会通过 Pin3 FPL_N 输出高电平（正常时，此引脚为低电平）。

3.12　可控硅

可控硅是一种结构上与三极管、场管完全不同的三引脚元件，分为单向可控硅和双向可控硅两种。我们主要介绍单向可控硅。从结构上来说，它具有 3 个 PN 结，如图 3-72 所示。

与三极管和场管相同，单向可控硅也具有 3 个引脚。

在本书的三极管和场管部分内容，笔者已经介绍了三极管与场管的 3 个引脚的各自功能：一个引脚起到控制管子导通与否的作用，另外两个引脚在导通后可按照允许的方向传导电流。

那么，单向可控硅的 3 个引脚功能是否与三极管和场管的类似呢？答案是肯定的。

　　在单向可控硅中，控制极（G）起到同三极管基极（B）、场管栅极（G）相同的作用，它控制着单向可控硅的导通。在单向可控硅导通后，阳极（A）、阴极（K）两个引脚之间即可按照允许的方向传导电流——电流从阳极（A）流入，从阴极（K）流出。

　　对于单向可控硅而言，电流是不允许从阴极（K）流入，从阳极（A）流出的。换句话说，流经单向可控硅阳极、阴极的电流是具有单向性的，这正是单向可控硅命名为"单向"之意。

　　那么，单向可控硅的控制极（G）是如何控制管子的导通与截止的呢？

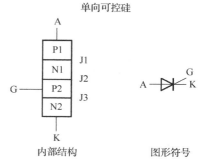

图 3-72　单向可控硅的内部结构和图形符号

　　单向可控硅与 NPN 三极管和 N 沟道场管的导通控制类似：均是高电平导通。换句话说，在单向可控硅的控制极（G）上施加一个高电平（这个高电平称为单向可控硅的"触发电压"），就可以令单向可控硅从阳极到阴极导通，并且，一旦单向可控硅导通后，控制极就与可控硅再无任何控制的关系。换句话说，单向可控硅的控制极是没有令其截止的功能的，这是单向可控硅与三极管、场管的最大区别之一。

　　这就引出了一个同样重要的问题：既然控制极没有令单向可控硅截止的作用，那么如何令它截止呢？

　　只有两个方法：将从阳极（A）流入可控硅的电流减小到一个门限值，当低于此门限值后，单向可控硅自动截止；直接切断阳极的供电。

　　接下来，我们从单向可控硅的内部结构出发，分析为什么单向可控硅具有上述的导通截止行为。

　　对于具有 3 个 PN 结的单向可控硅而言，可以看作由一个 PNP 三极管和一个 NPN 三极管组合而成，如图 3-73 所示。

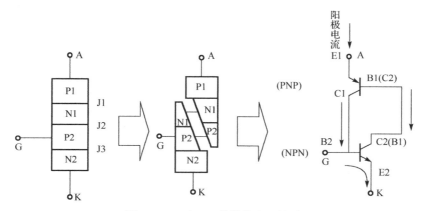

图 3-73　3 个 PN 结的单向可控硅

　　将单向可控硅切割开，得到在内部互连的两个三层半导体。其中一个为 PNP 型，另一个为 NPN 型。这两个三层半导体等价于一个 PNP 三极管和一个 NPN 三极管。

　　当人为地在单向可控硅的阳极（A）和阴极（K）之间加上一个正向偏置电压（即供电）后，首先在 PNP 三极管的基极（B1）上产生 PNP 三极管的"基极感应电压"，基极感应电压同时也加至 NPN 三极管的集电极（C2）上。此时，如果不在 NPN 三极管的基极 B2（也就是单向可控硅的控制极）上施加一个正向电压（单向可控硅的"触发电压"），NPN 三极管就无法打开而处于截止的状态，而 PNP 也会因为 B1 上的感应电压无法被拉低而处于截止状态。总之，单向可控硅中的两个三极管均处于截止状态，单向可控硅截止。

当在 NPN 三极管的基极 B2（也就是单向可控硅的控制极）上施加一个正向电压后，NPN 三极管开始导通。NPN 三极管导通的直接结果，就是会拉低 PNP 三极管的"基极感应电压"，令 PNP 跟随导通。流过 PNP 的阳极电流一分为二：一部分从 PNP 三极管的基极流出，从 NPN 三极管的集电极流入，最后从 NPN 三极管的发射极流出；一部分从 PNP 三极管的集电极流出，从 NPN 三极管的基极流入，最后从 NPN 三极管的发射极流出。

此刻，就算是撤掉最初施加在 NPN 三极管的基极 B2（也就是单向可控硅的控制极）的正向电压，NPN 三极管仍热能够获得维持导通所需要的电流（来自 PNP 导通后从 C1 流出电流）。这就是单向可控硅在触发导通后，即使不保持其触发电压也仍然能够持续导通的原因。

我们再回顾一下令单向可控硅截止的两个方法中的第一个方法。

减小阳极电流的直接结果就是减小 PNP 导通后从 C1 流出电流，此电流实际上在起着维持 NPN 三极管持续导通的作用。当此电流因阳极电流的减小而减小到无法维持 NPN 继续导通的门限值时，NPN 三极管截止，进而导致整个单向可控硅截止。

接下来我们介绍用万用表测量单向可控硅 3 个电极两两之间的互通性的具体数据。如表 3-11 所示是笔者对一个正常的 BT151-500R 单向可控硅测量结果。

表 3-11　正常的 BT151-500R 单向可控硅测量结果

测 量 笔 序		二极管挡压降/mV	J3 真实电阻/Ω
红 A	黑 K	OL	92M 左右
红 K	黑 A	OL	89M 左右
红 G	黑 K	249.8	165.57
红 K	黑 G	250.2	165.33
红 G	黑 A	OL	86M 左右
红 A	黑 G	OL	87M 左右

我们来分析一下这个实测结果。

红 A 黑 K，是对单向可控硅的阳极和阴极间加正向电压（正向是指流过单向可控硅的电流是从阳极流向阴极的，而不是从阴极流向阳极的）。在控制极没有施加触发电压前，正常的单向可控硅一定是截止的。因此，用二极管挡测量其正向（从 A 到 K）导通情况时应为不通（OL），用电阻挡测量其正向（从 A 到 K）真实电阻也是一个大阻值（92MΩ左右）。

红 K 黑 A，是对单向可控硅的阳极和阴极间加反向电压。在控制极没有施加触发电压前，正常的单向可控硅一定是截止的，这个截止，不仅是指从 A 到 K 截止，也同时包括从 K 到 A 的截止（反向截止）。因此，用二极管挡测量其反向（从 K 到 A）的导通情况时也应为不通（OL），用电阻挡测量其反向（从 K 到 A）真实电阻也是一个大阻值（89MΩ左右）。

红 G 黑 K，是对单向可控硅的控制极和阴极间加正向电压（这个正向是指流过单向可控硅的电流是从控制极流向阴极的，而不是从阴极流向控制极的）。通过对单向可控硅内部结构的学习，我们会发现 G 与 K 之间存在一个 PN 结（J3）。红 G 黑 K，实际上就是对 J3 施加了一个正偏置电压。对于 PN 结来说，在正向偏置下，PN 结可导通，且导通压降为 0.2～0.8V。

实测 J3 的导通压降为 249.8mV。

红 K 黑 G，是对单向可控硅的控制极和阴极间加反向电压，同时也是对 J3 施加反向偏置。按照 PN 结的特性：对 PN 结施加反向偏置并不能令其导通。万用表自然也测量不到其导通压降。但是，对单向可控硅的 J3 施加反向偏置时，却能够测量出一个 250.2mV 的压降。这起码意味着从表面上看，J3 的确是反向导通了。此实测结果说明单向可控硅并不能真正地等价于一个 PNP 三极管和一个 NPN 三极管的简单组合。

在测量 G 与 K 之间的导通性时，无论是用二极管挡还是电阻挡，都能够得到 J3 可正向导通，同时也可反向导通的实测结果。这是我们利用排除法（排除 G、K）明确单向可控硅的另一个引脚 A 的有效方法。

接下来，我们分析用数字万用表测量控制极（G）与阴极（K）互通性的实测数据，探讨通过实测数据来辨别这组具有互通属性的电极的各自具体极性。

首先看二极管挡的压降。J3 的正向压降比 J3 的反向压降略小（0.6mV）。这个实测结果是否可以推广到所有的单向可控硅的 G、K 判别呢？单从万用表的精度（最后一位的测量误差是比较大的）而言，我们应该持怀疑态度，即不能武断地做出 J3 的正向压降小于反向压降的结论。

再看一下真实电阻。J3 的正向真实电阻比 J3 的反向真实电阻略大（0.24Ω）。这个实测结果又是否可以推广到所有的单向可控硅的 G、K 判别呢？同样，单从万用表的精度（第四位有效数字的精度为万分之一，这已经是一个相当高的精度了，是不容易做到的）而言，我们仍应该持怀疑态度，即不能武断地做出 J3 的正向真实电阻大于 J3 的反向真实电阻的结论。

那么，我们就面临一个难题：既然无法通过数字万用表的测量有效地区分单向可控硅的阴极与控制极，那么采用何种方法来解决这个问题呢？

当然是通过单向可控硅的实际导通过程来解决这个问题了，如图 3-74 所示。我们通过对一个已知极性的单向可控硅的实际导通控制来说明如何解决该问题。

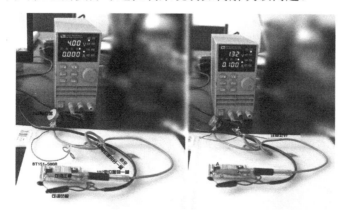

图 3-74　单向可控硅的实际导通过程

将可调正极与单向可控硅的阳极相连，将单向可控硅的阴极经一个常见的负温度系数电阻（限流用）与可调负极相连，将可调电源的输出设为 4V/100mA，将 102 电位器（笔者已经将其两引脚焊接上缝衣针以方便使用）的一引脚也接至可调正极，另一极悬空待用。

根据单向可控硅的导通原理，我们已经为单向可控硅的阳极与阴极加上了一个 4V 的正向电压。此时，它处于截止状态，图 3-74 中的电流显示为 0.000A。

用 102 电位器悬空的一引脚接触一下单向可控硅的控制脚。观察可调电源会发现其电流已经为设定的限流 100mA，这说明此单向可控硅的确已经导通了。

如果我们错误地为单向可控硅的阳极与阴极提供了反向电压，它显然无法被触发，自然也无法从可调电源上观察到导通后的电流。

接下来，我们还可以利用可调电源，逐步减小阳极电流（从图 3-74 中的 100mA 开始），实测一下此单向可控硅维持其导通状态的最小阳极电流。笔者以 1mA 步进减小可调电源的限流门限，当调节到 13mA 时，可调电源电流表读数跃迁为 0，这说明此单向可控硅的阳极电流在减小到 13mA 时，就因为无法维持导通而处于截止状态了。换句话说，此单向可控硅的维持电流为 13mA。

当然，读者还可以通过调节 102 电位器的阻值，来控制从电位器输入到单向可控硅控制极的触发电流的大小。实测证明，可控硅的触发，对触发电流的大小是有要求的：过小的触发电流将不足以令其导通。

最后，我们总结一下单向可控硅涉及几个比较重要的参数概念。

（1）平均正向电流（Average On-State Current）：在正常工作状态下，允许从阳极流入的电流平均值。

（2）维持电流（Holding Current）：可保持可控硅持续导通的最小阳极电流。

（3）控制级—触发电压（Gate Trigger Voltage）：温度越高，触发电压越低。

（4）正向阻断峰值电压（Peak Off-State Voltage）：见数据表。

（5）反向阻断峰值电压（Peak Reverse Voltage）：见数据表。

（6）控制级—触发电流（Gate Trigger Current）：用于触发的，从控制极流入可控硅的电流。

第 4 章　ATX 电源的电路

笔者强烈建议读者通过边观察、边拆卸、边跑线、边绘图的方式，完成一个 ATX 电源的跑线工作。在这个过程中，观察 ATX 电源的所有元件参数，明确其较为复杂的互连情况，在实践中逐步了解数据电路，做到心中有数。

4.1　EMI 电路

EMI（ElectroMagnetic Interference）是电磁干扰的意思。

对于 ATX 电源而言，电磁干扰是一种有害的因素。但令人遗憾的是，它几乎是不可能被消除的，因为电路在正常工作的同时，必然会产生或强或弱的电磁干扰。同时令人欣慰的是，虽然电磁干扰不能被消除，但可以被抑制，令其强度保持在可接受的范围之内。

ATX 电源既可能受到交流市电 220V 电网中存在的 EMI 的影响，也有可能作为 EMI 污染源，反过来去影响交流市电 220V 电网。因此，就有必要在 ATX 电源中设计一种电路，其功能就是限制交流市电 220V 电网中的电磁干扰对 ATX 电源的不利影响，同时又限制 ATX 电源产生的电磁干扰对交流市电 220V 电网的不利影响。事实上，ATX 电源产生电磁干扰的原因与其工作原理密切相关，其根本来源是开关电路振荡过程中产生的高频杂波。

我们把 ATX 电源中的这种双向 EMI 抑制电路称为 ATX 电源的"EMI 电路"。对于一个用料充足的实物 ATX 电源而言，它应该包括串联的两级 EMI："一级 EMI"和"二级 EMI"，如图 4-1 所示。

"一级 EMI"通常制作到单独的一小块电路板上，如图 4-2 所示。

插座 —— 一级EMI —— 二级EMI —— 整流全桥

图 4-1　串联的两级 EMI　　　　　　　　　　图 4-2　一级 EMI

"二级 EMI"通常制作在 ATX 电源电路板上，笔者不截图展示，读者观察实物即可。

4.2　辅助电源回路

辅助电源回路的拓扑属于开关电源中的反激拓扑。反激拓扑具有两种工作模式：连续模式

（Continuous Mode）和非连续模式（Discontinuous Mode）。因超出维修需要，本书不再赘述。

根据 Intel 制定的 ATX 电源规范，其 5VSB 的输出电流已达到 2A，对应的最大输出功率为 10W。

4.2.1　辅助电源回路的作用

辅助电源回路在 ATX 电源中的作用是产生两路待机供电。只要 ATX 电源接入交流市电 220V，这两路供电就应该产生。

第一路是输出至直流输出端子的 5VSB 供电（紫色电缆）。第二路是提供给主电源回路的它激振荡源芯片（494 等）、运算放大器（339、358 等）、专用 PG 芯片等，用作其工作供电的待机供电，这路供电只能在拆开 ATX 电源后才能在相关元件的引脚上测到，并不输出到 ATX 电源的直流输出端子。

本书将第二路供电自定义为 B+供电。B+本质上是"供电的供电"。

之所以将该路供电命名为 B+，是因为 B+实际上是一个双路（Binary）供电。在大部分 ATX 电源中，ATX12V 的整流二极管附近会有一个整流二极管将 ATX12V 自下而上地连至 B+，

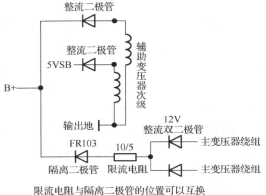

如图 4-3 所示。

这个隔离二极管与限流电阻也比较容易通过肉眼分辨，请读者跑线时注意。

图 4-3　B+电路

限流电阻与隔离二极管的位置可以互换

最典型的双管半桥式 ATX 辅助电源回路由如下元件构成（从全桥正开始）。

（1）辅助变压器。

（2）辅助开关管。

（3）启动电阻。

（4）自励正反馈 RCD。

（5）辅助变压器初级绕组及辅助开关管的尖峰吸收 RCD。

（6）作为反馈电路核心之一的精密稳压器 431 及其周边 RC。

（7）用于隔离反馈与稳压电路的光耦及其周边 RCD。

（8）脉宽稳压 NPN（如 C945、C1815）。

（9）用于过流保护的低阻值过流检测电阻。

（10）整流二极管、L 滤波或 π 滤波。

（11）空载电阻。

（12）其他：5VSB 稳压二极管、输出电感等。

4.2.2　辅助电源回路的工作原理

辅助电源回路属于一种"自励正反馈反激开关振荡电路"。

"自励正反馈"是指辅助变压器的正反馈绕组及相关 RCD 所构成的加速开关管导通的具体电路的工作原理。"自励"是指加速开关管导通/截止的信号源来自于电路本身（实际上就是辅助变压器的反馈绕组）而非其他额外的激励源。"正反馈"是指"反馈的结果"与"导致反馈产生的原因"的方向是一致的，两者的效果是叠加的。

其工作原理具体如下：开关管如果由截止转变为导通（导致反馈产生的原因），会导致反馈绕组中产生一个感应电动势（反馈的结果），这个感应电动势会进一步加强开关管导通的程度，两者叠加的结果是使开关管尽可能快地完全导通。开关管如果由导通转变为截止（导致反馈产生的原因），也会导致反馈绕组中产生一个感应电动势（反馈的结果），这个感应电动势会进一步加强开关管截止的程度，两者叠加的结果是使开关管尽可能快地完全截止。与正反馈对应的概念是负反馈，因其与本书关联度不高，故不再赘述。

"反激"则是电能转换过程中的一个与时间有关的概念：如果某变压器在其初级绕组输入电能的同时，已经在其次级绕组向下级输出能量了，我们就说这是一个"正激"换能过程；如果某变压器只有在其初级绕组停止输入电能时，其次级绕组才能够向下级输出能量，我们就说这是一个"反激"换能过程。"反激"与"正激"更多属于设计层面需要考虑的因素，与实际维修的关系不大。

下面介绍开关振荡电路的振荡过程。

通过对辅助电源回路的跑线不难发现，储存在主电容中的电能以电流的形式从全桥正出发，经辅助变压器初级绕组、辅助开关管、过流检测电阻后回到全桥负，如图 4-4 所示。

全桥正──→ 辅助变压器初级绕组 ──→ 辅助开关管 ──→ 过流检测电阻 ──→ 全桥负

图 4-4　电流的流向

对于变压器而言，初级绕组和次级绕组之间的电磁耦合必须以变化的电流为必要条件。换句话说，如果在初级绕组中通过的是大小和方向恒定的电流，就无法通过电磁耦合实现电能的传递。因此，开关振荡电路引入了开关管，伴随着开关管有规律地导通和截止，就满足了令变化的电流［实际上是脉冲直流电（方波）］周期性地通过变压器的初级绕组的必要条件，最终通过电磁耦合实现了电能在次级绕组上的输出。

在物理学中，这种周期性的现象都可以定义为"振荡"。显然，在开关振荡电源中，几乎所有元件都工作在振荡状态（开关管最为典型），用示波器测量其工作波形时，要么是方波（如开关管的控制极、431 的参考极 R），要么是锯齿波（如负责强制拉低开关管控制极电位的稳压 NPN 的基极 B）。

辅助电源回路的振荡过程可以分为 3 个阶段：第一个阶段，启动；第二个阶段，自励正反馈；第三个阶段，稳压。

另外，过流保护也是辅助电源回路的重要内容，但它与启动、自励正反馈、稳压有本质的区别。过流保护并不是振荡过程，它只在发生过流事件时才被触发。

第一个阶段：启动。

辅助电源的启动是指主电容正极的 310V 电压经大阻值电阻（一个、两个或四个）后直接加至开关管的控制极令其微弱导通的过程。

在实践中，启动电阻容易开路，电源无任何输出也无任何反应。

第二个阶段：自励正反馈。

开关管在启动电阻的作用下微弱导通，此时流过开关管的电流也是一个微弱的励磁电流（该电流是使磁芯产生磁场的根本原因，因此得名励磁电流）。

尽管这个数值很小的励磁电流对整个变压器磁芯充入的磁场能量有限，但变压器磁芯正在经历着一个磁场（指磁芯的磁通量）从无到有的过程。"从无到有"意味着磁芯磁通量的变化率是比较大的，而反馈绕组所感应出的正反馈电压与磁芯磁通量变化率成正比。这个较大的正反馈电压使开关管的控制极获得了加速导通的动力。正反馈电压会直接导致开关管越来越快地导通，直到其饱和导通。

此时的正反馈就像一匹脱缰的野马，"一脚油门踩到底"地向前冲。市电电能将持续不断地涌入变压器，直到某个因素制止正反馈为止（实际上是过流电阻的过流事件，因为此知识点已经超出了维修需要，本书不再赘述）。

第三个阶段：稳压。

开关管在经过自励正反馈加速导通之后，开关管相当于一根导线（这只是理想状态），此时，流过辅助变压器初级绕组及开关管自身的电流仅受作为电感的初级绕组（电感的感抗）的阻碍。也正是在这个阻碍过程中，逐渐增大的电流使电能转化为磁场能储存在磁芯中。然后，次级绕组又通过电磁耦合将磁芯的磁场能转化为自身的感应电动势，经整流二极管和 L 滤波或 π 滤波后输出 5VSB 和 B+。

从能量守恒的角度看，从辅助变压器初级绕组输入的能量越多，那么从次级绕组输出的能量也就越多。输入能量的多少和输出电压的高低是有内在联系的。

例如，用于发电的水库的水位（类比为输出电压），上游的来水（类比为从初级绕组输入的电能）在不断地流入水库，用于发电的水（类比为负载从次级绕组获得的电能）不断地流出水库。如果上游的来水量和用于发电的水量正好相等，那么水库的水位就保持不变；如果上游的来水量小于用于发电的水量，那么水库的水位就会下降；如果上游的来水量大于用于发电的水量，那么水库的水位就会上升。

对于辅助电源而言，要维持其输出电压的恒定，实际上就是尽可能快、恰到好处地根据负载的实时电能消耗来补充从初级绕组输入的电能。这是通过控制开关管导通的时间长短来实现的。可以想象，开关管导通时间长，则从初级绕组输入的电能多，可以满足大负载的能量消耗，开关管导通时间短，则从初级绕组输入的电能少，可以满足小负载的能量消耗。假如因为某种故障原因，从初级绕组输入的能量过多，多到大负载都消耗不了了，那么就会导致输出电压的实际升高；或者从初级绕组输入的能量过少，少到小负载都不够了，那么就会导致输出电压的实际降低。

综上所述，稳压实际上就是控制开关管导通时间长短的过程：在输入的能量不够时，增长其导通的时间；在输入的能量过多时，减少其导通的时间。对于前者，读者不会有疑问，对于后者，情况稍微复杂一些。笔者正好在此处介绍一下"空载电阻"的作用。

事实上，任何真正可用的实物辅助电源并不是在从 0 到最大设计功率的整个范围内都能工作的。即使是在空载（不将主板接入 ATX 电源）状态，它仍由"空载电阻"充当着负载的角色，实际消耗着少量的宝贵的能量，输出着空载功率。

考虑到全世界无数辅助电源中的空载电阻正在消耗着巨大的空载电能，所以这显然不应该是一件没有任何意义的事情。那么，空载电阻的意义何在呢？

空载电阻存在的意义在于初始振荡的建立，而只有建立起初始振荡之后，辅助电源才能够继续动态响应负载的电能消耗。

当辅助电源处于空载状态时，振荡将以由空载电阻决定的最小占空比（不能更小了）进行，当辅助电源处于满负荷状态时，振荡将以由空载电阻加负载决定的最大占空比（不能更大了）进行。

接下来，我们先提出几个问题，并通过对这些问题的解答来全面地认识和了解辅助电源在接入负载后（实际输出电压将降低）的实际工作过程。

（1）辅助电源回路是如何得知实际输出电压在降低的？

（2）辅助电源回路在得知实际输出电压降低后，必然触发（信号从无到有）或改变某个信号（信号已经产生，但幅值有变化），这个信号当然就是反馈电路正常工作后的结果。那么，这个信号最该由谁发出，其具体的形式及信号的强度如何衡量？

（3）不难想象，实际输出电压降低被触发或被改变的信号一定是试图增长开关管的导通时间的，那么它究竟是如何实现这个结果的？

辅助变压器次级绕组输出的电能经整流二极管及 L 滤波或 π 滤波之后得到 5VSB 和 B+。接入的负载开始消耗储存在电感及电容中的电能，造成 5VSB 或 B+ 的实际电压开始下降。如果辅助电源的反馈电路确实能够感知 5VSB 或 B+ 的下降，并且触发或改变某个信号，那么这个信号也顺理成章地最该由（也只能由）5VSB 或 B+ 首先发出。

那么问题（1）就变成了 5VSB 或 B+ 如何发出表征自己电压下降的信号的问题了。在电路中，要判断一个电压的下降实在是一件再简单不过的事情了，只需要对 5VSB 或 B+ 的实际电压进行取样并与参考电压比较放大就可以了。

对电压的取样既可以使用一个较大阻值的隔离电阻 100% 取样，也可以使用一对分压电阻按一定的比例取样。辅助电源都是利用一对等值分压电阻从 5VSB 按照 50% 的比例取样的。因为 5VSB 才是被稳的电压，B+ 不是。B+ 只能伴随着 5VSB 的稳压而稳压，两者的相对数值是由 5VSB 和 B+ 的次级绕组匝数比决定的。

这是因为 5V 的一半正好是 2.5V，与广泛使用的精密稳压器 431 的参考电压（2.5V）完全相同。采用 431 作为取样结果的反馈及放大元件，无疑是最经济的解决方案，只需要将分压电阻的公共点接至 431 的参考脚 R 即可。一旦 5VSB 降低，则 431 就试图令其阴极 C 到阳极 A 截止，配合光耦放大、光路隔离后直接作用于稳压电路的脉宽控制部分（如开关管的控制极）。显然，也可以认为 431 工作在振荡状态（应当抓取 431 参考极的波形）。

如图 4-5 所示是一个根据某品牌 ATX 电源实物绘制的、典型的辅助电源的电路图。这种辅助电源回路的反馈绕组在物理上是直接接地的（请读者用万用表的二极管挡实测反馈绕组与全桥负的直通性以判断实际电源是否属于该图中的电路类别）。

431 的阴极 C 到阳极 A 的截止将直接降低/阻断光耦中光二极管电流流向输出地的通道，这意味反馈电路对 5VSB 取样得到的实际输出电压的信号先被 431 放大，然后又转换为光耦光二极管的发光强度信号。请读者特别注意光二极管正极所连接的工作电压——5VSB：无论电路处于何种振荡状态，光二极管都是由 5VSB 所驱动的。可见，辅助电源回路在得知实际输出电压降低后，的确是 5VSB 自己发出的欠压信号（强度变小的光信号）。至此，第（2）个问题得到了解答。

强度变小的光信号意味着通过空载电阻建立起来的初始振荡状态即将被打破，辅助电源回路将着手建立与负载相匹配的新的振荡状态。

光二极管光信号的强度变小，将直接导致光三极管的导通能力下降。这意味着二极管 VD 有截止的趋势，储存在 C2 中的电能将更缓慢地通过光三极管作用于下级。即正反馈电压将更少地分流至光耦一路（作用于 Q2 的基极，令其导通后直接拉低主开关管 Q1 的控制极使其截止）。与此同时，正反馈电压的另一路也就拥有了更强的能力（实际上是更长的时间）经"正反馈 RCD"作用于开关管的控制极以维持其继续导通。

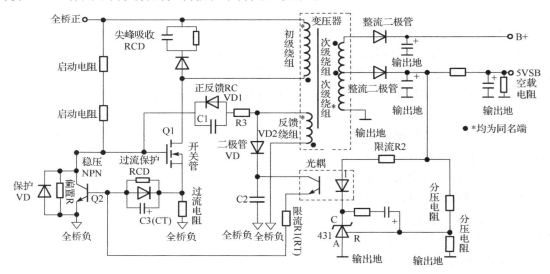

图 4-5　典型的辅助电源的电路图

下面，我们介绍这个振荡电路最核心的内容：反馈绕组的两路输出及稳压 NPN（Q2）的导通控制。

反馈绕组共有两路输出：第一路即正反馈 RCD，其中的 C1 是一个加速电容，VD1 是反馈绕组的整流二极管，R3 是限流电阻（简称限流）；第二路包括二极管 VD（VD2）、C2、光耦光三极管、限流 R1 及 C3，其中的 C2 也是一个储能电容。C3 与 R1 较为特殊，是作为振荡电路的辅助电源回路的核心，笔者将 C3 称为 CT（T 代表时间，下同），将 R1 称为 RT，因为两者的参数是这个振荡电路振荡频率的主要（但非全部）决定因素（全桥正的实际电压对振荡频率也有影响）。

当开关管导通时，励磁电流会在反馈绕组上感应出上正下负的感应电动势，一路经 VD1、C1 加速（电容在传导电流时具有电流超前于电压的性质）后送开关管基极，令其快速饱和导通。当开关管截止时，反馈绕组上感应出的感应电动势翻转为上负下正，在这个负电压的作用下，开关管基极的导通电压又可经 C1、R3 后快速泄压，可令开关管加速截止。

VD2 这路的输出较为简单，是一个单纯的整流储能电路：VD2 反馈绕组上感应出上正下负的感应电动势进行整流，然后对 C2 充电，以储存令 Q2 截止的电能，方便光耦在需要时调用。

如图 4-6 所示为全桥正极为 12V 时在稳压 NPN Q2 的基极 B（图中的锯齿波）、开关管 Q1 的控制极（图中的方波）上测到的实际输出波形。

笔者并没有直接使用电源自身的全桥整流电路（以交流市电 220V 为输入）为辅助电源回路供电，而是使用了可调电源（可调正极接主电容/全桥的正极，可调负极接主电容/全桥的负极）为辅助电源回路供电。这样做有以下几个好处：可以探究辅助电源的最低起振电压（主电容/全桥正负极之间），这恰好从实证的角度说明了当拔下市电电缆后主电容电压会迅速下降的原因；在辅助电源电路起振的前提下，在最低的电压（安全电压为 36V）下实测电路数据，既能够把电路的工作过程理解清楚，又能够避免 310V 带来的不安全因素。

我们先分析方波（开关管 Q1 的控制极）的波形。

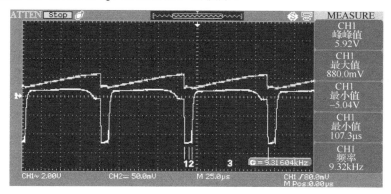

图 4-6　实际输出波形

在 T1（图 4-6 中标为 1）时段，波形为平直线段。这说明开关管控制极处于低电位，开关管处于关闭状态。

在 T2（图 4-6 中标为 2）时段，波形开始向上爬升。这说明开关管正在经历启动过程。

在 T2 的结束时刻和在 T3（图 4-6 中标为 3）的初始时刻之间，波形为变化率很大的上升曲线（几乎直上直下，但还是能够观察到一定的倾斜度）。这说明开关管仅经历了很短的时间就从微弱导通转为饱和导通，对应正反馈阶段。

在 T3 时段的结束时刻，波形为变化率很大的下降曲线（几乎直上直下）。这说明开关管快速截止。

我们再分析锯齿波的波形。

T1 和 T2 时段为比较平直的线段，这说明稳压 NPN 处于截止状态。

在 T3 时段，稳压 NPN 基极 B 的电压呈线性递增。这是一个 RC 充电过程：储存在 C2 中的电能将以电流的形式流过受控光三极管的集电极和发射极，并经限流电阻 R1（RT）对 C3（CT）充电，令稳压 NPN 基极 B 的电压线性升高。

在 T3 的结束时刻（T1 的开始时刻），C3（CT）上的电压超过了稳压 NPN 的导通电压门限值，稳压 NPN Q2 导通，开关管 Q1 截止。

综上所述，在 T2 的结束时刻和在 T3 的初始时刻之间，反馈绕组输出的能量被分为两路，一路经正反馈 RCD 后用于加速开关管的导通，另一路经二极管 VD（VD2）后储存在 C2 中，用于导通稳压 NPN。并且，在第二路中通过可控的延时电路（通过光二极管控制 C3 的充电时间），来强制调制振荡电路的占空比。

正是在正反馈电压这一推（直接作用于主开关管 Q1 控制极的"正反馈 RCD"）一挽（二极管 VD 经光耦光三极管作用于稳压 NPN 的 Q2）的作用之下，满足了自励振荡开关电源的 3 个要素：在开关管 Q1 启动后可加速进入饱和导通状态；在开关管 Q1 退出饱和导通后可加速进入截止状态；开关管 Q1 的导通时间（占空比）可控。

笔者将限流电阻 R1 和电容 C3 分别命名为 RT 和 CT。改变 R1 和 C3 的参数，显然会导致辅助电源回路振荡频率及脉宽的变化，笔者不再赘述。

ATX300P4 型 ATX 电源实物图如图 4-7（清晰大图见资料包第 4 章/图 4-7）所示，其电路图如图 4-8（清晰大图见资料包第 4 章/图 4-8）所示。

 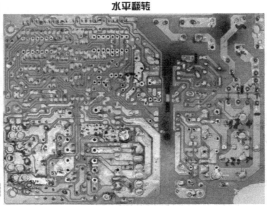

图 4-7 ATX300P4 型 ATX 电源实物图

4.2.3 另一种辅助电源回路

在 4.2.2 节中，我们介绍了一种辅助电源回路的结构及其工作原理。接下来，我们再介绍一种实践中也较常见的辅助电源回路。两种辅助电源回路主要区别在于后者的反馈绕组具有不同的外围电路。除此之外，其他电路几乎完全相同（这也说明两者本质上是相同的）。

山寨 ATX 电源电路图（根据山寨 ATX 电源实物绘制）如图 4-9 所示。

在 4.2.2 节中，其反馈绕组的一端接地，另一端分两路：一路通过正反馈 RCD 输出用于打开开关管 Q1 的能量，另一路通过二极管、光耦的光三极管输出用于打开稳压 NPN Q2 的能量（这是从能量分配的角度对振荡电路的理解）。反观本小节的反馈绕组，它并没有接至全桥负极，而是经 VD2 后接至全桥负极。

对于开关管 Q1 而言，要使其饱和导通，就必须获得一定的能量，这个能量只能由反馈绕组的上端（用*标记的一端）输出。这意味着只有当反馈绕组的上端为正极时（下端对应为负极）才可输出能量。同理，对于稳压 NPN Q2 而言，要使其导通，也必须获得一定的能量，这个能量只能由反馈绕组的下端（用黑圆点·标记的一端）输出。这意味着只有当反馈绕组的下端为正极（上端对应为负极）时才可输出能量。

可见，反馈绕组上的感应电动势的方向必然是周期性变化的，如图 4-10 所示为实测波形。

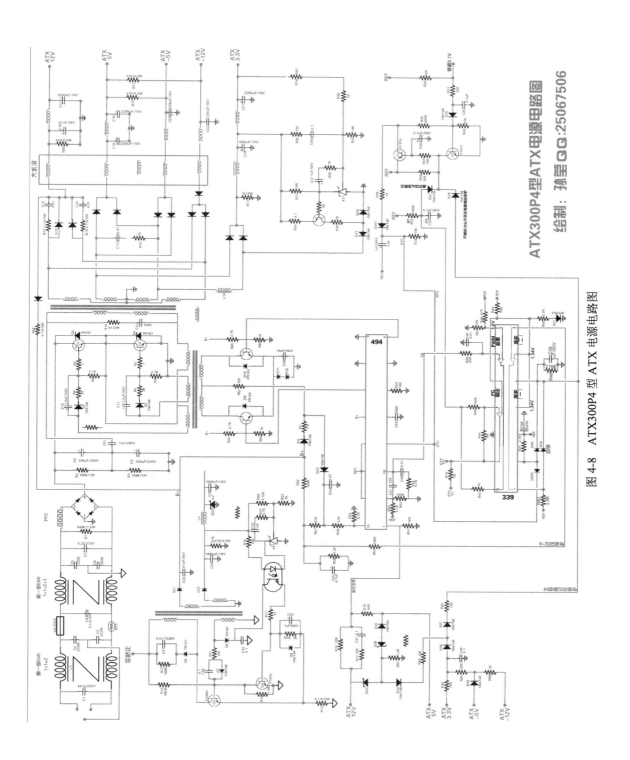

图 4-8 ATX300P4 型 ATX 电源电路图

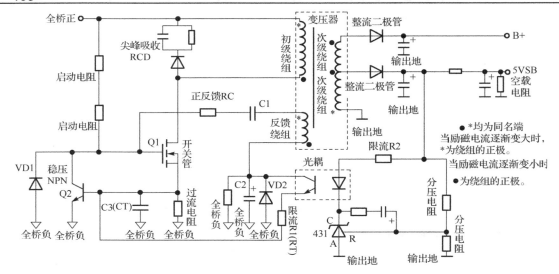

图 4-9　山寨 ATX 电源电路图

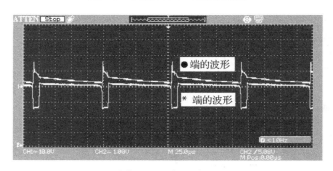

图 4-10　实测波形

　　这是使用示波器在反馈绕组的两端测到的波形（测量时的全桥负为可调电源提供的12V）。从波形图中不难看出，反馈绕组两端的波形是反向的。

　　当励磁电流逐渐变大时，*端为正极，·端为负极。反馈绕组中流过的是从下到上的电流（二极管 VD2 为整流二极管），正反馈 RC 提供开关管 Q1 导通所需要的能量。当励磁电流逐渐变小时，·端为正极，*端为负极（二极管 VD1 为续流二极管）。反馈绕组中流过的是从上到下的电流，对电容 C2 充电，并经光耦的光三极管为稳压 NPN Q2 提供导通所需要的能量。

4.2.4　B+及 5VSB 的短路

　　从常识的角度出发，如果电源的输出端发生了短路，往往会带来严重的后果。但是，如果辅助电源回路的两路输出发生了短路，却并不会带来诸如炸熔断器、炸开关管等严重的故障。换句话说，当辅助电源回路的 B+及 5VSB 发生短路时，并不会造成辅助电路本身的损坏——这可能是一个出乎读者预料的事实。

　　请读者务必取一个正常的实物电源，用铜线将 B+及 5VSB 依次短路，通过观察及实测另一路未被短路的输出电压范围，来证实前文所述的事实。

　　首先用铜丝短路 5VSB。

　　通过观察，没有发现炸元件的情况。用万用表实测未被短路的 B+，发现其电压在一个较宽的范围内不断跳变，与此同时，可听到变压器发出嗒嗒的声音。

当 5VSB 短路时，由 431 为核心构成的辅助电源回路的稳压电路实际上相当于开路。换句话说，因为 5VSB 的短路，431 不工作，光耦也始终处于截止状态。一旦辅助电源回路启动，辅助变压器初级绕组中的励磁电流就不受稳压电路的控制而持续增大，直到增大到 Q2（稳压 NPN）导通后为止。可见，因为限流电阻和 Q2（稳压 NPN）的存在，辅助变压器初级绕组中的励磁电流无法增大到造成电路损坏的程度就会被 Q2 强制关闭。但励磁电流毕竟要大于正常稳压时的电流，为辅助变压器充入了远大于正常情况下的能量，造成未短路的 B+电压大幅度升高。

然后用铜丝短路 B+。

通过观察，没有发现炸元件的情况。用万用表实测未被短路的 5VSB，发现其电压在一个较窄的范围内不断跳变，与此同时，可听到变压器发出嗒嗒的声音。

当 B+短路时，由 431 为核心构成的辅助电源回路的稳压电路实际上会一直工作。但是稳压电路的工作需要一定的反应时间。这就造成虽然稳压电路一直在工作，但未被短路的 5VSB 仍然会在 0V 与一个大于 5V 的范围内不断跳变。

4.3　主电源回路

4.3.1　主电源回路的激励方式

在辅助电源回路中，辅助变压器采用了"启动电阻"+"反馈"的自励振荡的工作方式。

与辅助变压器不同，主变压器则采用了以"494"+"双驱动三极管"+"驱动（脉冲）变压器"的他励振荡的工作方式。

ATX 电源中分别采用了不同的激励方式，这引出了一个值得思考的问题：为什么主变压器不能与辅助变压器一样，采用成本更低、结构更简单的自励振荡工作方式呢？

要解答这个问题，自然需要从两种激励方式的电源特性来考虑。

实际上，自励振荡电源适用于小功率应用，而他励电源由于其灵活的脉宽调制功能，更适用于中大功率的应用。

不仅如此，他励振荡电源相比自励振荡电源而言，能够更好地适应负载的波动性（电流有时大，有时小，有时有峰值）。主电源回路的输出是供主板使用的，主板在不同的工作状态下，其工作电流正是一个具有较大波动性的电流，主板负载的波动性，决定了主电源回路也只有采用稳压效果更好的他励振荡方式。只有这样，当主板一侧发生电流的波动时，主电源回路才能够有效地响应，将 ATX 电源插头输出的各组电压稳定在一个合适的范围之内。

在 3.11.3 节中，我们已经介绍了在双管半桥拓扑主电源回路中被广泛使用的他励源——TL494/KA7500。分析了 494 的 4 脚 DTC 与体稳压运算放大器共同决定两个体 NPN 驱动三极管截止与导通的具体过程。同时指出，494 集成的两个体 NPN 驱动三极管的驱动能力有限，不足以直接驱动两个主开关管。既然 494 中的体 NPN 驱动三极管无法直接驱动两个主开关管，那么势必就需要在 494 与主开关管之间增加一个驱动信号的放大电路。

我们把以 494 的体 NPN 驱动三极管为起点（494 的 8 脚、11 脚），以主开关管的控制极为终点，位于起点及终点之间的电路称为主开关管驱动回路。在主开关管驱动回路中，体积最大的元件为驱动变压器。其初级侧接以两个 NPN 三极管为核心的他励放大电路（本书称之为"双 NPN 推挽放大电路"），其次级侧接 RCD 驱动电路（本书称之为"主开关管驱动 RCD"）。

4.3.2　双 NPN 推挽放大电路

笔者根据某 ATX 电源实物，画出了其双 NPN 放大电路图，如图 4-11 所示。在此 ATX 电源实物中，两个 $R_{下拉}$ 虽设计有焊盘，但实际并未安装使用。ATX300P4 型 ATX 电源的双 NPN 推挽放大电路也几乎与之相同。

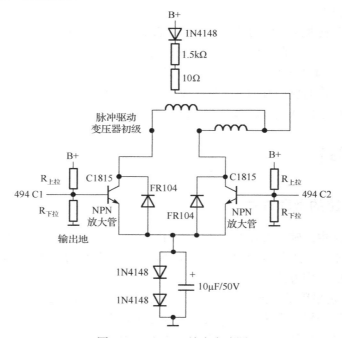

图 4-11　双 NPN 放大电路图

通过对图纸的观察，读者不难发现此电路具有元件成对出现的特点。

这提示我们在观察实物电路时，需要特别注意成对出现的元件：成对的"NPN 放大管"（图 4-11 中用了两个 C1815、有的电源会使用 C945），两对二极管（一对是用于保护 NPN 放电管的钳位快恢复二极管 FR104，也有用 FR103 的，一对是两个串联的钳位放电二极管 1N4148），成对的分压电路（由 $R_{上拉}$ 和 $R_{下拉}$ 构成）。这些元件，通过肉眼观察即可非常容易地分辨。该电路中的 10μF/50V 电解电容（本书称之为"放电储能电容"）通常紧靠两个 NPN 放大管或 494，其外观与参数也比较独特，也是通过肉眼观察即可容易分辨的。

请读者特别注意两个保护"NPN 放大管"集电结（集电极与发射极之间的 PN 结）的快恢复二极管。在跑线时会发现其两个正极直通，两个负极也直通。这两个二极管负极直通，是因为其均与"脉冲驱动变压器"的次级绕组相连的缘故。这个特点，可以用来在电路中的 4 个二极管没有显著的外观差异时，区分其具体用途。

下面介绍这个放大电路的工作原理，明确它到底放大了什么信号。

通过对图纸的观察，读者不难发现此电路实际上是一个从 B+ 对地放电的电路（电路上方的起点是 B+，电路下方的终点是输出地）。我们知道，这个放电电路最终将会把 494 在其 8 脚 C1 和 11 脚 C2 输出的他励信号（方波）放大，并用于驱动主开关管。

我们首先思考一个问题：在 ATX 电源正常待机时，两个 NPN 放大管究竟是处于在放大/饱和导通状态还是截止状态呢？这可以通过在待机时实测 NPN 放大管基极 B 的电压及"放电储能电容"的正极电压来判断。

请读者任意寻找一个 494+339 架构的 ATX 电源实测 NPN 放大管基极 B 的电压，会发现其电压为 2.3V 左右，再测"放电储能电容"的正极电压，会发现其电压为 1.5V 左右。这两个实测结果可能会令读者感到十分费解。特别是"放电储能电容"正极上的 1.5V 的电压，这意味着该电容已经被充电了。通过对图纸的分析不难看出，要想对"放电储能电容"充电，两个 NPN 放大管就必须导通，只有这样，电流才能从 B+ 经限流电阻（图 4-11 中的 1.5kΩ 和 10Ω 电阻）及 NPN 放大管后对其充电。而 NPN 放大管基极 B 上的 2.3V 的电压，也说明 NPN 放大管的确处于导通的状态。

尽管出人意料，但事实的确如此。在待机时，两个 NPN 放大管就处于放大/饱和导通状态。此时，流过脉冲驱动变压器初级绕组的电流是一个恒定的电流（实测约为 15mA）。

既然在待机状态时，两个 NPN 放大管就已经处于放大/饱和导通的状态，那么从 494 的 Q1 或 Q2 输出的他励信号（方波）就一定不是用于打开 NPN 放大管所用（只可能是更进一步地打开——放大）的，恰恰相反，它主要的是为了令两个 NPN 放大管截止。

在 ATX 电源待机时，NPN 放大管工作在放大/饱和导通状态，流经脉冲变压器初级绕组的电流是一个稳定的电流；在 ATX 电源开机后，当 NPN 放大管截止时，流经脉冲变压器初级绕组的稳定电流将变小直至到 0。

这个电流由大到小的变化过程，经过脉冲驱动变压器的电磁耦合，最终会在脉冲变压器的次级绕组（驱动主开关管）一侧，输出一个更大（脉冲驱动变压器次级绕组的匝数要多于初级绕组的匝数）的他励信号。

通过对电路的观察，不难发现此电路只有一个工作条件：B+。因此，即使是拆下主开关管，在手工拉低 494 的 4 脚 DTC 后，494 及双 NPN 放大电路也应该工作。

最后，可以多次手工拉低 494 的 4 脚 DTC（如直接短接 PSON 与地），通过多次测量双 NPN 放大管基极 B 的电压（494 的 C1、C2）变化，来判断电路是否处于振荡状态，振荡时的电压要比不振荡时小 0.06V 左右。当然，"放电储能电容"的正极也处于振荡状态，但其焊盘常被电容本体遮挡，此时，可在与其直通的快恢复二极管或两个 1N4148 放电二极管上的直通等价测试点上测量，请读者独自实测。

4.3.3　主开关管驱动 RCD

笔者通过归纳实物 ATX 电源，画出了电路图（双管半桥拓扑），如图 4-12 所示。

读者在学习这部分内容时，需要特别注意成对出现的元件。应首先根据元件成对出现的特点，在实物中将主开关管驱动 RCD 与其他元件区分开来，再结合跑线明确其互连关系。

图 4-12 中的电解电容本书称之为"加速储能电容"。从脉冲驱动变压器次级绕组输出的被放大的他励源通过它在第一时间为开关管提供瞬时导通电流（电流在前，电压在后），实际

起到了加速主开关管响应他励源而导通的时间的作用。

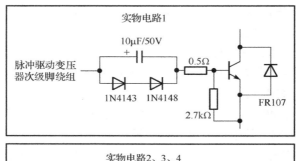

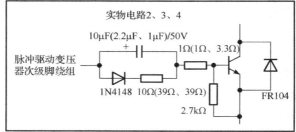

图 4-12　双管半桥拓扑电路图

请读者特别注意图 4-12 中与主开关管基极直接相连的小阻值保险电阻（0.5Ω、1Ω、3.3Ω）。在实践中，该小阻值电阻容易开路（烧断）。它在主开关管集电极 C 或发射极 E 与基极 B 之间短路时会被烧断，以保护脉冲驱动变压器的次级绕组。

主开关管基极到发射极之间 2.7kΩ 的电阻，称为"偏置电阻"。

4.4　主电源的他励振荡源——494（7500）

对于任何开关电源来说，他励振荡源芯片才是整个电源的核心。即使对 ATX 电源底层工作不是特别了解的读者，也应该能够从 494 外围密密麻麻的元件分布上推测出 PWM 在 ATX 电源所有元件中的核心地位。

因此，笔者强烈建议读者首先通过观察法和对地阻值跑线法的综合运用，将 ATX 电源他励振荡源 PWM 的外围电路全部明确。请参考 4.2.2 节中的 ATX300P4 型 ATX 电源实物图。

笔者在 3.11.3 节中就已经介绍了该芯片的引脚定义，提前为本节的内容打下一个良好的基础。通过对 3.11.3 节的学习，读者应该已经能够明确 494 部分引脚的外围电路和工作原理了。因此，笔者将更多关注于少量剩余的还未详细介绍的内容。

这种"较为分散"的描述电路的方式，也是笔者试图依据读者的理解过程所做出的一种创新尝试。另外，笔者在以 494 为例说明 ATX 电源的开关原理时，尽可能地做到全面、翔实。其目的在于"伤其十指不如断其一指"：当我们真正地将一款功能全面的 PWM 的理论内容及实物内容都掌握了之后，如果再遇到其他具体型号的 PWM，我们还会无所适从吗？

接下来，我们梳理 494 的工作过程，特别是补充有关 494 通过其两个体运算放大器进行稳压和保护的内容，顺便介绍主电源回路的反馈。

当辅助电源正常工作后，B+供电开始有效。494 通过其 12 脚（VCC）获得供电，494 进入待机状态。请设想一下，494 从获得供电到进入待机状态，都需要对自身做出哪些设置呢？

作为他励源产生元件的 494，其根本目的是输出占空比可调的他励方波。那么 494 就必然需要设定他励方波的振荡周期（通过 CT 脚和 RT 脚）。当 DTC 为低电平时，494 就开始通过其两个体三极管在 C1、C2、E1、E2 脚上输出他励方波，并经"双 NPN 推挽放大电路"去直接驱动变压器。两个体三极管的工作模式由 13 脚（Output Control）电平的高低来决定。在双管半桥中，13 脚上拉只 5V 高电平，两个体三极管工作在推挽模式下。此时，开关管逐渐打开，电能从主变压器的初级绕组一侧开始向次级绕组一侧传递。

至此，494 作为他励源的工作已经完成了一半，另一半是实现占空比的调整。所谓的占空比的调整，就是指输出电压的稳压。

通过对实物观察不难发现，在 ATX 电源中，作为稳压电路常见核心元件的 431 会出现在两个区域：辅助电源和 ATX3.3V 磁放大电路。我们通常并不会在 494 的周边发现 431 的踪迹。以上述的电路实物特征为依据，我们可以大胆猜测 ATX 电源主回路的稳压过程与辅助电源和 ATX3.3V 的稳压过程一定是有差别的。

既然开关管最终是由 494 负责打开的，那么在一个合适的时刻去关闭开关管也理所当然地由 494 负责。494 是通过其集成的两个体运算放大器来实现这个功能的。在 3.7 节中，笔者提出采用门的概念来理解运算放大器的电路行为。接下来，笔者将在此基础上结合"开关"的概念，去描述 494 的稳压过程。

494 中的两个体运算放大器，其中的一个用于稳压，另一个一般用于保护。单纯地比较这两个体运算放大器，会发现它们没有任何差异。这说明无论是 494 的稳压还是 494 的保护，其根本内容是没有差别的，都是在一个选定的时刻主动地强制输出他励方波的低电平时段。

运算放大器的根本作用是对一个电路事件做出判断。

在稳压中，运算放大器用于判断当前输出是否与期望值相同。若小于期望值，运算放大器将输出一个确定的状态；若大于期望值，运算放大器将输出一个与之前反相的确定的状态。

在保护中，运算放大器用于判断当前输出是否超过了最大输出门限值。若小于门限值，运算放大器将输出一个确定的状态；若大于门限值，运算放大器将输出一个与之前反相的确定的状态。

通过跑线（见 ATX300P4 型 ATX 电源实物图）或分析图纸（见 ATX300P4 型 ATX 电源图纸和 LWT20XX 型 ATX 电源图纸），我们会发现 494 中两个体运算放大器的各自反相脚要么直通 5V 参考电压，要么直通一个针对 5V 参考电压分压的分压电路。总之，反相脚所接的是一个固定电压，而这样的运算放大器都可以被当作有明确门限值的跟随门来理解。

反观两个体运算放大器的各自同相脚，其都接有一个复杂的 RCD 取样电路（笔者不再一一指出这个 RCD 取样电路中的元件了，看图即可）。这个复杂的 RCD 取样电路的另一端恰恰是主回路的输出。

494 的两个体运算放大器就是两个跟随门。其各路输出就是该门可否打开的钥匙，如果各路输出中的一路或多路过大，在经过 RCD 取样后，一旦超过由反相脚所设定的门限值，494 就会在其内部强制输出他励方波的低电平时段。

不难想象，只要我们有针对性地调整这个 RCD 取样电路中的元件参数，就一定能够在某种程度上去人为地改变 ATX 电源的各路输出。一些业余爱好者会将 ATX 电源改造为直流可调电源使用，其改造的核心内容均是针对这个 RCD 反馈网络的。感兴趣的读者可以自行探究，该内容超出了本书的范围，笔者不再赘述。

4.5   低压整流回路

4.5.1   整流二极管

在 ATX 电源中，使用了两种不同内部结构的二极管作为整流二极管。一类是快恢复二极管（Fast Recovery Diode），另一类是肖特基势垒二极管（Schottky Barrier Diode）。两者的制作材料不同，应用于不同的工况。

在 ATX 电源中，将交流市电 220V 转变为 310V 的全桥使用的是快恢复二极管，将主变压器的次级绕组整流输出的是肖特基势垒二极管。

4.5.2   磁放大稳压电路

磁放大稳压电路在 ATX 电源中常用于（但不仅限于）ATX3.3V 的稳压输出，其核心元件是串联在变压器次级绕组与 ATX3.3V 整流二极管之间的磁性开关元件（本书称之为"磁开关"）。

使用磁放大稳压电路的 ATX 电源的外观特征如图 4-13 所示。

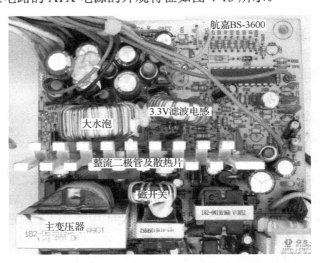

图 4-13   使用磁放大稳压电路的 ATX 电源的外观特征

（1）在整流二极管及散热片靠近主变压器的一侧，具有一个体积较小的"单匝"带有磁芯的电感（此电感是 ATX3.3V 的输出滤波储能电感）。

（2）在整流管及散热片靠近低压直流输出的一侧，具有一个体积仅次于"大水泡"的带磁芯的"单匝"电感（此电感就是"磁开关"）。

如果在电源中发现有两组这样的电感存在，则说明有两组低压直流输出（ATX3.3V 和 ATX5V）都采用了磁放大稳压电路，显然其稳压性能更为优秀。

对于绝大多数采用磁放大稳压电路的 ATX3.3V 而言，通常只会使用一个"磁开关"，但也有使用两个"磁开关"的实物，参考 5.6 节中的实物图。显然，其稳压性能更为优秀。

读者应首先通过跑线（跑线的起点是主开关变压器的次级绕组引脚，终点是 ATX3.3V 电缆的焊点）明确磁放大稳压电路的元件互连情况。

应当通过跑线明确如下两个基本事实。

（1）磁开关的确是串联在变压器次级绕组与 ATX3.3V 的整流二极管之间的。

（2）ATX3.3V 使用的主变压器的次级绕组与 ATX5V 所使用的主变压器的次级绕组是完全相同的。

上述两点是理解磁放大稳压电路的关键，磁放大稳压电路如图 4-14 所示。

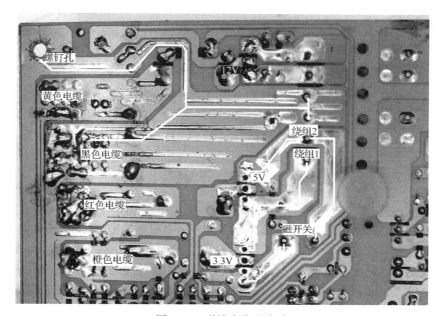

图 4-14　磁放大稳压电路

读者可首先根据电缆的颜色确定焊点是哪路输出，然后通过观察布线或用万用表的二极管挡测量焊点与整流二极管的中间脚（双整流二极管的公共负极）的直通性来明确 3 个整流二极管分别属于哪路输出。在明确了 ATX3.3V 和 ATX5V 的整流输出二极管之后，就可以通过观察，并结合万用表的二极管挡得到"采用磁放大稳压电路的 ATX3.3V 的整流二极管"与"没有采用磁放大稳压电路的 ATX5V 的整流二极管"的 4 个正极"两两直通"且分别连接到主变压器的同一次级绕组的实测结论。

在图 4-14 中，5V 整流二极管（双二极管）的上面一个与 3.3V 整流二极管（双二极管）的下面一个直通，连接至绕组 2；5V 整流二极管（双二极管）的下面一个与 3.3V 整流二极管（双二极管）的上面一个实际共用一块铜皮，连接至绕组 1。

从对 ATX 电源实物的观察分析后不难看出，ATX3.3V 与 ATX5V 之间的差别仅仅是在图 4-14 中的绕组 2 与 3.3V 的一个整流二极管之间串联了一个磁开关。

最后，读者还可在仅拆下主变压器（排除主变压器次级绕组全部直通且与地直通带来的干扰）后直接用万用表的二极管挡测量 ATX5V 的整流二极管的两个正极与 ATX3.3V 整流二极管的两个正极之间是否直通，并结合观察主板上的实际布线来进一步明确上述结论。

假设我们用导线替换磁开关，拆掉磁放大稳压电路的其他部分，那么 ATX3.3V 和 ATX5V 将没有任何区别，请读者特别注意这一点。

如图 4-15 所示是一个典型的 ATX3.3V 磁放大稳压电路，我们根据此图来说明磁放大稳压电路的稳压过程，重点介绍"磁放大"中"放大"二字的含义和"磁开关"的导通和截止。

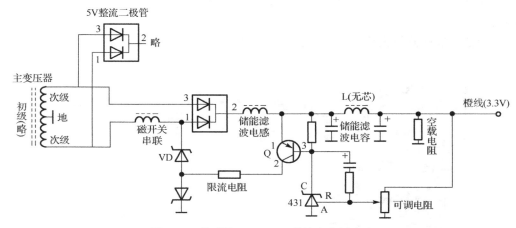

图4-15　典型的ATX3.3V磁放大稳压电路

"磁放大"的主要含义包括两个方面的内容。

一方面指当ATX3.3V的实际电压偏离标准值时，由取样电阻（图4-15中为可调电阻）、431构成的反馈电路会根据两者的差值输出一个放大信号（这个放大信号实际上就是从431的阴极流向阳极的电流，电流越大，说明ATX3.3V的实际输出与标准值偏离得越多）。

另一方面指"磁开关"的阻抗剧增的过程。电流要流过磁开关，必然会受到磁开关的阻碍作用。而阻抗，就是对这种阻碍能力的一种度量。阻抗越小，对电流的阻碍作用越小；阻抗越大，对电流的阻碍作用越大；如果阻抗无穷大，那么磁开关就相当于开路了。我们将磁开关串联在主变压器的次级绕组与ATX3.3V整流二极管之间，就是希望通过改变磁开关的阻抗，来控制磁开关的导通程度，进而控制流过它的电流，最终控制ATX3.3V的实际电压。

在磁放大稳压电路中，磁开关的导通和截止是受电路中的反馈与稳压电路部分控制的。具体而言，是受其反馈电路中充当分压电阻的可调电阻（也可使用两个固定阻值的分压电阻）与431的控制，并在PNP三极管Q的控制下直接导通或截止。

当ATX3.3V的实际输出电压过大时，431的参考脚R从可调电阻上获得的分压将大于2.5V，此时431会试图将阴极C的电位拉低到阳极A（接地），结果是使PNP三极管Q因其基极被拉低而导通。储存在储能滤波电感及电容中的电能将以电流的形式经过Q的1脚流向2脚，并经过限流电阻和二极管VD按照从右到左的方向流过磁开关后经主变压器的次级绕组到地。

这个按照从右到左的方向流过磁开关的电流称为磁开关的复位电流。

说起复位，读者应该并不陌生。我们首先撇开磁复位的具体含义，单纯地分析复位这个概念。在主板中，复位意味着从头开始，也就是回到原来的状态，那么对于一个以电感线圈形式存在的磁开关而言，其原来的状态是什么呢？

对于作为开关的磁开关而言，它只能有两个状态：导通和截止。既然我们已经根据分压电阻及431的工作原理分析出当ATX3.3V电压变大时才会有按照从右到左的方向流过磁开关的复位电流，那么我们显然是希望这个复位电流应该起到令磁开关截止的作用。因为只有这样，才能够阻断主变压器通过次级绕组继续向 ATX3.3V 的整流二极管输送电能，以防止 ATX3.3V 的实际输出电压继续升高。可见，磁开关的复位实际上是它从导通转为截止的过程。

那么，为什么当从右到左复位电流流过磁开关时，磁开关会截止呢？要弄清这个问题，就不得不提到电感线圈对变化电流的阻碍作用（前文中提到的阻抗），而阻碍的极限就是彻底截止。

从主变压器次级绕组输出的直流脉冲电流想顺利地通过磁开关到达整流二极管的正极，就必须首先克服磁开关对电流的阻碍作用，这是因为磁开关首先是一个电感（尽管它比较特殊）。也正是在这个过程中，磁开关的磁场开始建立，而磁开关也相应地由极限的彻底截止状态逐渐变为导通状态。换句话说，在产生磁复位电流前的一刻，磁开关事实上已经沿着从左到右的方向充磁完毕，处于导通的状态，从主变压器次级绕组输出的电流会对其"视而不见"地按照从左到右的方向直接输送到整流二极管的正极。

而当复位电流产生以后，磁开关实际是处于被消磁的状态（复位电流与之前的充磁电流方向相反），其导通程度开始降低，当磁开关彻底不带磁时，作为电感的磁开关将处于极限的截止状态。同时也可以这样理解：从主变压器次级绕组输出的电流必须首先克服复位电流之后，才能进而对磁开关进行充磁，维持其导通。

如果从磁开关两侧的脉冲方波的脉宽来看，会发现当发生磁复位时，磁开关近变压器次级绕组一侧的脉宽要宽，而磁开关近整流二极管一侧要窄。

综上所述，磁放大稳压电路正是通过调整变压器次级绕组送往整流二极管正极的脉宽宽度来实现电能多少的控制，进而控制实际输出电压的。因此，磁放大稳压电路实际上是一种脉宽调制电路，也是一种开关技术。

4.6　ATX 电源的 PG 电路

首先，我们思考两个问题。

问题一：是不是所有的电源都有（或应该具有 PG）信号？答案是否定的。

如最常见的手机充电器。很多手机充电器的输出端只有两根线（供电和地）。常识告诉我们，并不是所有的负载都像台式计算机主板一样要求电源提供 PG 信号。

问题二：在所有具有 PG 信号的电源中，如果电源真的发出了 PG 信号，那么是不是意味着电源中的某个电路真的对电源的工作状态进行了是否正常的判断（正常时发出 PG 信号，不正常时不发出 PG 信号）呢？答案也是否定的。

在实践中，确实存在着这样的情况：虽然负载要求电源提供 PG 信号，但厂家为了节约成本而仅仅采用阻容延时后，直接将电源的供电输出转换为 PG 信号后输出给负载。这种 PG 信号实际上并没有真正地去判断电源的实际工作状态。笔者将其称为"被动 PG 信号"。而对于那些真正对电源的工作状态进行判断之后才发出的 PG 信号，笔者称其为"主动 PG 信号"。ATX 电源的 PG 信号是一种主动 PG 信号。

在 ATX 电源中，PG 信号通常都由具有逻辑判断功能的运算放大器产生（339 运算放大器）或集成有"PG 信号模块"（也具有真实的逻辑判断功能）的 PWM 芯片（如 KA3511）直接产生。

那么，ATX 电源究竟是如何判断其工作状态是否正常，并且决定是否发出 PG 信号的呢？我们先不给出具体的答案，请读者猜测一下可能的情况。

　　顺理成章的一个可能性就是在 ATX 电源中设计一个针对实际输出电压进行采样的反馈电路，并根据反馈的信息判断其工作状态是否正常。这显然是合情合理的，因为通过对电源实际输出"结果"做出的判断，毫无疑问是最可信的。而在 ATX 电源中，也的确存在这个对应的反馈电路，笔者将其命名为"稳压反馈电路"。

4.6.1　LWT20XX 型 ATX 电源的 PG 电路

　　如图 4-16（清晰大图见资料包第 4 章/图 4-16）所示为 LWT20XX 型 ATX 电源电路图。我们首先分析一下该电路图，介绍以运算放大器为核心的 PG 信号电路。顺便将"稳压反馈电路"的命名理由说清楚。

　　在该电路图中，ATXPG 直接来自 339 的 13 脚。13 脚是 339 的第 4 路（4OUT）运算放大器的输出，其对应的同相脚、反相脚分别为 11 脚、10 脚。

　　10 脚外接由 R62、R53、R60 构成的分压电路。显然，10 脚上是一个通过分压电路获得的固定电压。在 3.8.4 节中笔者就已经指出，反相脚接固定电压的运算放大器实际上是一个跟随门。换句话说，要在 13 脚上输出高电平的 PG，其同相脚 11 脚就必须输入高电平。

　　接下来，我们再看看 11 脚的外围阻容，探讨 11 脚输入的高电平到底是从哪里来的。

　　11 脚只与 R49 和 R63 直接相连，换句话说，如果 11 脚真的能够输入一个高电平，也只能是经 R49 或 R63 得到的。

　　我们先分析 11 脚从 R49 得到高电平的可能性。R49 是一个 1MΩ的大阻值电阻，除了右端与 11 脚相连之外，其左端还与 13 脚及 R29 相连。显然，R29 是有可能为 R49 提供高电平的，这是因为 ATX5V 要早于 ATXPG。只要 13 脚不去拉低从 R29 送来的高电平，ATX5V 经 R29 送来的高电平就能够通过 R49 加至 11 脚。

　　我们再分析 11 脚从 R63 得到高电平的可能性。请读者首先注意 R64（RT）和 C39（CT）组成的延时充电电路。只要 ATX 电源进入待机状态，由 494 产生的 5V 参考电压 REF 就会试图通过 R64 对 C39 进行充电，这是毫无疑问的。如果 C39 能够不受影响地完成充电，其正极总会达到 5V 高电平，这个 5V 高电平经 R63 后即可加至 11 脚。

　　考虑到 REF 作为待机供电，其时序要早于 ATX5V，就算是两者都有可能为 11 脚提供高电平，但真正触发 ATXPG 的高电平实际上只能经 R63 获得。

　　在待机状态下，11 脚的电平实际上是一个接近 0V 的低电平（如 0.29V）。分析到这里，我们似乎发现了一个矛盾，即伴随着 C39 不断充电，C39 正极总会达到 5V 高电平与 11 脚为低电平之间的矛盾。在此，我们提出第一个有意义的问题：既然 ATX 电源待机时 REF 一直试图通过 R64 对 C39 进行充电，而其正极电压为什么始终不能升起来呢？

　　只有一个理由，那就是流过 R64 的充电电流被分流掉了（也可以理解为 C39 同时在放电）。R50 就是这个分流电阻。

　　在待机时，14 脚经 R50 令 C39 放电，阻碍了 C39 的正常充电过程。更为重要的是，即使是在 ATX5V 产生以后，流过 R29 及 R49 的电流也会继续流过 R63、R50 后被 14 脚分流。

　　因此，在待机时，14 脚实际上是接地的（对应着运算放大器输出低电平）。换句话说，14 脚拉低了 C39 正极的电压。

　　14 脚是 339 的第 3 路（3OUT）运算放大器的输出，其对应的同相脚、反相脚分别为 9 脚、8 脚。

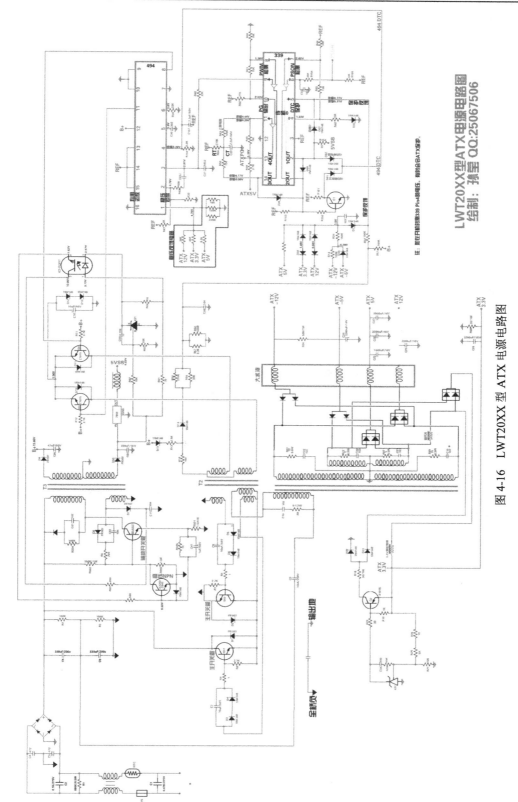

图 4-16　LWT20XX 型 ATX 电源电路图

8 脚也是外接由 R62、R53、R60 构成的分压电路。显然，8 脚上也是一个通过分压电路获得的固定电压。这也是一个跟随门。换句话说，要在 14 脚上输出高电平的 PG，其同相脚 9 脚就必须输入高电平。

9 脚经 R48 后直通 494 的 3 脚（FB）。

可见，339 要在 13 脚上输出高电平的 PG，494 就先要在 3 脚上输出高电平的 FB。

对于 339 而言，收到的高电平的 FB 等价于"电源工作状态正常"。

我们再分析 494 的 3 脚输出的 FB。看看它是不是真的可以作为"电源工作状态正常"的判断依据。

494 的 3 脚是其集成的一路运算放大器的输出，其对应的同相、反相分别为 494 的 1 脚、494 的 2 脚。

494 的 2 脚外接由 R47 和 R32 构成的分压电路。显然 494 的 2 脚上是一个通过分压电路获得的固定电压。这是一个跟随门。换句话说，要在 494 的 3 脚输出高电平的 FB，其同相 1 脚就必须输入高电平。

494 的 1 脚外接并联的取样电阻，用于对 ATX12V、ATX3.3V、ATX5V 取样，还连接了一组对地的电阻（用于分压）。

可见，ATXPG 的真正源头的确是 ATX 电源的实际输出电压。ATX 电源的实际输出电压依次经历了"稳压反馈电路"、494 中作为跟随门使用的一路运算放大器、339 中作为跟随门使用的第 3 路运算放大器、339 中作为跟随门使用的第 4 路运算放大器，最终从 339 的 13 脚输出。

以上就是 LWT20XX 型 ATX 电源的 PG 信号的整个发出过程。

对于 339 而言，只要 FB 的电压大于 339 的 8 脚电压，339 就发出 PG 信号。更为重要的是，FB 在 494 的内部还是"PWM 比较器"的同相输入端。其电压的高低，将直接决定他励方波的占空比，而对他励方波占空比的自动调节，就是 ATX 电源的自动稳压过程。这就是"稳压反馈电路"（一组取样电阻和一组对地分压电阻）命名的依据。

在 5.6 节的实物图中，494 下方有一个 102 的可调电阻。此电阻实际被当作一个可调的接地电阻来使用，等价于"稳压反馈电路"中的那组对地分压电阻。

可以想象，通过调整此可调电阻的阻值，就能够调整 ATX 电源的实际输出电压。这就是某些 DIY 爱好者利用"LWT20XX 型 ATX 电源"自制可调电源的理论依据。

4.6.2　ATX300P4 型 ATX 电源的 PG 电路

ATX300P4 型 ATX 电源电路图及实物图见 4.2.2 节。

ATX300P4 型 ATX 电源与 LWT20XX 型 ATX 电源的 PG 电路基本是一样的，仅在"稳压反馈电路"有具体设计上的差异，但原理完全相同。在 ATX300P4 中，其延时电容 C37（CT）还经二极管 D27 在待机时由 Q8 钳位到地，确保了只有在 ATX 电源开机后，才有可能输出 PG。这里不再赘述。

4.7　ATX 电源的开机电路

对于任何 ATX 电源而言，其开机电路的起点都是输出端子的 14 脚绿线电缆（PSON），而其终点要视 ATX 电源内部的控制芯片而定。

在接下来的内容中，我们将分析两种最为常见的 ATX 电源开机电路，介绍其原理和开机的详细过程。

4.7.1　LWT20XX 型 ATX 电源的开机电路

LWT20XX 型 ATX 电源是一种"339+494"架构的 ATX 电源，是一种被山寨电源大量使用的电路结构。

在 3.11.3 节中，我们已经比较详细地介绍了 TL494 的引脚定义和工作原理，知道了芯片的 4 脚 DTC 才是控制 ATX 电源开机的引脚。此引脚在待机时一定是一个高电平，因为只有是高电平，才会令"死区控制比较器"始终输出高电平，才能使后续的他励产生电路处于待机状态。

请读者带着以下 3 个问题阅读后面的内容。

（1）作为开机电路起点的输出端子的 14 脚绿线电缆（PSON）在待机时有一个高电平（5V），这个 5V 是怎么来的？

（2）作为开机电路的终点 494 的 4 脚 DTC 在待机时也有一个死区高电平（3.3V 左右，具体视实测而定），这个死区高电平是怎么来的？

（3）短接 PSON 与地，可以令 ATX 电源开机。那么，在 ATX 电源内部，494 的 DTC 又是如何被拉低的？

我们先看看图纸中 494 的 DTC。

与 494 的 DTC 直接相连的元件只有 4 个，它们是电阻 R154、电解电容 C151、二极管 D61、二极管 D62。DTC 在待机时的死区高电平，只可能由这 4 个元件提供。我们来逐一分析到底是其中的哪个元件为 DTC 提供了待机时的死区高电平。

显然，R154、C151 是一个由电阻和电容构成的延时充电电路，其充电电压为 REF。如果假设两个二极管 D61 和 D62 不存在，当 494 的 REF 产生之后，C151 的负极实际上是 REF 的 5V，随着 C151 的不断充电（经 R154），C151 的负极将从 5V 降为最终的 0V（此时的 C151 已充电完毕）。缺乏电学基础的读者在理解 C151 在充电过程中，其负极电压的变化过程可能会感到非常困难。读者可以通过实验去验证这个事实，其具体的电学原理已经超出了本书的范围，笔者不再赘述。

总之，C151 和 R154 是可以在一定时间段内（充电开始及充电中）为 DTC 提供死区高电平的。正是因为 C151 和 R154 构成的充电电路，确保了 REF 一旦产生，就会令 DTC 得到死区高电平，令 494 在得到辅助电源提供的 B+供电后，第一时刻处于死区状态，避免 494 错误地发出他励信号。考虑到 REF 是 494 自己产生的，因此，494 在获得供电后，实际上是借助 C151 和 R154，自己为自己在加电瞬间提供了一个死区电压。

可以想象，一旦 C151 完成了充电，如果没有其他元件继续为其提供死区高电平，DTC 就无法保持待机状态下的稳定的死区高电平。DTC 上稳定的死区高电平说明：还有其他元件在 C151 充电完毕后继续为 DTC 提供死区高电平。

与 494 的 DTC 直接相连的元件只有 4 个（充电电路中的 C151、R154，D61、D62）。这个在充电电路充电完毕后继续为 DTC 提供死区高电平的元件只能是 D61 或 D62。

笔者首先分析了 C151 和 R154 的作用：由 C151 和 R154 组成的充电电路实际上是利用 REF 为 DTC 提供了死区高电平。这给了我们进行后续分析的重要提示：如果 D61 或 D62 真的能够为 DTC 提供死区高电平，那么 D61 或 D62 提供给 DTC 的死区高电平是不是也最终来自 REF 呢？答案是肯定的。

因为在待机时刻，ATX 电源只有交流市电 220V、B+、5VSB 和 REF（供电已按时序排列）这 4 路供电。显然，交流市电 220V 和 B+的具体电压值与 DTC 上的 3.xV 不匹配，不可能是 DTC 死区电压的直接来源。5VSB 实际上是负载供电。只有 REF 是用于设置芯片工作环境的参考供电。

接下来，我们分析 D61 和 D62 利用 REF 为 DTC 提供死区高电平的可能性。

我们首先分析 D61。

D61 的正极与 R151 的一脚和 Q1 直接相连，负极与 DTC 直接相连。Q1 是一个发射极接地的 NPN 三极管。当 Q1 截止时，REF 可以通过 R151 及 D61 加至 DTC。可见，D61 的确是有可能为 DTC 提供死区高电平的。

我们再分析 D62。

D62 的正极与 339 的 2 脚（OUT1）、D60 的正极、D63 的正极、R154 的一脚直接相连。D62 的正极如果能够得到待机高电平，就只能通过 339 的 2 脚或 R154 获得。显然，5VSB 在待机时一直试图通过 R154 为 D62 的正极提供高电平。只要 339 的 2 脚不去拉低 D62 的正极电位，D62 才有可能为 DTC 提供死区高电平（而且其来源为 5VSB 而非 REF）。

综上所述，无论是 D61 还是 D62，都有可能为 DTC 提供待机死区高电平。

如果 DTC 的待机死区高电平由 D61 提供，那么 DTC 的待机死区高电平来自 REF，并且 Q1 处于截止状态。如果 DTC 的待机死区高电平由 D62 提供，那么 DTC 的待机死区高电平来自 5VSB，并且 339 的 2 脚输出高电平。那么，在 ATX 电源待机时，Q1 是否处于截止状态呢？同理，339 的 2 脚是否输出高电平呢？只要搞清楚了这两个问题，就能够比较彻底地回答 DTC 待机死区高电平的来源。

我们先分析 Q1 在 ATX 电源待机时是不是处于截止的状态。Q1 的基极经 R152 后与 339 的 1 脚（OUT2）、D60 的负极、D36 的负极、R153 的一脚直接相连。

REF 经 R153 及 R152 后加至 Q1 的基极，这说明 REF 一直在试图令 Q1 导通。而对于 D36 和 D60 这两路，即使它们的正极在 ATX 电源待机时真的是高电平，也与 REF 一样是试图令 Q1 导通的因素。因此，我们先不去考虑 D36 和 D60 的正极在待机时到底是高电平还是低电平。

至此，分析的焦点集中到了 339 的 1 脚在待机的输出电平上。

假如 339 的 1 脚待机电平为高电平，那么 Q1 就处于导通状态。这是因为 D36、D60 只有可能令 Q1 打开。而如果 339 的 1 脚待机电平也为高电平，那么所有跟 Q1 的开关状态有关的因素都是令其导通的。

假如 339 的 1 脚待机电平为低电平，那么 Q1 就处于截止状态。这是因为 339 从 1 脚输出的低电平会拉低 REF 通过 R153 送来（待机状态下 D36、D60 有可能送来）的供 Q1 打开的高电平。

那么，在待机状态下，339 的 1 脚到底是输出高电平还是低电平呢？考虑到 339 的 1 脚是其第 2 路运算放大器的输出，接下来，就应该通过分析此路运算放大器的同相脚（339 的 7 脚）与反相脚（339 的 6 脚）的电平。

同相脚（339 的 7 脚）外接由 R44、R45、R40、D33 构成的分压电路。这个分压电路与常见的纯电阻分压电路有较大的区别——包含一个二极管。这是一种非线性的分压电路，是不能够利用欧姆定律来直接计算其分压的。但是，我们可以粗略地估算一下，过程如下。

既然这是一个分压电路，那么 D33 一定是导通的，处于导通状态的 D33，就一定有一个正向压降。对于二极管 1N4148 而言，这个正向压降是 0.6V 左右。这样，我们就得到了 D33 正极的电压为其正向压降，即 0.6V。因此，R44、R45、R40 实际上只对 4.4V 进行分压。而流过这 3 个电阻的电流应为 4.4V/$(R_{44}+R_{45}+R_{40})$=0.076mA。根据电流乘以电阻的阻值，即可得到 3 个电阻的压降。因此，R40 的压降为 0.076mA×10kΩ=0.76V，R45 的压降为 0.076mA×15kΩ=1.14V。而同相脚（339 的 7 脚）得到的分压应为 D33、R40、R45 的分压之和，即 0.6V+0.76V+1.14V=2.5V（实测值为 2.62V，这是因为元件的实际参数会有偏差）。339 的 4 脚得到的分压应为 D33、R40 的分压之和，即 0.6V+0.76V=1.36V（实测值为 1.33V）。

1 脚是 339 的第 2 路（2OUT）运算放大器的输出，其对应的同相脚、反相脚分别为 7 脚、6 脚。

在 3.7.4 节中，笔者就已经指出，同相脚接固定电压的运算放大器实际上是一个非门。换句话说，如果 339 的 6 脚在待机时输入的是高电平，那么 1 脚在待机时就输出低电平，Q1 截止；反之 Q1 就导通。在待机时，339 的 6 脚经 R154、R155 从 REF 获得一个 5V 待机高电平，显然 Q1 的确是截止的。这里补充一句，PSON 直接经 R155 得到待机 5V 高电平，本节开始提出的第 1 个问题得到了解答。

在经历了如此复杂的分析之后，我们终于得到了一个有意义的结论：在待机时，D61 的确在为 494 的 DTC 提供待机死区高电平。

我们再继续分析 D62 是不是真的也在为 494 的 DTC 提供待机死区高电平。

同理，5VSB 要想通过 R154 和 D62 为 494 的 DTC 提供待机死区高电平，339 的 2 脚（1OUT）就必须输出低电平。

2 脚是 339 的第 1 路（1OUT）运算放大器的输出，其对应的同相脚、反相脚分别为 5 脚、4 脚。

在本书 3.7.4 节中，笔者就已经指出，反相脚接固定电压的运算放大器实际上是一个跟随门。换句话说，如果 339 的 5 脚在待机时输入的是高电平，那么 2 脚在待机时就输出高电平，D62 才能真正地为 494 的 DTC 提供待机死区高电平。否则，5VSB 经 R154 送来的 5V 高电平就会被 339 的 2 脚拉低。

我们来分析 339 的 5 脚的外围电路，来明确此脚在待机时究竟是高电平还是低电平。与 339 的 5 脚直接相连的只有 D7（ATX 电源的 5 路输出经一系列 RCD 后，最终经 D7 加至 339 的 5 脚）和 R52（B+经一系列 RCD 后，最终经 R52 加至 339 的 5 脚）。

毫无疑问，R52 这一路是一个与 B+有关的反馈电路。它实际上是 B+的过压反馈电路。只有在待机时 B+过压，才会给 339 的 5 脚送入一个高电平，触发 339 的保护。正常待机时，实测是一个 0.3V 的低电平。

同理，D7 这一路是一个与 ATX 电源的低压输出有关的反馈电路。它实际上是 ATX 电源的低压输出的过压反馈电路，只有当某路输出过压，才会给 339 的 5 脚送入一个高电平，触发 339 的保护。空载开机时，实测是一个 0.7V 的低电平。

综上所述，在待机时，494 的 DTC 的死区高电平在加电初期由 C151 和 R154 提供，在稳定期由 D61 提供。本节开始提出的第 2 个问题得到了解答。

最后，我们来分析通过短接绿线 PSON 与地，并最终将 DTC 拉低到地，令 ATX 电源开始输出他励方波的过程。

在前面的分析中，我们已经明确了 DTC 的待机死区高电平在不同时段的两个来源。其中，R154 和 C151 只在加电瞬间为 DTC 提供待机死区高电平。而在此之后，DTC 的待机死区高电平由 D61 提供。

要令 ATX 电源开机，只需将 DTC 的待机死区高电平拉低即可。这个拉低的过程，实际上是通过切断 D61 向 DTC 提供死区高电平的能力来实现的，因为 DTC 外接的电阻 R154 直接对地，在 D61 无法向 DTC 提供死区高电平后，会自然地将 DTC 拉低到低电平的地。

具体过程如下。

短接绿线 PSON 与地，R154 的下端被拉低到地，339 的 6 脚得到一个低电平，作为跟随门的第 2 路运算放大器会输出一个高电平，Q1 导通，Q1 的导通将 R151 下端拉低到地，D61 截止，REF 无法继续通过 R151、D61 为 DTC 提供待机死区高电平。此时，ATX 电源开始输出他励方波，作为开关电源的 ATX 电源开始工作。

在这个过程中，PSON 输入的低电平开机信号实际上经历了两个非门的中转。第一个非门是 339 的第 2 路运算放大器（运算放大器的 6 脚输入开机信号），第二个非门是 Q1 及其外围电阻和二极管。至此，本节开始部分提出的第 3 个问题得到了解答。

4.7.2 ATX300P4 型 ATX 电源的开机电路

ATX300P4 型 ATX 电源也是一种"339+494"架构的 ATX 电源。

相对于 LWT20XX 型 ATX 电源而言，ATX300P4 型针对开机电路和保护电路进行了一定程度的优化，安全性更好（成本稍高），是一种被品牌电源厂商广泛使用的电路结构。

接下来，我们仍然按照分析 LWT20XX 型 ATX 电源开机电路的思路来分析 ATX300P4 型 ATX 电源的开机电路，对 3 个问题做出回答。

我们先看看图纸中 494 的 DTC。

与 494 的 DTC 直接相连的元件只有 4 个，它们是电阻 R23、电解电容 C34、二极管 D262、二极管 D261。其中，R23 与 C34 的作用在前文中已经介绍，这里不再重复。我们来逐一分析 D262、D261 为 DTC 提供待机死区高电平的可能性。

我们首先分析 D261。

D261 的正极与 R24 的一脚直接相连，负极与 DTC 直接相连。Q7 是一个发射极接 REF 的 PNP，其集电极与 R24 的一脚直接相连。当 Q7 导通时，REF 可以通过 Q7 的 EC，经 R24 及 D261 加至 DTC。可见，D261 的确是有可能为 DTC 提供待机死区高电平的。

我们再分析 D262。

D262 的正极与 339 的 2 脚（1OUT）、D29 的正极、R41 的一脚直接相连。D262 的正极如果能够得到待机死区高电平，就只能通过 339 的 2 脚或 R41 获得。显然，REF 在待机时一直试图通过 R41 为 D262 的正极提供高电平。只要 339 的 2 脚不去拉低 D262 的正极电位，D262 就会真的为 DTC 提供待机死区高电平。

综上所述，无论是 D261 还是 D262，都是有可能为 DTC 提供待机死区高电平的。

如果 DTC 的待机死区高电平由 D261 提供，那么 DTC 的待机死区高电平来自 REF，并且 Q7 处于导通状态。如果 DTC 的待机死区高电平由 D262 提供，那么 DTC 的待机死区高电平也来自 REF，并且 339 的 2 脚输出高电平。那么，在 ATX 电源待机时，Q7 是否处于导通状态呢？同样，339 的 2 脚是否输出高电平呢？只要搞清楚了这两个问题，就能够比较彻底地回答 DTC 待机死区高电平的来源。

我们先分析 Q7 在 ATX 电源待机时是否处于导通的状态。

当 REF 产生以后，REF 首先通过 R25、R27、D25、R28（偏置电阻）构成的非线性分压电路，为 NPN 三极管 Q8 提供最初的导通电压（这个导通电压最终表现为 Q8 发射结的压降，0.7V 左右）。Q8 的导通，会提前将 R29 的下端拉低到地，令 Q7 还没来得及进入截止状态（REF 有经 R30、R29 为 Q7 的基极提供高电平，令 Q7 截止的趋势）就导通。笔者补充一句，这个分压电路同时提供了 PSON 的待机高电平（实测为 3.7V 左右），第 1 个问题得到了回答。

细心的读者可能会问，笔者是如何判断出 Q7 在还没来得及进入截止状态之前，R29 的下端就被 Q8 拉低到地了呢？对这个问题的回答涉及 C36 和 C35 两个充电时间在电路中所起的作用。R30、R29、C36 实际上是一个阻容充电电路，R25、R27、C35 也是一个阻容充电电路。经计算（过程略），前者的充电时间常数是后者的 30 倍左右。在 ATX 电源加电的最初时刻，前者起作用的时间，要远远晚于后者。

笔者补充说明 R26 的作用。在待机时，R26 可以为 Q8 提供部分的基极电流。增强电路的稳定性。

可见，在待机时，Q7 的确是导通的，D261 也的确是利用 REF 为 DTC 提供了待机死区高电平。

我们再分析 D262 在待机时是否真的为 DTC 提供待机死区高电平。

339 的 2 脚是第 1 路（1OUT）运算放大器的输出，其对应的同相脚、反相脚分别为 5 脚、4 脚。显然，只有当 5 脚输入高电平时，339 的 2 脚才可能输出低电平。通过对 339 的 5 脚外围阻容的初步分析，不难发现从 R83 来的这一路是与 ATX 电源的低压输出有关的反馈电路。这一路实际上是 ATX 电源的低压输出的过压反馈电路，只有当某路输出过压，才会给 339 的 5 脚送入一个高电平，触发 339 的保护。在 ATX 电源待机时，339 的 2 脚实际上是输出低电平的，REF 无法经 R41、D262 后为 DCT 提供待机死区高电平。

综上所述，在待机时，494 的 DTC 的待机死区高电平在加电初期由 C34 和 R23 提供，在稳定期由 D261 提供，第 2 个问题得到了回答。

最后，我们来分析通过短接绿线 PSON 与地，并最终将 DTC 拉低到地，令 ATX 电源开始输出他励方波的过程。

要令 ATX 电源开机，只需将 DTC 的待机死区高电平拉低即可。这个拉低的过程，实际上是通过切断 D261 向 DTC 提供高电平的能力来实现的，因为 DTC 外接的电阻 R23 直接对地，所以在 D261 无法向 DTC 提供高电平后，会自然地将 DTC 拉低到低电平的地。

具体过程如下。

短接绿线 PSON 与地，R27 的右端被拉低到地，Q8 的基极失去了令其导通的高电平，Q8 截止。REF 经 R30、R29 将 5V 高电平加至 Q7 的基极，也令其截止。DTC 在 R23 的作用下被拉低到地。ATX 电源开始工作，第 3 个问题得到了回答。

在此电源开机电路中，Q8 的集电极还与两个二极管（D27、D28）的负极相连。在待机时，Q8 会将这两个二极管的负极钳位到地。在开机后，Q8 截止，D27、D26 的负极、正极电位将与 Q8 无关。

D27 的存在，确保了只有在 ATX 电源开机后，才有可能输出 PG。D28 的存在，确保了只有在 ATX 电源开机后，339 中负责过压保护的运算放大器才处于保护状态。这部分的详细内容，请参考本书的相关内容。

4.8 主回路为单管正激拓扑的 ATX 电源

考虑实践需要，我们将在本节中补充性地介绍单管正激拓扑的 ATX 电源的主回路。

4.8.1 单管正激拓扑与双管半桥拓扑的原理图区别

下面，我们介绍一种与双管半桥拓扑具有本质区别的 ATX 电源。其本质区别在于这种 ATX 电源的主回路为**单管正激拓扑**而非**双管半桥拓扑**。笔者已经介绍过正激的概念，接下来介绍单管的概念。所谓的单管，就是指开关管的数量只有 1 个。那么，所谓的单管正激开关电源，就是一种在结构上只具有一个开关管的开关电源，并且是在开关管导通时通过变压器从变压器的初级向次级（负载）输送电能的开关电源。

换句话说，对于单管正激拓扑开关电源而言，它的开关管、变压器的初级绕组和变压器的次级绕组是同时导通的（这才是正激的本质含义）；当开关管截止时，变压器的初级绕组和变压器的次级绕组也是同时截止的（这也是正激的本质含义）。对于变压器的初级绕组而言，其导通与截止与否是与开关管的导通与截止相关联的，实际上是受开关管的控制。当开关管导通时，初级绕组导通，电能输入到变压器中；当开关管截止时，初级绕组截止，变压器中能量的增减变化与初级绕组无关。对于变压器的次级绕组而言，其导通与截止时与次级绕组所接的整流二极管的导通与截止相关联，实际与整流二极管的 PN 结方向有关。当变压器通过初级绕组获得能量后，如果整流二极管可以正偏导通，我们就说次级绕组是导通的，此时变压器的能量会从次级绕组通过整流二极管输出至负载。如果整流二极管反偏截止，我们就说次级绕组是截止的，变压器中能量的增减变化与次级绕组无关。

我们首先观察一下图 1-2 开关电源的 4 种结构中的（b）正激拓扑。并与图 1-2（c）半桥拓扑进行初步比较，总结一下两者的区别。开关管的数量区别就不再重复强调了。两种拓扑最核心的区别在变压器的绕组种类上（注意，不仅仅是数量）。通过观察变压器绕组的同名端标记（黑色圆点）不难发现，无论是单管正激拓扑还是双管半桥拓扑，都是正激拓扑。但是，单管正激拓扑的变压器多了一个与能量传递（指从电源到负载）似乎无关的绕组（该绕组的一端接电源的正极，另一端经 VD3 接电源的负极）。

为什么说这个绕组与能量传递似乎无关呢？笔者将结合同名端/异名端的知识，分析一下这个绕组所涉及的能量储存及释放过程。

在单管正激拓扑中，当开关管（S）打开时，实际上是对磁芯（T）左侧的第 1 个电感充电。根据电磁感应定律，会在此电感中产生一个上正下负的感应电动势。同理，也会在磁芯（T）右侧的电感上产生一个上正下负的互感电动势。我们将注意力投向磁芯（T）左侧的第 2 个电感。根据这 3 个电感所标记的同名端/异名端判定此刻该电感的互感情况。我们可以得出该电感的互感电动势应该是下正上负。V_{IN} 甚至还会与这个互感电动势叠加之后加到了 VD3 的负极，VD3 的正极直通 V_{IN} 电源的负极。总之，二极管 VD3 的负极电压高而正极电压低，VD3 是反偏截止的，如 4-17 图所示。

VD3 所连的电感在能量从电源到变压器的传递过程中是截止的。这意味着在开关管导通时，这个电感的确与能量从电源到负载的传递过程无关。

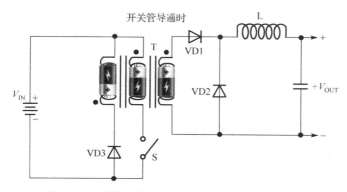

图 4-17　单管正激励磁导通时的感应电动势方向

再来分析开关管（S）截止时的情况。当开关管（S）截止时，3 个绕组的感应电动势都将反相。此时，磁芯（T）左侧的第 2 个电感上的互感电动势将变成上正下负，如图 4-18 所示。

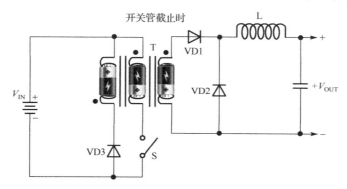

图 4-18　单管正激励磁结束时的感应电动势方向

既然开关管（S）处于截止状态，那么与开关管（S）相连的这个电感此时对变压器中能量的增减就没有了任何影响，我们可以把它从整个开关电源中暂时忽略。我们再看磁芯（T）右侧的电感，此时 VD1、VD2 都是反偏截止的，变压器中的能量是无法通过 VD1、VD2 输出到电感（L）中的。换句话说，磁芯（T）右侧的电感此时对变压器中能量的增减也没有任何影响，我们可以把它从整个开关电源中暂时忽略。当我们忽略这两个电感之后，会发现单管正激拓扑开关电源变成了图 4-19 所示的样子。

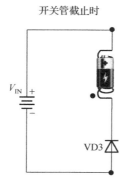

图 4-19　单管正激励磁结束时复位绕组上的感应电动势方向

　　这是一个很有意思的电路。它的左侧是一个电源（上正下负），右侧是一个等价于充电电池的电感电源（上正下负）和二极管（VD3）。问题来了，当我们把两个电源的正极连接在一起，把两个电源的负极通过一个二极管也连接在一起后，究竟谁是负载谁是电源呢？之所以提出这个问题，是因为在电路中通常只有一个明确的电源，但我们现在突然遇到了一个具有两个电源的电路。

　　我们还可以从电路回路中流过的电流方向来换个角度分析这个电路。即当开关管截止时，这个电路回路中究竟是流过顺时针方向的电流还是流过逆时针方向的电流呢？只要把这个问题搞清楚了，我们就能够判定这两个电源究竟谁是真正的负载和真正的电源了。VD3 的 PN 结方向决定了这个电路回路中只能流过逆时针方向的电流。这意味着当开关管截止时，磁芯（T）左侧的第 2 个电感将对 V_{IN} 电源充电。也就是说，V_{IN} 电源在此刻名不副实，它反而成了负载。

　　很多读者对 V_{IN} 电源能量传输方向上的认识具有片面性。实际上 V_{IN} 电源除向变压器输出能量外，变压器中储存的能量也是可以输出到 V_{IN} 电源（如 310V）中的。在开关电源中，有两个典型的从变压器向 V_{IN} 电源输出能量的例子，一个是开关管的尖峰吸收回路，一个是开关电源对电网的噪声干扰。我们先分析开关管的尖峰吸收回路，它实际上就是将变压器初级绕组上的关断尖峰电压回馈至 V_{IN} 电源的过程，能量传递的方向是从变压器指向 310V。我们再分析开关电源对电网的噪声干扰。EMI 存在的理由之一就是为了避免以噪声这种形式存在的能量从开关电源回馈至 V_{IN} 电源（这里指全桥整流器之前的交流市电 220V）。

　　总之，不管这个回路中到底是 V_{IN} 电源对磁芯（T）左侧的第 2 个电感充电，还是磁芯（T）左侧的第 2 个电感对 V_{IN} 电源充电，电能都没有输出到变压器的次级负载一侧。可见，在单管正激拓扑开关电源中，磁芯（T）左侧的第 2 个电感的确是一个与能量传递（指从电源到负载）无关的绕组。那么，这个电感存在的意义是什么呢？我们还是要从能量传递的方向来分析。

　　经过上面的分析，我们已经明确了磁芯（T）左侧的第 2 个电感是一个与给负载提供能量无关的变压器绕组。它的具体功能是在开关管截止时将储存在变压器中的能量回馈到电源中。这是一个值得思考的问题。开关电源的根本作用就是将能量从电源输送到变压器，进而通过变压器输送到次级负载的过程。通过电感将本已经输送到变压器中的电能重新回馈到电源中的这个过程，似乎与开关电源的根本作用是相悖的。这就等于是你先把一碗米饭给了一个饥饿的乞丐，但是还没等他吃完，你就把碗拿走了。特别值得深思的是，磁芯（T）左侧的第 2 个电感的唯一作用就是在每个开关管的截止周期就"把碗拿走"，客观上起到一个减少变压器储存能量的作用（尽管这个能量并没有浪费）。这究竟是为什么呢？

　　要深入地理解这个问题，需要具有磁滞回线的知识基础，这超出了维修人员的需要。我们不妨从能量分配的角度去理解这个问题。那就是对于单管正激拓扑的开关电源而言，电源的设计者希望在每个开关周期的开始时刻的变压器都处于一种尽可能没有储存能量的状态。也就是说，即使在上一个开关周期中变压器已经储存了能量，也应在开关周期中的开关管截止时段把变压器中储存的剩余能量（在开关管导通期间，负载会消耗一部分）泄放出去，这就是所谓的磁复位。

　　这已经不是我们第一次接触磁复位的概念了。我们在 ATX3.3V 磁放大稳压电路中已经接触过这个概念。对于变压器而言，磁复位是指变压器中已经储存的能量被泄放出去，又回到了之前未被充能的状态。

我们可以大胆推测，对于单管正激拓扑而言，如果没有磁芯（T）左侧的第 2 个电感在每个开关周期结束时刻令变压器完成磁复位，单管正激拓扑开关电源中的变压器就不能正常工作。对于变压器的正常工作而言，其必要条件似乎只有变压器不能饱和这个根本原则。因此，我们几乎可以肯定磁芯（T）左侧的第 2 个电感在每个开关周期结束时刻令变压器完成磁复位的必要过程，事实上就是为了避免变压器因为某些我们暂时还不知道的原因而发生过饱和。

综上所述，笔者把磁芯（T）左侧的第 2 个电感命名为单管正激拓扑中的开关变压器的磁复位电感，把 VD3 命名为磁复位二极管。

单管正激拓扑和双管半桥拓扑在次级一侧还有一个区别，尽管它们在次级一侧都具有两个二极管，但对于双管半桥拓扑而言，它的两个二极管都是整流二极管。对于单管正激拓扑而言，只有一个二极管是整流二极管，另一个二极管是续流二极管。这给了我们区分单管正激拓扑开关电源次级使用的两个二极管属性（指整流和续流）的观察依据。与 ATX 电源的低压侧输出地用布线物理连通的二极管（正极）才是续流二极管。

通过观察单管正激拓扑原理图不难发现，这是一个只有一路输出的开关电源。但是，真实的 ATX 却具有 ATX3.3V、ATX5V、ATX12V 三路正电压。这说明真实的 ATX 主变压器的次级一侧不仅有一个输出绕组。我们将单管正激拓扑原理图充实完整，如图 4-20 所示。

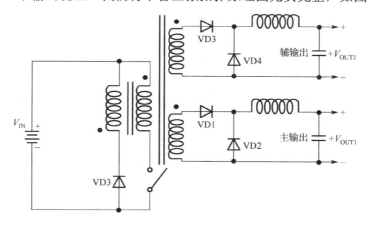

图 4-20　单管正激开关电源的完整拓扑图

当单管正激拓扑的主变压器具有不仅一个次级输出绕组时，其次级绕组就具有了主辅之分。所谓的主输出绕组，是指该开关电源的全部输出（指+V_{OUT1}、+V_{OUT2}）的稳压过程都是依赖于主输出绕组的输出（指+V_{OUT1}）进行的。换句话说，开关电源的次级稳压（反馈）电路只针对主输出的+V_{OUT1}进行稳压采样，采样的结果将直接影响+V_{OUT1}的实际输出电压大小。而+V_{OUT2}的实际输出大小则会被动地根据+V_{OUT1}的实际输出电压大小的变化而变化。通俗地说，在单管正激拓扑开关电源中，只有主输出的电压是能够精确控制的，而辅输出的电压则会随主输出的负载变化在某个范围内变化。这显然不是电源的设计者所期望的，我们所期望的是所有输出电压（甚至电流）均可精确控制（不论负载大小）的电源。如何解决这个问题呢？常识告诉我们，这很可能会涉及某些其他的变电技术及电路。

最后，介绍一下单管正激拓扑与单端反激拓扑的共同点。

通过对 ATX 电源辅助电源的学习，读者应已经比较了解单端反激拓扑的电路结构了。在单端反激拓扑中，开关管的 S 极会经一个小阻值大功率的检流电阻对地。单管正激拓扑与单端反激电源有一个重要的相同点，即单管正激拓扑开关管的 S 极也是会经一个小阻值大功率的检流电阻后对地的。这个电阻的功率较大，因此体积也较大。在观察实物时应特别注意。

4.8.2　单管正激拓扑 ATX 电源的开关管驱动及辅助变压器

在 4.8.1 节中，我们从单管正激拓扑和双管半桥拓扑的原理图出发，比较了两者的不同。开关变压器作为电能变换的最核心的元件，其区别肯定也最能体现出两种拓扑最本质的不同。除开关变压器和次级整流二极管之外，单管正激拓扑的 ATX 电源和双管半桥拓扑的 ATX 电源肯定还具有其他重要的区别。

总的来说，两者还有 3 个显著的区别。

第一，单管正激拓扑 ATX 电源的开关管往往由 PWM 芯片直接驱动，而双管半桥拓扑 ATX 电源则需要通过脉冲驱动变压器去驱动 2 个开关管。换句话说，单管正激拓扑 ATX 电源是没有脉冲驱动变压器的。因此，当我们通过观察发现某 ATX 电源只有 2 个变压器而非 3 个变压器时，就有理由推断它属于单管正激拓扑而非双管半桥拓扑。我们还可以继续观察散热片上的开关管的数量，如果只有一个开关管，就几乎可以立刻判定其为单管正激拓扑。

第二，单管正激拓扑 ATX 电源的辅助变压器次级一侧只有 5VSB 一路输出，而双管半桥拓扑 ATX 电源则具有 5VSB 和 B+两路输出。这个区别会突出地表现在单管正激拓扑 ATX 电源使用的辅助变压器的次级一侧只会有 2 个引脚（对应一个用于 5VSB 的整流二极管）。

读者可能会问，为什么单管正激拓扑 ATX 电源不需要 B+输出呢？通过对双管半桥拓扑 ATX 电源的学习，我们不难发现其辅助变压器输出的 B+有两个用途：一个是用作 494 的工作供电；另一个是用作双 NPN 推挽放大电路（B+对地放电电路）。这两个用途实际上是统一于 PWM 他励方波的产生的。

正是因为单管正激拓扑 ATX 电源的开关管由 PWM 芯片直接驱动，所以也就不需要相对复杂的开关管驱动放大电路（指双 NPN 推挽放大电路及脉冲驱动变压器）及其供电 B+了。

第三，310V 滤波电容的功能。双管半桥拓扑 ATX 电源实际上是两个开关电源叠加而成的，其 310V 滤波电容使用了两个串联在一起的电解电容。每个电容分别服务于两个开关管。虽然很多单管正激拓扑 ATX 电源的 310V 滤波电容是使用了两个串联在一起的电解电容（甚至同时也具有均压电阻），但这两个电容是串联的，同时服务于单管正激中的唯一开关管。这个内容虽然与维修关系不大，但仍需读者注意。这也是理解某些具有交流市电 220V 和交流市电 110V 切换开关的切换原理时的必要知识准备。

4.8.3　以 384X 和 WT7510 为核心的单管正激拓扑 ATX 电源

图 4-21（清晰大图见资料包第 4 章/图 4-21）是某山寨厂家生产的一个以 3843 和 WT7510 为核心的单管正激拓扑 ATX 电源实物图。

通过观察，并与之前介绍过的两种双管半桥拓扑 ATX 电源的比较后不难发现：单管正激拓扑 ATX 电源与双管半桥拓扑 ATX 电源最明显的区别是前者只有 2 个变压器，而后者有 3 个。我们还可以发现，此单管正激拓扑的山寨 ATX 电源的辅助电源部分与我们之前已经介绍过的双管半桥拓扑 ATX 电源的辅助电源部分几乎是完全一样的，我们重点看一下它的反馈绕组。

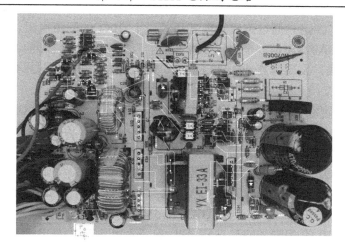

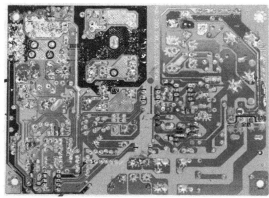

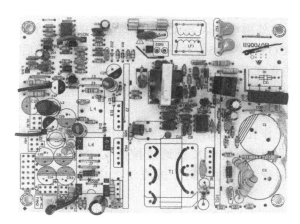

图 4-21 以 384X 和 WT7510 为核心的单管正激拓扑 ATX 电源实物图

其反馈绕组使用了两个独立的电感线圈（一个真实阻值为 0.20Ω，一个真实阻值为 0.16Ω），并联后直通全桥的负极（接地）。

我们先看一下第 1 路（图 4-21 中标有 1）。通过观察布线发现，这路反馈供电有两个用途：

1—1 这路经二极管整流后加到辅助变压器上方的光耦光三极管集电极（5VSB 稳压光耦）；

1—2 这一路经过正激励 RCD 后直通开关管（NPN 三极管 2SC3866）的基极。

我们再看一下第 2 路。通过跑线发现其历经一个 10Ω 的限流电阻、D6 整流后直通 Q2（A928A）的发射极。A928A 是一个耐压 30V、集电极额定电流为 2A 的 PNP 三极管。我们从 Q2 的集电极开始跑线，发现其直通 3843 的 7 脚 VCC。显然，Q2 是 3843 的供电管。空载实测 D6 正极电压为 15V。

至此，我们通过跑线明确了 3843 的供电管 Q2。接下来，我们继续通过跑线明确 Q2 的导通控制，目的是明确 3843 获得供电的控制源头。

从 Q2 的基极开始跑线，发现其经电阻后直通蓝色瓷片电容旁的光耦光三极管集电极，光三极管发射极接地。Q2 是 PNP 三极管，根据其导通条件，若 Q2 导通，光三极管就应该导通，也就是说光耦（3843 供电控制光耦）光二极管必须导通。分别以 3843 供电控制光耦的 1、2 脚为起点进行跑线。发现光二极管正极供电来自 5VSB，光二极管负极（图 4-21 中标记为 A）经电阻后直通 WT7510 的 3 脚（FPL_N）。FPL_N 在待机时应为高电平，因此，待机时 3843 供电控制光耦是截止的，Q2 自然也是截止的，3843 因无供电而不工作。

当 WT7510 的 4 脚（PDON_N）被拉低后，FPL_N 跟随性地输出低电平，3843 供电控制光耦光二极管开始导通，Q2 才会导通，3843 因获得供电而开始工作。

我们再分析一下主回路及 3843 的外围电路。先看主回路，主回路是指从 310V 开始，历经初级绕组到地的回路。

以开关管（东芝产 2SK2611）中间脚漏极 D 为起点开始跑线，发现有两路：一路是直通变压器绕组引脚（图 4-21 中标记为 1），一路是通往尖峰吸收 RCD（D1、R5 等）。以左下脚 G 为起点跑线，发现历经 10Ω 电阻、并联的 4148 和 22Ω 电阻后，直通 3843 的驱动脚。以右下脚源极 S 为起点跑线，发现一路经 0.15Ω 2W 检流电阻后对地，一路经 1kΩ 隔离电阻后直通 3843 的 ISENSE 脚。请注意检流电阻左上方 4.7kΩ 的电阻，这是开关管 GS 之间的偏置电阻。

我们继续分析 3843 的外围电路。与 COMP 脚直通的有 3 个元件：D5、C11、主回路稳压光耦（重点分析）。COMP 经 D5、并联的 150kΩ 电阻和 D4 后直通 5VREF。这显然是一个电压钳位电路，目的是在某种程度上限制 COMP 脚的最大电压。COMP 脚上的电压越大，电源的占空比越大。对 COMP 脚电压的控制，能够实现对电源的最大输出功率做出保护性的限制。

FB 接地，此 3843 工作在 COMP 模式，COMP 是 3843 的唯一片内开关。通过对前面内容的学习，我们已经明确了 384X 是通过拉低 COMP 脚的电压来进行稳压的。只要把主回路稳压光耦光二极管的导通控制分析清楚，自然也就搞清楚了此具体电源的稳压方式。

我们先看光二极管的正极，明确其来源。通过跑线，发现其来自二极管（D12，位于 3.3V 滤波电感下方）隔离后的 ATX12V。光二极管的负极直通 7510 下方的 431 的阴极 C。显然，这个 431 就是主回路的稳压 431。431 的参考脚 R 的外围一定是反馈电路，我们稍后再介绍。

ISENSE 有 3 路：一路经 C11 接地，这是一个积分电容；一路经 C9 直通 RTCT 脚，该电容称为斜率补偿电容；一路经电路板下方 3 个串联的大阻值电阻后直通 310V，这是 310V 过压保护逻辑，是一种常见设计。

RTCT 脚较为明确，就是经 RT 电阻上拉到 REF，同时经 CT（C10）到地。

接下来，我们介绍此电源的其他电路逻辑，如保护和反馈。我们将以三极管、431 为核心，通过跑线逐步展开其外围电路，明确其具体功能。

先看 Q7。

Q7 是常见的 NPN 三极管（945），其基极外接从 ATX12V 到 ATX-12V 的分压电路（图 4-21 中标记为 1）。从正电压到地的分压电路是读者所熟知的，这种从正电压到负电压的分压电路与前者完全相同，也是遵循欧姆定律的。Q7 的集电极经 10Ω 限流电阻后直通 V5 脚。如果 Q7 导通，就会将 V5 拉低到地，这必然会触发 WT7510 的 V5 脚的 UVP（欠压保护）事件。可见，如果 Q7 导通就会令 W7510 发生欠压保护。当 ATX-12V 的绝对值变小或 ATX12V 变大时，C 点的分压（实测为 0.13V）会升高。当 ATX-12V 的绝对值变小或 ATX12V 变大到某个值时，就有可能达到 945 的导通门限电压，令 Q7 导通。因此，这是一个 ATX12V 过压保护逻辑，同时也是一个 ATX-12V 绝对值变小保护逻辑。

再看 Q5 和 IC4（431）。

Q5 的基极经电阻后直通 431 的 C，这说明当 431 导通后，Q5 跟随性导通。Q5 的发射极经电阻后上拉到 E，也就是黄色单匝电感（L4）的输出。当 Q5 导通后，3.3V 历经 4.7Ω 电阻、10Ω 电阻、D14 后流入 ATX3.3V 磁开关。原来这是磁放大稳压。请读者注意 IC4 左下方的两个蓝色的等值电阻。

我们最后介绍一下该电源的稳压反馈（图 4-21 中标有 C20 的位置）。我们之前已经明确了其输出稳压 431，接下来，我们仔细分析其取样脚 R 的外围电路。笔者在图 4-21 中自定义了 R1～R6 这 6 个电阻和电容 C1。

我们先看 R3 这路，它是 ATX12V 的取样路径。我们再看 R6 这路，它是 ATX3.3V 的取样路径（经历了 C1）。我们再看 R5 这路，它是 ATX5V 的取样路径。我们再看 C20 和 R4 这路，它也是 ATX5V 的取样路径。显然，这是一个比较复杂的由 RC 构成的取样网络（一种联合稳压）。可以采用恰当的方法通过实验的方式明确该取样网络的具体表现。

接下来我们介绍其风扇转速控制逻辑，图 4-21 中还有一个常用的参考图。

Q6 工作在放大状态，其导通程度受 NTC2 的实际阻值决定：当温度较高时，其阻值较小，分压电路分得的电压较高，Q6 集电极电流较大，风扇转速较快；当温度较低时，其阻值较大，分压电路分得的电压较低，Q6 集电极电流较小，风扇转速较慢。

至此，单管正激拓扑 ATX 电源我们就介绍完了。一些重要测试点的实测数据均已经用绿色字体标注在了图 4-21 中。

此故障电源的 RA1、D2、R55 均烧坏，换后正常。R55 是主变压器 5V 绕组的尖峰保护 RC，RA1、D2 是变压器复位绕组的复位限流电阻和复位二极管。要特别注意复位二极管的选型，这是一个耐压接近 1000V 的超快恢复二极管，不能随意代换。

最后，我们来观察一些重要的实测波形图。

图 4-22 所示为 L8（磁开关）上端在空载和 0.4A 负载时的波形图。

通过比较，我们发现其脉宽（正相）显著变大，这验证了我们在 4.5.2 节中提到的磁放大稳压技术实际上也是一种脉宽调制技术的结论。

图 4-23 所示为开关管栅极 G 和 5V 整流管正极在空载和 1A 负载时的波形图。

通过比较，我们发现其开关管的导通和整流 D 的导通是同相的，这就是之前介绍过的"正激励"，本书在此处给出了实物验证。

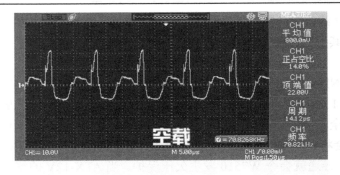

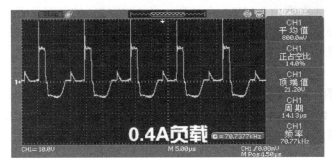

图 4-22   磁开关上端波形图（空载，0.4A 负载）

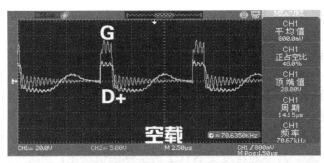

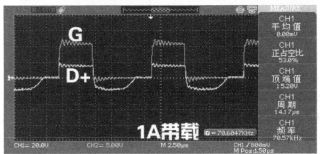

图 4-23   开关管栅极 G 和 5V 整流管正极波形图（空载，1A 负载）

4.9   主动式 PFC 与主回路为双管正激拓扑的 ATX 电源

常识告诉我们，解决同一问题的不同技术往往具有较大区别。更重要的是，较晚出现的技术往往具有弥补较早出现的技术缺陷的特点。

要真正理解 PFC 在开关电源中的出现，就不得不提起"视在功率""有功功率""无功功率"等概念，本书已在 1.7 节中进行了初步介绍。主动式 PFC 的出现，主要是为了尽可能地降低开关电源所占用的"无功功率"。"无功功率"对于普通人来说是没有意义的：电力公司是不向普通人收取这部分电能费用的。但对于商业用户，却需要为其所占用的"无功功率"缴纳相应的费用。总之，"无功功率"对应着可用真金白银衡量的现实代价（如发电机组的装机容量、变电设备的装机容量）。

在接下来的内容中，我们将明确双管半桥拓扑 ATX 电源所使用的全桥+310V 电容的缺陷，同时说明主动 PFC 的意义。

4.9.1　为什么要发展 PFC

搞清楚这个问题的关键在于要理解功率这个概念。功率的概念很简单：电流和电压的乘积（$U=PI$）。但这里的电流和电压可不是简单的平均值或有效值，而是瞬时值。即使是在恒压直流电源电路中（并且我们假设负载是一个确定负载），流过该负载的电流也不一定不随时间而发生变化。

这里有 3 种情况：确定负载为单纯电阻性负载；确定负载为单纯电容性负载；确定负载为单纯电感性负载。

只有当确定负载为单纯电阻性负载时，恒压直流电源作用到这个单纯电阻性负载后才会产生一个流过该负载的不随时间变化而变化的恒定的电流（欧姆定律才有了用武之地）。

如果确定负载为单纯电容性负载或单纯电感性负载，那么流过负载的电流都将是一个随时间变化而变化的电流。因此，功率计算公式中的电流将是一个以时间为自变量的函数。很不幸，这才是绝大多数真实电路的实际情况。总的来说，在真实电路中，单纯电阻性负载是不存在的，更多的是其中 2 种或 3 种负载的综合。换句话说，任何原件都可用这 3 种负载（理想模型）构建出来。感兴趣的读者可以继续深入研究。

我们再分析交流市电 220V。交流市电 220V 首先是交流电，其电压也是一个以时间为自变量的函数。那么我们计算交流市电的输入功率时，其中的电压也成了一个以时间为自变量的函数。总之，就是对于交流市电 220V 驱动的负载而言，如果我们要计算其输入功率，那么这个功率就是时间的函数。

相信凡是了解功率因数计算公式的人都对公式中出现的一个三角函数（$\cos\varphi$）并不陌生。高中数学告诉我们，这个函数是有最大值的，1。我们不去深究其含义了，这对维修既没有实际用处，又增加了理论难度。但我们要清楚地知道它代表的含义：它反映了一个用电系统中哪种负载为主，也同时反映了一个用电系统中电压和电流同相的程度。$\cos\varphi$ 越大，单纯电阻性负载的成分越多，电压与电流也越同相。反之，电容、电感性负载越多，电压与电流越不同相。

所谓的电压与电流同相，是指当电压最大时负载流过的电流也最大，当电压最小时负载流过的电流也最小。对于电容性负载而言，其电流超前于电压；对于电感性负载而言，其电流滞后于电压。总之它们就是不同相。

在介绍完这些较难理解的理论知识之后，我们来分析由全桥和 310V 滤波电容构成的整流电路的工作过程，明确其在工作时的电压随时间变化的过程，以及电流随时间变化的过程。其目的是搞清楚交流市电 220V 在驱动全桥和 310V 电容的过程中，交流电压和交流电流到底因为什么原因产生了不同相的问题。搞清楚了这个问题，我们就能够自然而然地理解主动式 PFC 存在的意义了。

当加电以后，整流二极管正偏，交流市电 220V 对 310V 电容充电。在初次加电时，这个充电电流是比较大的，表现为浪涌电流。在电源中，我们通常使用一个负温度系数的热敏电阻（NTC）来对其加以限制。那么之后呢？当然是负载用电，造成 310V 电容上的电压下降。可是读者有没有想过，交流市电 220V 来得及立刻为 310V 电容充电，以弥补其被消耗的电能吗？答案是不能。

假设由于负载对其电能的消耗，造成 310V 电容得电压由满电的 310V 下降到了 280V。我们分析交流市电 220V 能够对其充电的具体时刻。

交流市电 220V 如果能够对 280V 的 310V 电容充电，就意味着交流市电 220V 的瞬时值的绝对值起码要能够达到 280V 加整流二极管正向偏置电压（取 0.6V）的水平。并且从此刻开始，直到其达到峰值的 310V 的这个时段内，才有可能为 310V 电容充电，对于交流市电 220V 而言，才会具有输入电流，也才会具有输入功率，如图 4-24 所示。

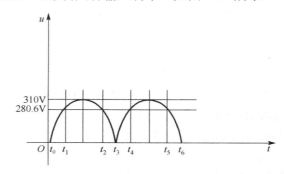

图 4-24　交流市电向电源输入电能的时段图

只有在 $t_1 \sim t_2$（$t_4 \sim t_5$）这个时间段内，全桥的整流二极管才有可能导通。而在 $t_0 \sim t_1$（$t_3 \sim t_4$）及 $t_2 \sim t_3$（$t_5 \sim t_6$）这两个时间段内，全桥是始终截止的，这意味着在这个时间段内，交流市电 220V 根本与电源（负载）没有任何关系。换句话说，交流市电 220V 实际上只在其峰值电压的前后一小段时间内才真正与电源（负载）相连。感兴趣的读者甚至可以计算一下正弦交流电的一个半波中电压超过 280.6V 的时长占整个半波时长的比例。

就算是对于缺乏电学理论基础的普通人而言，仅从常识逻辑的角度出发，也能得出全桥加 310V 电容的整流滤波电路是一种不能充分地从交流市电 220V 获取电能的技术结论。毕竟在交流市电 220V 有效的大部分时间段内，全桥加 310V 电容的整流滤波电路是摆设，还敢奢望其 PFC 有多大吗？实际上，全桥加 310V 电容引发的问题不止 PFC。

我们重新回顾一下全桥加 310V 电容的整流滤波电路的这个问题（指 PFC），会发现其根本原因出在了 310V 电容身上。

可以大胆推测，取代"全桥加 310V 电容的整流滤波电路"的新的从交流市电 220V 获取电能的技术，一定具有两个特征：它应在 $t_0 \sim t_3$（$t_3 \sim t_6$）整个时段都能从交流市电 220V 获取电能；全桥后的 310V 电容一定会被取消。

4.9.2　主动 PFC 与 Boost 升压电路

经过努力，工程师们找到了一种用于替代全桥后的 310V 电容、在 $t_0 \sim t_3$（$t_3 \sim t_6$）整个时段都能从交流市电 220V 获取电能的电路结构：Boost 升压电路。又因其区别于利用电感补偿原理的被动 PFC，应用于交流市电整流领域的 Boost 升压电路被赋予了另一个名字：主动 PFC。

我们首先介绍 Boost 升压电路的拓扑图和工作原理，Boost 拓扑图如图 4-25 所示。

Boost 升压电路由电感 L、开关管 Q1、整流二极管 VD1、滤波储能电容 C0 构成。顾名思义，它是一种升压电路。并且，它是一种 DCDC 升压电路。

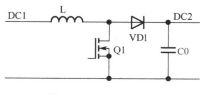

图 4-25　Boost 拓扑图

当开关管打开时，DC1 对 L 充电，L 由于自感产生左正右负的自感电动势。当开关管截止时，L 的自感电动势反相，变为左负右正。此刻，L 等价于一个充满了电的左负右正的充电电池。DC1 会与 L 上的这个自感电动势叠加起来通过 VD1 为 C0 充电，最终得到一个电压比 DC1 高出 L 的自感电动势的 DC2。即 DC2=DC1+L 的自感电动势。

问题来了，为什么 Boost 升压电路就能够避免 310V 电容不能从交流市电 220V 全时段获取电能的缺陷呢？这是因为 Boost 升压电路与 310V 电容相比，其对应的能够正常工作的输入电压的最小值要远远小于 310V 电容所对应的 280.6V。这个值甚至小到 Boost 升压电路在全波整流后的绝大部分时段都能正常工作的程度。这也是主动 PFC 能够将 PFC 轻松做到 0.98 的原因。

整流后的全波 DC 经 Boost 升压后，C0 的正极电压约为 400V。

至此，我们从能量获取的角度（而非电学公式）对主动 PFC 的存在意义及具体电路进行了介绍，以达到令读者对这个问题的理解满足维修需要的目的。当然，笔者建议理论基础较好的读者继续深入研究。

4.9.3　双管正激拓扑

在实践中，主动 PFC 与双管正激拓扑的联用是最常见的。因此。下面将关联性地介绍双管正激拓扑开关电源。

我们首先介绍双管正激拓扑的原理图，如图 4-26 所示。

双管正激拓扑适用于低压大电流的场合。该拓扑包括两个开关管（Q1、Q2）和两个二极管（VD1、VD2）。

正常工作时，两个开关管首先同时导通，励磁电流流经变压器的初级绕组，向变压器输入电能。励磁电流从初级绕组的上端流入、下端流出。根据电磁感应定律，这个从 0 逐渐增大的励磁电流会在初级绕组上感应出一个上正下负的自感电动势。此时的初级绕组等价于一个正在充电的充电电池。次级绕组的对应同名端则会通过整流二极管向下级输出电能。

然后，两个开关管同时截止，已经增加到最大值的励磁电流将随着开关管的截止而减小。根据电磁感应定律，减小的励磁电流会在初级绕组上感应出一个上负下正的自感电动势。此时的初级绕组等价于一个电池，电池的正极接 VD1 的正极，电池的负极接 VD2 的负极。此前，电源已经通过两个开关管的导通将电能输入到了变压器中，除被负载消耗的部分电能外，还会剩余一部分电能继续储存在变压器中。这部分之前输入变压器但未被负载消耗的电能会通过 VD1、VD2 构成的回路返回电源。

对于任何变压器来说，储存在变压器中的电能都是以磁场能的形式存在的。如果这个磁场越大，就说明变压器储存的磁场能越多。在双管正激拓扑中，当两个开关管截止时，储存在变压器中的磁场能会通过 VD1、VD2 形成的回路回馈至电源，这将直接导致储存在变压器中的磁场能量减少。换句话说，因为 VD1、VD2 的存在，变压器在开关管截止后会经历一个"去磁"过程。

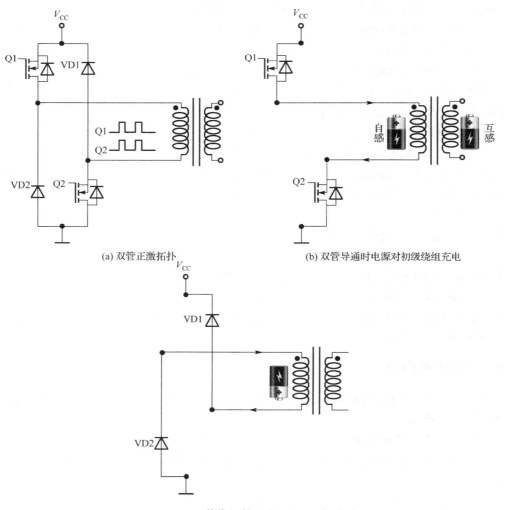

(a) 双管正激拓扑   (b) 双管导通时电源对初级绕组充电

(c) 双管截止时初级绕组对电源放电复位

图 4-26　双管正激拓扑原理图

不难想象，如果变压器失去了之前储存的全部电能，变压器就会回复到两个开关管还未打开过的样子，这意味着不仅变压器回到了最初的状态，而且连整个电路实际上也都回到了最初的状态。变压器的这种首先充能形成磁场，然后消耗电能磁场减弱（去磁），直到电能完全消耗后磁场消失（消磁）的整个过程，可被理解为变压器的复位。毕竟，复位的字面意思就是恢复到最初的状态。变压器的复位称为"磁复位"，实际上就是指令变压器恢复至未充能（可储存磁场能）的状态的过程。

对于变压器这种电感性负载而言，磁复位的意义重大。

我们先将两个开关管看作导线，这是没有问题的。这是因为开关管在导通时就相当于导线。我们会发现初级绕组实际上是直接接到电源的正极和负极的。电感与直导线的唯一区别就是电感具有感抗。要令电感名副其实，就必须保证电感的感抗始终起作用（指电感对励磁电流的阻碍）。这是因为电感对励磁电流的阻碍是有前提的，那就是电感不能磁饱和。一旦电感磁饱和，电感就真的变成了直导线，电源将通过磁饱和的电感形成实际上的短路，其结果不言自明。在双管正激拓扑中，VD1、VD2 的存在令变压器具有了一个磁复位的消磁过程，可以避免变压器的初级绕组出现磁饱和。因此，双管正激拓扑电路不需要额外用于变压器磁复位的附属电路。

VD1、VD2 同时也是 Q1、Q2 的钳位二极管。无论在什么时候，Q1、Q2 的开关将只承受 V_{CC} 的压降。Q1 的 VD 极接 VCC，S 极被 VD2 钳位到地，即无论何时，Q1 的 DS 之间的最大压降只能是 V_{CC}。Q2 的 S 极接地，VD 极被 VD1 钳位到 VCC，即无论何时，Q2 的 DS 之间的最大压降也只能是 V_{CC}。

4.9.4　主动 PFC+双管正激拓扑 ATX 电源（长城 BTX-400SD）

图 4-27（清晰大图见资料包第 4 章/图 4-27）所示是长城品牌、型号为 BTX-400SD 的 ATX 电源实物图。它是一款整流电路采用主动 PFC、主回路部分采用双管正激拓扑、ATX3.3V 采用磁放大、其他各路输出采用肖特基整流的多路开关电源。

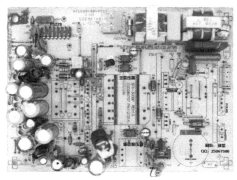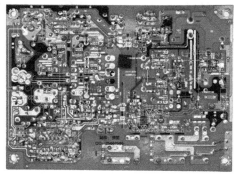

图 4-27　长城 BTX-400SD 的 ATX 电源实物图

我们首先整体观察一下这个 ATX 电源，会发现它与之前介绍过的双管半桥拓扑及单管正激拓扑 ATX 电源都有显著的区别。第 1 个显著的区别就是在全桥之后并不是 2 个电容，而是一个硕大的单匝电感。第 2 个显著的区别就是它只有 1 个滤波电容。其变压器的数量与双管半桥的一致，都是 3 个。

不难看出，该电源的板载二级 EMI 滤波电路用料充足，其电路构成我们不再介绍了。我们的重点是通过跑线分析其背面的布线，主要是明确其主动 PFC、双管正激拓扑、肖特基整流、风扇控制、反馈等电路。

　　读者千万不要被实物图中密密麻麻的各种标注吓倒。考虑到读者已经通过本书之前的学习打下了一个良好的基础，笔者在介绍该电源时，将采用更为灵活、分散的表达方式。这种方式将更贴近于我们认识陌生电路板的实际过程。

图 4-28　长城 BTX-400SD 使用的 Boost 电感

　　我们首先拆下 L3（Boost 电感），如图 4-28 所示。

　　通过观察，我们发现 L3 有 3 个引脚。其中的 2 个引脚为电感，另 1 个引脚为屏蔽层（接地）。我们从左侧的焊盘开始跑线：布线向上直通 1N5408 的正极，向下经跳线、NTC 后直通全桥的正极。我们再从右侧的焊盘开始跑线：先是通至 Q1 的漏极 D，然后继续向上延伸至 VD3 的正极。这与我们介绍的 Boost 升压拓扑是完全一样的。因此，我们可以推测 Q1 就是 PFC 开关管，而 VD3 就是 Boost 升压输出二极管。

　　为了验证我们的推断，应继续观察 Q1 的源极 S 是否接地，VD3 的负极是否接滤波电容的正极。经观察，发现 Q1 的源极 S 经一大体积电阻后直通全桥的负极（的确接地），而 VD3 的负极也的确经一宽大布线后延伸至 C2 的正极。至此，我们的推测得到了验证。特别要注意那个大功率的电阻（实测 0.08Ω）。

　　接下来，我们将注意力投向 Q1 的栅极 G。与栅极 G 直通的只有 R24 和 R25。R24 是一个 27Ω 的电阻，这个数量级的阻值说明它是令开关管导通的因素。而 R25 的阻值是 $10k\Omega$，这个数量级的阻值通常用于偏置。更重要的是，我们发现了 Q4、Q5 这两个基极互连的三脚管。像这种结构，不能不令我们猜测其可能是双 NPN 推挽驱动结构。经实测，发现 Q4 是 PNP 三极管，Q5 是 NPN 三极管。

　　实际上，即使不经实测，也能够判断出 Q4、Q5 的部分管型信息（指如果是三极管，那么究竟哪个是 NPN 哪个是 PNP；如果是场馆，那么究竟哪个是 N 沟道哪个是 P 沟道），只需增加跑线的深度即可。首先我们要注意 R24 的左端直通两个三脚管的右下脚，特别注意 R25 的左端直通 Q4 的中间脚并接地。我们就能得出 Q4 绝对没有令 Q1 导通的能力的判断。而对于 Q5 就必然具有令 Q1 导通的能力，其中间脚，也必然接有一个相对于 Q1 的源极大 10V 的导通电压。更重要的是，我们可以通过假设 PFC OUT 的当前电平，来顺推其经 Q4、Q5 后在 Q1 栅极上的输出来匹配 Q4、Q5 的管型信息。

　　实际过程如下，当 PFC OUT 为高电平时，Q5 导通，蓝色布线标记的高电平作用到开关管栅极，令其导通，与此同时，Q4 截止。当 PFC OUT 为低电平时，Q5 截止，开关管结电容通过 R24、Q4 的 EC 对地放电（还一直通过偏置电阻 R25 对地放电，但前者是主要的）。R23 是一个 10Ω 的驱动电阻，兼有保险的作用。

　　我们继续对 R12、R11 进行跑线。R11 与 R12 串联，并继续与 R13 串联后进芯片（CM6805）的 VFB 脚。显然，这是一个电压取样电路，取的是 Boost 升压后的电压。最起码芯片可以通过该脚获得升压的具体数值。

　　我们继续对 VD4 进行跑线。VD4 是一个 1N5408。这个二极管是最常见的全桥用二极管之一。我们把它放到 Boost 电路中，如图 4-29 所示。

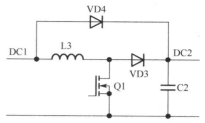

　　VD4 在客观上短接了由 L3、Q1、VD3 构成的 Boost 升压电路。当 VD4 导通时，Boost 电路将毫无意义。问题来了，为什么要设置这样一个短接 Boost 升压电路的二极管呢？VD4 的存在是如何与 Boost 升压电路的存在并行不悖的呢？

　　当 Boost 电路工作以后，DC2（约 380V）一定是一个大于 DC1（全桥正极）的电压，VD4 反偏。因此，

图 4-29　具有跨接二极管的 Boost 拓扑图

VD4 起作用的时段，应该是加电瞬间。在加电瞬间，DC1 会经 L3、VD3 后对 C2 充电，这个电流与全桥加 310V 电容的场合一样，也会是一个浪涌电流（当然，L3 会对此浪涌电流有抑制作用）。

　　如果我们增加 VD4，就等于为 C2 提供了一个加电时的充电旁路，这必然会减轻 DC1 经 L3、VD3 这路对 C2 的充电电流。VD4 的这种在加电时的分流作用是极为重要的。在加电时 L3 中流过的电流越小，L3 就越不容易饱和，就越有利于 Boost 升压电路的自身工作。我们假设一个极端情况，加电时 DC1 恰好处于 310V 的峰值电流，则流过 L3、VD3 的浪涌电流有可能令 L3 饱和，如果此刻 Q1 导通，那么 DC1 等于直接对地短路。因此 VD4 可被命名为 Boost 升压电路在加电瞬间的浪涌冲击保护二极管。

　　接下来，我们对双管正激拓扑电路及其驱动电路进行跑线。

　　图 4-27 中的紫色箭头为充电回路：380V 历经 Q3 的 D 极，Q3 的 S 极，主变压器的初级绕组，Q2 的 D 极，Q2 的 S 极，R36 后对地。图 4-27 中的黑色箭头为放电复位回路：0V（地），R36，VD5，跳线，主变压器的初级绕组，跳线，VD6，直至 380V。

　　继续观察两个开关管的栅极 G。我们发现两个栅极都是由两个并联的 200 贴片电阻驱动的。贴片电阻的另一端接驱动变压器，驱动变压器如图 4-30 所示。

次级绕组　　初级绕组

图 4-30　驱动变压器

　　请注意图 4-27 中标注的驱动变压器的同名端。

　　需要强调的是驱动变压器的次级绕组（我们以 Q3 这路为例）。对于 Q3 而言，电感的一脚与 Q3 的 S 极直通，这意味着当该次级绕组感应出上正下负的感应电动势时，还会与 S 极的电平叠加，这不正好满足了开关管 VGS 为高电平的导通条件吗？

　　继续分析驱动变压器初级绕组的驱动过程。

　　我们又看到了之前也出现过的双三极管推挽驱动（Q7、Q6）结构。需要强调的是，VD7 及其左侧的贴片电阻（因无丝印，自定义为 R1）的作用。当 Q6 导通时，蓝色布线标记的高电平将经过 Q7 的 CE 后，经 C18 或 R1 后对初级绕组充电。问题来了，这两路哪路是主流呢？显然是 C18。

　　当蓝色布线标记的高电平通过 R1 对初级绕组充电时，R1 起限流作用。尽管我们不知道蓝色布线标记的高电平的具体数值，但根据其驱场效应管的用途能够得知其最小值为 10V，据此，可估算出经 R1 对初级绕组的充电电流为 1mA。继续考虑初级绕组作为电感对电流还会有抑制作用，则实际电流会更小。怎么看 1mA 的充电电流都过于小了，这路肯定不是主流。

　　反观 C18，这可是纯电容性负载。电容是电路中一种极为特别的元件。我们都知道，电容是通交流、隔直流的。但是，这里的隔，并不是断。换句话说，将直流电压加到电容的两端，是一定会有电流流过电容的。而此处我们所遇到的实际电路只不过是又串联了一个电感线圈而已。

　　在 Q7 导通瞬间，C18 实际上是既等价于导线，又不等价于导线。说它是个导线，是指直流电流会无视 C18 的存在直接穿透它后流入初级绕组。说它不是导线，是指 C18 一旦完成了充电过程，C18 就相当于开路将直流电压与初级绕组隔离开来。总之，其在电路中的实际表现，与其充电过程密切相关。因此，请千万不要轻视笔者在元件基础部分对电容充电过程特别强调的内容。

　　此时，初级绕组中流过的是从上到下的励磁电流，将自感出上正下负的自感电动势。根据图 4-27 中标记的同名端，也必然在两个次级绕组中感应出上正下负的自感电动势。我们以 Q3 这路，分析这个次级绕组感应出来的电动势。Q3 也是场效应管，因此当 Q3 导通时，其对应的次级绕组的感应电动势也不应低于 10V，考虑到 Q3 的源极 S 导通后的电压为 380V。那么，我们应该在 R34 的上端测得一个不小于 380V 的高电压，实测为 -196V。这个实测结果可能会出乎读者的意料。这恰恰说明驱动变压器处于正常工作状态。

　　当 Q6 导通时，并联的 C18、R1、VD7 的一端经 Q6 的 EC 后接地，另一端经初级绕组接地。首先，并联的 C18、R1、VD7 和初级绕组构成了回路。其次，初级绕组是这个回路的电源。最后，储存在初级绕组中的电能将通过 R1 放电，初级绕组实现磁复位。我们用万用表测得的负电压，就是初级绕组（上负下正，下正此刻是地）在磁复位阶段的平均电压。因此，初级绕组等价于一个正负极来回颠倒的充电电池。并且，其上负下正的时段要长于上正下负的时段，以至于万用表只能感知其上负下正的时段。

　　接下来，我们分析 CM6805 及其外围电路，并在需要的时候结合数据表，给出其在本电源中的实际定义。

　　IAC 字面意思是从交流获得电流，此脚经 4 个大阻值电阻后直通全桥正极。常识告诉我们，这种经电阻直通大电压的芯片引脚要么用于取电以令芯片启动，要么用于对大电压进行实时取样。经查阅数据表，它为启动。

　　ISENSE 字面意思为电流感知。该脚有两路，一路经 D10A、D10B（4148）钳位，一路经 100Ω 的 R17 接地。从第 1 路能看出 ISENSE 脚的电压不会低于 -1.2V（两个 4148 的导通压降）。从第 2 路能看出如果 ISENSE 脚上有电压，那么都是经 R17 对地放电流或吸电流的。总之，它与电流取样没有任何关系。那么 ISENSE 以电流感知的含义就令人费解了。

此时，需要查阅数据表明确其具体含义。官方的释意为"Current sense input to the PFC current limit comparator"（PFC 电流门限输入脚）。原来此脚并不是电流感知之意，而是门限值输入脚。那么 R17 就是一个与芯片工作条件有关的设定电阻了。不难想象，增大/减小 R17 的阻值，也必将引起 PFC 电流门限值的增大/减小。而这个门限是瞬时峰值电流还是某个时段内的平均值，就需要通过对数据表的深入解读来明确了。

在这里，笔者讲一句题外话：对于电路本身，分析到我们对元件掌握的极限即可；对于资料，理解到能满足我们的需要即可。我们是维修，不是开发。

VEAO 应是英文单词的缩写。EAO 应该猜解为"误差放大器输出"。查阅数据表，它果然是一个运算放大器的输出，并且该放大器受 PWMTRIFAULT 控制。换句话说，PWMTRIFAULT 是信号的输入，VEAO 就是信号的输出，它与 PWMTRIFAULT 是等价的。其外围只接有两个贴片滤波电容。

这个信号类似于 3842 的 COMP 信号。它的电压实际上表征着芯片内部的 PFC 模块正在正常工作，它的电压与是否负载也有直接的关系，负载越大，VEAO 的电压越高。

VFB 的字面意思是电压反馈，前文已经介绍过。它是针对 Boost 升压后的 380V 取样的。换句话说，PFC 在利用 Boost 升压后，最终得到的升压电压是由该脚外接的分压电路所决定的。

V+I 的字面意思是电压加电流，此释意太宽，难以进一步推测其具体含义。该脚的外围有两路：经 R20 后直通 R36 的左侧；直通光耦光三极管的发射极。第 1 路是很容易理解的，R36 是主变压器初级绕组励磁电流检流电阻，此脚显然是励磁电流过流保护信号输入脚。第 2 路要先继续分析光耦光二极管的导通控制后才能给出明确的结论。继续跑线，发现此光耦受 431 控制。那么问题就转变为分析 431 参考极 R 的外围电路（图 4-27 中用青色标记）了。

与参考极 R 直通的有 6 个元件。分别是来自 ATX5V 的 R53，来自 ATX3.3V 的 C50 和 R52A，来自 ATX12V 的 R50，还有接地的 R51 和 R49。这是什么电路？分压电路，而且是联合分压电路。原来，431 根据这路的输出情况来决定是否导通，最终引起 V+I 的变化。那么，这个 V 的含义就浮出水面了，就是稳压。因此，431，光耦的命名均应冠以稳压。

PWMTRIFAULT 字面意思是 PWM 发生了 3 种错误。PWM 既可指技术也可指芯片，也可指实际的开关电源。总之，这是芯片用来感知 3 种错误的信号输入脚。不妨通过跑线来明确该具体电源的具体错误。

PWMTRIFAULT 一方面经 R99、R98 等直通全桥正极，一方面经 R100 接地。这是什么电路？分压取样电路。要特别注意 ZD4，笔者就不再实测 ZD4 的稳压值了。全桥正极的电压会出现什么错误呢？想来想去只有过压/欠压。查阅数据表，实为欠压保护。

VCC 直通光耦光三极管的发射极。原来 CM6805 的供电（开始工作的时刻）是受光耦控制的。继续通过跑线分析光耦光二极管的导通控制，发现是 PS229 的 FPO/。这个信号与 WT7510 的 FPL_N 是等价的。这个电路，也与我们在单管正激拓扑中介绍的实物完全相同。

PFC OUT 和 PWM OUT 都是驱动开关管的方波。但它们不是普通的方波，而是疏密不一的方波，请读者务必实测观察。

蓝色布线标记的高电平来自辅助变压器的反馈绕组，不妨命名为反馈供电。通过跑线无法明确其具体值，实测为 12.6V。

至此，我们已经完成了初级绕组一侧的全部跑线。接下来，我们继续进行次级绕组一侧的跑线。

　　首先看 5VSB 的稳压，其 R_L 为 1052 或 2501，R_F 为 103，怎么计算也不正确。看下实测，R_L 的阻值为 10kΩ。因此，R_L 为 1052，第 3 位为 10 的正数次幂，第 4 位为 10 的负数次幂。笔者也是第一次遇到这种命名规则。

　　ATX3.3V 磁稳压放大电路不再重复介绍。

　　补充一下变压器绕组和整流管的 RC 保护结构，我们各举一例。C25 和 R60 跨接在 12V 绕组的两侧，保护对象是 12V 绕组。C29 和 R58、R58A 跨接在 ATX3.3V 整流管中的续流 D 两侧，保护对象是续流 D。

　　其他元件的具体功能均较简单或与已经介绍过的两款 ATX 电源雷同，不再详细介绍。

　　至此，我们通过跑线，比较深入地认识了这个主动 PFC+双管正激拓扑的 ATX 电源。请读者务必仔细体会笔者认识具体电路的方法和思路。

第5章　ATX电源维修实例

5.1　航嘉 BS-3600

因主板不触发，此电源经门市学徒用替换法被最终确定为故障电源。

拿到该故障电源后，首先用镊子短接 PSON 与地线，观察到风扇正常转动，正常；用万用表测量接口各输出电压，均正常。

将该故障电源连接至一正常计算机的主板上，触发，没反应，故障现象重现。

保持 ATX 电源与主板的连接，接入市电，用万用表测量挂接上主板负载后的 ATX 电源的 5VSB 电压，3.7V，不正常；测量 PSON 电压，3.6V，偏低。ATX 电源的 PSON 电压实际上来自 5VSB，两者电压相近，这说明故障点基本判定在 5VSB（实际上是被负载拉低了）处。

拆机，在紫色电缆（5VSB）附近观察到有两个鼓包的电容，具体位置如图 5-1 所示（标有向上的箭头处）。

图 5-1　电源实物图

根据其所处的位置，笔者猜测其必有一个是 5VSB 的输出电容。用电烙铁与吸锡器相配合，依次将两个电容取下。一个是体积稍小（图中居上的）的 10V/1000μF 的绿色电解电容（经跑线确认，它的正极的确与紫色电缆直通），猜测得到了验证（尤其是注意到与这两个电容紧靠的电感，应该猜到这是一个 π 滤波）。一个是体积稍大（图中居下的）的 16V/1000μF 的绿色电解电容（为了节约时间，此电容对应的输出电压没有跑线确认）。

用电容表实测其电容容量，标称 10V/1000μF 的实测为 280μF，为标称值的 28%，标称 16V/1000μF 的实测为 220μF，为标称值的 22%。均为典型的失容故障。

将体积稍小的 10V/1000μF 的绿色电解电容替换为某相同大小的 16V/1000μF 电容，将体积稍大的 16V/1000μF 的绿色电解电容替换为某相同大小的 16V/1000μF 电容。

试机，正常触发，此电源修复。

总结，用镊子短接 PSON 与地线启动后的 ATX 电源实际上处于空载状态，此时 5VSB 的负荷小，其输出正常。但是，一旦将 ATX 电源插入主板（将主板的开机电路作为负载接入）后，失容的 5VSB 输出电容造成 5VSB 的实际供电能力不足以满足开机电路的电能需求，其电压被拉低，PSON 也被关联性地拉低。

5.2　鑫谷核动力 530PV

因主板不触发，此电源经门市学徒用替换法被最终确定为故障电源。

拿到该故障电源后，首先用镊子短接 PSON 与地线，观察到风扇不转动，不正常；用万用表测量各接口输出电压：5VSB 为 5.1V，正常；PSON 为 4.6V，正常；3.3V 为 0.xV，不正常；5V 为 0.xV，不正常；12V 为 3.xV，不正常。还能听到电源内部有啸声。

拆机，观察到两个主电容中的一个已经明显鼓包。将两个主电容换新后试机，故障依旧。

测两个主电容各自的电压：插入市电后，下电容电压从 155V 逐渐升高到 240V，同时，上电容电压从 155V 逐渐下降到 70V。这说明均压电阻有故障。

拆下两个均压电阻（色环为棕绿黄[154]）。实测上均压电阻阻值，150kΩ，正常；实测下均压电阻阻值，已经开路，不正常。从料板上拆下两个均压电阻（124），替换故障均压电阻后试机。两个主电容电压已经均衡，但故障依旧。

待机下实测 TL494 的 11 脚、8 脚电压，均为 2.3V，正常。触发后复测，均为 1.xV，不正常。补充测量 13 脚、14 脚、15 脚（三脚直通）电压，5V，正常，判定作为主电源回路它激振荡源的 TL494 基本良好。

补充测量 339 运算放大器的同相、反相电压与输出之间的逻辑关系是否一致，四路均一致。

到此，基本可以断定故障在主开关管之后。

利用电烙铁配合吸锡器拆下主开关管及附属散热片。此电源使用的两个主开关管是 D209L，此管为三极管。

实测数据如表 5-1 所示。

表 5-1　实测数据

测 试 顺 序		上 开 关 管	下 开 关 管
红—左下	黑—中间	538mV	569mV
	黑—右下	125mV	580+mV
红—中间	黑—左下	1403mV	1
	黑—右下	1368mV	1
红—右下	黑—左下	125mV	1
	黑—中间	570mV	1

显然，上开关管已经击穿。成对更换为 13007。

试机。用镊子短接 PSON 与地线后风扇开始转动，啸声消失，实测各路电压输出均正常。此电源修复。

5.3　假航嘉 LW-6228 P4

此电源熔断器内管壁烧黑，肉眼可见熔丝烧断后结成的铜珠附着在内壁上。

测被动 PFC 线圈的真实阻值，0.2Ω，判定其为假 PFC。观察主板一侧的 PFC 两针插座，为孤立的两个焊盘，根本未连入电流回路中，判定其为假 PFC。观察其铭牌，发现商标标识与正品航嘉还是存在差别的，是一个假冒航嘉商标的山寨电源。

烧熔丝意味着此电源有大的短路故障。观察全部元件，外观均正常。在板侧直接测辅助电源开关管三脚之间的直通性，发现三脚互通。用电烙铁配合吸锡器拆下辅助开关管和两个主开关管及附属散热片。复测辅助电源开关管三脚之间的直通性，三脚完全互通。原辅助电源开关管为 DG2N60，原值替换。

根据辅助电源的稳压过程，继续排查其稳压（参考 3.8 节中光耦的内容）部分。

首先将光耦拆下，利用可调电源和万用表实测其工作过程，正常。然后找到直接控制辅助开关管截止的 NPN 三极管，原管表面刻字为 C945，测其好坏，过程如下。

红表笔接基极 B 黑表笔接发射极 E，开路，不正常；红表笔接基极 B 黑表笔接集电极 C，632，正常；红表笔接集电极 C 黑表笔接基极 B，722，不正常。判定此三极管是造成此电源辅助开关管完全短路的原因——此三极管 CE 间开路，进而导致辅助开关管在打开后处于不受控制的持续饱和导通状态而过流短路，然后熔丝过载被烧断。

替换熔丝时发现熔丝已用完，决定利用细导线及原熔丝自制一个。

从石英钟所使用细线圈中取得一段细铜线，并为双股，利用电烙铁将原熔丝两端的焊锡及引脚去掉，将双股细铜丝装入熔断器中，再将引脚饱满焊回。之所以使用从石英钟中拆出的线圈铜丝，是因为笔者已经使用可调电源实测过此种单股细铜丝的实际熔断电流为 2A，双股即为 4A，与原配的 5A 熔丝接近。

笔者强烈建议初学者原则上应等值代换故障元件，此处仅仅是作为一种应急处理手段来介绍。

然后又从架构相同（494+339）的板料中找到一只用途相同的 NPN 三极管（表面刻字为 C1815），用万用表实测其正常后替换。

装机上电，交流电流表显示电流为 10mA，初步判断辅助电源已经工作。实测 5VSB，5.1V，正常；PSON，4.6V，正常。短接 PSON 与地线后实测各组输出电压，均正常。

此电源修复。

5.4　假多彩龙卷风 DLP-315A

拿到该故障电源后，首先用镊子短接 PSON 与地线，观察到风扇正常转动，正常；用万用表测量各接口输出电压，均正常。

初步判断是负载能力差。

拆机观察其所有元件。

发现 PFC 并非使用插座而是使用两根电线直接焊接到主板上，但使用的线材低劣（其中的一个焊点模仿全汉电源与全桥的一个交流使用同一焊盘）。这个现象与品牌电源的做工格格不入，开始怀疑是假冒多彩商标的山寨电源。将此 PFC 拆下，实测两线之间的真实电阻，竟然显示数百千欧。拆开此 PFC 线圈，发现是两段独立的导线（一般的山寨电源使用的假 PFC 都是互连的导线），直接丢弃。通过百度搜索出此型号电源的实物内部图片比对确认为山寨电源。

观察低压输出部分时，发现输出电容有鼓包的现象。一个是 3.3V 的输出电容（10V/2200μF），实测其容量仅为 800μF。一个是 5V 的输出电容（10V/2200μF），实测其容量仅为 1100μF。判定此电源的确是因为负载能力下降后被损坏，原值代换。

此电源修复。

5.5　山寨电源——辅助电源故障 1

拿到该故障电源后，首先用镊子短接 PSON 与地线，观察到风扇不转动，不正常；用万用表测量各接口输出电压：5VSB 为 0.3xV，不正常；PSON 为 0.6V，不正常。判定此电源辅助电源部分有故障。

拆机观察其所有元件。

没有发现外观有明显异常的元件。再次加电，补充测量辅助电源的第二路输出 B+，1.3xV，且不断跳变，不正常。笔者没有选取 B+的输出二极管的负极作为测试点（黑表笔所接的参考点是 ATX 电源低压输出端子上的地，或者取 494 的 7、9、10 脚均可），而是选择了更为方便测量的 494 的 12 脚。

根据 5VSB 与 B+都有输出电压（尽管偏低）的实测数据，说明开关管确实已经被打开了，但是打开的时间过短。据此，我们可以做出两个推断：一是辅助电源已经完成了振荡过程的建立，但反馈错误；二是辅助电源还没有完成振荡过程的建立，要么开关管虽可打开但无法维持导通，要么振荡异常中断。

理论和经验都指向了开关管和启动电阻，当然首先去测量启动电阻的好坏，因为它时序最先。

此电源如图 5-2 所示，两个启动电阻上下排列。

测启动电阻的电压。上面的电阻的左侧为 310V（参考点为全桥负），正常；两个电阻的公共点为 0.5xV，不正常（明显开路了），正常应该为 150V 左右。

断电、放掉主电容中的电。用万用表直接在板侧测量两个启动电阻的阻值。上面的电阻显示无穷大，下面的电阻显示 0.9xMΩ，正常。拆下两个电阻复测，与板侧测量结果完全相同。可见，这两个电阻无须拆下即可测量。

从板料上找了一对 564 换上。

试机，一切正常。给 5VSB 加上 1A 假负载，试机片刻（若不加散热片，时间稍长后开关管会过热），电压稳定。

此电源修复。

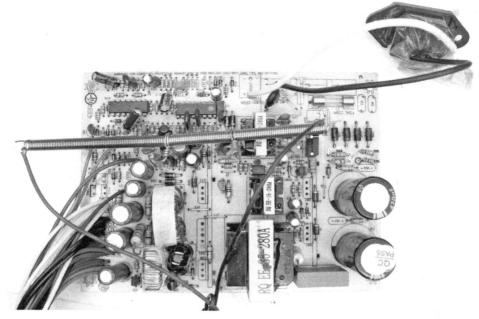

图 5-2　电源实物图

5.6　山寨电源——辅助电源故障 2

拿到该故障电源后，首先用镊子短接 PSON 与地线，观察到风扇不转动，不正常；用万用表测量各接口输出电压：5VSB 为 $0.0xV$，不正常；PSON 为 $0.0xV$，不正常。判定此电源辅助电源部分有故障。

拆机观察其所有元件。

此电源熔断器内管壁烧黑，肉眼可见熔丝烧断后结成的铜珠附着在内壁上。在电路板的高压一侧发现有一段布线已经被烧断。综合这两个故障结果，判定此电源存在大的短路故障。

如图 5-3（清晰大图见资料包第 5 章/图 5-3）所示为修复后的实物图。

首先，从石英钟所使用的细线圈中取得一段细铜线，替换下已经炸掉的熔断器（待修复后再更换全新的），并用耐热绝缘胶布暂时保护。

将烧断的布线用带绝缘漆的铜线（可从大水泡线圈中拆得）补好。经跑线，确认此段布线的一端是辅助变压器初级绕组的一个引脚，另一端是一个跳线的引脚 JP2-1。跳线的另一个引脚 JP2-2 与全桥正极、一个主电容（上电容）的正极通过一整块布线互连在一起。

请读者仔细观察实物图的细节，理顺相关元件的互连情况。

主电容向辅助变压器初级绕组供电的布线被烧断的故障结果，说明辅助变压器的初级绕组曾经流过了大电流。而这个大电流同样会从辅助开关管的漏极 D 流向源极 S，最后经过流检测电阻后到全桥负。

既然主电容向辅助变压器初级绕组供电的布线已被烧断，那么我们推测辅助开关管 DS 间有很大的可能会同时击穿短路。直接在板侧测量辅助开关管的 DS 间的直通性（万用表二极管挡，红表笔接 D、黑表笔接 S），蜂鸣直通。这明显是不正常的，已经被击穿了。拆下复测，的确已经被击穿，用最常见的 CS2N60 替换。

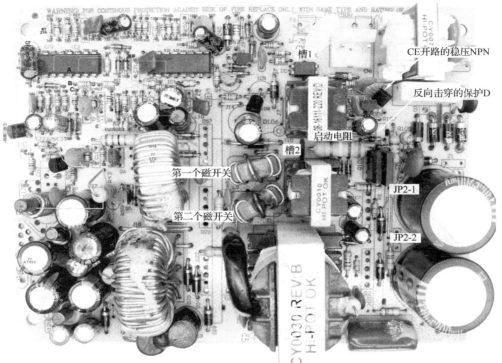

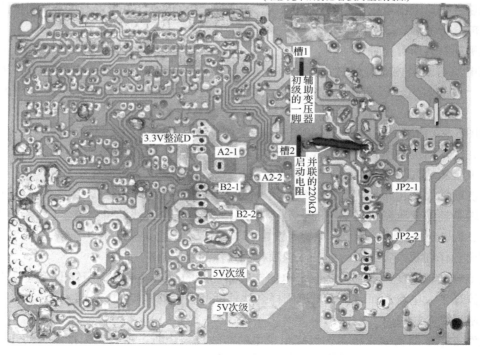

图 5-3　修复后的实物图

维修进行到这里，已经初步把明确的、易查的故障都排除了。初学者此时往往会选择通电试机。但实践证明，通电试机的结果往往是一通电熔丝再次被烧断。这是因为我们并没有找到令开关管 DS 之间流过大电流的真正原因。

开关管 DS 之间流过的大电流，说明此电流在发生故障的时刻不受控制。按照辅助电源工作的原理，辅助电源的稳压电路本应该在一个合适的时刻去关闭辅助开关管。不受控制的初级电流，说明辅助电源的稳压电路并没有完成这个本应完成的工作，这才导致了开关管 DS 之间流过了不受控制的大电流，造成布线烧断、开关管击穿、熔断器炸坏的故障结果。

因此，接下来还应继续排查稳压电路甚至是反馈电路。

在辅助电源中，431 的作用是判断电源实际输出的电压是否已经超过了额定电压。如果没有超过额定电压，就说明从辅助变压器输入的电能还不够，辅助开关管还应继续导通下去，对辅助变压器持续充能。如果超过了额定电压，就令阳极对地。这个动作，会导致光耦光二极管导通，最终令光耦光三极管导通。光耦光三极管的导通，实际上是为稳压 NPN 的基极 B 提供一个令其打开的导通能量，通过稳压 NPN 的导通来拉低辅助开关管的控制极电压，将其关闭。

基于上述过程，当开关管 DS 之间流过不受控制的大电流时。我们还应该按照时序排除以下可能的故障。

（1）431 的阳极与阴极之间是否开路：如果开路，即使 431 能够得知电源的实际输出已经超过了额定电压，也无法通过光耦、稳压 NPN 最终去关闭辅助开关管。

（2）光耦是否损坏：光二极管及光三极管是否能协同工作。

（3）稳压 NPN 的 CE 之间是否开路：如果开路，即使 431 与光耦是好的，稳压 NPN 也无法真正拉低辅助开关管控制极的电压。

笔者并没有从 431 开始排查，这是因为实践中 431 的故障率较低，而光耦和稳压 NPN 的故障率较高。将光耦和稳压 NPN 拆下。

先测稳压 NPN 的好坏。万用表二极管挡，红 B 黑 E，无穷大，已经开路了；红 B 黑 C，123，明显不正常。这个损坏的稳压 NPN，在实际电路中的表现一定是 CE 之间开路。至此，此电源损坏的直接原因已被明确。替换为 C945。

利用可调电源和万用表测光耦的好坏，正常。

通电试机，交流电流表显示电流为 0.001A。测 5VSB，0V。辅助电源还存在其他故障。

补充测量限流电阻，4.7Ω，正常，并没有开路。补充测量启动电阻，拆下，560kΩ，正常。维修陷入困境。

既然基本条件都已经满足，为什么辅助电源还不起振呢？

猜测启动电流有可能不足，并联一个 220kΩ 的启动电阻（此电阻使用了绝缘套包裹，焊接在板子的背面）。通电试机，仍不起振。拆下 220kΩ 的电阻。

维修陷入了真正的困境。

辅助电源不起振，说明辅助开关管没有打开，既然已经并联了一个 220kΩ 的启动电阻，就排除了启动电阻过大造成启动电流不足的因素。

补充测量正反馈 RCD，正常，又排除了一个因素。

通电，测辅助开关管的栅极 G 电压，竟然为 0V。显然，辅助开关管栅极 G 的导通电压不知道被什么故障元件拉低了。终于找到故障点了。断电，直接测量辅助开关管栅极 G 到全桥负直接的直通性（万用表二极管挡），它竟然蜂鸣了，压降为 0.0006V。考虑到表笔的压降，基本上是完全直通的。

经过长时间地思考、观察实物，稳压 NPN 右侧的偏置电阻进入了视线。该电阻的左侧与稳压 NPN 的集电极、辅助开关管的栅极 G 都是直通的，另一端直通全桥负。将其拆下，复测辅助开关管栅极 G 到全桥负直接的直通性，仍然蜂鸣。这个 1.5kΩ 的偏置电阻不是故障元件，其阻值也正常。

沉思，如何才能找到这个拉低辅助开关管栅极 G 电压的故障元件呢？决定用"加电法"试一试。将可调电源正极连接至辅助开关管栅极，将可调电源负极连接至全桥负。限流从 0.5A 开始，加到 1.5A。手摸电路板，没有明显的升温。限流继续加到 5A（可调电源的最大限流），电压还不到 1V，仍然没有明显的升温。"加电法"无效。

再次陷入困境。

至此，这意味着需要进行一次比较彻底的跑线了，明确其他还没有进入视线的，但与辅助开关管栅极 G 直通的元件。很快，位于辅助开关管上方的一个 1N4148 二极管进入了视线。用万用表测量其两端，均与全桥负直通。观察其焊盘布线，的确与辅助开关管栅极 G 直通。将其拆下，复测辅助开关管栅极 G 到全桥负直接的直通性，终于不蜂鸣了。用良品替换。

满心欢喜地通电试机，还是没有 5VSB，竟然还没有起振。

重新将 220kΩ 的启动电阻并联，通电试机。

久违的 5VSB 终于回来了。

此电源修复。

在该电源的修复过程中，有一个值得注意的问题，那就是为什么要并联一个 220kΩ 的启动电阻。

作为辅助开关管的 CS2N60 实际上是一个场管。而我们通常都认为场管是电压控制导通的（三极管是电流控制导通的）。实践证明，场管的导通，对流过其栅极的电流是有要求的，过小的栅极电流，也会导致其无法顺利导通。并联 220kΩ 启动电阻的目的，就是提高其栅极电流，令其更容易启动（打开）。

笔者借此实例还想说明一下辅助回路与其他回路（主电源回路、低压整流回路）的故障关联性。对于辅助回路有故障的 ATX 电源而言，其他回路也存在故障的概率在实践中是很低的。换句话说，只要将实物图中已经拆下的低压侧的整流二极管、线缆安装回去就能完整修复（笔者是为了清晰地展示实物才将其拆下）。

第2部分　电动车充电器的原理及维修实例

在本书的第 1 部分（第 1 章至第 5 章），笔者已经系统地介绍了台式计算机所使用的 ATX 电源。这部分中有关基本元件、开关电源的理论知识具有通用性：既适用于 ATX 这种具体的开关电源，也同样适用于本书第 2 部分及后续部分所介绍的电动车充电器等其他具体电源。因此，本书的第 2 部分及后续部分中，笔者将更多地关注于具体开关电源的电路本身，而不再对其电路所涉及的理论知识进行重复介绍。

读者通过对本书第 1 部分（ATX 电源）的学习，应该建立起与开关电源维修有关的若干概念、方法和理论。尤其是对基本原件在 ATX 电源中的具体功能有了初步的实物层面的感性认识。

历史地看，电动车充电器实际上出现过两种架构：一种以 494+运算放大器为核心；另一种以 3842+运算放大器为核心。伴随着电动车的普及发展，成本更低（满足充电需求的前提下）的 3842+运算放大器为核心的电动车充电器几乎成为唯一的架构。因此，本书只介绍这种架构的充电器。

将电动车充电器作为学习开关电源的对象，具有以下几个不可多得的优点。

第一个优点是学习成本低。一个报废的电动车市场价大约为 2 元。笔者建议读者收购若干充电器以备学习及拆件使用。

第二个优点是其"麻雀虽小、五脏俱全"。电动车充电器很可贵地包含了反激励开关电源的几乎所有电路特征。如果我们能够比较彻底地掌握电动车充电器的电路特征，就很容易将这些电路特征迁移到以其他非 3842 为核心的中低功率的开关电源中。这意味着我们可以在对电路进行少量修改的情况下用 3842 去代换大部分 8 引脚的 PWM 芯片。

第三个优点是运算放大器用途的多样化。在电动车充电器中，运算放大器得到了充分的运用。这是维修人员和业余爱好者深入掌握运算放大器功能的不可多得的实物平台，有利于我们分析电路能力的整体提高。

第6章　电动车充电器

如图 6-1 所示是一款最常见的 48V 电动车充电器的实物图，笔者将这种电动车充电器命名为 48V-A 型。这是一种最基本的稳压型充电器，是我们学习的重点。

在实物图中，位于变压器下方的开关管及附属散热片已被拆下（以便显露出被其遮挡的元件），同时，为了方便读者对电路板正面的元件与电路板背面的布线相互比较观察，笔者使用 Photoshop 软件对电路板的背面图进行了翻转操作，目的是使电路板背面的布线看起来与元件的排列相一致（背面图与正面图实际为镜像关系，请读者在观察实物时要特别留意）。

48V-A 型

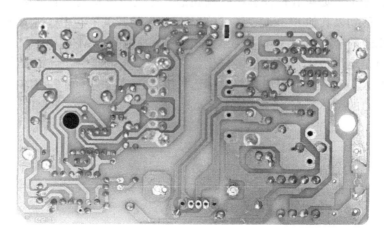

图 6-1　48V-A 型电动车充电器实物图

我们首先从整体上观察这个电动车充电器，比较电动车充电器与 ATX 电源的区别。通过观察，不难得出以下结论。

（1）电动车充电器的板型较小。

（2）电动车充电器所使用的元件数量要远远少于 ATX 电源。

　　总之，不难得到电动车充电器的复杂程度要远远低于 ATX 电源的结论。实际上，虽然两者同样都是 AC 转 DC 的开关电源变换器，但 ATX 电源有多组输出，而电动车充电器只有一路输出，其结构肯定要比 ATX 电源简单得多。

　　既然电动车充电器并不复杂，那么我们就先将它所用到的元件全部归纳一下，为我们的后续学习做准备工作。在接下来的内容中，笔者决定不厌其烦地介绍这种复杂程度适中的开关电源上的每一个元件。

6.1　48V-A 型电动车充电器所使用的元件

　　我们首先归纳一下电容的使用情况，如图 6-2（清晰大图见资料包第 6 章/图 6-2）所示。图中还自定义了两个熔丝和变压器的引脚序号，以方便读者观察及笔者在介绍时引用。

48V-A 型

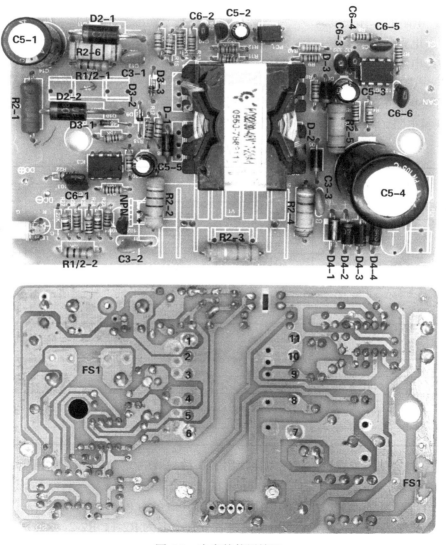

图 6-2　电容的使用情况

通过观察不难发现,该充电器一共使用了 5 个直插式电解电容,笔者将其名为 C5-1、C5-2、C5-3、C5-4、C5-5。该充电器一共使用了 6 个直插式陶瓷电容（绿色），笔者将其命名为 C6-1、C6-2、C6-3、C6-4、C6-5、C6-6。该充电器一共使用了 3 个直插式陶瓷电容（蓝色），笔者将其命名为 C3-1、C3-2、C3-3。

我们再归纳一下二极管的使用情况。

通过观察不难发现，该充电器一共使用了 2+3+3+4 个共 12 个封装、型号各异的二极管，笔者将其命名为 D2-1、D2-2，D3-1、D3-2、D3-3，D-1、D-2、D-3，D4-1、D4-2、D4-3、D4-4。很明显，D4-1、D4-2、D4-3、D4-4 就是全桥。

笔者见到过的全桥二极管型号有 FR207、1N5399 等。

我们再归纳一下电阻的使用情况。

首先需要补充一下碳膜电阻的外形尺寸与额定功率的关系，如图 6-3 所示。

碳膜电阻的外形尺寸涉及如下 4 个参数。

（1）L：电阻的本体长度。

（2）D：电阻的最大直径。

（3）H：电阻引线的长度。

（4）d：电阻引线的直径。

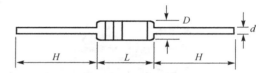

图 6-3　碳膜电阻的外形尺寸与额定功率的关系

我们将根据表 6-1 及表 6-2 中的数据，通过观察和实测的方法，来一一明确电动车充电器所使用的碳膜电阻。

表 6-1　数据 1

型　　号	额 定 功 率	尺寸参数/mm			
		L	D	H	d
RT12	1/8W	3.2±0.2	1.5±0.2	26±2	0.48±0.02
RT25	1/4W	6.0±0.5	2.3±0.3	26±2	0.60±0.02
RT50	1/2W	9.0±0.5	3.2±0.2	26±2	0.60±0.02
RT100	1W	11±1.0	4.0±0.5	35±3	0.80±0.02
RT200	2W	15±1.0	5.0±0.5	35±3	0.80±0.02

表 6-2　数据 2

型　　号	额 定 功 率	尺寸参数/mm			
		L	D	H	d
RT25X	1/4W	3.2±0.2	1.5±0.2	26±2	0.48±0.02
RT50X	1/2W	6.0±0.5	2.3±0.3	26±2	0.60±0.02
RT100X	1W	9.0±0.5	3.2±0.2	26±2	0.60±0.02
RT200X	2W	11±1.0	4.0±0.5	35±3	0.80±0.02
RT300X	3W	15±1.0	5.0±0.5	35±3	0.80±0.02

通过观察和实测不难发现，该充电器使用了 3 种封装/额定功率的碳膜电阻。

（1）数量众多（共 25 个）的长度为 6mm 的 1/4W 的电阻。

（2）2 个长度为 9mm 的 1/2W 的电阻，笔者将其命名为 R1/2-1、R1/2-2。

（3）6 个长度为 15mm 的 2W 的电阻，笔者分别命名为 R2-1、R2-2、R2-3、R2-4、R2-5、R2-6。

我们再归纳一下芯片的使用情况。

该充电器一共使用了 5 个芯片。

（1）一个 3 引脚的 431 精密稳压器（实物图中的丝印为 IC2）。

（2）一个 3 引脚的 NPN 三极管（笔者命名为 NPN）。

（3）一个 4 引脚的光耦（实物图中的丝印为 PC1，表面刻字为 PC817）。

（4）一个 8 引脚的 PWM（实物图中的丝印为 IC1，表面刻字 3842）。

（5）一个 8 引脚的运算放大器（实物图中的丝印为 IC3，表面刻字 358）。

请读者根据本书第 1 部分介绍的元件知识点、研究方法，掌握刚才所归纳的元件的作用，在此不再赘述。

最后，剩下的还没有考虑到是所有元件中体积最大、最显著的变压器和带有铝制散热片的开关管。

我们先观察开关管，这是一个 TO-220 封装的三引脚管子。其表面刻字为 K2544，经测量发现它是一个 N 沟道的场管（3842 架构的充电器中的开关管，几乎全部是 TO-220 封装 N 沟道的场管）。经查，这是一个日本东芝生产的 6A/600V 的管子。

我们再观察变压器（其电感线圈的判断及拆解过程请参考第 1 部分中的内容，此处不再赘述）。通过测量发现：其 1、3 脚之间为一个电感线圈，2、4 脚之间为一个电感线圈，7、8 脚之间为一个电感线圈，9、10 脚之间为一个电感线圈。5、6、11 脚为空脚，可在焊接后令变压器更牢固地固定在电路板上。笔者将在后续内容中具体介绍这 4 个线圈的具体作用，并对其命名。

6.2　手工测绘制作 48V-A 型电动车充电器的电路图

接下来，我们将根据实物，采用边跑线、边拆卸、边测量、边绘制的方法，手工测绘制出 48V-A 型电动车充电器的电路图。尽管这项工作的步骤较多、内容较烦琐，需要耗费相当长的时间，但笔者仍然强烈建议读者完成此项工作（电动车充电器的复杂程度适中）。这个过程，既是一个真正的理论与实践相结合的学习过程，也是一个用最小的工作量获得最大收获的学习过程。

我们依次拆卸电容、二极管、芯片、电阻，观察其表面标识的参数以及电路板上的丝印，一一记录，如表 6-3 所示。

表 6-3　记录 1

序号	笔者定义	元件表面标识	序号	笔者定义	元件表面标识
1	C5-1	63V/470μF	10	C6-5	103J
2	C5-2	50V/0.47μF	11	C6-6	103J
3	C5-3	50V/47μF	12	C3-1	221k/2kV
4	C5-4	450V/68μF	13	C3-2	102k/2kV
5	C5-5	50V/47μF	14	C3-3	103M/1kV
6	C6-1	103J	15	D2-1	HER504
7	C6-2	102J	16	D2-2	1N5408
8	C6-3	332J	17	D3-1	4148
9	C6-4	332J	18	D3-2	5V

续表

序号	笔 者 定 义	元件表面标识	序号	笔 者 定 义	元件表面标识
19	D3-3	4148	27	R2-1	绿色/3WR1J
20	D-1	FR207	28	R2-2	绿蓝黑金（56）
21	D-2	FR207	29	R2-3	蓝灰银金（0.68）
22	D-3	FR207	30	R2-4	黄紫橙金（47k）
23	D4-1	FR207	31	R2-5	棕绿黄金（150k）
24	D4-2	FR207	32	R2-6	棕黑棕金（100）
25	D4-3	FR207	33	R1/2-1	棕黑橙金（10k）
26	D4-4	FR207	34	R1/2-2	棕黑橙金（10k）

最后，我们拆卸剩余的 25 个 1/4W 的电阻，观察其表面标识的参数以及电路板上的丝印，一一记录，如表 6-4 所示。

表 6-4　记录 2

序号	电路板丝印	色　环	实测阻值	序号	电路板丝印	色　环	实测阻值
1	R7	棕黑黑红棕	10kΩ	14	R18	棕绿黑橙棕	155.20kΩ
2	R8	棕黑黑红棕	10kΩ	15	R17	黄橙黑红棕	43.21kΩ
3	R10	绿蓝黑黑棕	560Ω	16	R19	灰红黑红棕	82.36kΩ
4	R9	红红黑棕棕	2.18kΩ	17	R20	橙白黑棕棕	3.9kΩ
5	R6	棕绿黑金棕	16.04Ω	18	R21	棕黑黑红棕	10kΩ
6	R5	棕黑黑红棕	10kΩ	19	R22	棕黑黑棕棕	1kΩ
7	R4	棕绿黑金棕	15.95Ω	20	R27	红红黑红棕	22kΩ
8	R16	黄橙黑红棕	43kΩ	21	R26	橙白黑棕棕	3.9kΩ
9	R15	蓝灰黑棕棕	6.75kΩ	22	R25	灰红黑棕棕	8.27kΩ
10	R14	红红黑棕棕	2.18kΩ	23	R24	棕黑黑棕棕	0.99kΩ
11	R13	棕绿黑橙棕	150.27kΩ	24	R23	橙白黑棕棕	3.8kΩ
12	R12	红紫黑棕棕	2.69kΩ	25	R23 右侧	橙橙黑棕棕	3.27kΩ
13	R11	红紫黑棕棕	2.68kΩ				

如图 6-4 所示为拆卸的除开关管和变压器之外的所有元件。

如图 6-5（清晰大图见资料包第 6 章/图 6-5）所示为将所有元件拆卸后得到的电路板的正面。请读者注意电路板上印制的丝印，在绘制电路图时，笔者将优先使用厂家对元件的编号，只有当厂家没有定义丝印时，才会自定义元件编号，并在图中进行标注。

最后，我们可在已经完成的工作的基础上，利用绘图软件绘制出这个电动车充电器实物所对应的电路图。当然，绘制得到的电路图是真实可信的，因为它是对实物的照抄。

笔者强烈建议读者任意选取一个以直插式元件为主的充电器，按照本书介绍的过程，根据实物独立完成一次手工绘制电路图的任务。

如图 6-6（清晰大图见资料包第 6 章/图 6-6）所示为 48V-A 型电动车充电器电路图。

LED1 是一个 3 引脚的共阴极双发光二极管，在充电器接入市电后，如果为空载则其中的绿灯亮，如果接有电池（在充电中）则其中的红灯亮。某些充电器还额外增加了一个红色发光二极管（LED2），在充电器接入市电（相当于电源接入指示灯）及充电过程中常亮（相当于充电器已经工作的指示灯）。

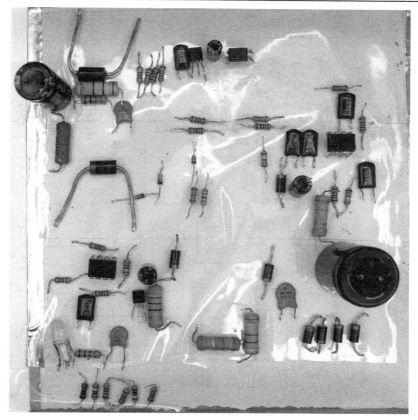

图 6-4　拆下的元件

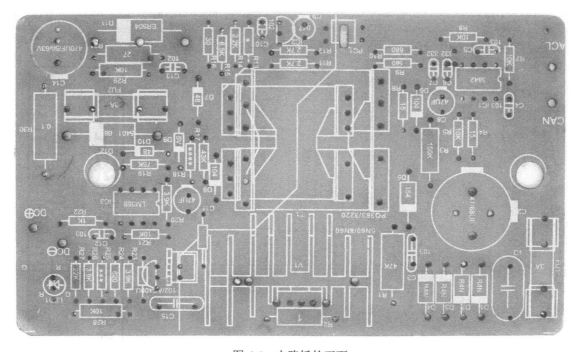

图 6-5　电路板的正面

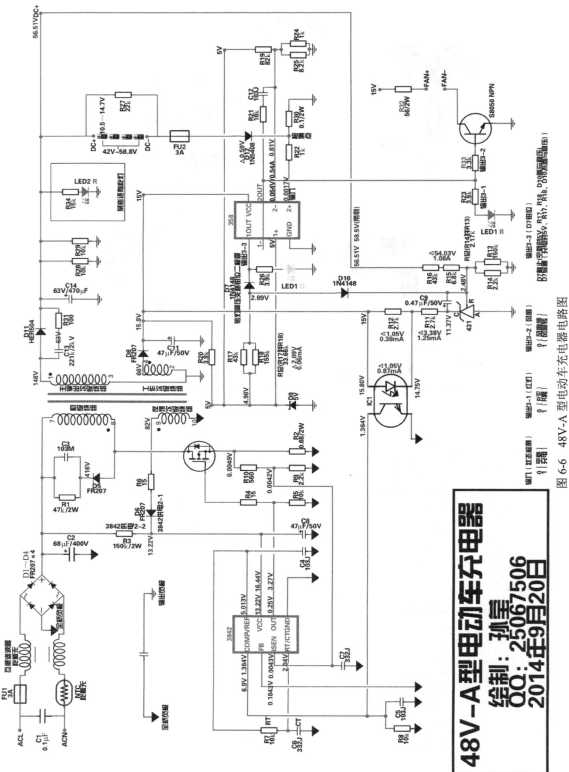

图 6-6　48V-A 型电动车充电器电路图

6.3　48V-A 型电动车充电器的工作原理

在本节中，笔者将详细地分析 48V-A 型电动车充电器的电路图，按照元件的功能对电路进行分类、介绍特定电路的具体工作原理。至关重要的是，笔者将从开关电源本质原理的角度出发，深入剖析开关电源中"开关"二字的含义。

在开始介绍电路之前，我们还是首先从充电的常识出发，去推测任意充电器应该具有的功能，做一些感性认识的铺垫。

相信大家对手机电池都不会陌生，请读者任意取一块手机电池，观察其表面标注的参数。一般来说，手机电池会标注其额定输出电压（3.7V）及容量（若干毫安时）。更重要的是，它还会标注一个"充电限制电压"（4.2V，这是由电池本身的化学材质决定的）。

无论是对于已经大量普及的铅酸免维护蓄电池，还是正在普及的锂电池，刚才介绍的"额定输出电压""额定容量""充电限制电压"的概念同样是适用的。在充电时，如果充电器输出的实际充电电压大于电池标注的"充电限制电压"，就会造成电池本身的物理损坏。换句话说，对任意为电池充电的充电器而言，它一定是对应着一个最大输出电压的。

接下来，我们考虑充电电流的问题。

既然任何电池都只能在一个低于"充电限制电压"的电压下充电，那么电池如果恰恰就在这个"充电限制电压"下进行充电，则一定也对应着一个"最大充电电流"，这是显而易见的。那么，在充电器内部，是否需要在硬件电路上根据期望的"最大充电电流"做出某种对应的设计呢？换句话说，就是在硬件制造阶段，就已经确定了充电器允许输出的"最大充电电流"（也就是充电器的"最大输出电流"）。答案是肯定的，这不仅是一种可以避免引起不必要麻烦的严谨态度，也实际地决定着充电器的输出功率及型号。

最后，我们来介绍电池的 3 种充电模式（请读者参考百度文库中新日股份工程技术中心编制的教材 http://wenku.baidu.com/view/b34f5230b90d6c85ec3ac65a.html），并根据这 3 种模式的特点，对我们所遇到的实际充电器进行分类（如本书所介绍的 48V-A 型电动车充电器等）。

模式一：恒定电压充电模式

在充电时，加于电池正负极之间的充电电压将被充电电源维持在一个恒定的值，即由充电电源提供的充电电压在全部充电时间内保持恒定。

可以想象，在这种模式下，充电开始时刻，其充电电流会是一个较大的数值（这是因为亏电的电池的电动势比较低）。伴随着充电的进行，电池的电动势会逐渐升高，而充电电压则是保持恒定的，这就意味着充电电流会逐渐减小。

既然充电电压被充电电源维持在一个恒定的值，那么此时的充电电源实际上就是一个"直流稳压电源"。

恒定电压充电模式的充电曲线如图 6-7 所示。

在充电的开始时刻，电池电动势（A 点）最低（A 点实际上是就是"电池欠压值"），此时充电电流（C 点）最大。随着充电的进行，电池电动势因为电能的补充而不断提高，直到电池电动势达到 B 点之后进入浮充状态。B 点

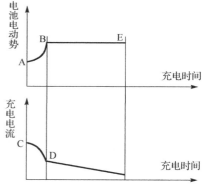

图 6-7　恒定电压充电模式的充电曲线

同时也是充电器输出的恒定电压，在浮充过程中也是保持恒定的。可见，浮充（涓流充电）也是一种恒定电压充电模式（只不过充电电流较小）。

模式二：恒流—恒压—降（恒）压浮充充电模式

顾名思义，此充电模式分为 3 个阶段。

（1）恒流阶段。在这个阶段，充电器将输出恒定的充电电流对电池充电。

常识告诉我们，随着充电的进行，电池的电动势是逐渐增大的，如果要保持充电电流的恒定，充电器势必也要输出逐渐增大的充电电压。因为只有这样，才能克服电池电动势的增量，维持恒定的充电电流。

但是，充电器输出的充电电压是不可能一直增大下去的，它有一个由电池本身所决定的"充电限制电压"的最大可能值。一旦充电器的实际输出电压增大到与电池的"充电限制电压"的数值相等时，充电就进行到了恒流阶段的终点。

（2）恒压阶段。在这个阶段，充电器将输出与电池所能承受的"充电限制电压"数值相等的恒定充电电压对电池进行恒压充电。

在这个过程中，电池的电动势仍然会继续增大。而此时充电器的输出电压被稳压在"充电限制电压"的数值上，因此，充电电流会逐渐减小，直到减小到几百毫安的转灯电流。

转灯电流是由充电器硬件决定的一个电流数值。在恒压充电阶段的终点，标志着充电进行的红灯熄灭，绿灯亮起。"转灯"并不是整个充电过程的终点。"转灯"只是恒压阶段的终点，同时也是降（恒）压浮充阶段的起点。

可以通过观察充电器的硬件参数计算出转灯电流的理论值。

（3）降（恒）压浮充阶段。

模式三：脉冲式充电模式

此种充电器基本为厂商内部开发所用，投放市场很少，本书不再介绍。

6.3.1　整流滤波电路

C1、FU1、NTC、互感线圈、全桥、C2 构成整流滤波电路。

C1（实物中有焊盘但未装件）常为一个方形的塑料封装的高频滤波电容，它跨接在火线 L 和零线 N 之间，起到滤除两线之间干扰（差模干扰）的作用。

FU1 为输入（电流）熔断器。实物图中并没有使用玻璃封装的熔丝，而是使用板侧布线（特定宽度的布线）来实现的，其目的是降低成本。

NTC 是负温度系数的电阻，常温下其阻值约为 5Ω，随着充电的开始，充电器的温度会升高，其阻值会降低。它可以限制充电器接入市电时通过整流电路的浪涌电流的大小，降低浪涌的峰值，是保护元件。如果具有 NTC，当 FU1 断路时，FU1 通常是熔断；如果为了节省成本而去掉 NTC，当 FU1 断路时，FU1 通常是炸裂。

互感线圈（实物中无）只在质量较好的充电器中可见，它具有双向滤波的作用。

全桥与 C2 构成了全波整流电路，C2 的正极为直流 310V。

6.3.2　高压侧主回路（他励回路）

直流 310V 从变压器的 7 脚加至变压器的初级绕组，当开关管导通时，励磁电流从 8 脚流出，流经开关管的 D、S，经检流电阻 R2 后到全桥负极。

R1、C3、D5 构成尖峰吸收回路，这是开关电源必不可少的附属电路之一。用万用表直流电压挡测量 D5 负极的电压，实测为 416V，这是一个远大于 310V 的电压。在开关管关断时，会由于电磁感应现象在 7、8 初级绕组上产生一个 8 正、7 负的感应电动势。该感应电动势会与 310V 叠加在一起，加至开关管的 D。这是件很不幸的事情，因为如果不经处理，这个叠加在一起的电压就会远远超过开关管在截止时其 DS 间可承受的最大电压（电动车开关管 DS 间耐压一般为 600V）。换句话说，如果没有尖峰吸收回路，开关管 DS 间必定会被击穿。因此，如果在实践中发现开关管 DS 间击穿时，则有必要检查 D5、R1 是否开路，C3 是否已失去标称电容量。

3842 为双路供电。第一路经启动电阻 R3 从 310V 直接获得。不难计算出 R3 可以为 3842 提供不小于 2mA（远大于 3842 启动所需的最小 0.45mA）的启动电流。第二路由 9 脚、10 脚之间的反馈绕组提供。R6 为限流电阻，D6 为反馈供电整流管，电解电容 C8 起储能、滤波、整流的作用。如果 C8 的容量不够，则会造成起振困难，有时会伴有啸声。

3842 在启动后，首先产生 5V 参考电压 REF（8 脚），供芯片内部使用。4 脚 RT/CT 同时经定时电阻 R7（10kΩ）上拉到 REF、经 C6（332J）下拉到全桥负极，设定他励的开关频率。用示波器测量 4 脚 RT/CT 的波形，会发现它是一个频率为 50kHz 左右的锯齿波，笔者还利用某 3842 官方数据表中的"振荡频率与 RT、CT 之间的关系表"核对了 R7、C6 的参数，发现是相符合的。

同时，通过对"振荡频率与 RT、CT 之间的关系表"的观察，不难得出以下结论：较小的 RT 和较大 CT 会对应较大的振荡频率。

3842 开始按照 4 脚设定的振荡频率工作，从 6 脚输出他励驱动方波。R5 是个对地偏置电阻，它有助于 6 脚在输出他励方波时滤除部分开关杂波，使其波形趋于完美。R4 是一个驱动限流电阻。

至此，变压器初级绕组中产生逐渐增大的励磁电流。同时，3842 的 1 脚 COMP 开始对 C5 充电，COMP 的电压逐渐升高。COMP 上不断升高的电压（指波形）标志着 3842 正在输出他励方波的高电平时段和低电平时段（占空比由稳压电路及空载负载决定），换句话说，只有在 COMP 上测到高电平（用万用表直流电压挡空载实测为 1.3V 左右），才证明 3842 已经正常工作。COMP 实际上是芯片的一个模拟输出脚。COMP 同时也是一种积分输出：COMP 的电压越高，他励方波的占空比越大；COMP 的电压越低，他励方波的占空比越小。

接下来就涉及 3842 他励方波高电平时段和低电平时段的比例关系（占空比）了。

我们都知道，在他励方波的高电平时段，开关管是导通的。高电平时段的时长与方波的周期的比值，就是开关电源的占空比。根据前面的分析，我们发现 3842 是一种只要满足供电，就会输出他励方波高电平的一种 PWM 芯片（这与 494 是不同的）。那么，芯片究竟是如何调整占空比呢？换句话说，芯片是如何确定他励方波中高电平时段与低电平时段的比例关系呢？

这是通过控制 COMP（FB）或 ISEN（I Sense 或 Current Sense）的开关来实现的。事实上，无论是 COMP（FB）或 ISEN，都是 3842 的占空比调节脚，它们都是一种"开关脚"。

开关电源要输出目标电压，就必须存在一个稳压过程。而稳压的本质是对他励方波占空比的调整。因此，对于事实上的 PWM 芯片（如 TL494、384X 等）而言，其芯片中的某个或若干个脚就必然具有物理意义上的（同时也是逻辑意义上的）"开关脚"的作用。

　　我们可以假设具体芯片的某个"开关脚"或若干个"开关脚"处于逻辑状态的 1 时，PWM 芯片会输出他励方波的高电平，而当这个"开关脚"或若干个"开关脚"处于逻辑状态的 0 时，PWM 芯片则输出他励方波的低电平。这样，我们不就可以通过控制这个脚或若干个脚的逻辑状态，来动态地调节占空比了吗？这就是 3842 内部的误差比较器的输出端和触发器的输入端的真实工作状态。这也是 ISEN 的真实工作状态：当 ISEN 为逻辑状态的 1（大于 1V）时，3842 关闭他励方波中高电平时段的输出（处于保护状态）；当 ISEN 为逻辑状态的 0（小于 1V）时，ISEN 什么也不做，处于待命状态。

　　COMP（FB）的真实工作状态与我们假设的工作在逻辑状态 1、0 下的"开关脚"略有不同。COMP（FB）是一种积分输出（输入）。在正常、稳定工作的 3842 的 COMP（FB）上测到的是一个稳定的直流电压。因此，COMP（FB）本身是谈不上 1、0 的开关状态的（它们是模拟量，不是数字量）。但是，COMP（FB）上稳定的直流电压却是芯片内部的误差放大器的输出在 1、0 开关状态间变化的原因。正是借助于误差放大器，COMP（FB）这两个模拟量与他励方波占空比的数字量之间建立起确定的逻辑关系。

　　对于 48V-A 型中的 COMP 而言，其稳定的直流电压经内部误差放大器后，与他励方波的占空比建立起确定的对应关系（COMP 越小，占空比越小；COMP 越大，占空比越大）。当 COMP 被光耦拉低到地时，占空比为 0。

　　对于 48V-A 型中的 ISEN 而言，其逻辑状态为 0 时对应其通过 R2、R10、R9 取得的分压超过了 ISEN 的门限电压（典型值为 1V），3842 会将原本输出他励方波的高电平时段也转而输出低电平，占空比为 0。

6.3.3　低压侧稳压电路

　　稳压电路起到稳定输出电压的作用。对于具体电源而言，稳压电路会将输出电压稳定到一个怎样的具体电压值呢？不难想象，肯定是稳压到期望输出的电压值。那么，对于 48V-A 型电动车充电器而言，我们期望它的输出电压是多少呢？我们先从电池的角度估算一下，对于标称 12V 的单块免维护铅酸蓄电池而言，其欠压点为 10.5V，满电点为 14.7V。因此，其期望的输出电压只能不大于 14.7×4V，即 58.8V。

　　在 6.3.2 节中，我们已经明确了 3842 的 COMP 和 ISEN 与稳压有关。下面先分析一下与这两脚有关的稳压电路。

　　ISEN 的外部电路比较简单。只有当励磁电流过流时，这路保护性的稳压才会起作用。常识告诉我们，励磁电流过流不应该是一件经常发生的常态事件。换句话说，这不是 3842 在正常工作时的正常稳压机制，而是在特殊情况（励磁电流过流）下的保护稳压机制。

　　我们重点分析 COMP 的外围稳压电路。

　　COMP 外接积分电阻 R8 和积分电容 C5、光耦光三极管的集电极。光耦的光二极管外接有阻容及 431 构成的取样及反馈电路。

　　我们先看一下光二极管的工作供电。光二极管的正极外接变压器工作绕组输出的"15V"供电。光二极管的负极经 R11 后接至 431 的阴极 C。R12 跨接在光二极管的正负极之间。R12 实际上是一个偏置电阻，可以对流经光二极管的电流进行分流，提高光二极管在长期工作时的稳定性。经实测及计算，在空载时，流过光二极管的电流约为 0.87mA。

　　我们再看一下 431 的参考极 R 的外围电路。

431 的参考极 R 首先直通由 R16、R15、R14、R13 构成的"双串双并四电阻取样结构"。从理论上说，它完全可以用一个阻值与 R16、R15 串联后阻值相等的电阻来取代 R16、R15，同理，也完全可以用一个阻值与 R14、R13 并联后阻值相等的电阻来取代 R14、R13。可见，这样的实物设计显然不是出于电路功能的考虑。这种设计提高了电路的可调试性，直通 D10 的负极。D10 的正极来自 5V 及 R17、R18。

431 的参考极 R 与阴极 C 之间还跨接了一个电解电容（有时还会串联一个电阻），其作用不明，据说可以消除某种振荡干扰，提高 431 的稳定性。

从 431 的参考极 R 的外围电路不难发现，对于此 48V-A 型充电器而言，除始终通过"双串双并四电阻取样结构"对 DC+取样稳压之外，还有另一个影响其稳压的因素。对于前者的稳压需求而言，读者很容易理解。这是因为 DC+是我们的期望输出，它是毋庸置疑的稳压取样点，但是 D10 这一路呢？

我们先分析 D10 这一路发生作用的时间。在空载时，358 的 1 脚输出高电平，D7 的负极高达"15V"，D7 处于截止状态。只有此时，5V 才会经并联的 R17、R18、导通的 D10 后作用于 431 的参考级 R，并经并联的 R14、R13 到地形成回路，从而参与 431 的稳压过程。而在充电开始后，358 的 1 脚输出低电平，这会将 D7、D10 的正极钳位到低电平（实测为 0.58V），D10 实际上是截止的。

我们再分析后者的取样点。后者的取样点是经 D9（5V 的齐纳二极管）稳压后得到的 5V。这是一个在充电器接入市电后始终恒定的，与充电开始与否无关的工作电压。5V 供电与 DC+有着本质的区别：前者是不变的，后者是受负载影响的。换句话说，就算是 5V 经 R17、R18、D10 对 431 的稳压确实产生了影响（空载时），也不能认为是通常意义上的根据负载的耗电而动态稳压的过程。这路稳压，实际上是只能在空载时对 DC+的实际输出电压做出某种小程度的调节。笔者将这个在空载时对 DC+具有实际小程度调压功能的电路命名为"转灯降压支路"，将 D7 命名为"转灯降压支路钳位二极管"。

读者从笔者的命名可能已经猜出了这个电路的实际效果与意义。

我们可以通过理论计算或实测这两种方法来明确"转灯降压支路"在空载及带载时对 DC+的实际影响。考虑到理论计算有点复杂，读者最好通过实测来明确这个问题。笔者在空载时实测 DC+的输出电压，为 56.51V，在接入电池后，DC+的输出电压为 58.5V 左右。可见，"转灯降压支路"实际上降低了空载时 DC+的输出电压。

"转灯降压支路"是为了满足电池降压浮充的需要而设计的输出电压微调电路。换句话说，浮充电压要低于正常充电电压。

更深入地分析，"转灯降压支路"还兼具在空载及充电过程中对工作绕组的输出进行过压检测：一旦工作绕组的输出过高，并且 D9 失去稳压能力、D7 失去钳位能力，这路稳压就会取代"双串双并四电阻取样结构"对 DC+的取样稳压，最大限度地将 DC+的输出控制在不物理损坏电池的程度。可见，它次要地起着工作绕组输出过压保护的功能。

6.3.4　低压侧整流电路

这部分比较简单，主要是整流二极管 D11、输出滤波电容 C14、空载电阻 R28、R29。

我们深化对整流二极管的认识。经查数据表，HER504 是一个 5A/300V/50ns 的整流二极管。我们计算它的开关频率，为 20 000kHz，远大于 3842 的 50kHz，是完全可以胜任的。正常充电时，即使加有散热片，其温度也可达 50℃ 以上。因此，对于热控制不好的兼容充电器而言，强制风冷几乎是必需的。

我们在此额外介绍一下 D12。此二极管与 D11 一起，将充电电流的方向限制为从主输出次级绕组的 1 脚流出，流经 D11、电池正极、电池负极、D12、R30，最终流回主输出次级绕组的 3 脚。

有资料说 D12 在电池极性接反时具有保护作用。实测（反接时 FU2 熔断）及理论分析均不支持这种说法。D12 实际上起到在 DC+ 小于电池电动势时防止电池作为电源产生的电流流入主输出次级绕组的作用。其原理及发生的具体情况笔者不再赘述。

6.3.5　状态检测及控制电路

通过观察电动车充电器，即使毫无电路知识的普通用户也不难发现：充电器是通过状态指示灯来显示其当前状态的。电动车充电器通常具有一个共阴极双发光二极管（一个发红光、一个发绿光），有的还有一个发红光的发光二极管。

我们先不考虑发光二极管的具体发光情况与充电器状态之间的具体关系，而是从电路功能的角度，对充电器的可能状态进行合理推测。对于充电器而言，其所谓的状态只可能有以下几种：充电器是否接入市电；电池是否被接入充电器；电池是否正在充电中；电池的充电过程是否已经完成。

我们再回顾实际使用充电器给电动车充电时其状态指示灯的发光情况。常识告诉我们，对于具有 3 个发光二极管的充电器（三灯充电器）而言，在接入市电后，有一个红灯亮（之后常亮），同时还有一个绿灯亮；接入电池后，原本为发绿光的二极管会转为发红光（正在充电中）；随着充电的进行，之前发红光的二极管又会再次发出绿光（浮充或充电完成）。

在 48V-A 型充电器的电路图中，LED2 R 就是那个从充电器接入市电直到充电完成一直发红光的发光二极管。其限流电阻 R34 直接从 DC+ 获电。既然在充电器接入市电后，该红灯即常亮，说明此灯亮可以代表"充电器已经接入市电"。从电路分析来看，它本质上用于指示DC+ 是否产生。LED2 R 发出的红光，表明 DC+ 已经正常产生。

事实证明，即使在空载状态，电动车充电器也已经完成开关电源振荡过程的建立，输出了 DC+。

在充电器插入市电，而未接入电池时，共阴极双发光二极管中的绿灯亮；接入电池后，共阴极双发光二极管中的绿灯灭红灯亮。上述事实则说明共阴极双发光二极管具有指示电池是否被接入充电器的功能。当充电完成后，共阴极双发光二极管中的绿灯亮红灯灭，这又说明共阴极双发光二极管具有指示充电是否完成的功能（同时也兼有指示是否在充电中的功能）。

那么，究竟是电路板上的哪些元件在监控着充电器的状态，并控制相应指示灯的亮灭状态呢？

接下来，我们分析 48V-A 型充电器的状态取样电路和用于逻辑判断的芯片运算放大器358。

358 的供电来自工作次级绕组输出的 15V（空载实测 15.8V）。其 1+ 外接 D9 稳压得到的5V。2− 外接 R19、R25、R24 的分压电路（从 5V 分压）。在本书关于运算放大器的介绍中，已经明确地提出用"门"的概念来理解运算放大器。显然，358 的第一路运算放大器相当于一个从 1− 到 1OUT 的非门，而 358 的第二路运算放大器相当于一个从 2+ 到 2OUT 的跟随门。而

1–与 2OUT 是直通的，综合来看，这个 358 运算放大器实际上是一个以 2+为输入、2OUT 为跟随门输出、1–为非门输出的门。

我们再分析这两个门的门限电压。经理论计算，空载时 2–的理论电压为 0.054V（实测为 0.061V）。也就是说，当 2+的电压小于 0.054V 时 2OUT 输出低电平；当 2+的电压大于 0.054V 时 2OUT 输出高电平。当 2OUT 输出低电平时，1–电平接近输出负极，小于 1+的 5V，1OUT 输出高电平（接近 358 的供电）；当 2OUT 输出高电平时，1–电平接近 358 供电，大于 1+的 5V，1OUT 输出低电平（接近 358 的 GND，也就是输出负极）。

接下来分析电池插入前后，358 的 2+输入脚的电压变化过程。

当 DC+产生以后，在未接入电池时，经 R27、FU2、D12、R30 到输出负极。R27 是一个空载电阻。对于充电器而言，电池才是真正的负载，但是空载电阻是实际可用的电源的必要组成，它虽然增加了能耗，却是整个回路得以构建并正常运行的必要条件。

我们计算一下 R27 作为负载时流过 R30 的电流：约 2mA。这个电流意味着 R30 两端的压差约为 0.002V（实测 0.0017V），经 R22 送至 2+。小于 2–的 0.054V 的理论门限电压，2OUT 输出低电平。低电平的 2OUT 经 R33 加至 S8050 的基极 B，令 S8050 截止，风扇不转；另一路经 R23 加至 LED1 R 的正极，令其截止（实际上就是不发光）。与此同时，低电平的 1–小于 1+，1OUT 输出高电平。高电平的 1OUT 经 R26 加至 LED1 G 的正极，令其发出绿光；另一路加至 D7 的负极，令 D7 截止（请读者参考"低压侧稳压电路"中的内容）。

当接入电池后，因为欠压电池所表现出的阻值远小于 R27 的阻值，所以在后续分析中 R27 可忽略。笔者使用了一组 12V 7A·h 电池（已用 48V 灯泡放电至欠压点 42V），实测其开始时段的充电电流，为 1.6A，如图 6-8 所示。

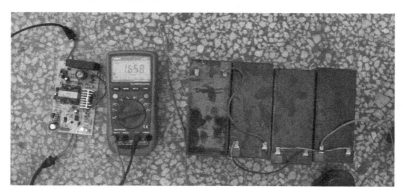

图 6-8　实测开始时段充电电流

这个电流意味着 R30 两端的压差约为 0.16V（请读者独立实测）。此电压经 R22 送至 2+（大于 0.054V 的门限电压）会令门的状态翻转。2OUT 开始输出高电平，一路经 R23 令 LED1 R 发光，一路经 R33 令 S8050 导通驱动风扇。与此同时，1OUT 输出低电平，首先将 D7 的正极钳位到低电平（实际上是将 R17、R18、D10 暂时隔离起来），其次经 R26 令 LED1 G 截止（绿灯灭）。

随着充电过程的进行，通过实测不难发现，充电电流会不断减小。直到减小到 0.54A 的理论值时，门的状态又将翻转，这直接导致了 LED1 R 灭、LED1 G 再次亮（这个过程称为"转灯"）。可见，我们可以通过理论计算及实测，明确 48V-A 型充电器的转灯电流。

转灯发生的时刻并不是充电过程的结束时刻。转灯是浮充阶段的开始，直到切断市电为止。如果长时间不切断市电，会对电池造成不可逆转的物理损坏。

请读者同时使用两块万用表，一块监控 DC+，一块监控充电电流，完整地观察一遍从充电开始到转灯的充电过程，如图 6-9 所示。

图 6-9　完整观察从充电开始到转灯的充电过程

6.3.6　总结

在上面几节中，笔者详细地介绍了 48V-A 型电动车充电器的元件、电路图的绘制。结合实测数据对电路进行了比较详细、彻底的分析。接下来，我们判断 48V-A 型电动车充电器究竟是恒定电压充电模式的充电器，还是恒流—恒压—降（恒）压浮充充电模式的三段式充电器呢？

从对具体电路的详细分析出发，在 48V-A 型电动车充电器的电路中未见恒流电路，只发现有以 55V 主输出为稳压取样点的稳压电路和以 5V 为稳压取样点的"浮充降压支路"稳压电路；从对充电电流、充电电压实测数据的角度出发，也未观察到显著的恒流、恒压、降（恒）压浮充电流及电压。笔者判断，此 48V-A 型电动车充电器不是恒流—恒压—降（恒）压浮充充电模式的充电器，而是一款恒定电压充电模式的充电器。

在 48V-A 型电动车充电器中，作为 PWM 的 3842 和作为运算放大器的 358 是整个电路的核心。对于市场上其他的充电器而言，其区别主要是在运算放大器的选型与具体用途上。接下来，我们将重点分析其他具体充电器与 48V-A 型在运算放大器选型与具体用途上的区别，从本质区别上进行横向推广，方便读者将学到的知识迁移到其他具体充电器的维修中。

6.4　两种 48V-A 型电动车充电器改进型号

6.4.1　具有充电电流过流保护功能的 48V-A 型充电器

如图 6-10（清晰大图见资料包第 6 章/图 6-10）所示，一种具有充电电流过流保护功能的充电器，笔者将其命名为 48V-A（过流保护）型充电器。

48V-A 型（过流保护）型

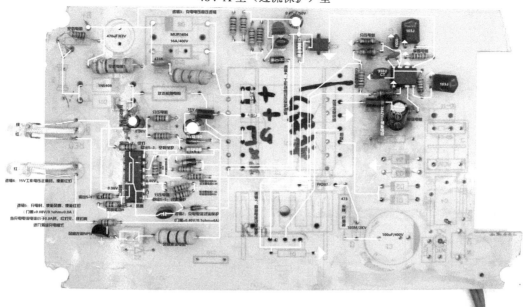

图 6-10　48V-A（过流保护）型充电器

此充电器与 48V-A 型的最大不同之处在于它使用了一个四路运算放大器 324。

其第三路运算放大器实际未使用。其第四路运算放大器与 48V-A 中 358 的第二路运算放大器等价。其第二路运算放大器与 48V-A 中 358 的第一路运算放大器等价。其第一路运算放大器的 1+外接稳压电路（从 5V 分压），经观察分压电阻的阻值（见实物图及电路图中的标注）并计算后，得知其理论门限电压为 0.40V，其 1−同样接收充电电流在检流电阻（0.1Ω）上产生的压降。可见，这是一个门限电压为 0.4V 的、从 1−到 1OUT 的跟随门。1OUT 外接一个 1N4148 的负极，1N4148 直通光耦光二极管的负极。当实际充电电流小于 4A 时，1−上的电压小于 0.4V，1OUT 输出高电平，1N4148 截止，光耦光二极管不受运算放大器的影响；当实际充电电流大于 4A 时，1−上的电压大于 0.4V，1OUT 输出低电平，1N4148 的负极相当于接地，1N4148 的正极会将光耦光二极管的负极钳位到地，令光耦光二极管最大限度地导通，实际上起到了绕过 431 而强制关断他励脉冲的作用。这是一种保护性的强制稳压机制。

其电路图如图 6-11（清晰大图见资料包第 6 章/图 6-11）所示（请读者特别注意，本图是在 48V-A 电路图的基础上绘制的，笔者没有采用实物电路板上的编号）。

6.4.2　另一种有充电电流过流保护功能的 48V-A 型充电器

我们再分析一种具有充电电流过流保护的充电器，如图 6-12（清晰大图见资料包第 6 章/图 6-12）所示。

它实际上是一种 36V 的充电器，但其电路与 48V-A（过流保护）型基本相同。它的做工相对精良，显然是一款品牌原装充电器。

我们主要分析该充电器使用的四路运算放大器 324 的外围电路。

从工作次级绕组输出的+12V 直通运算放大器 324 的 VCC。+12V 经 R18（102 的 5V 供电电阻）限流，经 DF（5V 稳压管）稳压得到 5V 基准供电。

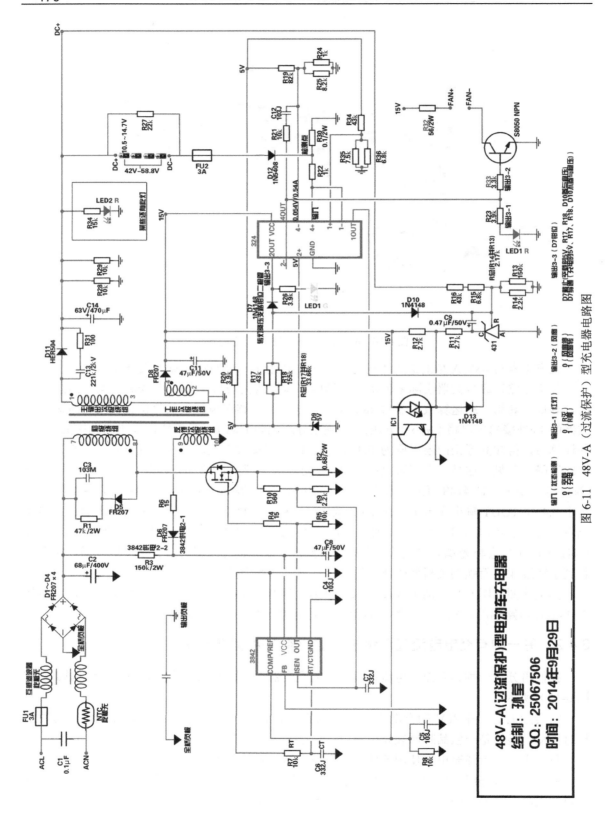

图 6-11 48V-A（过流保护）型充电器电路图

36V 电动车充电器
单管反激开关电源——UC3843 方案（实测电压为空载电压）

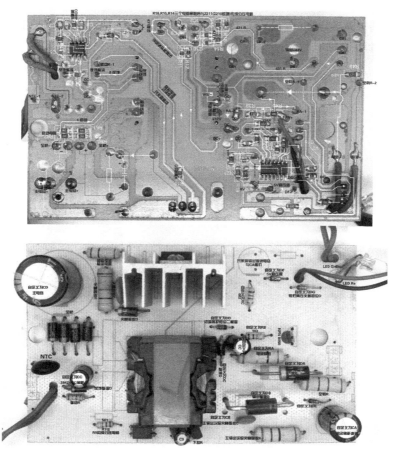

图 6-12 另一种有充电电流过流保护的充电器

5V 供电经 R19 隔离后送至第二路运算放大器的 2+，这说明第二路运算放大器是一个门限电压为 5V 的、从 2−到 2OUT 的非门。

另外两路运算放大器的门限设定分压电路较为复杂，如图 6-13 所示。

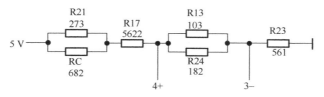

图 6-13 门限设定分压电路

第四路运算放大器相当于一个从 4−到 4OUT 的非门，第三路运算放大器相当于一个从 3+到 3OUT 的跟随门，其门限电压请读者根据标注独自计算。显然，第四路运算放大器用于充电电流过流后强制拉低光耦光二极管的负极。其他逻辑过程及电路动作笔者不再赘述。

6.5　48V-B 型电动车充电器

如图 6-14（清晰大图见资料包第 6 章/图 6-14）所示，这也是一款常见的 48V 电动车充电器的实物图，笔者将这种电动车充电器命名为 48V-B 型。

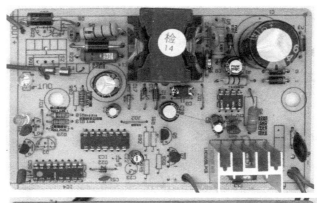

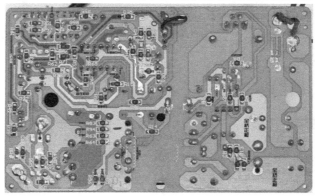

图 6-14　48V-B 型电动车充电器

我们首先来比较 48V-B 型与 48V-A 型充电器的区别。

通过观察，我们不难发现以下两个事实。

（1）从使用的元件种类上来看，两者是完全相同的：都是电阻、电容、二极管、光耦、三极管、运算放大器等通用元件。

（2）从使用的芯片型号上可以看出，两者的最大不同之处在于 48V-B 型电动车充电器多出了一个表面刻有 CD4060 的芯片，而 48V-A 型是没有这个芯片的。

CD4060 的出现，意味着 48V-B 型充电器"应该"是一种与 48V-A 型充电器有本质区别的电动车充电器。那么，两者的区别究竟是什么呢？换句话说，在 48V-B 型充电器中，CD4060 究竟起着什么作用呢？本书将在后面一一讲述这些内容。

6.5.1　48V-B 型充电器的电路图及其充电过程的实测

在前面的内容中，笔者已经详细地介绍了如何通过边跑线、边拆卸、边测量、边绘制的方法，手工测绘制作 48V-A 型电动车充电器的电路图。接下来，我们如法炮制，绘制 48V-B 型充电器的电路图，如图 6-15（清晰大图见资料包第 6 章/图 6-15）所示，具体过程不再赘述。

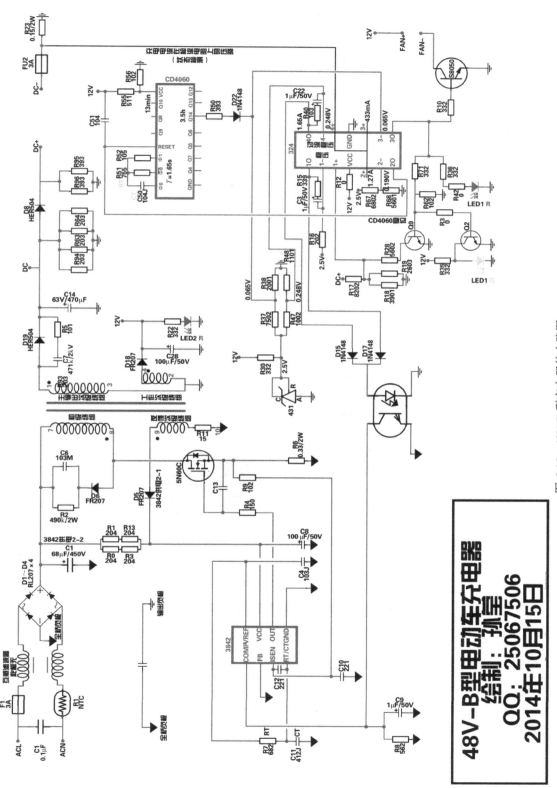

图 6-15　48V-B 型充电器的电路图

为方便读者比对，本电路图中元件的丝印均从实物照抄。

如表6-5所示，笔者使用此充电器给电池组（12V 7A·h×4）充电的实测数据。

表6-5 实测数据

时 刻	充电电流/A	充电器输出电压/V	时 刻	充电电流/A	充电器输出电压/V
8:33	1.689	52.80	9:31	1.040	57.98
8:36	1.689	54.82	9:40	0.858	57.98
8:42	1.670	54.87	9:46	0.750	57.98
8:49	1.689	55.26	9:50	0.690	58.00
8:57	1.671	55.82	9:55	0.615	57.98
9:00	1.689	56.12	10:00	0.575	58.02
9:07	1.689	57.08	10:05	0.525	58.03
9:11	1.689	57.80	10:10	0.490	58.30
9:15	1.689	57.88	10:13	0.463	58.52
9:20	1.380	57.98			

在10：13这个时刻，观察到转灯事件。笔者录制保存了转灯前后的视频，并通过该视频抓取了转灯瞬间的充电电流（转灯电流，463mA，理论值为433mA）及充电器输出电压，如图6-16所示。

图6-16 视频（见资料包第6章/视频6-15）

笔者强烈建议读者同时使用两块万用表（一块串联到回路中测量充电电流，一块并联到充电器的输出端或电池的正负极测量充电器的输出电压）实测一个真实具有三段充电能力的充电器的充电过程。

我们先分析48V-B型充电器在实际充电过程中的实测数据。

从8：33至9：15（历时42分钟），其充电电流始终维持在1.689A（浮动很小，不足千分之一）。与此同时，充电电压则从52.80V逐渐增大至57.88V。这显然是一个恒流充电。

从9：15至10：13（历时58分钟），在大部分时间段其充电电压始终维持在57.88V，在后期缓慢上升至 58V 左右，在转灯时观察到 58.52V（其电压的波动不到百分之一）。这显然是一个恒压过程。

转灯之后，首先观察到充电电压从 58V 跳跃式降低至 55V，然后充电电流从 0 逐渐增大至 250mA 左右（请读者参考"48V-B 转灯前后"的视频）。

接下来，充电进入降（恒）压浮充阶段。

通过无可辩驳的实测数据不难归纳出如下结论：被本书命名为 48V-B 型的这款电动车充电器，确实是一款货真价实的具有三段充电能力的充电器。

6.5.2　CD4060——时间继电器（计数器）

如图 6-17 所示为 CD4060 的引脚定义图。

Pin9、Pin10、Pin11：Φ0、$\overline{Φ0}$、Φ1。这 3 脚外接电阻或电容，用于设定芯片内部振荡器的振荡频率，如图 6-18 所示。

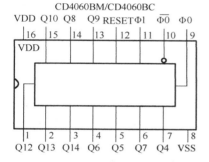

图 6-17　CD4060 的引脚定义图

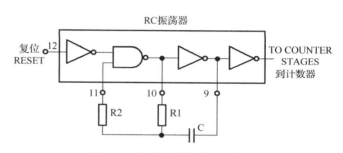

图 6-18　引脚外接电阻或电容

振荡器的振荡周期（T）由 R1 的阻值和 C 的容量按照公式 $T=2.2R_1C$ 计算（读者可参考任意厂家的官方数据表）。R2 的阻值与振荡器的稳定性有关，与振荡周期无显著关系。CD4060 还有第二种设定振荡器振荡周期的方法——外接晶振及谐振电容。显然，通过简单阻容设定芯片振荡周期的方式是成本最低的方式，缺点是其振荡精度略低。

Pin12：RESET。芯片的复位脚。

Pin16、Pin8：VDD、VSS。芯片的供电和地。

其他 Pin：分频输出脚。

我们首先抛开继电器的术语概念，通过介绍几种生活中常见的继电器的实际作用，从侧面认识一下继电器。

（1）用于过热保护的热继电器。

热继电器广泛存在于工业电动机及家用搅拌器（如绞肉机）中。在过高负荷的情况下，任何电动机中的绕组都会严重发热，一旦绕组温度超过了允许的最高温度，就有可能烧坏绕组。为了避免这种情况的发生，人们研发了一种热继电器。一旦热继电器检测到绕组温度过高，就会切断绕组的供电，造成电动机无法正常转动的表象（电动机并没有损坏）。而当电动机冷却后，热继电器又会接通绕组的供电，使电动机正常工作。

可见，电动机中的热继电器是一种可以对"过热事件"进行判断的物理（逻辑）开关：温度正常，保持开关打开；过热，保持开关关闭。

（2）用于梯度升温的时间继电器。

时间继电器也是一种广泛存在于工业设备及家用电器（如电饭煲）中的一种继电器。对于家里有电饭煲的读者对电饭煲的功能应该不会陌生，电饭煲一般都具有延迟煮饭、快煮、精煮等功能。

所谓的延迟煮饭，就是设定一个时间段（如一小时），当按下电饭煲面板上的"开始"按钮后，电饭煲并不是立刻开始加热内胆，而是在设定的一小时的时间段结束之后，才开始加热内胆，开启真正的煮饭过程。所谓的精煮、快煮也无非是控制煮饭时间的长短。

可见，电饭煲中的时间继电器是一种可以对"时间"进行判断的物理（逻辑）开关：在禁止工作的时间段内（时长是可设定的），保持开关关闭；在期望工作的时间段（时长也是可设定的，精煮长，快煮短）内，保持开关打开。反之亦然。

总之，时间继电器满足了人们在需要电路（在特定时间段内）工作时就工作，在不需要电路（在特定时间段内）工作时就不工作的需求。

不论时间继电器的内部结构如何，从它的这种可以根据时间而灵活控制开关打开/关闭的功能上，我们就能够推断出时间继电器内部一定有某种计时（计数）器。换句话说，时间继电器（如 CD4060）的内部，一定具有一个类似于"秒表"的装置。如果不是这样，时间继电器就不可能做到在设定的时刻打开或关闭开关。

对于 CD4060 而言，其 Pin9、Pin10、Pin11 内部就相当于一个"秒表"，官方称之为"振荡器"。当 3 脚的外接阻容确定之后，CD4060 内部集成的振荡器就会按照一个固定的频率开始振荡，笔者将这个固定的频率称为"基准振荡频率"。这个"基准振荡频率"是可以利用示波器测量 Pin9、Pin10、Pin11 这 3 脚中的任意一脚的波形而测得的。

接下来，我们先介绍 CD4060 的各路输出（Q4 至 Q14，无 Q11）与基准振荡频率的关系。

细心的读者可能已经通过查阅 CD4060 的有关资料接触到"分频器"的概念。"分频器"虽然科学而又形象地描述了 CD4060 的"基准振荡频率"与其各路输出之间的关系，但是对于不熟悉 CD4060 的普通读者而言，还是显得过于陌生。

有条件的读者可以用示波器实际测量 CD4060 的 Pin9（Φ0）、Pin7（Q4）、Pin5（Q5）的波形，如图 6-19 所示。

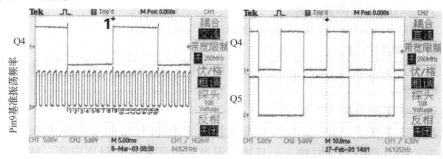

图 6-19　测量波形

我们首先观察 Pin9 上的波形（当前时基为 5ms），这是一个不太完美的方波波形。如果示波器的时基选得大一些，那么这个波形有时看起来甚至会像一个正弦波。我们再观察 Q4 的振荡频率与 Pin9 上的"基准振荡频率"的关系：在 Q4 的一个周期内，Pin9 经历了 16 个周期。如果换算成频率，则 Pin9 上的"基准振荡频率"就是 Q4 振荡频率的"2 的 4 次方"倍。换句话说，经过了 CD4060 对"基准振荡频率"的"分频"后，"基准振荡频率"在 4 分频的 Q4 实际应输出"基准振荡频率"/"2 的 4 次方"（设"基准振荡频率"为 f，则 Q4 的振荡频率为 $f/2^4$）的波形。

我们再观察 Q5 与 Q4 的振荡频率的关系。显而易见，在 Q5 的一个振荡周期中，Q4 经历了两个振荡周期。换句话说，Q4 的振荡频率是 Q5 的两倍（Q5 是 Q4 的二分频输出）。

经过简单计算，我们不难计算出 Q5 的振荡频率应是 $f/2^5$，各路输出与"基准振荡频率"的关系以此类推。Q14 的振荡频率为 $f/2^{14}$。

可见，对于 CD4060 分频器而言，它确实是一个以"基准振荡频率"为基准，以二进制按位分频的分频器（Q4 是 2^4 分频、Q5 是 2^5 分频、Q6 是 2^6 分频等）。

接下来，我们开始尝试如何利用 CD4060 模拟实现电饭煲延时一小时（3600s）后才开始加热的功能，其目的是将 CD4060 的抽象输出波形形象化为具体的电路功能，帮助读者更好地理解其分频器（计数器）的实际应用。

为了方便，我们选取一组合适的 C、R1、R2，令"基准频率"为 1Hz（周期为 1s）。然后尝试分析 CD4060 的哪个分频输出脚输出的波形最适合用于输出这个延时信号。

先看 Q4。当 CD4060 工作后，若"基准频率"为 1Hz，则 Q4 上输出的是周期为 1×2^4s（16s）的四分频方波。就算是 Q4 输出的这个四分频确实可以起到延时的作用，也只能最多延时 16s，这个时长显然远远小于我们需要的 3600s。同理，Q5 可最多延时 32s，Q6 可最多延时 64s，Q7 可最多延时 128s，Q8 可最多延时 256s，Q9 最多可延时 512s，Q10 可最多延时 1024s，Q12 可最多延时 4096s。无论是 Q10 的 1024s 或 Q12 的 4096s，看起来都不太适合我们的延时要求（1024s 过短，4096s 又过长）。

这个问题很容易解决，我们干脆重新选取一组合适的 C、R1、R2，令 CD4060 的"基准振荡频率"的振荡周期（T）符合分频后的延时需求即可。

例如，如果选择 Q11 作为延时一小时后的输出控制，按照上面仅从振荡周期考虑的角度，我们干脆令 CD4060 的"基准振荡频率"的振荡周期（T）与 Q11 的振荡周期（T_{11}）满足如下的关系：$T_{11} = T \times 2^{11} = 3600$。不难计算出 T 为 $3600/2^{11}$s（1.727s）

接下来，我们再分析 Q11 上的波形，并讨论如何具体地利用此方波波形作为我们的延时信号。

在本节前面的内容中，已经介绍了 Q11 上是一个方波：在 CD4060 开始工作后，Q11 也开始其自身的振荡，Q11 首先经历其自身振荡的低电平时段（时长为 3600s 的一半）然后经历其自身振荡的高电平时段（时长也为 3600s 的一半）。换句话说，当 CD4060 开始工作后，所有分频输出都首先经历低电平时段，然后再经历高电平时段。

我们将 Q11 的输出接至一个 NPN 三极管，分析这个 NPN 三极管在 Q11 控制下的导通与截止情况：当 CD4060 开始工作后，Q11 为恒定的低电平（方波的低电平时段，1800s），NPN 三极管导通；从 1801s 开始，Q11 为恒定的高电平（方波的高电平时段，1800s）；从 3601s 开始，Q11 又变为恒定的低电平，NPN 三极管截止（方波的低电平时段，1800s）；从 5401s 开始，Q11 又变为恒定的高电平，NPN 三极管导通（方波的高电平时段，1800s）。

笔者之所以先讨论 Q11 控制下的 NPN 三极管的导通，是因为 NPN 三极管是最常见的接收控制信号的元件之一，只需要很简单的电路，就可以将控制信号加载到后级的其他电路（如电饭煲的加热电路）。我们假设电饭煲的加热电路就是受这个假想的 NPN 三极管的控制（导通时开始加热、截止时停止加热），那么这个 NPN 三极管起码能够实现在 CD4060 工作后延时 1800s 才开始加热的功能（我们暂时不考虑其他的控制要求）。

分析到现在，虽然还没有实现我们所需要的延时 3600s 的要求，但仅差一步之遥。CD4060 有多个分频输出脚。既然 Q11 并没有事实上完成延时 3600s 的要求，那么我们可不可以尝试着选择其他的分频输出脚呢？答案是肯定的。只需要选择 Q12 控制 NPN 三极管就可以了。

在 CD4060 工作以后，Q12 为恒定的低电平（方波的低电平时段，3600s），NPN 三极管导通；从 3601s 开始，Q11 为恒定的高电平（方波的高电平时段，3600s）；从 7201s 开始，Q11 又变为恒定的低电平，NPN 三极管截止（方波的低电平时段，3600s）；从 14401s 开始，Q11 又变为恒定的高电平，NPN 三极管导通（方波的高电平时段，3600s）。从上面的分析我们可以看出：当选择 Q12 之后，确实可以实现延时 3600s 才开始加热的功能。

当然，一个完美的加热控制过程除了能够控制加热开始的时间，还应该能够控制加热持续的时间。这已经超出了本节内容的任务，笔者不再赘述。

我们观察 48V-A 型充电器实物图中的 CD4060。其 9 脚外接定时电容 CT（104J），10 脚外接定时电阻 R51（755）。通过公式不难计算出此 CD4060 的"基准振荡频率"的振荡周期为 1.65s。观察其各路分频输出，我们发现只有 Q14 经隔离电阻 R50 及二极管 D22（1N4148）后输出至后级电路（其余均为空脚）。经简单计算即可得知，Q14 上的方波的振荡频率为 $1.65s\times2^{14}$，即 27033.6s，换算成小时约为 7.5h。这意味着当 CD4060 从开始工作到工作后的 3.75h，Q14 保持低电平，随后，Q14 转为输出 3.75h 的高电平。D22 的后续电路，我们将在 6.5.3 节中介绍。

6.5.3　48V-B 型电动车充电器的工作原理

通过比较 48V-B 型及 48V-A 型的实物及电路图，我们会发现两者具有若干显著的区别（主要是控制部分），同时也具有很大的同质性（主要是变电部分）。

其显著区别主要有如下几点。

（1）431 的用途不同。

在 48V-A 型中，431 直接用于充电电压的稳压。在 48V-B 型中，431 仅用于单纯的精密稳压源：工作绕组输出的 12V 供电，经 R30 限流后，经 431 的 C、R，在 R30 的下端产生 2.5V 基准电压。

这个 2.5V 基准电压等价于 48V-A 型中由稳压二极管（D9）产生的 5V 基准电压。与 48V-A 型一样，在 48V-B 型中，2.5V 基准电压（经电阻或经电阻分压后）也被用于设定运算放大器的工作参数（门限值）。

我们可以先归纳一下：①运算放大器的 1−经 R16 直通 2.5V；②运算放大器的 2−经分压电路（R67、R68）从 2.5V 获得分压（经计算，为 0.190V）；③运算放大器的 3−经分压电路（R37、R38）从 2.5V 获得分压（经计算，为 0.065V）；④运算放大器的 4−经分压电路（R47、R48）从 2.5V 获得分压（经计算，为 0.248V）。

这里有两个知识点需要读者特别注意。

首先，要理解 2.5V 基准电压与运算放大器的关系。运算放大器是电路中最基本的逻辑判断元件，它是电路原理中最核心的内容之一。对于任何有效的判断过程而言，都需要有一个判断的标准。在电路中也是一样的，为运算放大器服务的基准电压，就是电路对各种事件做出判断的标准。换句话说，运算放大器与各种稳压源（431、芯片内部集成的参考电压 LDO、齐纳二极管）在电路中同时出现的情况屡见不鲜。

其次，要逐步理解"动态分压电路"的原理。在 48V-B 型中，虽然运算放大器 324 的四路运算放大器（其中的反相脚）都外接了一个源自 2.5V 基准电压的分压电路。但运算放大器的 1–、2–、4–所外接的是"静态分压电路"，运算放大器的 3–所外接的是"动态分压电路"。

所谓的"静态分压电路"只由单纯电阻构成，在电路的整个工作过程中（分压）恒定不变。所谓的"动态分压电路"，不仅仅由单纯电阻构成，如 3–所外接的"动态分压电路"就包括一个二极管（D22）。"动态分压电路"在电路的整个工作过程中（分压）会根据负载（或其他因素，如时长）而相应改变。

显然，D22 是定时芯片 CD4060 的输出（Q14）。我们甚至不用搞清 CD4060 的详细功能，也无须搞清与之有关的第三路运算放大器的详细功能，仅从 CD4060 的定时、运算放大器的逻辑判断这两个因素出发去推理，就能够得到这个电路肯定是用于控制充电时间长短的结论（详细原理见后文）。

不难想象，要搞清楚"动态分压电路"的原理，就需要明确其具有几个不同的状态，以及不同状态下的实际分压。

（2）48V-B 具有一个控制充电过程的定时芯片——CD4060。

在 6.5.2 节中，笔者已经详细介绍了 CD4060。

通过对电路图及实物图的观察不难发现：在 48V-B 型中，CD4060 仅有一个引脚（Q14）经 R50、D22 参与到后级电路中。这意味着即使我们对 CD4060 一无所知，也能够通过仔细观察电路判断出 Q14 是 CD4060 正常工作时参与充电的唯一信号。

（3）在 48V-B 型中，四路运算放大器 324 全部被使用，其电路功能更复杂。

对这个运算放大器详细、完整的分析，是本节内容的核心。我们将根据此充电器的实际充电过程及电路实物，逐步介绍此运算放大器的功能和工作过程。

第一路运算放大器：稳压运算放大器。

这路运算放大器具有调节充电器输出电压的作用，因此，笔者将其命名为"稳压运算放大器"。

当 1OUT 输出高电平时，此高电平经 D17 为光耦光二极管提供正向偏置电压，令其导通。这直接减小 3842 输出的他励方波的占空比。

在 48V-A 型中，笔者介绍了"转灯降压支路"的概念。"转灯降压支路"的存在使 48V-A 在空载及浮充时输出较低的输出电压（55V），在正常充电时输出较高的输出电压（58.5V）。与 48V-A 型不同，48V-B 型中的"转灯降压支路"由受第三路运算放大器控制的"动态分压电路"构成。

在空载或降（恒）压浮充阶段，3OUT 输出低电平，Q9 截止，R28 不参与分压，分压电路实际为 R17、R18、R19。在恒流充电阶段，3OUT 输出高电平，Q9 导通，R28 与 R18、R19 并联，参与到对 DC（这是笔者自定义的一个信号）的分压中来。不难理解，在 R28 未参与分压时，充电器的输出电压较低；在 R28 参与分压时，充电器的输出电压较高。

跨接于 1OUT 和 1–之间的 R15、C3，以及跨接于 4OUT 和 4–之间的 R40、C22 是反馈电路，可提高运算放大器在稳压时的动作速度及稳定性。

第二路运算放大器：计时开始运算放大器。

这路运算放大器的输出 2OUT 直通 CD4060 的 RESET 脚。对于 CD4060 而言，当 RESET 为低电平时，CD4060 正处于计时（计数）中；当 RESET 为高电平时，CD4060 的各路分频输出都被复位至低电平，CD4060 被挂起（不工作）。

在充电过程中，2−上始终是稳定的 0.190V。当 2+（与 3+、4+直通）上的电压（充电电流在检流电阻上的压降）大于 0.190V 时，2OUT 输出高电平，CD4060 因其 RESET 为高而不工作。当 2+上的电压小于 0.190V 时，2OUT 输出低电平，CD4060 开始计时。

我们回顾 6.5.1 节中的实测数据：当充电开始时，充电电流为 1.689A，这个电流在 R23 的左端应该产生 1.689×0.15（V）的电压，即 0.253V（>0.190V）。显然，实测中的整个恒流阶段，CD4060 实际上是不工作的。那么，CD4060 什么时候才开始工作（计时开始）呢？当然是在经历完恒流阶段之后，充电电流一路减小到 0.190/0.15A（1.27A）时开始。

第三路运算放大器。

与其他三路运算放大器不同，笔者不单独对此运算放大器进行命名。此运算放大器有如下 4 个作用。①在输出高电平时经 R10 令 S8050 三极管导通以驱动风扇。②在输出高电平时经 R36、R42 令红色发光二极管正向偏置（运算放大器提供其发光的供电）；在输出低电平时红色发光二极管因无运算放大器供电而熄灭。③在输出低电平时经 R71、R3 令 Q2 截止，绿色发光二极管经 R35 获得正向偏置供电（从 12V 来）而发光；在输出高电平时经 R71、R3 令 Q2 导通，绿色发光二极管因失去供电而熄灭。④在输出高电平时经 R71 令 Q9 三极管导通，使 R28 参与分压；在输出高电平时 Q9 三极管截止，R28 不参与分压。

那么，3OUT 在什么时候输出高电平，又在什么时候输出低电平呢？这显然与 R23 左端的电压有关。当充电电流大于 0.065/0.15A（433mA）时，3OUT 输出高电平；当充电电流小于 433mA 时，3OUT 输出低电平（充电进入降压浮充）。433mA 就是此充电器的"转灯电流"。

最后，我们介绍 D22（CD4060）与第三路运算放大器的关系。

在正常情况下，充电电流会随着充电的进行逐渐减小，在减小到"转灯电流"的那一时刻发生转灯事件。在不正常的情况下，即使经过了足够长的充电时间，实际充电电流仍无法减小至"转灯电流"的数值，此时就需要强制转灯（最直接的好处就是可将输出电压从 58.5V 调低至 55V），充电电流就会因充电电压降低而降低。进而降低了电池的发热量，避免电池被"充爆"。

这个强制转灯的实现，是通过 D22 为 3−提供一个延时高电平（经计算为 3.5h）而完成的。当充电电流下降至 1.27A 时，CD4060 开始计时，自此后 3.5h，Q14 发出高电平（实测为 7V 左右），这会令 3−远高于 3+，3OUT 输出低电平。

第四路运算放大器：恒流稳压运算放大器。

此运算放大器是 48V-B 型充电器实现恒流充电的关键电路。充电电流经 R23 采样后送 4+，与 4−所设定的门限值（1.65A，实测为 1.689A）相比较，只要 4+大于 4−，4OUT 就输出高电平，经 D15 作用于光耦，试图降低 3842 他励方波的占空比，达到恒流的目的。

那么，恒流阶段的起点和终点是如何确定的呢？

在电池欠压（我们应认为电池的电动势已经达到了最低点）时，其起始充电电流一定是一个较大的数值。如果我们采用空载时的 55V 电压对其充电，其充电电流也有可能超过恒流阶段所规定的恒流充电电流（如果采用 58V 的电压，那么充电电流就会更大），事实的确如此。

要获得稳定的恒流充电电流就必须强迫充电器输出一个与恒流充电电流匹配的输出电压。这就是第四路运算放大器的根本作用。在恒流的开始阶段，充电器输出的一定是一个小于空载 55V 的充电电压（如 49V）。

与此同时，"转灯降压支路"中的 R28 虽然也参与了 R18、R19 的分压，但实际上并不会通过第一路运算放大器对充电器输出的充电电压起稳压作用。换句话说，在恒流阶段，第一路运算放大器实际上不起作用。

这是因为在恒流阶段，DC+被第四路运算放大器、D15 稳压到了一个小于 55V 的数值，经 R17、R18、R19、R28 分压后只能得到一个小于 2.5V 的电压（只有当 DC+为 58V 时，此分压电路才能分到 2.5V 电压）。在整个恒流阶段，1+实际上是小于 2.5V 的，1OUT 始终输出低电平。

随着恒流充电的进行，电池电动势会逐渐升高，DC+也会在第四路运算放大器的控制下不断提高 DC+的数值。总会有那么一个时刻，DC+升高到 58V，就是恒流阶段的终点时刻。

接下来，第四路运算放大器会因为 4+小于 4−而输出低电平（这是因为充电电流继续减小，R23 左端的电压继续减小），D15 截止。第四路运算放大器停止稳压。与此同时，DC+经 R17、R18、R19、R28 分压后得到 2.5V 的电压，第一路运算放大器开始接管稳压任务。充电进入恒压阶段。

综上所述，恒流充电阶段从开始充电的那一刻开始，到第一路运算放大器开始工作（第四路运算放大器停止工作）时为止。这个时间段的长短，本质上是由充电电池自身的容量和设计的恒流电流数值所确定的。

6.5.4　总结

笔者首先通过实测，给出了 48V-B 型充电器是三段充电器的结论。以运算放大器为核心，详细地介绍了该充电器实现三段充电的电路基础。

接下来，我们概括整个过程。

在开始充电后，第四路运算放大器根据 R23 的采样结果，将充电电流稳定在 4−所设定的门限值下（当然，可以通过调整 R47、R48 这两个电阻的阻值来改变这个门限值）。在恒流充电阶段中，第一路运算放大器实际上是不起作用的。换句话说，第一路运算放大器起作用的时间段是在恒压充电阶段中。

在恒压充电阶段中，当第二路运算放大器监测到充电电流降低至 1.27A 时，拉低 CD4060 的 RESET 脚，令 CD4060 开始计时，并通过 Q14 在延时 3.5h 后强制输出转灯高电平。若此阶段过程正常，则在充电电流减小到 433mA 时由第三路运算放大器执行转灯动作，进入下一个充电阶段。

可见，对于 48V-B 型中的 CD4060 而言，其根本作用是延时后强制转灯（将充电电压降低到 55V 的浮充电压）以保护电池。正常情况下，它不应该发出强制转灯的动作。通过对其电路的分析，我们也可以做出它不具备关闭充电器输出能力的结论。

试想一下，如果用一个电位器取代 R47、R48，用另一个电位器取代 R17、R18、R19，我们就可以把充电器改装成为一个最大输出电压、最大输出电流可调的电源。感兴趣的读者可以尝试制作一下，以加深充电器对充电电流和充电电压的控制电路的理解。

读者还可以将 CD4060 的 Q14 延时高电平强制转灯输出改为由 Q10 输出（延时 13min），如图 6-20 所示（拆掉 R50，用一个阻值足够大的电阻将 Q10 与 D22 的正极相连）。

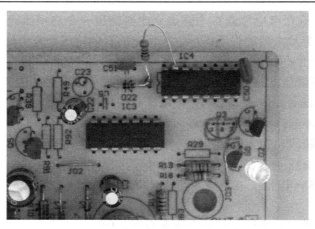

图 6-20 连接一个电阻

之后，将第一块万用表（10A 挡）串联到充电电路中，将第二块万用表（电压挡）并联到充电器的输出端，观察充电过程。当观察到万用表显示的充电电流下降到 1.27A 时，开始计时，继续观察充电器的转灯时间。比较一下理论延时时长与实际延时时长是否相符。经笔者实测，观察到的结果与理论分析是符合的（实际延时 10min，但随后又开始恒压充电）。无论如何，我们已经证实了 CD4060 的确具有强制转灯的作用，更深入地分析已超出维修的需要，本书不再赘述。

6.6　由单片机（MCU）控制的 48V 充电器

在本章的前面几节中，笔者已经介绍了两种常见的电动车充电器。接下来，笔者将介绍一种不同于 48V-A 型及 48V-B 型的电动车充电器。

其实物图如图 6-21（清晰大图见资料包第 6 章/图 6-21）所示，笔者将其命名为 48V-MCU 型电动车充电器。

我们首先观察 48V-MCU 型与 48V-A 型、48V-B 型的区别。

通过观察不难发现，这三种充电器的变电部分都是以 3842 为核心的 PWM 开关电源，其电路结构雷同。换句话说，这三种充电器的变电部分的原理实际上是相同的。当然，因设计输出功率的不同自然会造成元件选型的差异。

反观它们的控制部分，48V-MCU 型与 48V-A 型、48V-B 型有着明显的区别。纵观 48V-MCU 型，竟未见两路的 358 运算放大器，也未见四路的 324 运算放大器。这个事实值得我们深思。虽然没发现 358 或 324 等逻辑判断元件，但是我们却观察到了一个八脚（SOP8）的表面刻字为 TL3288 的芯片及其周围众多的电阻和三极管。从芯片引脚的走线不难看出：此芯片的确是与这些电阻和三极管连接在一起的。换句话说，此芯片一定是通过控制与其互连的电阻和三极管电路，去控制 LED 发光二极管等电路的。

最后，在 48V-MCU 型的低压输出侧部分，除观察到它具有一个被散热片包裹的整流二极管外（48V-A 型与 48V-B 型均具有此整流二极管），还多了一个三脚的表面刻字为 BT151-500R 的三脚管（请读者参考本书单向可控硅部分的内容）。单向可控硅在充电器中主要用于"电池防反接"电路，这也是本节介绍的一个重要知识点。

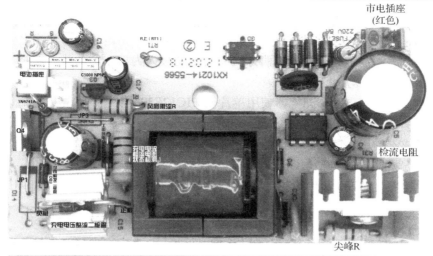

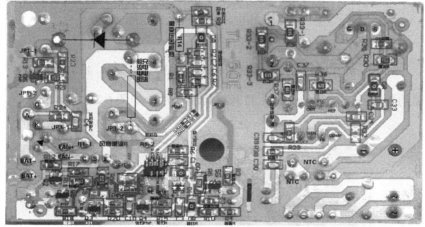

图 6-21　48V-MCU 型电动车充电器

6.6.1　TL3288

TL3288 是一款由魔芯公司生产的单片机（真实型号为 MC20P4308S）。TL3288 的引脚完全兼容 Microchip 公司生产的 PIC12F508（两者完全相同）。

单片机是一种广泛使用在工业设备与家用电器中的嵌入式微处理器。它是一个内建存储程序的简单 CPU。从本质上来说，它与计算机中的 CPU 没有什么区别。

如图 6-22 所示是 PIC12F508 的引脚定义图。

其中 2、3、4、5、6 脚均具有两种功能定义。一种是正常工作时的定义；另一种是编程时的定义。

所谓单片机的编程，就是利用编程软件编辑单片机运行所需要的程序，然后将其下载到单片机中的过程。换句话说，如果单片机裸芯片不经过编程工序，是无法正常工作的。编程的过程，就是利用程序指定单片机各引脚（GP0 到 GP5）的具体功能的过程。主要是指定引脚用作输出脚还是输入脚、赋予若干脚之间的逻辑门关系、指定输入与输出之间的延时等。换句话说，只有编程后的单片机的引脚才具有特定的被人为指定的功能，这是与其他逻辑控制元件有本质区别的地方。

既然 48V-MCU 型电动车充电器使用单片机 PIC12F508 取代了运算放大器作为充电控制的核心元件，那么，PIC12F508 至少应该能够实现与运算放大器相同（甚至是更多）的功能。否则，弃用低成本的运算放大器而改用高成本的 MCU 的意义何在呢？

我们先用编程器读取 48V-MCU 中 TL3288 的程序。

使用热风枪将 TL3288 从电路板上吹下，用转接座将其连接至编程器上，如图 6-23 所示。

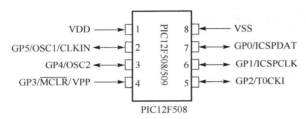

图 6-22　PIC12F508 的引脚定义图　　　　图 6-23　将 TL3288 连接至编程器上

将编程器用数据线连接至计算机，打开编程器软件，如图 6-24 所示。

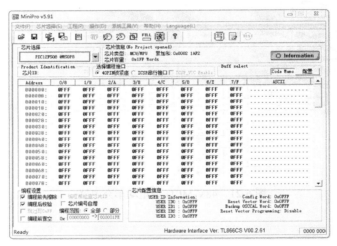

图 6-24　打开编程软件

在主程序中单击"芯片选择"按钮，在弹出的对话框中选择"单片机"选项，在"生产厂商"选项中选择"MICROCHIP MPU"，在"芯片"选项中选择"PIC12F508 @MSOP8"。最后单击"选择"按钮。

请读者注意观察编程器程序主窗口中的数据部分，其数据位全部为 0FFF。点击主程序菜单栏中的"读"按钮，显示的窗口如图 6-25 所示。

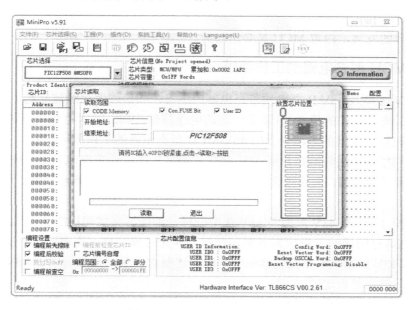

图 6-25　"芯片读取"对话框

单击"读取"按钮，将观察到编程器软件正在分阶段读取数据，且编程器的"RUN"运行指示灯闪烁。我们观察最后的读取结果，如图 6-26 所示。

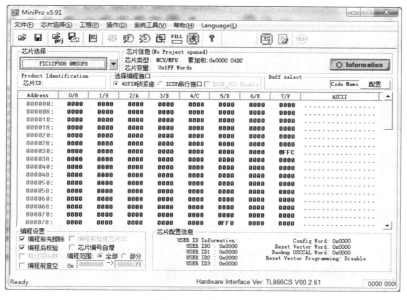

图 6-26　读取结果

通过实际读取此 MCU 中的程序，证明此 MCU 确实已经经过了编程。

对于单片机故障造成的充电器异常，除需要保证单片机硬件良好外，还需要保证其内部程序的良好。可见，由 MCU 充当控制元件的充电器（不仅限于充电器）的维修难度更高，它不仅需要保证单片机硬件良好，还需要保证其内部的程序良好。但是对于普通维修人员而言，拥有与所遇到的单片机匹配的编程器的时候并不多见。这意味着单片机的维修存在着缺乏维修条件的困难。

随着充电器的发展，内置 MCU 是必然趋势。

6.6.2　48V-MCU 型充电器的工作原理

通过对 48V-A 型及 48V-B 型电动车充电器的学习，相信读者已经建立起了一些与电动车充电器这种开关电源有关的概念，打下了一定的电路基础。因此，笔者将采用一种与介绍 48V-A 型及 48V-B 型时较为不同的方法来介绍 48V-MCU 型充电器的工作原理。

首先，我们用枚举法归纳在介绍 48V-A 型及 48V-B 型电动车充电器时出现的若干概念：市电整流、他励（主回路、尖峰吸收、反馈）、过流保护、稳压、精密稳压源、取样、门限值、转灯。

既然 48V-MCU 型与 48V-A 型及 48V-B 型一样，都能够完成同样的工作（对 48V 电池组进行充电），也具有同样的工作状态表现（空载及浮充时绿灯亮、充电时红灯亮），那么我们从 48V-A 型及 48V-B 型电动车充电器中学到的上述概念，是不是也适用于 48V-MCU 型呢？常识告诉我们，答案是肯定的。

下面，我们开始通过肉眼观察（针对实物而不是图纸），全面地分析 48V-MCU 型充电器的工作原理。

我们先观察市电整流部分。48V-MCU 使用了一个红色的市电插座来接入市电。一路市电直通全桥，另一路市电经熔断器后通全桥。市电整流部分还有一个常见的负温度系数的防浪涌电阻。有意思的是，与大多数充电器不同，它不是位于全桥的交流一侧，而是位于全桥的直流一侧。

继续观察他励回路（高压侧的 3842、变压器的初级绕组、反馈绕组、开关管等）。

通过观察，我们不难发现 3842 的外围电路、开关管的外围电路（尖峰吸收、检流电阻）与 48V-A 型及 48V-B 型几乎完全相同，不再赘述。

通过观察，我们发现变压器在高压侧只有 4 个引脚（见实物图标注），这实际上能减轻我们判断变压器绕组属性的工作量。因为对变压器的识别，就是区分其绕组数量、功能及对应的引脚。对于电动车充电器变压器而言，其高压侧只会有 2 个独立的绕组，对应 4 个引脚。既然我们已经观察到了此变压器的高压侧只有 4 个引脚，那就说明该变压器没有多余的用于加强焊接强度的空引脚，这令我们省去了拆卸变压器观察变压器有效引脚与空引脚的工作。

我们依次观察 4 个引脚的外围走线。马上就发现 1 脚外接有 3 个串联的 513（51kΩ）电阻（总阻值就是 153kΩ 的"大电阻"）。这使我们立刻就联想到 48V-A 型及 48V-B 型中的启动电阻。启动电阻是直接从 310V 获取供电的，因此，1 脚也应该直通 310V。继续观察，顺着布线的方向追查，确实能够发现其直通大电容的正极。

我们再看 2 脚。很容易就发现 2 脚直通开关管的 D。这说明 310V 从 1 脚流入，2 脚流出后加至开关管的 D。换句话说，1、2 脚之间，就是变压器的初级绕组。

我们再看 3 脚。3 脚经 R37 后到达了一个二极管（D6）的引脚，二极管的另一个引脚与启动电阻相连。这说明 3 脚与启动电阻一样，起着输出 3842 的供电作用。重要的是，只有反馈绕组才有这个作用。因此，我们仅通过观察，就明确了 3 脚是反馈绕组的非接地脚。

我们再看 4 脚。它作为反馈绕组的另一脚，应该接（高压侧）地，那么，它是不是直通全桥负极呢？通过仔细观察布线，不难发现其上行布线直通 3842 的接地脚，右行布线先直通 3842 的 FB，然后拐至大电容的负极引脚。至此，我们通过肉眼观察，发现 4 脚确实是反馈绕组的接地脚。

最后，我们观察高压侧的光耦。光耦的一脚直接接地，另一脚经布线直通 3842 的 COMP 脚。这说明此开关电源通过直接拉低 COMP 脚来强制 3842 输出他励的低电平时段。

接下来，我们再观察变压器的低压侧部分。

通过观察，我们发现变压器在低压侧也只有 4 个引脚（见实物图标注），尤其很容易地就能够看出 6、7 脚是通过布线直接互连的，我们根据这个互连事实立刻就能够得到 6 脚、7 脚应该就是低压侧的地的结论（原因见后）。既然已经明确了次级侧的地，利用排除法，自然就可以推测出 5 脚应为低压侧的第一路低压输出。同时，8 脚应为低压侧的另一路低压输出。笔者之所以可以仅仅根据观察的结果就做出上述推测结论，是因为绝大多数开关电源变压器的次级绕组实际上是一个多端的抽头绕组：地为一端（如 48V-MCU 的 6 脚、7 脚并联构成一端）、每个独立的输出为一端（48V-MCU 有两个输出端，5 脚、8 脚）。

经观察，5 脚与包裹有散热片的体积较大的整流二极管（这显然是充电电压整流二极管）的正极通过同一段布线互连，这说明 5 脚为 55V 输出（实测为 56V）。同时，8 脚与体积较小的整流二极管（这显然是工作电压整流二极管）的正极通过同一段布线互连，这说明 8 脚应为工作供电输出（实测为 20V）。

继续观察包裹有散热片的充电电压整流二极管负极之后的电路，发现它经过跳线 JP1 后直通"电池插座"的正极。这个事实令我们再次确认 5 脚的确就是变压器输出的充电电压。

继续观察"电池插座"。电池插座的负极直通 BT151-500R 的阳极，其阴极经跳线 JP3 后连接至一个大体积的色环电阻（此电阻就是充电电流检流电阻）后经布线与变压器的 6、7 脚互连。可见，充电电流应该是从 BT151-500R 的阳极流入，从其阴极流出，然后经色环电阻（充电电流检流电阻）后流回变压器的 6 脚、7 脚（低压侧的地）。还可以观察到检流电阻的非对地端通过较细的布线后通往 R1、R8、R2、C7、C6、R7 的阻容网络，此阻容网络显然是服务于充电状态的检测的（实际上是对充电电流在检流电阻非对地端产生的压降进行分压取样）。

假设此 48V-MCU 的确能够用于充电，那么充电电流就应该能够从 BT151-500R 的阳极流入，然后从其阴极流出。只有这样，充电电流才能从变压器的 5 脚出发，历经整流二极管、电池、检流电阻后，流回到作为电源的地的 6 脚。

接下来，我们观察 BT151-500R 及其外围电路。

BT151-500R 及其外围的 Q6、R13、R21、R23、R24、双向触发二极管一起，构成了一个"电池防反接电路"。所谓的"电池反接"是指错误地将电池的负极连接至充电器"电池插座"正极，将电池的正极错误地连接至充电器"电池插座"的负极。显然，"电池反接"是一种不正确的行为，这种情况只会出现在使用此充电器给非原配电池充电的情况（如用此充电器为其他电动车的电池充电，而其他电动车电池的正负极正好与充电器的正负极相反）。

常识告诉我们，在电器使用中，如果电极接反，轻则设备不工作，重则损坏设备、造成事故。那么，有必要在充电器中设计一种"电池防反接电路"，以提高充电器的安全性。48V-MCU 充电器中以 BT151-500R 为核心的电路，就是一种有效的"电池防反接电路"。

抛开电路的具体原理，我们单从常识的角度就能够推测出"电池防反接电路"应该具有的功能：电池接入正确，开始充电；电池接入错误，不充电。这意味着"电池防反接电路"必须具有能够判断电池是否正确接入的能力，并且在发现电池反接时执行了某种将电池"隔离"出充电回路的电路动作。

接下来，我们继续介绍这个"电池防反接电路"的工作原理。

我们先实测一下 BAT+ 及 BAT− 的电压（黑表笔接地、红表笔分别接 BAT+ 及 BAT−）。经实测，BAT+ 为 56V，BAT− 为 55V。用万用表直接测量 BAT− 及 BAT+ 之间的压降（红表笔接 BAT+、黑表笔接 BAT−，反之亦然），发现两者之间的压降为 0V。这意味着以下事实：在空载时，直接用万用表测量此充电器充电插头的正负极压降时，万用表测到的也是 0V。这个现象与 48V-A 型及 48V-B 型是完全不同的。事实上，压降为 0V 的实测结果并不能说明此充电器已坏，恰恰相反，它本该如此。

这也提醒我们，在实际维修中，不能通过简单实测充电器充电插头的正负极间是否有 56V 的空载电压来判断充电器是否良好，还需要拆开充电器，分析它具体的电路原理。

我们再分析 BT151-500R 在空载时的导通情况。

空载时，此单向可控硅的阳极（A）经 R24、R13 上拉至 JP1-1（也就是包裹有散热片的整流二极管的负极），阴极（K）经跳线 JP3 及色环电阻（充电电流检流电阻）后到地。可见，此单向可控硅的阳极与阴极之间的确已加有正向偏置电压。

BT151-500R 的控制极（G）经双向触发二极管、R23、R21 后连至 Q6 的集电极。Q6 的基极经 R13 也上拉至 JP1。可见，在空载时，Q6 的基极是高电平（实测 56V），Q6 截止。从 JP1 来的 56V，无法从 Q6 的发射极流入（从集电极流出），自然也无法经 R21、R23、双向触发二极管后加之单向可控硅的控制极（实测 0V）令其导通。总之，在空载时，BT151-500R 是截止的。

如果正常接入了电池，电池的负极会拉低 BT151-500R 阳极（A）的电压和 Q6 的基极电压（经 R24）。因此，Q6 会因为电池的正常接入而导通。而 Q6 导通后，来自 JP1 的 56V 空载电压就可以经过 Q6 的 EC、R21、R23、双向触发二极管加至 BT151-500R 的控制极，令其触发导通，开始正常充电。

如果反向接入了电池，电池电动势会与充电器的 56V 输出叠加后加至 BT151-500R 阳极，Q6 因其基极电压无法被拉低（还会拉高）而保持截止，BT151-500R 也因其控制极（G）无法获得触发电压而保持截止，无法充电。

可见，"电池防反接电路"是通过 BT151-500R 的阳极电压来判断是否正确地接入了电池：接入正确，阳极电压被拉低；接入错误，阳极电压不低反高。一旦反接，BT151-500R 就保持截止，令阳极与阴极之间呈高阻态的断路状态，将电池隔离出充电回路。

综上所述，BT151-500R 在空载及电池反接时截止，在正确地接入电池后导通。换句话说，是电池自己在连接正确时开启了自己的充电开关。

在某些充电器中的低压输出侧电路中，并没有使用单向可控硅作为"电池防反接电路"的核心，而是使用继电器作为核心。其原理与单向可控硅有异曲同工之妙，请读者独自分析其原理，本书不再赘述。

接下来，我们再观察以 TL3288 为核心的控制部分。

我们先明确 TL3288 的供电与地。

TL3288 的 1 脚经布线首先连至 RT1，然后连至 Q4 的发射极，接着经过 C10 后与 R19 及 R16 相连。

我们先看 RT1。RT1 与 R22 串联后对地，这显然是一个分压电路，但它只能对 1 脚供电进行分压。因此，RT1 并不是 TL3288 供电的来源。

我们再看 Q4。Q4 是一个 PNP 三极管，其电流方向只能从发射极流向集电极，因此，Q4 也不是 TL3288 供电的来源。

我们再看 R19。R19 与 R20 串联后到地，这显然也是一个分压电路，但它只能对 1 脚供电进行分压。因此，R19 也不是 TL3288 供电的来源。

我们最后再看看剩下的 R16。R16 的另一脚接 C17。工作供电 20V 可通过 R16 为 TL3288 供电。可见，TL3288 的 1 脚供电是通过 3 个电阻（R16、R19、R20）串联分压后获得的。

需要注意的是，R19 的左端竟然与 431 的参考极相连，而 431 的阳极与 TL3288 的供电脚 1 脚直通。不难判断出 R16、R19、R20 与 431 实际上构成了一个以 431 为核心的稳压电路：电路的设计者希望通过 431 的稳压，在 R20 的非对地端得到 2.5V 的基准电压。因为 R19 与 R20 阻值相同，所以如果在 R20 的非对地端为 2.5V，那么 TL3288 的供电脚 1 脚就应该是 5V 的基准电压（R20 的非对地端为 2.5V）。

通常情况下，利用电阻的分压来获得负载所需的特定电压的供电是不合适的，这是因为这种单纯电阻分压的电压调制方式的带载能力很差。但对于 TL3288 这种功耗很低的芯片而言，的确可以使用单纯电阻和 431 构成的精密稳压电路作为供电。其好处不言而喻：以最低的成本实现了较为精确的稳压。

我们重新观察 RT1 这个电阻。这是一个热敏电阻，阻值会随着充电器的温度变化而变化。这将造成 R22 非对地脚（TL3288 的 4 脚）电压的变化。显然，这应该是一种过温保护电路。并且，TL3288 的 4 脚被用作过温信号的输入。特别值得注意的是，RT1、R22 是对通过 431 稳压获得的 5V 基准供电进行分压的。假设分压后的电压的确能够跟随温度的变化而变化，RT1、R22 就必须对一个稳定的电压分压采样。这才是采用 431 精密稳压源生成 5V 基准电压的真正必要之处。

利用万用表的二极管挡验证 TL3288 的 8 脚是否接（低压侧）地直通（一笔接芯片 8 脚、一笔接变压器的 6、8 脚），蜂鸣，说明它的确是芯片的接地脚。因为布线被芯片本身遮挡，所以用热风枪将 TL3288 摘下。经肉眼观察，发现 8 脚是经 TL3288 右侧的一个 0Ω的跳线电阻后直通变压器的 6、8 脚。证实了芯片 8 脚就是地。

我们继续观察 TL3288 的其他引脚。

2 脚悬空。这说明此脚未配置。

3 脚直通 R14。显然，R14 是一个大阻值（51kΩ）的隔离电阻。R14 的另一端只与 Q4 的基极相连，可见，TL3288 的 3 脚是用来控制 Q4 导通的。当 Q4 导通时，Q4 发射极的 5V 基准电压会经 Q4 的 EC、R15 送至 R10 的左端。

我们先分析 R10。R10 是一个表面刻有 3321 的精密电阻。常识告诉我们，精密电阻多用于采样。问题来了：R10 是对谁进行采样的呢？R10 的右端接地，顺着 R10 的非对地端向上跑线，发现与其串联的 R5。R5 也是一个表面刻有 7502 的精密电阻。继续向上跑线，发现与其串联的 R*、R9（这两个电阻是并联的）。继续向上跑线，发现来自充电电压整流二极管的负极。

可见，R10、R5、R*、R9 这 4 个电阻，构成了一个便于生产调试的"双并双串四电阻结构"。它一定是服务于充电电压稳压的。果然，我们在 R5 的右侧，发现了表面刻有 31A（丝印 Q1）的 431 精密稳压源、光耦。

那么 TL3288 的 3 脚的功能就呼之欲出了。当 3 脚输出高电平时，PNP 三极管 Q4 导通，5V 基准电压经 R15 后参与到 R10、R5、R*、R9 这 4 个电阻对充电器输出电压的取样中来，这实际上是增大了 R10 非对地端的压降，令 431 认为充电电压过高而通过光耦去调低 3842 的他励的占空比，令充电电压降低。

问题来了：充电器有没有调节充电电压的需要呢？何时需要呢？通过对 48V-A 型及 48V-B 型的学习，读者应该已经知道了这两个问题的答案。充电器确实需要对充电电压进行一个微调：在空载及浮充时，输出较低的 55V；在正常充电时，输出 58V。因此，TL3288 的 3 脚、5V 基准电压、Q4、R15 构成了 48V-MCU 型充电器的"转灯降压支路"。

TL3288 的 4 脚只外接 RT1、R22 构成的对 5V 基准电压进行分压的分压电路，它就是一个过温监测脚。请读者和笔者一起来猜测一下 TL3288 通过 3 脚检测到整个充电器过温后会采取的动作：是由 TL3288 发出控制信号去关断 PWM 输出吗？这好像是最合理的一个猜测了。

先不去验证我们的猜测，继续观察 TL3288 的剩余引脚。

TL3288 的 5 脚经 R6、D1（共阴极双二极管）后也连至 R10 的非对地端。这说明 TL3288 的 4 脚、R6、D1 与"转灯降压支路"一样，一定也具有调节充电电压作用。并且，两者只会在调节能力上有所区别，因为它们最终都是通过参与 431 的稳压过程实现调节作用的。这个区别在哪里呢？

实际上，从转灯后的电压数值就能够推断出来。充电器在转灯后，输出 55V 电压。55V 是一个稳定的电压值。这意味着"转灯降压支路"对采样电路（R10、R5、R*、R9）的影响是较小的、确定的。反观 5 脚，R6 阻值较小，D1 仅能产生 0.xV 的压降。从 5 脚输出的高电平在扣除 D1 的压降之后，也会强势地影响采样电路。这会令稳压电路（431）认为充电电压异常高，直接导致稳压电路去关断 3842。

至此，我们关于 TL3288 的 3 脚检测到整个充电器过温后会采取的动作的推测似乎得到了解决。

我们继续观察 6 脚、7 脚。

沿着 6 脚、7 脚的布线向上追查，不难发现它们都来自检流电阻的非对地端（经过 R1、R8、R2、C7、C6、R7 的阻容网络分压）。

首先，这两个引脚显然是输入脚。TL3288 必然通过这两个输入脚来确定充电器的当前状态。

我们先计算一下 6 脚和 7 脚的分压。令检流电阻非对地端的电压为 U，则经简单计算不难得到 6 脚的输入电压为 $0.870U$、7 脚的输入电压为 $0.545U$。

接下来，我们开始有关 TL3288 最核心的原理分析。

我们先回顾一下在 48V-A 型及 48V-B 型中，作为控制元件的运算放大器是如何感知充电器的状态并根据不同的状态发出相应的控制指令的。

在 48V-A 型及 48V-B 型中，每一路运算放大器对状态的判断都由两个要素构成（就是运算放大器的同相和反相）：充电状态的输入；作为判断标准的门限值的输入。而且这两个要素，无不与成对出现的分压电路出现。

反观 TL3288，我们遍历了它的所有引脚，竟然只能发现 6 脚、7 脚这两个"充电状态的输入"，但是找不到"作为判断标准的门限值的输入"（同时也没有观察到其他分压电路）。这难道不是一个值得我们深入思考的事实吗？

很难想象，一个逻辑判断过程是如何在缺失判断标准的情况下实现的。这就好比问你月球上的两块石头谁大谁小一样，除非你用尺子作为标准把它们的尺寸都量一下。否则，你是无论如何也无法判断的。但是，考虑到我们分析的 TL3288 是一款用于真实、可用的充电器的单片机，常识告诉我们，它肯定是能够正常判断充电状态的。

既然在 TL3288 的外围电路中找不到有关"作为判断标准的门限值的输入"的电路实物依据，那么我们就只能认为这个判断要素集成到了 TL3288 的内部。事实上的确如此，单片机正是通过在程序代码中写入"作为判断标准的门限值"的方法，满足了对充电状态的判断需要。

接下来的问题是：6 脚、7 脚到底与充电器的何种状态有关？当 TL3288 根据 6 脚、7 脚的电压与其程序内的"作为判断标准的门限值"比较之后，TL3288 会做出什么样的动作？这个动作，又是通过哪个引脚去控制何种电路呢？

至此，我们已经针对 TL3288 全部引脚的功能从其外围电路的角度进行了全部（3 脚、4 脚、5 脚）或初步（6 脚、7 脚）的分析。我们梳理一下它们的输入、输出情况：输入脚有 4 脚、6 脚、7 脚；输出脚有 3 脚、5 脚。

在前面的内容中，笔者已经介绍了对单片机编程的作用，其中的一个作用就是"赋予若干脚之间的逻辑门关系"。接下来，我们就尝试着分析 48V-MCU 中的单片机 TL3288 输入脚与输出脚之间的逻辑门关系。

我们首先注意到一个事实：输入脚的数量（3 个）要多于输出脚（2 个）的数量。这意味着至少有一个输出脚会与至少两个输入脚有逻辑关系。换句话说，至少有两个输入脚的输入会影响同一个输出脚的输出。

为了降低学习的难度，笔者直接给最有可能的分析结果。可以明确的是，与充电有关的"转灯电流"门限值、恒流充电电流值，都是写在单片机的程序中的。

（1）4 脚与 5 脚之间有逻辑关系。

一旦充电器过温，5 脚输出强势高电平去关断 3842。

（2）7 脚与 5 脚之间有逻辑关系。

我们假定 7 脚与恒流控制有关，5 脚输出强势高电平去关断 3842 以实现恒流过程。

（3）6 脚与 3 脚之间有逻辑关系。

6 脚与转灯控制有关，当 6 脚检测到充电电流超过了"转灯电流"，就通过 3 脚去点亮红灯、打开风扇、禁用"转灯降压支路"。

笔者给出的这个逻辑关系并不一定与此充电器的事实相符合。例如，有的读者可能会问：单片机内的数模转换只通过 6 脚、7 脚中的一个输入脚就能够监控充电电流的实时数值，两个输入的设置好像多此一举，其意义何在呢？

笔者认为：如果绕过数模转换，单纯地赋予 7 脚与 5 脚之间恒流关断稳压逻辑关系，可以最大限度地提高电路的反应时间。

最后，我们来梳理一下 TL3288 的三段过程。当接入电池以后，内部计时器开始工作。

5 脚监测充电电流，当超过恒流充电门限值时，通过 5 脚强制恒流。恒流结束后，自动进入恒压充电，计时器开始计时，若正常，则自然转灯，若不正常，超时后 4 脚强制转灯。

6.6.3　总结

　　在本节中，笔者为了提高本书的实践性和迁移性，抛开图纸，从观察实物的角度详细地分析了 48V-MCU 型充电器的全部电路功能。更是重点介绍了充电器中的单片机控制原理，并且补充介绍了"电池防反接电路"。总体来说，本节内容基本上覆盖了充电器的方方面面。

　　笔者尽可能地采取了探究的方式来介绍电路，这不仅是笔者尝试的一次创新，也是笔者希望能够尽可能地帮助读者培养起独立分析能力的苦心。

第7章 电动车充电器故障类型及维修实例

对于电动车充电器而言，最常见的电路故障有以下几种。

（1）输入熔断器熔断或炸裂（常见）。

（2）输出熔断器熔断或炸裂。

（3）开关管击穿。

（4）光耦失效。

（5）431失效。

（6）3842的某引脚短路（可通过测量对地阻值检出）。

（7）输出整流二极管击穿。

（8）励磁电流检流电阻开路。

（9）启动电阻开路。

（10）间歇振荡（俗称"打嗝"，多见于反激开关电源），即反激振荡回路可正常经历启动阶段，但振荡无法维持下去（表现为指示灯周期性地一闪即灭，同时可听到电源发出"嗒嗒"的放电声）。

但是，通过实际维修发现：电路故障并不是电动车充电器所有故障类型中发生频率最高的。发生故障频率最高的是各种各样的开焊和虚焊。不难想象，这是因为充电器经常随车出行，上下颠簸的结果，尤其以带散热片的开关管焊盘、整流管焊盘、交流整流滤波电容焊盘、输出滤波电容焊盘最为多见。

7.1 电动车充电器输入熔断器炸裂

拆机后发现熔断器已经炸裂，更换（2A，一般为3A）。

检查开关管（8N60），二极管挡在板侧测量S到D的压降，500多伏，正常。测所有二极管正反压降，发现全桥中的两只FR207击穿，更换。

加市电220V试机，更换后的熔断器再次炸裂，再次更换。

直接将可调电源的直流输入加至充电器的交流插头上，设置可调电源的直流输出为30V，限流100mA。发现经过数秒后3842可启动（绿灯一闪即灭），这是正常现象。在3842未启动期间，可调电源的电流读数始终为0，这说明高压侧的主回路是没有短路的。换句话说，因高压侧的主回路有短路元件造成熔断器炸裂的原因被排除。

将注意力投向开关管。

拆下开关管，测量场管的好坏。发现此场管触发后的压降为374mV，稍偏大。怀疑此管DS关断性能变差，熔断器因开关管关断困难造成过流炸裂，更换。

加市电220V，空载绿灯亮。挂电池实际充电，电流电压正常，此充电器修复。

7.2　电动车充电器输出电容有 55V 但无法充电

拆机后经观察没有发现明显异常的元件。检查开关管及全部二极管，未发现异常。

加市电 220V 试机，绿灯亮。找到输出电容的正负极，测量电容正负极压降，55V，正常。经观察，此充电器使用了一个 BT151-500R 的单向可控硅，显然设计有"电池防反接电路"。观察此"电池防反接电路"，如图 7-1（清晰大图见资料包第 7 章/图 7-1）所示。

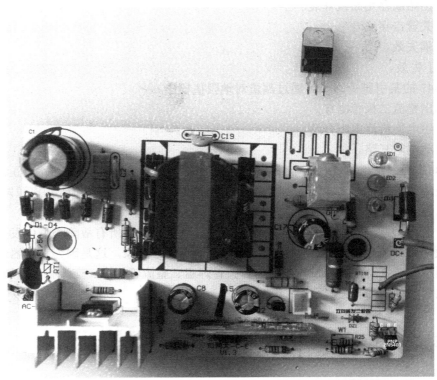

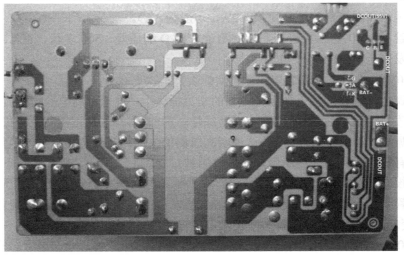

图 7-1　电池防反接电路

首先怀疑 BT151-500R 开路,充电器因充电回路在单向可控硅的阳极到阴极开路而无法充电。拆下 BT151-500R 实测其好坏,发现正常。

继续观察 BT151-500R 的控制极。控制极经双向触发二极管(DZ1)、电阻后与一个 2N5401 的 PNP 三极管的发射极相连。

2N5401 的基极同时通过电阻上拉到 55V(命名为 DCOUT),同时通过电阻下拉到 BAT–。2N5401 的发射极接输出整流二极管输出的 55V。显然,此"电池防反接电路"在接入电池后,通过电池负极去拉低 2N5401 的基极电压,令其导通。DCOUT(55V)通过 PNP 三极管的 EC、电阻、双向触发二极管(DZ1)后为 BT151-500R 的控制极提供导通所需的触发电压。

在板侧直接测 2N5401 的两个 PN 结的压降,发现一个 PN 结测量读数为 OL,不正常,怀疑在电路中其发射极 E 到集电极 C 表现为开路,替换良品。

挂电池实际充电,电流电压正常,此充电器修复。

7.3　48V-A 型充电器空载时电源指示灯亮但绿灯不亮

经初步测量、观察,未发现二极管击穿、开关管击穿、熔断器炸裂等明显故障点,直接加电试机。经观察,电源指示灯(LED2 R)亮,正常;空载指示灯(LED1 G)不亮,不正常。用万用表二极管挡直接测量 LED1 的两个 PN 结,发现均开路(已坏),更换。

再次空载试机,更换后的空载指示灯(LED1 G)仍不亮,但 LED1 R 却亮了,不正常。几分钟后竟然听到充电器发出轻度的爆破声,喷出少许烟雾。经观察,发现输出电容已经爆裂泄压,怀疑输出电压过高。更换已经爆裂的输出电容。

将万用表旋至电压挡,将表笔与 DC+、DC–接触,加电,观察输出电压,96V,非常高。立刻断电,判定稳压电路有故障。

简单排查 431、光耦,未发现异常。为了节约时间,直接从另一个完全一样的良品上拆下一组"双串双并"的取样电阻(R13、R14、R15、R16)。加电测量 DC+、DC–间的压降,58V。

这个结果可以说明两个问题:R13、R14、R15、R16 中有阻值异常的,为节约时间,未继续测量以明确到底是哪个电阻异常;58V 的输出电压仍然不正常(空载应为 55V)。这说明"转灯降压支路"本应在空载时参与稳压,但实际上并未参与。

先将风扇接入(之前未挂接风扇)。加电,风扇转(这与 LED1 R 亮是等价的),不正常。测 R33 两端的电压,近三极管一侧为 0.8V 且不稳定,近运算放大器一侧为 0V,不正常。显然,三极管(S8050)CB、CE 间均有击穿但并不是短路击穿,更换。空载时风扇不再转动。

事实上,空载指示灯(LED1 G)在更换良品后仍不亮以及空载时 58V 的输出电压都源自同一个根源:运算放大器的 1 脚在待机下没有输出本应输出的高电平。

测运算放大器的 1+,5.239V,正常;测运算放大器的 1–,0V,正常;测运算放大器的 I/O,0V,不正常。更换良品 358。加电试机,空载指示灯(LED1 G)亮、充电指示灯(LED1 R)不亮。

加载电池,观察充电过程,正常。

此充电器曲折修复(至少有 4 个不良元件)。尤其令笔者感到困惑的是:在输出电压高至 96V 的情况下,输出电容在终端用户处竟然没有爆裂?

我们再测量一下损坏的两个元件。

(1)S8050:BC 间压降 703mV、BE 间压降 711mV。正常 NPN 三极管两个 PN 结的压降

差异不会那么大。

（2）358 对地阻值（红表笔接 4 脚，黑表笔接测试点）：Pin1 47mV、Pin2 140mV、Pin3 OL、Pin5 728mV、Pin6 744mV、Pin7 7mV、Pin8 OL，这个结果明显异常。

请读者通过此实例加深对"对地阻值"的认识，体会通过"对地阻值"判断元件好坏的过程。

7.4   某品牌充电器综合维修

经观察，未发现熔断器炸裂等明显故障点。

在板侧测量开关管，GS、GD、DS 全部双向短路击穿，更换为 8N60。补充测量开关管 S 到地的检流电阻（0.33Ω），开路，更换良品（恰好 0.33Ω 的已无备件，更换为一个 0.68Ω 的电阻）。

测量全部二极管 PN 结压降，发现反馈绕组的整流二极管（HER104）正反向均蜂鸣，不正常。拆下，开路情况下单独测量拆下的 HER104，正常。补充测量 HER104 正负极焊盘的对地阻值：红表笔接地（全桥负极）、黑表笔接测试点。测得此整流二极管的正极对地短路（反馈绕组一端就是地，另一端接整流二极管的正极），正常；负极对地阻值为 27mV，不正常。反馈绕组的负极直通或经小阻值电阻直通 3842 的供电脚，测量结果说明 3842 的 VCC 有可能在芯片内部已经对地短路。

用热风枪吹下 3842，复测反馈绕组的整流二极管负极的对地阻值，OL，正常。判定 3842 的 VCC 内部短路。

补充测量：在开路情况下单独测量拆下的 3842 各脚的对地阻值：红表笔接地（芯片 Pin5）、黑表笔接测试点（其他脚）。测得 OUT Pin6 为 OL，内部开路；测得 VCC Pin7 为 33mV，内部短路，更换良品。

加电试机，绿灯不亮。不正常。

测 3842 启动脚电压，在 12.4～13.5V 之间变化。测 3842 的 VREF，万用表有读数，但读数变化太快，无法读出。

这说明 3842 可以完成启动阶段，虽然测不出 VREF 的电压，但 3842 的确已经试图产生 VREF。判断 3842 基本是好的。为了明确，再次更换一个良品，现象依旧。怀疑没有产生励磁电流（开关管实际上没有被打开）。

查全桥正极到开关管 D 极的直通性，正常。查开关管 S 极经检流电阻到全桥负极的直通性，正常。查 3842 驱动脚（Pin6）到开关管栅极的直通性，正常。

最后，将注意力放到了 3842 驱动脚与开关管栅极之间的表面刻字为 160 的贴片电阻上。这应该是一个 16Ω 的隔离平滑电阻。在板侧直接测量其阻值，700kΩ，明显接近开路。故障点被明确，更换（笔者将 160 短路，在合适位置割线焊接了一个 10Ω 的碳膜电阻），如图 7-2（清晰大图见资料包第 7 章/图 7-2）所示。

满怀信心地加电试机，绿灯仍不亮，不正常。这说明还有未发现的故障点。

我们先分析之前的维修过程，反思被忽略的起振条件及持续振荡条件。无论是两次替换 3842、排查主回路的直通性、排查驱动回路的直通性、更换 R4，还是测量 3842 的 VREF 电压、VCC 电压，实际上都是对起振条件的排查，忽视了持续振荡的条件。

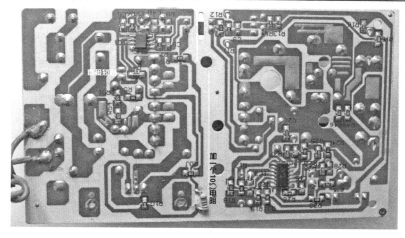

图 7-2　加一个 10Ω 的电阻

维修进行到这个时候，才开始将注意力放到了 3842 的保护上。3842 在起振后很可能实际上处于自保护状态。

加电后直接测量 3842 的 ISEN 脚的电压（实际测量点为 R9 的左侧焊盘）。听到"砰"的一声，已有元件烧坏。立刻断电，观察。

首先发现检流电阻已经炸掉了部分外层壳体，仍更换一个 0.68Ω 电阻（原则上是必须等值代换的）。

在板侧测量开关管，GS、GD、DS 全部双向短路击穿，再次更换为 8N60。在板侧测量 3842，发现有短路及开路引脚，更换。复测刚换上的 10Ω 碳膜电阻，再次开路，更换。故障实际上还原到了最初的状态。

加市电 220V 后，用万用表测量 3842 的 ISEN 脚电压的过程，客观上在瞬间解除了 3842 的保护状态。根据这个事实起码能令我们明确一点：3842 在起振后的确是处于保护状态的。

此时，笔者终于将注意力投向了 3842 的 ISEN 脚及其外围电路（开关管 S 极与 ISEN 之间的两个电阻：R0J[270]、R9[103]）。笔者猜测励磁电流过流反馈电路一定存在问题，很有可能是开路的。

在板侧测量两个电阻的真实阻值：R0J 为几十兆欧，开路；R9 为一百多兆欧，开路。这才是此电源的真正故障点。

直接将两个开路的贴片电阻用跳线短路，在合适位置割线焊接了一个 150Ω 的碳膜电阻。

使用可调电源代替市电 220V 为充电器供电，限流 100mA。电压从 20V 开始步进 1V 递增，当升高至 24V 时，绿灯一闪即灭。终于起振了。

加市电 220V，正常。

加载电池，观察充电过程，恒流 528mA，不正常。原因很简单，我们代换的励磁电流限流电阻为 0.68Ω，而原机为 0.33Ω。此恒流为 3842 的 ISEN 关断恒流过程。

此电源已基本修复。

如图 7-3（清晰大图见资料包第 7 章/图 7-3）所示为最后修复的结果。

图 7-3　最后修复的结果

如果交给用户，应将开路的电阻拆下。

7.5　某充电器取样电阻变质

拆机后经观察，发现有两个拼接在一起的电阻局部有烧焦的痕迹（R23），如图 7-4（清晰大图见资料包第 7 章/图 7-4）所示。

图 7-4　两个烧焦的电阻

除此之外没有发现其他明显异常的元件。检查开关管及全部二极管，未发现异常。

仔细观察这两个烧焦的电阻，发现它们是两个串联在一起的充电电压取样电阻。左侧的 T3 即 431。经观察，这两个电阻中的一个为"棕黑黑红灰"的 1kΩ 的精密电阻（实测阻值为 800Ω），另一个为"红红黑黑灰"的 220Ω 的精密电阻（实测阻值为 220Ω）。这意味着空载电压和充电电压都偏离正常值。

考虑到烧坏电阻处于 R$_{上拉}$ 的一侧，其阻值变小，意味着 R$_{下拉}$ 分得的电压增大（反馈增大）。

这会导致 431 错误地认为充电电压已经升高到期望值，但实际值较期望值偏小。因此，使用此充电器为电池充电会导致充不满电，这才是此充电器被淘汰的根本原因。

将电阻用等值良品替换后直接试机，观察充电过程，正常。此充电器修复。

7.6　某充电器开关管剧烈发热

拆机观察测量，未发现二极管击穿、开关管击穿、熔断器炸裂、电阻烧坏等明显故障点，直接加电试机。经观察，电源指示灯亮，正常；空载指示灯亮，正常。实测输出电压，万用表测不出来（读数快速变化，无法读取），不正常。

立刻断电。手摸整个电路板，发现开关管散热片烫手（这说明温度至少在 60℃ 以上），不正常。怀疑 3842 坏或开关管打开/关断困难。

先将万用表摆好位置，准备测量 3842 的 REF 电压。短时间加电的同时观察万用表读数，有稳定的 5V，正常。排除 3842 损坏。

跑线，找到 3842 的 6 脚到开关管栅极的驱动电阻，在板侧测量其阻值，15Ω，与色环标识匹配，正常。找到开关管栅极与源极间的偏置电阻，在板侧测量其阻值，10kΩ，与色环标识匹配，正常。排除开关管打开/关断困难。

维修进入了瓶颈阶段。

既然电源指示灯亮和空载指示灯都可正常发光，就说明 3842 已经打开了开关管，并且变压器在次级也已经有了输出，为什么测不到 55V 的主输出呢？是不是充电电压整流二极管坏了呢？

果断拆下，更换良品。加电试机，测量 DC+、DC– 之间的压降，稳定的 55.8V，正常。手摸开关管散热片，室温，正常。此充电器修复。

仔细观察拆下的整流二极管。这是一个常见的表面刻字为 UF5404 的二极管，复测其 PN 结，正常。不像是一个有问题的二极管。

本着把故障原因彻底搞清楚的态度，将拆下 UF5404 重新焊回，复测测量 DC+、DC– 之间的压降，稳定的 55.8V，正常。

原来，造成开关管剧烈发热的原因竟然是充电电压整流二极管虚焊。

第3部分　小型（小功率）充电器

　　本部分介绍功率小于 10W 的小型（小功率）充电器，主要是手机及平板电脑充电器等。

　　也许有的读者会问：这种小型（小功率）充电器的维修价值很低，笔者为什么还要详细介绍呢？恰恰因为其价值较低，容易获得（每个家庭中都有数个），反而是读者学习自励式开关电源难得的实物对象，且非常安全，无触电危险，适合探究。

第8章　5V小功率充电器

8.1　5V-A型充电器

　　如图8-1（清晰大图见资料包第8章/图8-1）所示是一款常见的山寨5V充电器（USB接口）的实物图。笔者将这种5V充电器命名为5V-A型，这是一种最基本的自励振荡稳压型充电器。山寨充电器虽然性能较差，但因为节约成本而会尽可能采用最少数量的元件，反而是一种用于学习电路原理的良好研究对象。

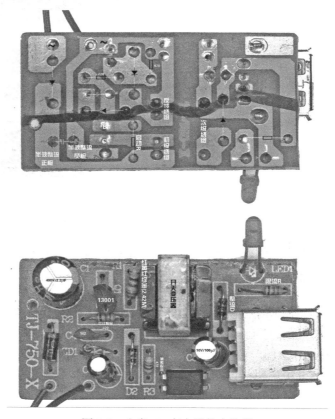

图8-1　山寨5V充电器的实物图

　　不难发现，5V-A型充电器是一种低成本充电器。

8.1.1　5V-A型充电器的电路图

　　请参考6.4节中手工测绘制作48V-A型电动车充电器的电路图的内容，完成5V-A型充电器电路图的绘制。

　　绘制好的电路图如图8-2（清晰大图见资料包第8章/图8-2）所示。

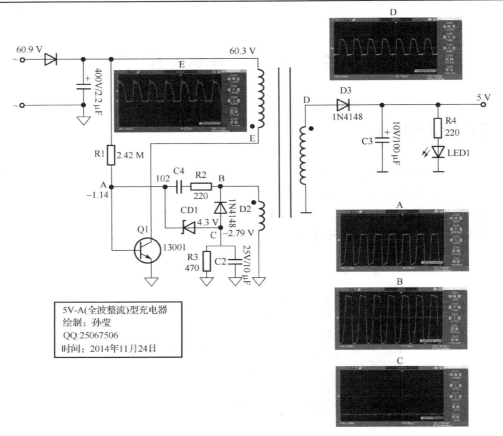

图 8-2　5V-A 型充电器的电路图

为了安全和方便，笔者并没有使用交流市电 220V 为充电器供电，而是使用可调电源输出的 61V 直流电供电。图 8-2 中的波形图均为在可调电源的 61V 直流供电下所测。

8.1.2　5V-A 型充电器的工作原理

在实物图中，我们观察到该充电器在 R3 的右侧使用了一个外形酷似光耦的四脚元件。通过观察此四脚在电路板背面的焊盘，发现该四脚元件的四个焊盘是两两接地的（1、2 脚接高压侧地，3、4 脚接低压侧地）。

我们观察到的这个事实说明：该四脚元件在电路中实际上不会起任何作用。这是山寨厂家为了冒充光耦稳压型充电器而做出的拙劣行为。

光耦稳压型充电器的采样点是在低压输出一侧。我们反观电路图中的低压部分，只有 4 个元件：用于低压整流的 D3、用于低压储能整流的电容 C3、用于指示低压输出（5V）是否正常的红色发光二极管 LED1 及其匹配的限流电阻 R4。未见分压电阻及 431 等与光耦协同工作的取样及反馈元件。

这两个方面的事实令我们不得不思考一个极重要的问题：在不使用分压电阻、431、光耦的情况下，5V-A 型充电器是如何将输出稳定在 5V 的？换句话说，在 5V-A 型充电器中，究竟是哪个元件起稳压的作用？

笔者首先将此充电器接入交流市电 220V，测量 USB 接口输出的 5V 电压，实测为 4.7V。

然后使用此充电器为手机充电，发现手机提示"正在充电"。这些事实都说明 5V-A 型充电器的确是一款真实可用的 5V 充电器。

根据这些事实，我们可以做出一个合情合理的判断：5V-A 型充电器的稳压元件一定在开关变压器初级绕组一侧。

遍历开关变压器初级绕组一侧的全部元件，只有 CD1 是一个具有稳压功能的元件。CD1 的实物丝印是一个齐纳（稳压）二极管的图形（实物图中因元件的遮挡看不到全部丝印）。用可调电源实测此稳压二极管的稳压值为 4.3V。

既然 5V-A 型充电器中的 CD1 是唯一与稳压可能有关的元件，那么能不能做出 CD1 就是该充电器稳压电路的核心元件的判断呢？

笔者打算用实验探究的方法来解决这个问题。如果 CD1 确实是 5V-A 型充电器稳压电路的核心元件，那么替换不同稳压值的稳压二极管，就应该在低压侧得到不同的输出。

将 CD1 替换为 2.7V 稳压管，如图 8-3（清晰大图见资料包第 8 章/图 8-3）所示。

图 8-3　替换为 2.7V 稳压管

实测输出为 2.899V。

将 CD1 替换为 5.6V 稳压管，实测输出为 6.7V（实物图略）。

事实证明，CD1 的确是一个位于开关变压器初级绕组一侧的用于输出稳压的核心元件。我们来分析 CD1 的工作过程，搞清楚 CD1 何时导通及何时截止。

CD1 的负极接开关管 Q1 的基极。与开关管 Q1 的基极相连的还有 R1 和 C4 及 R2 串联组成的阻容网络。显然，R1 为启动电阻，C4 和 R2 为反馈激励阻容。总之，无论是 R1 还是反馈激励阻容，都主要地起着令开关管导通及加速导通的作用。

一个完整的振荡过程，不能仅仅具有起振的因素，还应同时具有停振的因素。只有起振和停振这两个因素都周期性地起作用，才能建立起一个周而复始的开关过程。CD1 就是这个停振的主要因素，与此同时，CD1 的参数选择也将满足稳压需要。

当 R1 令 Q1 开始导通后，将在初级绕组中产生 1 正 2 负的感应电动势，同时将在反馈绕组中产生 3 正 4 负的感应电动势。

3 正 4 负的感应电动势经 R2 及 C4 的反馈激励阻容后，加至开关管 Q1 的基极，可令 Q1 迅速进入到饱和导通状态。一旦 Q1 的基极超过 CD1 的稳压值后，CD1 导通，经 R3 及 C2 延时放电泄压（拉低 Q1 的基极电压）。这会令 Q1 开始截止，造成初级绕组中从 1 流向 2 的励磁电流开始减小。

　　减小的励磁电流会令感应电动势开始翻转：当 CD1 导通后，将在初级绕组中产生 1 负 2 正的感应电动势，同时在反馈绕组中产生 3 负 4 正的感应电动势。

　　反馈绕组的 4 是接地的，当其上的感应电动势为 3 负 4 正时，3 上就是一个负电压。这就是用万用表测量开关管的基极电压时会测量到一个负电压（实测为–1.14V）的根本原因。

　　3 脚的负电压同时也会经 R2 及 C4 的反馈激励阻容后，加速拉低 Q1 的基极电压，令其快速截止。

　　最后，我们详细地介绍 R3、C2、D2 的作用。

　　R3 和 C2 的参数会影响最后的输出电压，因此，两者也是稳压电路的一部分。两者实际上起着在 CD1 导通后，微调 Q1 延时截止时长的作用。如果将 R3 两端短路，会发现输出电压由 4.7V 减小到 2.6V。显然，Q1 过早截止：在 CD1 导通后，短路的 R3 和 C2 起不到令 Q1 的基极延时放电泄压的作用。

　　D2 是一个钳位二极管。笔者仍然采用实验探究的方法来介绍这个钳位二极管的作用。将 D2 拆下，会发现其输出电压由 4.7V 升高至 11.6V。显然，在 CD1 导通后，开关管 Q1 延时关闭得过晚。D2 可将 C 点的电位钳位到一个既不太高，也不太低的负电位（实测为–2.79V），有助于 CD1 较早地导通（相对于没有 D2 的情况下而言）。因此，D2 实际上也可以归类到输出稳压电路中的元件。

　　最后指出，使用 1N4148（D3）作为次级绕组的整流二极管是山寨厂家的一种低劣行为。

8.2　5V-B 型充电器的工作原理

　　如图 8-4（清晰大图见资料包第 8 章/图 8-4）所示是一款常见的普通 5V 充电器（USB 接

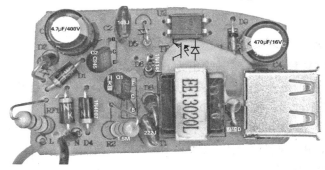

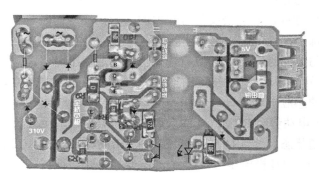

图 8-4　普通 5V 充电器的实物图

口）的实物图。笔者将这种 5V 充电器命名为 5V-B 型，这也是一种最基本的自励振荡稳压型
充电器。相比 5V-A 型而言，显然 5V-B 型的用料及做工更优，设计也更优良。

8.2.1　5V-B 型充电器的电路图

如图 8-5（清晰大图见资料包第 8 章/图 8-5）所示是笔者根据实物绘制的 5V-B 型充电器
的电路图。

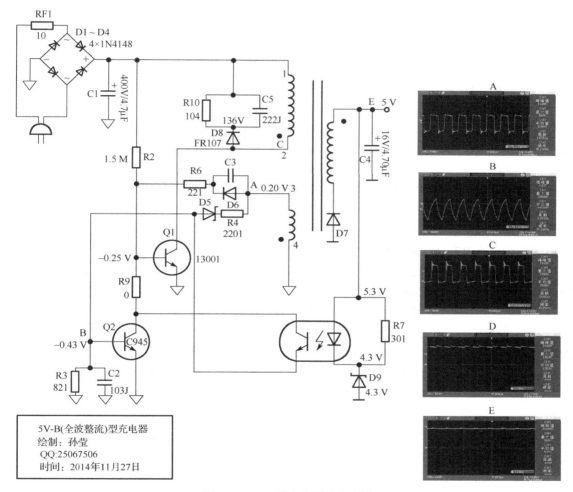

图 8-5　5V-B 型充电器的电路图

8.2.2　5V-B 型充电器的工作原理

与 5V-A 型相比，5V-B 型充电器有 4 个显著的特点。

（1）交流市电 220V 的整流部分，5V-B 型使用的是全波（桥）整流而非半波整流。

（2）5V-B 型中的光耦是一个在电路中实际发生作用的元件而非摆设。

（3）5V-B 型中使用了一个表面刻字为 C945 的 NPN 三极管。

（4）5V-B 型具有由 D8、R10、C5 构成的初级绕组尖峰吸收电路。

这些区别都说明无论是在设计的完整性，还是在充电器的实际性能表现上，5V-B 型都应优于 5V-A 型。后续的实际带载能力的测试也证实了笔者的判断。

我们首先分析以光耦为核心的稳压电路。

开关电源中的稳压用光耦，一般都是通过其外围取样及反馈电路对低压输出进行取样、反馈后，由光耦执行稳压动作的（主动地关闭开关管）。

R7、D9 就是该充电器的取样反馈电路。

D9 是一个表面刻字为 4 CI 的二极管。将此二极管拆下，观察电路板丝印，发现它并不是通常的稳压二极管的丝印。但我们可以通过其表面刻字中的阿拉伯数字 4 推断出它应该是一个稳压值为 4V 的稳压二极管，更重要的是，D9 直通光耦光二极管的负极，这说明 D9 必然具有拉低光耦光二极管负极电位的能力（否则光耦就会成为摆设）。正是综合这两个方面的理由，笔者判断：D9 就是一个稳压值为 4V 的齐纳（稳压）二极管。

接下来我们进行验证。

将 D9 的正极接可调电源的负极、D9 的负极接可调电源的正极，将可调电源的限流设定为 20mA，将可调电源的初始电压设定为 3V，以 0.1V 的步进逐步调高可调电源的输出电压。在 4.3V 时，就观察到可调电源的电流表上有明显的电流（已经反向击穿了）了。这证实 D9 的确是一个稳压二极管。当然，实测值与标称值之间存在一定的偏差是正常的，但不影响我们判断的正确性。

R7 在电路中不仅是一个限流电阻，它会与 D9 构成一个非线性电路。R7 的阻值，对 D9 的导通是有一定影响的。换句话说，可对 R7 的阻值进行微调以改变最后的输出电压。笔者会在后面继续深化 R7、D9 的参数对实际输出的影响。

当光耦导通后，光耦会试图将开关管的基极电位拉平至与 Q2 基极（D5 正极）相同的电位。这与通常的设计有着显著的差异（光耦光三极管的发射极通常都接高压侧的地）。这显然是值得我们深思的问题：此时此刻，Q2 基极（D5 正极）上究竟是一个什么样的电位呢？

我们甚至都不需要测量 Q2 基极（D5 正极）的实际电压，就能够根据常识做出如下推断：此时此刻，Q2 基极（D5 正极）上一定是一个低电位（如果不是低电位，开关管 Q1 的基极就无从被拉低）。笔者用万用表实测为 –0.43V（比高压侧的地的电位还要低）。

那么，这个负电位究竟是从哪里来的呢？更有意思的是，既然我们在 C945 的基极测量到了负电位，岂不是意味着 Q2 应当始终处于截止状态？难道 Q2 也是"摆设"吗？

这些实测数据反映出来的问题，明确地给了我们启示：虽然 5V-B 型充电器的结构简单、元件数量不多，但其工作原理较为复杂。

R2 是一个大阻值的启动电阻。它是整个自励振荡电路开始起振的起点。

当变压器中的励磁电流由小变大时，会在反馈绕组中产生 3 正 4 负的感应电动势。这个感应电动势有两个去处：第一路经 R6、C3、D6 的 RCD 网络加至开关管的基极，令开关管加速打开；第二路试图经 R4、D5 后加至 Q2 的基极。Q2 导通后会将开关管 Q1 的基极拉低到高压侧的地，Q1 会截止。

重要的是，D5 是一个齐纳（稳压）二极管。这意味着第二路是否起作用是与 D5 的开关状态密切相关的：只有 3 正 4 负的感应电动势足够大时，第二路才会起作用。因此，第二路实际上能够起到限制励磁电流的作用。从本质上说，能够限制励磁电流的 Q2 也是电路的稳压机制（Q2 的集电极与光耦光三极管的集电极是直通的，光耦是明确的稳压元件，在上述直通事实下，我们将 Q2 归类为稳压元件不会有任何不妥）。

但 Q2 的稳压机制与光耦不同。显然，Q2 是一种临界状态的保护性稳压，而光耦则是工作在正常区间，由负载所决定的正常稳压。

R3 和 C2 构成了一个积分电路。当然，用反馈绕组上的感应电动势经 R3 限流后对 C2 进行充电的表述更易被缺乏理论基础的读者所理解。其结果就是 Q2 的基极是一个锯齿波。通过观察示波器抓到的波形图不难发现，Q2 上最大电压为 380mV。这个电压，还不足以令 Q2 导通（虽然在数据表中只有一个饱和导通时基极电压最大 1V 的参数，但我们可以根据 NPN 三极管的导通电压为 0.6V 的经验值做出判断）。总之，Q2 只有在反馈绕组的感应电动势过大（过激励）时才会导通。

在正常工作状态下，当输出电压过高时，D9 导通，光耦光二极管导通，光耦光三极管导通。Q1 的基极电压被拉低至 Q2 基极（D5 正极）的电位。这个动作目的是使开关管截止，但其直接目的是使开关管退出饱和导通的状态。换句话说，是令励磁电流发生由大到小的变化。因为励磁电流变化趋势的逆转，将导致反馈绕组感应电动势方向的逆转：3 正 4 负的感应电动势将逆转为 3 负 4 正的感应电动势。

此时此刻，3 负 4 正的负感应电动势将经由 R6、C3、D6 的 RCD 网络加速开关管 Q1 基极的泄压，令其快速截止。同时，D5 正向导通（D5 表现为一个普通二极管），将 Q2 基极（D5 正极）钳位到一个足够低（接近感应电动势）的负电位，为光耦的泄压提供一个比高压侧的地还低的电位。

第4部分 LCD 液晶显示器的电源及逆变器

在前面的内容中，已经介绍了 3 种具体的开关电源。接下来，我们要介绍一种截然不同的开关电源。

ATX 电源、电动车充电器、小型（小功率）适配器都是一种降压型开关电源，它们都是将交流市电 220V 转化为一个较低的输出电压。但是，LCD 液晶显示器的电源则有显著区别。LCD 液晶显示器中的逆变器是将一个 10～28V 的直流电压转化为高达 1500V 的正弦交流电源。这种功能上的巨大差异决定了 LCD 液晶显示器中的逆变器是一种与之前介绍的开关电源截然不同的开关电源。

在 LCD 液晶显示器中，实际上同时存在两种不同功能的开关电源：一种是用于将交流市电 220V 输入转换为两路低压（5V 和 14V/12V）直流输出的开关电源，笔者将此开关电源称为"液晶的电源"，简称"电源"（与 ATX 电源、电动车充电器、小型适配器的功能类似）；另一种是用于将低压直流（14V/12V）输入转换为高压（1500V 左右）交流输出的开关电源，笔者将此开关电源称为"液晶的逆变器（Inverter）"，简称"逆变器"。

对于大部分的液晶显示器而言，其电源及逆变器制作在同一块电路板上，笔者称之为"电源逆变器一体板"（业内通常称之为"电源高压一体板"）。

少数液晶显示器为了减小液晶本体的体积，仅将"逆变器"制作在显示器内部，而将"电源"单独制作为适配器（与笔记本电脑使用的交流适配器等价）。

如下图所示为 LCD 液晶显示器的构成。

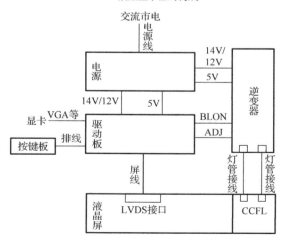

LCD液晶显示器的构成

下面将分别介绍其"电源"和"逆变器"部分的电路。

第9章　LCD 液晶显示器中的电源

LCD 液晶显示器是一种小功率用电器，其"电源"广泛使用的是一种适合中小功率的拓扑——"单端反激"。

本书第 2 部分所介绍的"电动车充电器"是一种与液晶电源高度同质化的电源。事实上，3842 也曾广泛用作液晶显示器"电源"部分的核心元件。如果读者已经掌握了以 3842 为核心的从交流市电 220V 到低压直流的单端反激式开关电源，就可以很容易地"迁移"至 LCD 液晶显示器"电源"的维修。换句话说，如果读者已经比较彻底地掌握了 3842，笔者甚至已经没有再深入介绍 LCD 液晶显示器电源的必要了。

9.1　LCD 液晶显示器电源中的 8 脚 PWM

我们先通过比较几种常见的 LCD 液晶显示器电源中的 8 脚 PWM 与 3842 的引脚定义，通过归纳其相同点与不同点，揭示其"开关本质"，如图 9-1 所示。

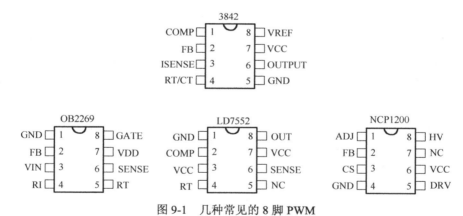

图 9-1　几种常见的 8 脚 PWM

任何芯片的工作都需要用电，LCD 液晶显示器电源中的 8 脚 PWM 也不例外。

在实践中，我们会遇到两种供电的 8 脚 PWM 的芯片：一种是只有一个供电脚的 3842、LD7552（Pin3、Pin7 在芯片内部互连）；另一种是有两个供电的 OB2269、NCP1200。对于前者，芯片实际上是双路供电：启动电阻供电和反馈绕组供电并联后供给 3842 的 Pin7 和 LD7552 的 Pin3、Pin7。后者从物理上分立，但本质上并无区别：启动电阻一路供给 OB2269 的 Pin3（VIN）、NCP1200 的 Pin8（HV），反馈绕组一路经整流二极管及限流保险电阻后供 OB2269 的 Pin7（VDD）、NCP1200 的 Pin6（VCC）。补充一句，VIN 中的 V 指 310V 直流，HV（High Voltage）中的 H 指高电压，即 310V 直流。

芯片在获得供电之后，首先要确定他励振荡的周期。

对于 3842 而言，它是通过 VREF 及 RT/CT 设定的。对于其他三种芯片而言，都没有单独的参考电源输出脚，不难想象，用于设定芯片工作状态的参考电压一定集成在了芯片内部。

OB2269 及 LD7552 与 3842 相同，都具有 RT、RI 等可编程设定引脚，这使得生产商可以根据需要人为地选择具体的开关频率，增强芯片的适应性。反观 NCP1200，该芯片没有类似的可编程设定引脚，这说明它是一种固定开关频率的 PWM，具体频率版本的 NCP1200 只能适用于具体的工作场合。

接下来，芯片需要通过一个引脚去驱动开关管的控制极。OUTPUT、GATE、OUT、DRV（DRiVe）都是同一个含义。OUTPUT、OUT 突出了他励方波是 PWM 的输出；GATE 突出了负载的脚位（门极，就是指 N 沟道开关管的栅极）；DRV 突出了 PWM 输出的作用是"驱动"开关管。

然后，芯片需要通过一个引脚去感知开关管导通的结果（流经变压器初级绕组、开关管 DS 间的励磁电流的大小）。ISENSE、SENSE、CS（Current Sense）都是同一个含义，只是对应的英文单词不同而已。

最后，芯片应该通过一个引脚去获知反馈电路的信号，以决定如何动态地根据负载去调整他励方波的占空比，这就是 COMP、FB 的作用。无论是 COMP，还是 FB，本质上都是 PWM 芯片的开关。

9.2   LCD 的电源排查要点

当实践中遇到 LCD 的电源不工作时，应严格按照下面的顺序排查。

首先排查交流市电输入及整流部分。确保交流市电插座没有因不断拔插造成引脚虚焊。确保 N、L 良好地分别直通至全桥的两个交流输入端（熔断器、NTC、互感滤波器均无开路）。

接下来排查全桥。每个二极管均应测量其正偏及反偏导通性（使用万用表的二极管挡每个二极管测量 2 次，共 8 次）。

然后将 8 脚 PWM 全部引脚的对地阻值全部测出。确保引脚没有在芯片内部短路（接地脚对地阻值为 0 是正常的）、开路的引脚。正常引脚的对地阻值都在数百欧。

最后按照 8 脚 PWM 的脚位顺序，依次排查有意义引脚的外围布线及元件。确保布线没有断线，尤其是要注意途经的电阻阻值要与其标称值相符合。

只要做好上述排查工作，就能修好大部分电源。

9.3   以 LD7552 为核心的 LCD 电源

在本节中，笔者将介绍 LD7552 的实物电路，实物图请参考 10.4 节中的图 10-16。

我们直接以芯片为核心，按照芯片的脚位顺序来介绍其外围电路，并同时与 3842 的外围电路进行比较，明确其相同点和不同点。

Pin1（GND），跑线。发现其和主电容的负极共享同一块铜皮，获得了其物理接地的依据。

Pin2（COMP），跑线。首先发现 C928 对地电容，然后发现直通光耦光三极管的集电极，光耦光三极管的发射极接地。可见反馈电路一旦令光耦光二极管导通，COMP 就有被拉低到地的趋势，占空比被强制变小。

Pin3（VCC），跑线。发现与 J905 直通，J905 与 R933、R932、R904 串联，R904 的左端与主电容的正极共享一块铜皮。串联的 R933、R932、R904 明显是启动电阻。

　　Pin7（VCC），跑线。向左下方跑线，首先发现了 D90，这是一个用色环标记法标识的稳压二极管，它的作用是确保 VCC 不至于过大。向上方跑线，发现 D901 及 R909。D901 显然是反馈绕组的整流二极管。

　　直接测量 Pin3 及 Pin7 的直通性，直通。

　　Pin4（RT），跑线。发现经 R915 接地。这个表面刻字为 104 的电阻明显是振荡频率设定电阻。感兴趣的读者可以查阅数据表来明确具体振荡频率。

　　Pin6（SENSE），跑线。发现 C909、R912、J903、FB901，FB901 直通开关管的 S 极。

　　Pin8（OUT），跑线。发现 R901、J902、R910、D903、ZD905、R938、R910、D903 并联，一端来自 OUT，另一端直通开关管的 G 极。ZD905、R938 也是并联关系，一端接地，另一端直通开关管的 G 极。

　　如果我们仔细比较 7552 的外围电路和 3842 的外围电路，会发现两者具有高度的同质性。

　　最后，介绍该电源的稳压，我们围绕 431 来分析。

　　先找到 431 的参考极 R，发现参考极与 5 个电阻共享一块铜皮。在这 5 个电阻中，只有 R930 接地。显然，它是分压网络中的那个接地电阻。在剩余的 4 个电阻中，必有某个电阻的一端是直通 5V 或 14V/12V 的。经跑线，发现 R927 直通 5V、R940 直通 14V/12V。这说明该电源实际上是对两路输出都进行采样并根据其综合结果进行稳压的反馈电路。

　　我们重点介绍 R924 这一路。R924 这一路可以认为是一种稳压补偿。问题在于，其补偿的目的是什么？R942 的上端与 D915 和 D916 的一端互连。假设 D915 或 D916 中的任何一个导通，那么导通的结果必将经 R942 后作用到 431 的参考极 R 上。请读者思考：D915 或 D916 的导通会拉高还是会拉低参考极 R 上的当前电平呢？肯定是拉高。总之，它会令 431 认为输出过大。因此，D915（针对 14V/12V）或 D916（针对 5V）是一种输出压保护电路。

　　最后，我们再介绍 ZD902 这路保护的作用。当 14V/12V 过高时，ZD902 反向导通，令 Q903 导通。Q903 的导通实际上是令 14V/12V 经 4 个 102 对地放电，以保护逆变器。

　　请读者充分利用 10.5 节和 10.6 节中的实物图（图 10-24 和图 10-25），通过观察其电源部分的实物电路加深对 LCD 显示器电源中的 PWM 的认识，此处不再单独一一介绍。

第10章　LCD液晶显示器中的逆变器

液晶显示器中的逆变器是为液晶内部的发光元件（CCFL冷阴极荧光灯管）提供高压交流供电的电源。通过观察实物不难发现，在逆变器中，最显著的元件是逆变器所使用的变压器。这个变压器是一个初级绕组匝数远少于次级绕组匝数的升压变压器。

CCFL灯管的启动电压高达数千伏（逆变器的输入却只有14V/12V），为了获得高压，各种逆变器应运而生。

10.1　逆变器的分类

从拓扑（电路的结构）上分类，逆变器一共有4种：Royer逆变器、推挽逆变器、半桥逆变器和全桥逆变器。

10.1.1　Royer逆变器

该逆变器是在1955年由美国人Royer（罗耶）首先设计和发明的，并因此而得名。Royer逆变器实际上是一种自激推挽型逆变器。在LCD液晶显示器发展的早期，Royer逆变器曾被广泛地使用在台式计算机、笔记本电脑、电视等的LCD中。

由于Royer逆变器自身存在某些固有缺点，这种拓扑的逆变器已经被其他拓扑的逆变器所取代。

用于点亮CCFL的Royer逆变器实际上由两个模块组成：Buck模块（DC-DC降压模块）和Royer振荡器，其原理图如图10-1所示。

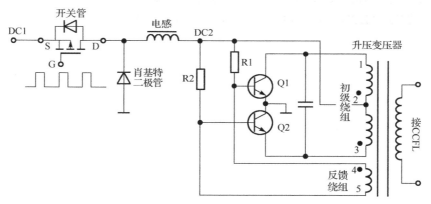

图10-1　Royer逆变器的原理图

Buck模块由开关管、电感、用于产生方波的PWM芯片构成。

随着开关管周期性地导通和截止，流过开关管S极、D极的电流不断对电感进行充能。这个电流的方向虽然不变，却是一个脉冲直流（变化的电流）。而电感作为感性元件，具有阻交流（变化的电流），通直流的作用。因此，这个脉冲直流所携带的电能，实际上会在自感的过程中转化为磁场能并储存在电感中。最后，会在电感的右侧得到一个波动性小于电感左侧的电压波形（如果在电感的右侧附加一个整流用的电容，就可以得到比较平滑的直流电压波形了），并且 DC2 会小于 DC1。

Royer 振荡器由 R1、R2、Q1、Q2 和升压变压器构成。

该升压变压器的初级绕组由两个独立的绕组互连构成，2 脚为这两个绕组的异名端互连的公共点。

R1、R2 为 NPN 三极管 Q1、Q2 的基极限流启动电阻。对于 Q1、Q2 而言，虽然其型号相同，但其特性仍有所差异。因此，必有一个首先导通，我们假设 Q1 首先导通。当 Q1 首先导通后，DC2 从升压变压器的 2 脚流入，从 1 脚流出，经 Q1 的集电极、发射极流回到地。在初级绕组中产生 2 正 1 负、3 正 2 负的感应电动势，同时在反馈绕组中产生 4 正 5 负的感应电动势。反馈绕组上的 4 正的感应电动势加至 Q1 的基极，令其持续导通；反馈绕组上的 5 负的感应电动势加至 Q2 的基极，令其持续截止。

可见，在 Royer 振荡的最初启动阶段，两个以推挽方式工作的三极管中的一个会因特性差异获得优先导通权，且只要获得优先导通权的三极管导通之后，就会抑制另一个三极管的导通。这个过程会持续到升压变压器的磁场饱和为止。

当升压变压器的磁场饱和后，Q1 将退出导通状态，向截止方向变化（这里涉及复杂的理论分析过程，本书不再赘述）。此时，感应电动势将逆转为 2 负 1 正、3 负 2 正、4 负 5 正的感应电动势。

反馈绕组上 4 负的感应电动势加至 Q1 的基极，令其加速截止；反馈绕组上 5 正的感应电动势加至 Q2 的基极，令其加速导通。Q2 开始启动。

至此，整个电路开始周期性振荡，并在次级绕组上产生周期性变化的交流感应电动势。

掌握 Buck 及 Royer 振荡原理对理解开关电源的原理非常重要。

10.1.2　推挽逆变器

推挽逆变器的原理图如图 10-2 所示。

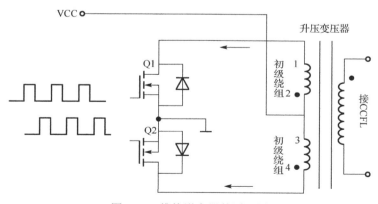

图 10-2　推挽逆变器的原理图

推挽逆变器由两个 N 沟道场管（Q1、Q2）、升压变压器、产生方波的 PWM 芯片构成。

工作在推挽模式下的 Q1、Q2 在任意时刻均不会同时导通：当 Q1 导通时，Q2 必定截止；当 Q2 导通时，Q1 必定截止。Q1、Q2 均截止的时段称为"死区时段"（这是推挽拓扑的一个特点）。

当 Q1 导通时，电流从初级绕组的 2 流入，从 1 流出，流经 Q1 的 D 极、S 极后到地。在初级绕组中产生 2 正 1 负、4 正 3 负的感应电动势（由于 Q2 的截止，此时 4 正 3 负的感应电动势无法形成到地的回路，4、3 间的初级绕组实际上开路），同时在次级绕组中产生升压后的感应电动势。我们假设次级绕组的上端为同名端，则次级绕组上将感应出上正下负的感应电动势。

当 Q2 导通时，电流从初级绕组的 3 流入，从 4 流出，流经 Q2 的 D 极、S 极后到地。在初级绕组中产生 3 正 4 负、1 正 2 负的感应电动势（由于 Q1 的截止，此时 1 正 2 负的感应电动势无法形成到地的回路，1、2 间的初级绕组实际上开路），同时在次级绕组中产生升压后的感应电动势。而初级绕组的 3 与次级绕组的下端也为同名端，则次级绕组上将感应出下正上负的感应电动势。

Q1、Q2 周期性地交替导通截止，就会在次级绕组上产生周期性变化的交流感应电动势。

不难发现，推挽逆变器的初级绕组与 Royer 逆变器的初级绕组在结构上是完全相同的：由一个顺时针电感和一个逆时针电感构成；两个电感的异名端互连为公共点；电流从此公共点流入变压器。

推挽拓扑中的开关管，需要承受接近两倍 VCC 的反向电压。在开关管选型时，其耐压要求要高于其他拓扑类型。另外，推挽拓扑中的变压器的漏感会导致开关管在关断时产生一个较大的感应电动势，不但会影响逆变器的性能，还会对开关管造成较大威胁。

10.1.3 半桥逆变器

半桥逆变器的原理图如图 10-3 所示。

Q1 为 P 沟道场管，Q2 为 N 沟道场管。Q1 和 Q2 交替轮流导通。

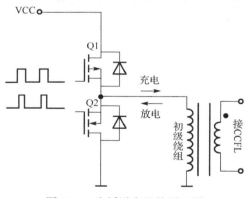

图 10-3 半桥逆变器的原理图

当 Q1 导通时，VCC 经过 Q1 的 S 极、D 极后对升压变压器的初级线圈充电（电能转化为磁场能）。当充电完毕后（以升压变压器的磁芯饱和为门限值），Q1 截止，Q2 导通。当 Q2 导通时，储存在初级线圈中的磁场能将以感应电动势的形式，经 Q2 的 D 极、S 极后对地放电。

可见，Q1 与 Q2 的交替轮流导通，会导致初级线圈中流过方向呈周期性变化的电流，也必然会在升压变压器的次级绕组中产生周期性变化的交流感应电动势。

对于半桥拓扑中的升压变压器而言，明确其初级绕组与次级绕组的同名端的意义不大。

10.1.4 全桥逆变器

全桥逆变器的原理图如图 10-4 所示。

全桥逆变器需要使用 4 个场管。图 10-4 中的 Q1-P、Q2-P 为 P 沟道场管，Q1-N、Q2-N 为 N 沟道场管。

当 Q1-P 导通时，Q2-N 同时导通；当 Q1-P 截止时，Q2-N 同时截止；当 Q2-P 导通时，

Q1-N 同时导通；当 Q2-P 截止时，Q1-N 同时截止。当 Q1-P 导通时，Q1-N 必定截止；当 Q2-P 导通时，Q2-N 必定截止，反之亦然。

Q1-P 与 Q1-N 不能同时导通，Q2-P 与 Q2-N 不能同时导通。其原因很简单，因为一旦这两组管子分别同时导通，VCC 将不经过任何负载直接对地短路，这显然是不合理的。

当 Q1-P、Q2-N 导通，Q1-N、Q2-P 截止时，VCC 经 Q1-P 的 S 极、D 极，升压变压器的初级绕组，Q2-N 的 D 极、S 极后到地形成回路。初级绕组中流过从上端到下端的励磁电流。

当 Q2-P、Q1-N 导通，Q2-N、Q1-P 截止时，VCC 经 Q2-P 的 S 极、D 极，升压变压器的初级绕组，Q1-N 的 D 极、S 极后到地形成回路。初级绕组中流过从下端到上端的励磁电流。

可见，Q1-P、Q2-P、Q1-N、Q2-N 这 4 个场管两两成对地交替轮流导通，会导致初级线圈中流过电流的方向呈周期性变化。也必然在升压变压器的次级绕组中产生周期性变化的交流感应电动势。

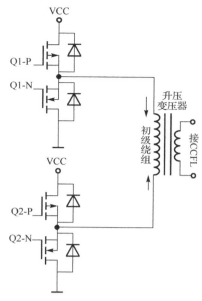

图 10-4　全桥逆变器的原理图

在实际维修中，除 Royer 逆变器较为少见外，其他 3 种逆变器均常见。

10.2　逆变器类型的判断及升压变压器

10.2.1　推挽逆变器

下面分析推挽逆变器的原理图，总结它的结构特点。

从图 10-2 中不难看出，推挽逆变器使用了两个 N 沟道的场管 Q1、Q2。首先，Q1、Q2 的源极 S 都接地。其次，Q1、Q2 的漏极 D 都直通升压变压器的初级绕组。

从图 10-2 中还可以看出，推挽逆变器的升压变压器由两个独立的绕组（图中的 1、2 绕组和 3、4 绕组）互连（非同名端串联）而成。常识告诉我们，每个独立的绕组都具有两个端点。因此，当两个绕组互连后，将得到 3 个端点（图中的 1、2-3、4）。并且，绕组互连的公共点直通 VCC（14V/12V）。

这意味着当用万用表测量时，就会发现以下直通特性（这些直通特性是我们判断其类型的重要判据）：两个场管的 S 直通，并对地直通；两个场管的 D 直通，并与初级绕组直通，与 14V/12V 直通。

如图 10-5（清晰大图见资料包第 10 章/图 10-5）所示为某 Dell 品牌液晶显示器推挽逆变器的实物图（局部）。该逆变器只有一个升压变压器，双灯。

T801 为其逆变器中的升压变压器。从实物图中不难观察到其初级绕组的引脚明显地分为 3 组（正好与原理图中 2 个独立绕组互连后可得到的 3 个端点的情况相对应）。在实物图中，还可观察到升压变压器初级绕组的每个独立绕组上都跨接有一组与之并联的阻容（第一组是 C839、R855，另一组是 R856、C838）。这种在实物图上可观察到的跨接在逆变器升压变压器初级绕组上的阻容，是我们判断该逆变器是否属于推挽逆变器的重要依据：通过比较后可以发现，其他 3 种逆变器实物图均不具备这个特点。

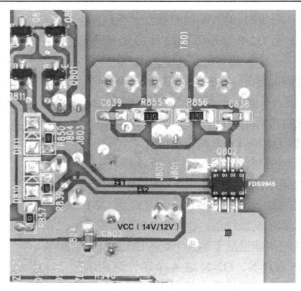

图 10-5　Dell 品牌液晶显示器推挽逆变器的实物图（局部）

我们再观察逆变器使用的开关管（FDS9945），这是一个双 N 沟道场管。

不难发现，FDS9945 中的两个场管的漏极 D 分别与初级绕组的一端（非独立绕组互连的）直通，两个场管的源极 S 通过同一块布线互连（直通），该布线很宽，明显是 VCC 或地，跑线或用万用表测阻值后，不难发现它就是地。

我们再观察一下 J802、J801 这两根并联的跳线，它们负责将 VCC（14V/12V）送至初级绕组中两个独立绕组互连的公共点。

最后，线 1、线 2 对应两个场管各自的栅极 G。

经实测，此升压变压器两个独立绕组的真实阻值为 0.09Ω、0.09Ω，串联后总阻值为 0.19Ω，正常。次级绕组的真实阻值为 460Ω，正常。

如图 10-6（清晰大图见资料包第 10 章/图 10-6）所示为某品牌液晶显示器推挽逆变器的实物图（局部）。该逆变器有两个升压变压器，四灯。

仅通过肉眼观察就不难发现以下直通性。

（1）Q6 和 Q5 的两个源极 S 都通过布线四互连（经跑线或测量后发现布线四是地）。

（2）Q6 的漏极 D 分别与两个升压变压器中的一个独立绕组通过布线一互连，Q5 的 D 分别与两个升压变压器中的一个独立绕组通过布线二互连，升压变压器独立绕组互连的公共点经跳线互连并共用布线三。

不难发现，该逆变器中的两个升压变压器实际上是通过布线一和布线二并联在一起的，两个升压变压器实际上是通过 Q6 和 Q5 这一对 N 沟道场管同时驱动的。

经实测，此升压变压器（拆下其中的一个测量）两个独立绕组的真实阻值为 0.10Ω、0.10Ω，正常。次级绕组的真实阻值为 713Ω，正常。

使用一对 N 沟道场管同时驱动两个并联升压变压器的设计目的主要是为了节约成本。稍好的设计会为每个升压变压器配备一对 N 沟道场管。如图 10-7（清晰大图见资料包第 10 章/图 10-7）所示为某品牌（稍好的）液晶显示器推挽逆变器的实物图（局部）。它的两个升压变压器并非并联，而是分别由各自的一对 N 沟道场管驱动。

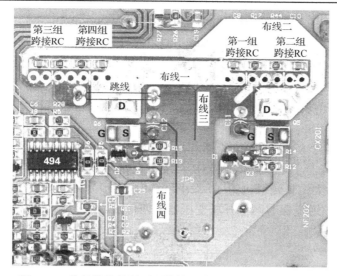

图 10-6　某品牌液晶显示器推挽逆变器的实物图（局部）

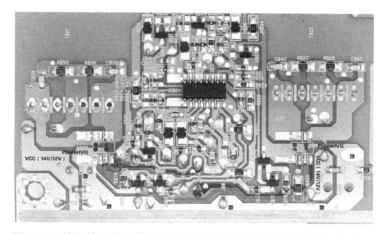

图 10-7　某品牌（稍好的）液晶显示器推挽逆变器的实物图（局部）

通过观察不难发现，该推挽逆变器使用了两个升压变压器，每个升压变压器对应一个 8 脚的双 N 沟道场管（Q802、Q803）。仔细观察 Q802 的 2 脚和 Q803 的 2 脚的布线，会发现它们使用同一块布线互连（驱动信号来自 R839）。同样，Q802 的 4 脚和 Q803 的 4 脚的布线也具有同样的特征。

这说明逆变器的驱动电路被一分为二，以并联的形式同时驱动 Q802 和 Q803（共享驱动电路）。

10.2.2　全桥逆变器

下面分析全桥逆变器的原理图，并总结它的结构特点。

从图 10-4 中不难看出，全桥逆变器使用了两个 N 沟道场管和两个 P 沟道场管：Q1-N、Q2-N、Q1-P、Q2-P。

首先，Q1-N 和 Q1-P 的漏极 D 是互连的，并且直通升压变压器初级绕组的一端；Q2-N

和 Q2-P 的漏极 D 也是互连的，并且直通升压变压器初级绕组的另一端。与推挽逆变器升压变压器不同，全桥逆变器升压变压器的初级绕组只有一个独立的绕组。这是全桥逆变器区别于推挽逆变器的最显著的特点之一。

其次，Q1-P、Q2-P 各自的 S 极均直通 VCC，Q1-N、Q1-N 各自的 S 极均直通地。

这意味着当用万用表测量时，就会发现以下直通特性（这些直通特性是我们判断其类型的重要判据）。

（1）4 个场管的 4 个 S 极两两成对直通，并且其中的一对对地直通，另一对对 VCC 直通。

（2）4 个场管的 4 个 D 极直通，并与初级绕组直通。

如图 10-8（清晰大图见资料包第 10 章/图 10-8）所示为某品牌液晶显示器的全桥逆变器的实物图（局部）。该逆变器有两个升压变压器，四灯。

图 10-8　某品牌液晶显示器的全桥逆变器的实物图（局部）

通过观察不难发现以下事实。

首先，该逆变器的两个升压变压器是并联的：两个初级绕组的上端通过布线三互连，下端通过布线二互连。

其次，U2、U3（4511GH）各自的 1 脚通过布线六、跳线 2、跳线 1、布线四互连；U2、U3 各自的 4 脚通过布线五、跳线 3 互连。从布线四、布线五、布线六的宽度就不难推测出它们应该是供电或地。经观察，布线四上有一处 GND 的丝印（箭头标记处）。同时发现跳线 3-1 与一个 3A/32V 的熔断器（请注意其右侧的 VIN 丝印）互连，这说明布线五、跳线 3 一定是 VCC（14V/12V）。

在全桥逆变器中，升压变压器的初级绕组是受 4 个场管共同驱动的。其初级绕组的两端，分别接一对场管的公共点（两个场管的 D 极）。我们来观察此实物逆变器是不是与原理图相符合。因为两个升压变压器是并联关系，因此我们只分析左侧的这个升压变压器。

经观察发现，升压变压器初级绕组的下端经布线一与 U3 的公共点互连，其下端经布线三相电路板右侧延伸。布线三经 C17、C18 后才可经布线二后与 U2（丝印为水平翻转印刷，实物如此）的 D 极（D1/D2）互连。

我们假设 U3 中的 P 沟道场管导通，同时 U2 中的 N 沟道场管导通。

VCC 经 U3 的 P 沟道场管、布线一，从初级绕组的下端流入，从其上端流出，经布线三后流至陶瓷贴片电容 C17、C18 的上端。如果该电流能够从 C17、C18 的下端流出，就可经布线二流至 U2 的 D 极，进而通过打开的 N 沟道场管从其 S1 流入地，形成一个完整的回路。

那么，励磁电流能够流过 C17、C18 吗（原理图中并无此电容）？答案是肯定的。因为交流电是可以通过电容的。

我们再分析 U2 中的 P 沟道场管导通，同时分析 U3 中的 N 沟道场管导通的情况。

VCC 经 U2 的 P 沟道场管、布线二、C17 和 C18、布线三后流至初级绕组的上端，然后从下端流出，经布线一流至 U2 的 D 极，最后经打开的 N 沟道场管从其 S1 流入地，形成一个完整的回路。

综上所述，随着 U2、U3 中成对场管的交替轮流打开，就能够在初级绕组中产生方向呈周期性变化的励磁电流，也必然在次级绕组中产生周期性变化的感应电动势。

10.2.3　半桥逆变器

下面分析半桥逆变器的原理图，并总结它的结构特点。

从图 10-3 中不难看出，半桥逆变器使用了一个 P 沟道场管 Q1 和一个 N 沟道场管 Q2。

首先，Q1 和 Q1 两个漏极 D 是互连的，并且直通升压变压器初级绕组的一端。Q1 的 S 极直通 VCC，Q2 的 S 极直通地。最为重要的是，升压变压器绕组的另一端是接地的。这是半桥逆变器区别于推挽逆变器和全桥逆变器最显著的特点之一。

这意味着当用万用表测量时，就会发现以下直通特性（这些直通特性是我们判断其类型的重要判据）。

（1）Q1 的 S 极直通 VCC。

（2）其他测试点（Q1 的 D 极、Q2 的 D 极、Q2 的 S 极、升压变压器的初级绕组的两个端点）均直通，并与地直通。

如图 10-9（清晰大图见资料包第 10 章/图 10-9）所示为某品牌液晶显示器的半桥逆变器的实物图（局部）。该半桥逆变器有两个升压变压器，四灯。

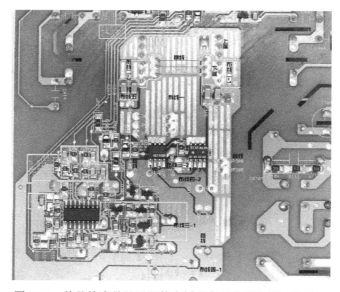

图 10-9　某品牌液晶显示器的半桥逆变器的实物图（局部）

通过观察不难发现以下事实。

首先，该逆变器的两个升压变压器是并联的：两个初级绕组的一端通过布线一互连，另一端通过布线二-2、跳线、布线二-1 互连。

其次，U301、U302（4511GM）各自的 1 脚通过布线三-1、跳线（JP308、JP309）、布线三-2 互连；U301、U302 各自的 3 脚通过布线二互连。从布线三-1、布线四-1 的宽度就不难推测出它们是供电或地，经跑线及实测，发现布线四-2、跳线（JP301、JP302）、布线四-1 是 VCC（14V/12V）；布线三-1、跳线（JP308、JP309）、布线三-2、布线五、无名跳线（3 根，图 10-9 中用黑线标出）是地。

笔者实测 U301、U302 各自的 2 脚和各自的 4 脚，发现它们直通。这说明 U301、U302 是并联的关系（读者应拆下后观察其布线），只针对其中一个分析其电路原理即可。

下面来分析 U301 驱动实物图中右侧的这个升压变压器的过程。

当 U301 中的 P 沟道场管导通时，VCC 从 S2 流入，从 D2 流出，经布线一后流入初级绕组的上端，经初级绕组后从下端流出。在原理图中，励磁电流从初级绕组流出后，就应该直接流入地，但在此实物图中却流向了 C319 和其右侧的陶瓷贴片电容（交流电是可以通过电容的）的一侧。C319 和其右侧的陶瓷贴片电容的另一侧焊接在布线三-1 上，而布线三-1 就是地。

可见，当 U301 中的 P 沟道场管导通后，VCC（14V/12V）是能够按照前述的回路对初级绕组充电的。随后，P 沟道场管截止，N 沟道场管打开以便放电。储存在初级绕组和 C319 及其右侧的陶瓷贴片电容中的能量会以电流的形式从初级绕组的上端流出，经布线一、N 沟道场管，从 S1 流回地（布线四-2）。这样，在充电时初级绕组中流过从上端到下端的励磁电流，在放电时初级绕组中流过从下端到上端的励磁电流。根据电磁感应定律，也必然在升压变压器的次级绕组一侧产生周期性变化的高压交流电动势。

拆下此逆变器升压变压器中的一个，如图 10-10 所示。

图 10-10　升压变压器

经观察后不难发现，其初级绕组实际上是由两个独立的绕组构成的：1、4 之间为一个独立的绕组，3、6 之间为一个独立的绕组。在电路板的焊盘一侧，1、2（空脚）、3 互连；4、5（空脚）、6 互连。这说明 1、3 为同名端；4、6 为同名端。读者应将其拆开，按照本书在前面介绍的如何认识变压器的知识点独立判断。

经实测 1、4 之间的真实阻值为 0.03Ω，3、6 之间的真实阻值为 0.03Ω，次级绕组的真实阻值为 696Ω，均正常。

10.2.4　一种特殊的半桥逆变器及其升压变压器

如图 10-11（清晰大图见资料包第 10 章/图 10-11）所示为某品牌液晶显示器的半桥逆变器的实物图（局部）。该半桥逆变器使用的是一种将两个分立升压变压器集成到一个骨架中的变压器（笔者将其命名为联合升压变压器），四灯。

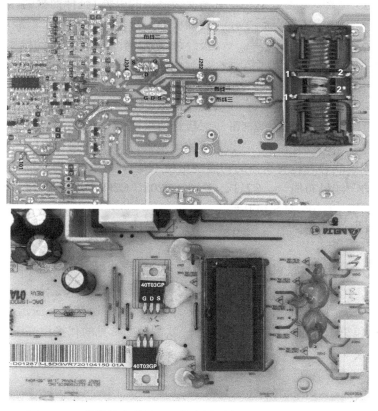

图 10-11　某品牌液晶显示器的半桥逆变器的实物图（局部）

通过观察不难发现以下事实。

首先，在联合升压变压器的内部，的确存在两组初级绕组及两组次级绕组。并且，两个初级绕组在板侧通过布线及跳线互连：1*通过布线二、J202、布线三互连；2*通过布线一互连。换句话说：联合升压变压器是变压器的生产厂家根据升压变压器并联的内在需要制作出的改进型号。

继续观察其逆变器使用的开关管（Q205、Q206）。这是两个表面刻字为 40T03GP 的 N 沟道场管。

在 10.1 节中，分别介绍了 4 种逆变器及其原理图。观察该逆变器使用的两个 N 沟道的 40T03GP 开关管，首先应该猜测它可能是推挽逆变器。但是，其联合升压变压器的初级绕组只有一个独立绕组的事实说明：它一定不是推挽逆变器。它也不可能是全桥逆变器，因为全桥逆变器需要使用 4 个场管（两个 40T03GP 显然是不够的）。综合这些因素，笔者判断它是一个使用双 N 沟道场管的半桥逆变器。

这个实物与笔者已经介绍过的使用一个 N 沟道场管和一个 P 沟道场管构成的半桥逆变器不同，其特殊性在于它是一个使用双 N 沟道场管的半桥逆变器，其原理图如图 10-12 所示。

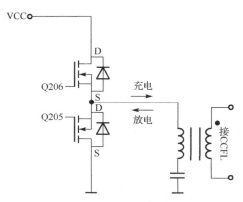

图 10-12　双 N 沟道场管半桥逆变器的原理图

我们继续观察实物。

先观察 Q206 的源极 S，看看它是否接地。追查布线四，发现它走向了变压器的低压输出部分。经观察，布线四就是从变压器低压侧的地（指变压器次级绕组的引脚）延伸而来的。我们再观察 Q205 的漏极 D，看看是否接 VCC。经观察，Q205 的 D 极经跳线 J204 后向变压器的低压侧部分延伸，最后到达箭头标记处的 J205 和 F200。显然，这是一个跳线电阻和一个保险电阻。顺着 F200 向下跑线，发现电感 L101。继续跑线，发现 L101 通往双整流二极管的中间脚（整流二极管的负极）。Q205 的 D 极的确是来自 VCC（14V/12V）的。

最后，我们观察联合升压变压器的初级绕组是不是一端接地，另一端接 N 沟道场管的公共点。初级绕组的一端经布线一、C211、C210、C208、C209 后到布线四（地）；另一端经布线二与 Q205 的 D 极、Q206 的 S 极互连。

此逆变器为半桥逆变器。

10.3　如何用可调电源和代换用高压板点亮灯管

为了满足维修的实际需要，代换用高压板（独立供电的逆变器）应运而生。如图 10-13（清晰大图见资料包第 10 章/图 10-13）所示为一款市场上常见的代换用高压板。

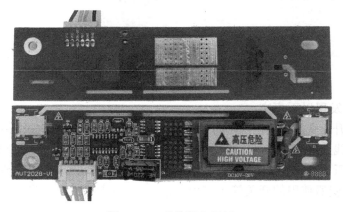

图 10-13　代换用高压板

经笔者分辨，这是一款使用了两个 4606（N+P 的复合双场管）的全桥逆变器。

通过观察不难发现，该高压板只有一个输入接口，其定义为：VCC、VCC、ON/OFF、ADJ、GND、GND。双灯，窄口（J2、J3）。

在升压变压器的下方，有"DC：10V-28V"的丝印。这说明 VCC 的供电范围是 10～28V。ON/OFF 显然是高压板的开/关信号。ADJ 是英文 adjust（调节之意）的缩写。对于任何发光系统（包括但不仅限于 CCFL）而言，其最迫切的调节需求应该是什么呢？当然是其发光强度（灯管亮度）。GND 为电源的地。

接下来，我们将使用可调电源及其他元件构造一个完整的 CCFL 发光系统。通过这个构造过程来重现高压板在液晶中的功能，探究其使能及控制过程。

首先思考高压板在液晶中的功能。

当按下 LCD 液晶显示器的开机按键之后，会发现屏幕开始发光（不论其有没有图像，有何种图像）。这说明高压板具有令屏幕内的 CCFL 发光的功能。当再次按下开机按键之后，又会发现屏幕不再发光。这说明高压板一定具有一个能够接收到开机按键发出的开机信号的"开关"。显然，这个用于控制高压板工作/不工作的开关就是 ON/OFF。但是，接口引脚出现的 ON/OFF 开关与液晶显示器外部的开机按键是截然不同的一种开关。开机按键是机械控制开关，ON/OFF 开关则只能是一种逻辑电平控制开关。换句话说，ON/OFF 脚上电压的高低将决定高压板是否工作。

不难想象，可以先给 ON/OFF 施加一个高电平（如 5V）。如果灯管被点亮，就说明该高压板为一个高电平使能。然后撤销这个高电平，灯管应该熄灭。这样的逻辑电平开关称为高电平使能。

有高电平使能，就有与之对应的低电平使能。实践经验告诉我们：大部分的逆变器（不论是代换用高压板还是电源逆变器一体板中的逆变器）都是高电平使能。

接下来，我们需要在用可调电源为 VCC 提供 10～28V 供电的同时，构造一个为 ON/OFF 提供 5V 使能电平的电路。

笔者使用了一个输出电压可调的低压差线性稳压器（LM317，读者也可使用 7805 等常见稳压器）及一个 103 的电位器，用于将可调电源输出的 14V 转为 5V（其接线简单，不再赘述），接线图如图 10-14（清晰大图见资料包第 10 章/图 10-14）所示。

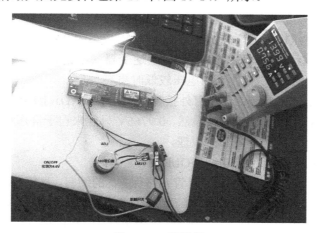

图 10-14　接线图

　　将可调电源的输出电压设置为 14V，限流设置为 1A。将可调电源的正极与高压板的 VCC（图 10-14 中为黑线）相连，将可调电源的负极与高压板的 GND 相连，将高压板的 ON/OFF 经机械开关与 LM317 调整得到的 5V 相连（实际笔者将其调节到 4.6V）。

　　打开可调电源及机械开关后，发现灯管已经被点亮。请读者注意观察可调电源显示的电流：0.756A。可见，此灯管（双灯）的输入功率为 10.58W。将可调电源的输出电压以 1V 的步进逐渐调高（以 28V 为上限），观察可调电源的电流，会发现电流随电压的升高而减小。20V 时为 0.532A（10.64W），28V 时为 0.384A（10.75W），且肉眼观察不到灯管亮度有无变化。

　　LCD 液晶显示器除具有可以控制灯管亮灭的机械按键开关以外，还具有调节显示器亮度的机械按键开关。同样的道理，接口引脚出现的 ADJ 也只能是一种逻辑电平控制开关。不过 ADJ 与 ON/OFF 略有不同。

　　对于 ON/OFF 来说，4.6V 是高电平，5V 也同样是高电平。高压板对 ON/OFF 高低的识别实际上是较为模糊的：足够高，就认为是高；足够低，就认为是低。可见，ON/OFF 虽然是模拟控制信号，但实际上已经具有了数字控制信号（只有高/低两种状态）的部分特征。ADJ 则是典型的模拟信号，其引脚上电压的高低，将直接决定着灯管以何种的强度发光（最亮与亮之间）。

　　我们可以推测：当 ADJ 上的电压由小到大逐渐变大时，灯管也将由亮向最亮变化；或者与之相反，当 ADJ 上的电压由大到小逐渐变小时，灯管也将由最亮向亮变化。

　　在上面点亮灯管的过程中，ADJ 实际上未连接任何控制电路。这意味着 ADJ 得不到外部提供的任何控制电压（实测为 0.9765V）。那么在这种情况下，灯管究竟是工作在最亮的状态还是亮的状态呢？

　　很简单，我们尝试着为 ADJ 引入一个比 0.9765V 更高的电压，然后观察灯管的实际亮度，根据其亮度的实际变化趋势，就能够做出与事实相符合的判断了，如图 10-15（清晰大图见资料包第 10 章/图 10-15）所示。

　　当 ADJ 未连接任何控制电路时，万用表显示其电压为 0.9765V，对应的高压板输入电流为 0.750A。

　　使用一个 4.7kΩ 的碳膜电阻，将 LM317 提供的 4.6V 引入 ADJ（引入后实测为 4.443V），对应的高压板输入电流为 0.490A（0.490 要小于 0.750，这说明灯管实际上是变得不如以前亮了），同时观察到灯管亮度显著降低。

　　可见，对于这个高压板而言，当 ADJ 上的电压由较小的 0.9765V 变为较高的 4.443V 时，其亮度是降低的。实践经验告诉我们：大部分的逆变器（不论是代换用高压板还是电源逆变器一体板中的逆变器）都是在 ADJ 上的电压较低时更亮。

　　在这里，笔者提出一个问题：在没有外接控制电路时，ADJ 上的电压为什么不是 0V，这个实测得到的 0.9765V 是谁提供的呢？显然，0.9765V 只能来自于高压板自身。请读者认真思考这个问题，这涉及高压板的核心工作原理。

　　最后，高压板还应该具有保护功能（OLP）。

　　OLP 是英文 Open Lamp Protection（灯管开路保护）的缩写。尽管 CCFL 是一种高度成熟、可靠的光源，但它是有一定使用寿命和故障率的。当灯管因为各种原因（正常损耗开路、接口开路）失去其作为负载的功能时，都会被高压板识别为 OLP（灯管开路）事件。一旦逆变器检测到 OLP，就应该触发其保护动作。

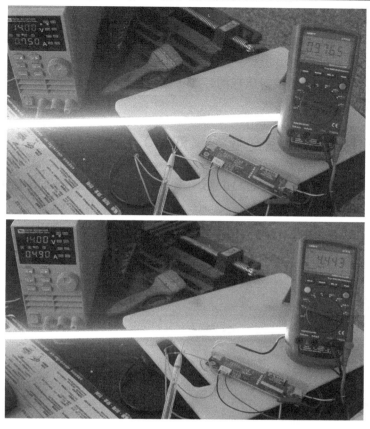

图 10-15　为 ADJ 引入更高的电压

　　我们将两只灯管中的一只拆下，人为地制造出一个 OLP 事件，加电，会发现未拆下的灯管微亮，数秒后熄灭（这就是所谓的"一亮即灭"）。逆变器进入保护状态。

　　将双灯高压板换为单灯高压板，配合可调电源及低压差线性稳压器，即可搭建出用于点亮单只灯管的实用电路，满足在实际维修时需要对封装在屏内的灯管（无须将其拆出）逐一进行品质判断的迫切需求。换句话说，可以通过点亮单只灯管并同时观察可调电源输入电流的具体数值的方法，来可靠地判别灯管的好坏。笔者将该方法称为"点灯电流判断法"。

　　以下是几种常见的故障类型及相应的点灯电流情况。

　　（1）灯管断裂。

　　灯管是一根中空、内壁上涂有荧光粉的玻璃管。当其断裂后，将表现为 OLP 开路状态。此时逆变器实际上会处于保护状态。

　　从可调电源上观察到的输入电流在 2mA 以下。

　　（2）灯管在屏幕内部打火。

　　当灯管引线虚焊或焊点外部绝缘用橡胶（套）有碳化、破损时，会引起焊点与灯架等导体之间的打火放电故障。

　　当打火时，从可调电源上可观察到输入电流显著变大（远大于 400mA），然后又趋于正常，并多次重复（电流忽大忽小）。或者在刚开始时电流值正常，随着工作时间的增加，输入电流也缓慢增加，甚至超过 1A。

（3）灯管正常老化。

随着灯管的正常使用，它会正常老化。此时，从可调电源上会观察到显著偏小（比正常灯管偏小 30mA 以上）的点灯电流。

由于屏幕内部的灯管都是成对出现的，对于四灯屏幕而言，只要发现其中一只灯的电流显著偏小即可准确判断其已经老化。

10.4　TL494 驱动的推挽逆变器（双灯）电路分析

如图 10-16（清晰大图见资料包第 10 章/图 10-16）所示是一款 Dell 品牌液晶显示器的"电源逆变器一体板"的实物图。

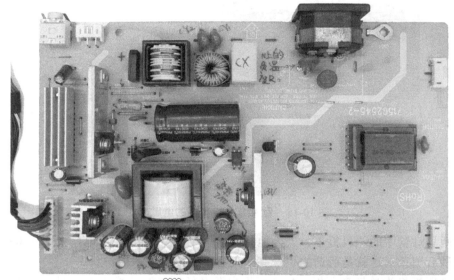

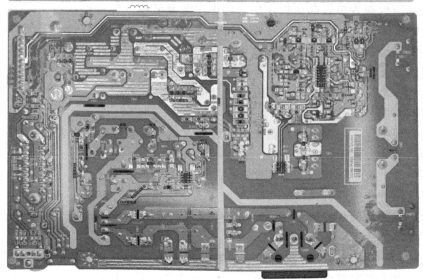

图 10-16　Dell 品牌液晶显示器的"电源逆变器一体板"的实物图

通过观察不难发现，其逆变器部分是以 TL494 为核心的，由双 N 场管驱动的推挽逆变器。本节将详细介绍该逆变器的工作原理。

在 10.3 节中，笔者已经归纳了逆变器的若干个基本功能：在 LCD 液晶显示器的机械开关的控制下开启及关闭逆变器；由逆变器将 14V/12V 低压直流电变换为高压交流电用于点亮灯管；逆变器脉宽可调，以便调节灯管亮度；在 OLP 事件发生时令逆变器进入保护状态。

接下来，我们将以此实物电路为研究对象，逐一明确上述 4 个功能得以实现的具体电路基础。

1. 逆变器开关机电路

逆变器的开关机，一般都是通过控制其 PWM 芯片供电的有无来实现的。

具体过程如下。当按下 LCD 液晶显示器上的机械开关后，机械开关会产生一个电平跳变，该电平跳变被驱动板捕获，然后发出恒定的高电平的 ON/OFF。高电平的 ON/OFF 最终会打开为 PWM 芯片的供电脚供电的供电元件（供电场管或供电三极管）。PWM 获得供电，逆变器开始工作，输出交流高压。当再次按下机械开关后，机械开关再次产生一个电平跳变，该电平跳变再次被驱动板捕获，然后发出恒定的低电平的 ON/OFF。低电平的 ON/OFF 无法令供电场管打开。PWM 的供电被切断，逆变器停止工作，灯管熄灭。

在实物图中，"电源逆变器一体板"产生的 14V/12V 经布线及跳线（J807、J803）、限流电阻 R804 后加至 Q808 的发射极。根据实物图中的丝印（B、E）不难看出，这一定是一个用于供电的三极管。当 Q808 导通后，14V/12V 经从其发射极流入、集电极流出，经布线、C825 滤波后加至 TL494 的 14 脚 VCC。至此，还可判定 Q808 是一个 PNP 三极管。

Q808 的基极与 Q805 的集电极直通（Q805 的发射极接地）。显然，Q808 是受 Q805 控制的。要令 PNP 的 Q808 打开，必须去拉低 Q808 的基极"感应电压"，这只需要令 Q805 从集电极（Q808 的基极）向发射极（接地）导通即可。因此，我们根据 Q805 的导通方向及丝印中的 B、E（有部分被遮挡），即可判定 Q805 是一个 NPN 三极管。

进一步观察 Q805 的基极，它经由布线直接来自驱动板与"电源逆变器一体板"互连接口的 ON/OFF。对于 NPN 三极管而言，高电平才可令其导通。因此，我们还能够判定该显示器正常工作时发出的 ON/OFF 是一个恒定的高电平。

用万用表二极管挡实测这两个三极管的 4 个 PN 结的压降，发现其压降测不出来。这意味着 Q808 和 Q805 应该不是普通的三极管，可能是内置电阻的三极管。应使用偏置电源模拟导通来测量其集电极与发射极之间是否已经导通。经查阅资料，证实 Q808（PDTC144WE）、Q805（PDTA144WE）确实是内置电阻的三极管。

2. 逆变器升压电路

对于推挽逆变器而言，其升压变压器初级绕组中流过的方向周期性变化的电流是通过开关管的周期性交替导通实现的。换句话说，Q802（9945）中的两个 N 沟道场管是周期性交替导通的。

如图 10-17 所示是在 494 的 9 脚 E1、10 脚 E2 测量到的 494 输出的他励驱动波形。

如图 10-18 所示是垂直分度为 2V、时基为 2.5μs 时的波形。

两者完全相同，但后者便于观察。

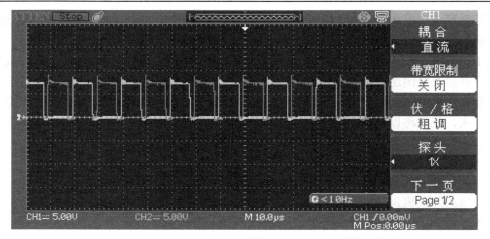

图 10-17　494 输出的他励驱动波形

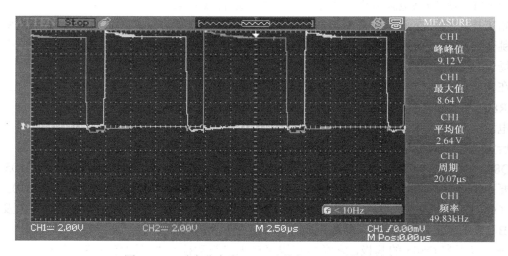

图 10-18　垂直分度为 2V、时基为 2.5μs 时的波形

通过观察不难发现，两个他励驱动方波都有一个同时为低的时段（不到一格，估计为 2μs）。这是推挽逆变器的固有特点。它是通过 TL494 的 DTC 在其内部的 0.1V 的补偿实现的（绝对死区时间）。

观察其最大值为 8.64V。用万用表测量 14V/12V 为 10.36V（带载），正常。

观察其频率为 49.83kHz。那么 494 的振荡频率应该是它的两倍，即 99.66kHz 左右。

如图 10-19 所示是在 494 的 5 脚 CT 测量到的锯齿波波形。

观察为 93.55kHz。尽管有一定的测量误差但正常。

逆变器使用的两个 N 沟道开关管（Q802）实际上是由 TL494 直接驱动的。这是因为芯片产生的他励方波的驱动能力有限。要想可靠地驱动 Q802，还需推挽放大电路的中转。

推挽放大电路由 Q811、Q812（对应 Q802 的 2 脚，第一个 N 沟道场管）和 801、Q804（对应 Q802 的 4 脚，第二个场管）构成。4 个 220 贴片电阻（R839、R850、R829、R825）均为信号平滑电阻，兼有保险电阻的作用。

Q802 两个栅极的波形与 494 的 9 脚 E1、10 脚 E2 的波形等价，不再抓图举例。

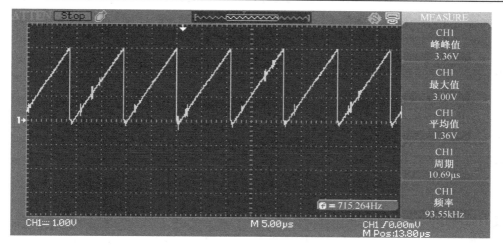

图 10-19　494 的 5 脚 CT 测量到的锯齿波形

　　这里，补充介绍推挽逆变器升压变压器初级绕组的尖峰吸收阻容电路：跨接在两个初级绕组上的 C839、R855 和 R856、C838。

　　对于真实推挽逆变器而言，是不能不考虑开关管关断瞬间在初级绕组上产生的感应电动势的，因为升压变压器实际上是具有漏感的。其实际原理图如图 10-20 所示。

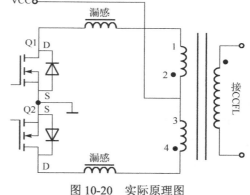

　　在开关管关断时，在漏感上会产生左正右负感应电动势，这个感应电动势还会与 VCC 叠加在一起，作用到截止的开关管的漏极。增加了开关管击穿的概率，是影响电路工作的消极因素，必须设法控制。

图 10-20　实际原理图

　　如图 10-21 所示为此实物开关管 D 极的实际波形。

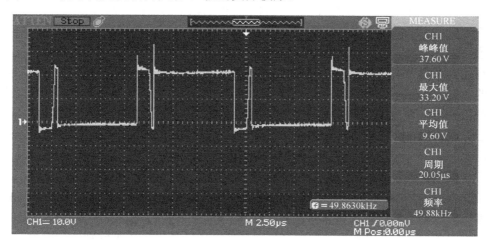

图 10-21　D 极的实际波形

　　请注意 33.20V 的最大值。如果没有 C839、R855 和 R856、C838，会测到一个更高的最大值。开关管击穿的概率急剧增大。因此，C839、R855 和 R856、C838 实际上就是尖峰吸收阻容。

3. 逆变器脉宽调制电路

所谓脉宽调制电路，就是确定逆变器的振荡频率及占空比的电路。

494 的振荡频率由 CT、RT 确定，具体内容请参考本书的相关内容，此处不再赘述。

当 CT、RT 的外接定时电容和定时电阻确定以后，决定 494 输出的他励方波占空比的因素就只剩下了 3 个：DTC 死区控制（它实际上具有最高的调制优先级）；494 的 1 脚、2 脚之间的运算放大器；494 的 16 脚、15 脚之间的运算放大器。这 3 个因素都是独立起作用的。换句话说，494 输出的他励方波的占空比，是这 3 个因素独立起作用后的总效果的叠加。

我们先简述 DTC 对 494 占空比的影响。

所谓死区控制，是针对 494 内部集成的两个体 NPN 三极管而言的。只要 DTC 为高电平，两个体 NPN 三极管就截止（这意味着 494 将停止发出他励方波。换句话说，494 处于待机状态）。其难点在于需要明确 DTC 的高电平何时算高，何时算低，即判断 DTC 为高或低的依据是什么？

判断 DTC 为高还是为低的依据是 CT 的当前电平。通过观察 CT 的波形，我们不难发现它是一个上升沿（见前面的示波器截图，从 0V 上升到 3.00V 的锯齿波）。

我们假设 DCT 当前电平为稳定的 5V，CT 从 0V 一路攀升，即使已经达到其最高点的 3.00V，DCT 还是会高于 CT 的。此时，DTC 在 CT 整个上升沿中都是高电平，494 中的两个体 NPN 三极管就保持截止，494 实际上处于不工作的待机状态。

我们再次假设 DCT 当前电平为稳定的 2V，CT 从 0V 一路攀升，在 CT 未达到 2V 之前，DTC 在 CT 的前一个阶段的上升沿中都是高电平，494 处于不工作的待机状态。但是，一旦 CT 超过 2V 后，DCT 在 CT 的后一个阶段的上升沿中就变为了低电平。此时，494 中的两个体 NPN 三极管开始交替轮流导通，输出他励方波的高电平时段，直到 494 的两路运算放大器强制斩波为止。

通过对 494 工作原理的详细分析，我们不难得到以下的结论：从理论上说，即使对 494 中的两路运算放大器弃置不用，我们也可仅通过对 DCT 电压的调制来获得期望的占空比。

敏感的读者可能立刻就会提出下面的问题：既然 DTC 与 CT 的互相配合已经可以完美地实现调制他励方波占空比的功能，那么为何还要在 494 中集成两路额外的用于调制他励方波占空比的运算放大器呢？换句话说，两路体运算放大器是多此一举的设计吗？答案是否定的。因为生产厂家肯定有更为充分的设计理由。即使从常识的角度出发，我们也能够推测出额外的两路运算放大器肯定能够为 TL494 的实际应用提供诸多便利（事实也的确如此，这是反馈的内在需要）。

我们再概括两路运算放大器对 494 占空比的影响。

在实际应用中，494 的两路体运算放大器的反相脚通常是作为门限值设定脚来使用的，而其同相脚自然也相应地作为反馈脚来实用。

在实物图中，我们可以观察到这两路体运算放大器的各自反相脚分别外接两个分压网络：2 脚外接 R832、R831；15 脚外接 R807、R808。显然，5V 的 REF 经分压后，就可以在 2 脚和 15 脚得到各自稳定的门限值。这显然是利用芯片自身的 REF 供电设定芯片自身工作条件的典型应用。

根据运算放大器的工作原理不难得知：当用作反馈的同相脚的电压小于反相脚时，运算放大器输出低电平，此时体运算放大器对 494 的占空比没有影响（仅由 DTC 及 CT 决定）；当同相脚的电压大于反相脚时，体运算放大器输出高电平，体运算放大器输出的这个高电平与 DTC 的高电平在 494 的内部会产生完全一样的效果——令两个体二极管截止（这意味着他励方波的占空比被强制调整了）。

要弄清楚这两路体运算放大器是如何具体进行脉宽调制的，就必须从其外围电路入手。但在此之前，笔者希望读者首先思考逻辑而非电路方面的问题：既然两个运算放大器能够同等（两者地位完全相同）地影响 494 的占空比，那么具体时刻下的占空比究竟由两者中的哪一个来决定呢？显然，这个问题有助于我们明确真正的研究对象。

接下来，我们将结合实物分析该逆变器进行脉宽调制的全部过程，并明确 DIM 信号用于灯管亮度调节的电路基础及具体过程。

我们首先观察 DIM 信号与 494 的关系。

从"电源逆变器一体板"与驱动板的互连接口过来的 DIM 信号经布线、J809 后送至 R807 的右端，R807 的左端经 Q806 的一脚（中间脚）、二极管 D817 后直通 494 的 1 脚 1+。在不考虑其支路（跳线 J811 及电阻 683）及元件（一端对地的 150 和 913）的情况下，我们能够非常容易地分析出 DIM 的确具有影响 494 的占空比的作用：只要 DIM 足够高，而且 Q806 截止，足够高的 DIM 就可以通过 D817，经 R851（表面刻字为 150）和 R802（表面刻字为 913）分压（这个分压网络还包括 R827，针对 5V 的 REF 分压）后，为 494 的 1 脚 1+（实测为 0.4512V）提供一个超过 1- 的电压。此时的 494 实际上不工作（足够高的 DIM 会令 494 处于死区状态）。

换句话说，在不考虑其支路［指跳线 J811 及 R841（表面刻字为 683）］且 Q806 截止时，可以令 DIM 为一个足够高的电平，以便使 494 的 1 脚、2 脚之间的运算放大器输出高电平，令 494 待机。

可不可以令 DIM 为一个足够低的电平，以至于 1+ 始终小于 1- 呢？答案是既可以，也不可以。如果真的发生了这种情况，那么 494 的 1 脚、2 脚之间的运算放大器就会始终输出低电平，该路运算放大器就起不到影响 494 的占空比的作用了，这等于是将此路运算放大器弃置不用，显然是与事实不符的。因为真实逆变器不仅使用了该路体运算放大器，而且该路运算放大器与驱动板输入的 DIM 还真实地具有调节亮度的功能。仅从逻辑上讲，将 494 的 1 脚、2 脚之间的运算放大器弃置不用是可能的，因为还有另一个体运算放大器可供脉宽调制使用。

我们再分析 DIM 信号。在亮度恒定的情况下，用万用表测量 DIM 时，可测到 DIM 是一个稳定的电压。换句话说，只要亮度恒定，DIM 就是恒定的。之所以要明确这个问题，是因为这是我们破解亮度调节电路的金钥匙。

在前面的分析中，我们已经假定了 DIM 的电平高低（足够高或足够低），并忽略了支路（跳线 J811 及 R841）对其的影响。得到了两个重要结论：如果稳定的 DIM 足够高，则 494 将待机；如果稳定的 DIM 足够低，则 494 的占空比将不受此路运算放大器的影响。

事实如此吗？显然不是。这说明该体运算放大器除受到了稳定的 DIM 的控制之外，还一定同时收到另一个不稳定的信号的控制。只有这样，该路体运算放大器才能如事实中的表现一样，令逆变器正常工作且亮度可调。这个变化的信号是通过跳线 J811 及电阻 683 输入运算放大器的同相脚（494 的 1 脚）的。在实物图中，笔者对 J811 的两个引脚标以 FB（反馈）的字样。FB 来自 D802 和 D801。显然，FB 是 CCFL 给 TL494 的反馈信号。正是在变化的 FB 与稳定的 DIM 的共同作用下，该路体运算放大器实现了动态调节 494 占空比的功能。

至此，我们已经通过单纯的、缜密的理论分析，得出了 FB 一定是一个具有一定波形的信号。其实测波形如图 10-22 所示。

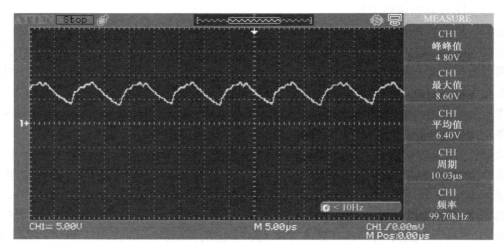

图 10-22　实测波形

实践经验告诉我们，对于大部分逆变器而言，如果不接 DIM，灯管就会以最大的亮度发光。不接 DIM 就意味着 DIM 实际上处于足够低的状态（494 不受 DIM 的影响）。该路体运算放大器将只受到 FB 的控制，当 FB 上升到足以令 494 的 1 脚电压等于 2 脚电压时（实际上是对 C842 充电），494 才会停止他励方波中高电平时段的输出。此时，494 将输出最大的占空比，灯管亮度最高。

当给定一个稳定的 DIM 后，一定电压的 DIM 会提前对 C842 充电，其直接结果是减少了 FB 对其充电以达到令体运算放大器状态翻转的充电时长。DIM 越高，FB 需要对 C842 充电的时长越短，494 就更早地输出他励方波的低电平时段，占空比越小，灯管亮度越低。当 DIM 取最大值时，亮度最低。

最后介绍 Q806 的作用。Q806 导通与否，将决定 DIM 是否会被拉低到地。如果 Q806 在某个时刻导通，DIM 被拉低到地，这就意味着逆变器此刻可能是希望该路体运算放大器不受 DIM 的控制，而只受 FB 的控制。

考虑到不接 DIM（等价于 DIM 足够低）实际上就已经令体运算放大器不受 DIM 控制了，Q806 的出现肯定是出于其他必要性的考虑：Q806 的导通，将直接导致 DIM 的无效，更重要的是意味着 494 的脉宽调制决定权将转由 494 的 15 脚、16 脚之间的运算放大器控制。

笔者将 494 的 1 脚、2 脚之间的体运算放大器命名为"DIM 运算放大器"。

4. 逆变器 OLP 保护电路

通过前面的分析我们不难发现，在逆变器正常工作时，好像并没有涉及 494 的 15 脚、16 脚之间的这路运算放大器的任何电路行为。这说明该体运算放大器似乎与逆变器的正常工作无关。观察其外围电路，不像是弃置不用的运算放大器。笔者大胆推测：既然与逆变器的正常工作无关，那就一定与逆变器的不正常工作有关。换句话说，笔者推测这是一个在逆变器发生不正常事件时起作用的一个体运算放大器。

对于逆变器而言，究竟有什么不正常的事件呢？当然是 OLP 灯管开路事件。因此，笔者将其命名为"OLP 运算放大器"。

我们来分析 16 脚（2+）的外围电路。与 16 脚直通的元件一共有 4 个：电阻 R803、二极管 D814、电阻 R862、电容 C845。

在不考虑 Q809 的情况下（先假定 Q809 截止），5V 的 REF 是可以一路通过 R818、R803、R862 为 2+提供一个电压的（实际上是为 C845 充电）。R818 的阻值为 1kΩ，R803 的阻值为 560kΩ，R862 的阻值为 1000kΩ。不难看出，这是一个针对 5V 的分压网络。那么，在 Q809 截止的情况下，R862 的左端应该分得多少电压呢？

我们先不考虑 D814 的作用。经过简单计算不难得出，在没有 D814 时，应在 R862 的左端分得 3.2V（远高于 2−的 0.4531V 的实测值）。R803 两端的压降应为 1.79V，且左高右低，D841 截止（此二极管的作用不明）。因此，如果 Q809 截止，则该路体运算放大器将输出高电平，494 将待机。这不正是 OLP 灯管开路事件发生后需要逆变器发生的电路行为吗？

有的读者可能会问，笔者是怎么知道上述可导致 494 待机的电路行为就一定是 OLP 呢？这是利用排除法做出的判断。第一，494 的供电（VCC）已经受到了 ON/OFF 的控制。第二，494 的 1 脚、2 脚之间的运算放大器又能够确保逆变器的正常运行（包括亮度调节）。在排除了 494 在开关机、正常稳压的待机需求之后，494 的 16 脚、15 脚之间的运算放大器导致的待机就剩下了最后的一个可能：OLP 保护。

考虑到我们是首先假设 Q809 处于截止状态下会导致 494 处于待机 OLP 保护状态，那么，在逆变器正常工作时，Q809 就一定是打开的，这是很容易理解的。只有打开的 Q809，才能令 R803 左端被拉低到地，才不会令该路体运算放大器执行保护动作。而当逆变器检测到 OLP 事件后，Q809 立刻截止，令 R803 左端原本被拉低的电平恢复为高电平，送 2+后令 494 进入保护状态。与此同时，Q806 也经 R835 获得高电平导通，将 DIM 拉低到地，令其隔离于系统之外（实际上是令 494 的 1 脚、2 脚之间的运算放大器隔离于系统之外，494 的控制权转交给 494 的 15 脚、16 脚之间的运算放大器）。

最后，我们来分析 Q809 的导通条件，即何时发生 OLP 事件，并明确若干 CCFL 反馈电路中的信号。

Q809 的基极实际上外接了一个针对 REF 的分压电路（R837、D806、R835），它显然是由电阻和二极管构成的非线性分压电路。不仅如此，该分压电路还具有一个支路（J812、D807、D805、R828、R814、R817、R801），通过观察实物不难发现它来自 CCFL 反馈电路，该支路也同样是由电阻和二极管构成的非线性分压电路。

接下来，我们需要解决一个实际问题：对于一个不仅是非线性的，而且是具有支路的分压电路而言，我们如何得知其各个结点分压的具体情况呢？具体来说，我们如何明确包括 Q809 的基极在内的各个关键结点的电压呢？如果我们不知道这些关键结点的具体电压，就无法对 Q809 的具体开关状态进行判断。

很简单，笔者打算通过实际测量的方法来解决这个问题，方法如下。第一，将 TL494 拆下，利用可调电源为其 14 脚 REF 提供一个外挂 5V。第二，实测电路中各结点的实际分压。为方便读者分析，笔者将实测值用绿色的字体标注在了实物图中的相应位置。

我们测量外挂 5V REF 后 Q809（真实型号为 2N7002）的基极电压，0.6564V。与其 2.3V

的导通电压相去甚远，Q809 截止（这意味着我们外挂 5V 后，逆变器实际上处于 OLP 保护状态）。截止的 Q809 将无法阻止 2+获得一个足够高的电平来令 494 进入待机状态。

在正常工作时，5V REF 是始终存在的，这说明此时此刻，位于跳线 J812 之后的电路实际上是拉低了 R837（表面刻字 473）右端本来为高（逆变器正常工作时）的电平。我们可以通过估算或实测来证实我们的判断：假设不存在 J812 这个支路，计算一下非线性分压电路 R837、D806、R835 的分压情况。根据之前的实测结果，可知 D806 的实际导通压降为 0.9377V 减去 0.6564V，约为 0.28V。从 5V 中减去 0.28V，就可以得到 R837、R835 分得的总电压为 4.72V。然后再按照线性分压电路的计算公式不难得出 R835 的左端（Q809 的基极）应分得 4.5V，远高于 0.6564V。也可直接摘掉跳线 J812 后，再次测量 R835 左端的电压。

在实物图中，笔者将 J812 的两端标注了 OLP D+的字样。通过上面的分析，我们可以得到一个结论：OLP D+为低时，它会拉低 Q809 的基极电压。换句话说，当逆变器正常时，OLP D+应该是个高电平，这意味着 D805、D807 两个钳位二极管必须处于截止状态。

我们分析 D805、D807 负极的外围电路。OLP1 D–经 R828、R814 后接地，OLP2 D–经 R817、R801 后接地。二极管的截止说明其负极的电压等于或大于正极电压，那么，OLP1 D–及 OLP2 D–上的等于或大于 OLP D+的电压是从哪里来的呢？显然，它只能从 OLP1 及 OLP2 处来。那么，OLP1 及 OLP2 上的高电平从哪里来的呢？我们来逐个排除，因为是双灯，所以我们只分析其中一路（OLP1）即可。

R814 只会拉低 OLP1，它一定不是高电平的来源。D802 上侧的这个二极管只会将 OLP1 的最低电平钳位到地，也一定不会是高电平的来源。D802 下侧的二极管用于 OLP1 的输出，也不是高电平的来源（跟 OLP1 能够获得高电平无关）。可见，只有 R822 才是可令 OLP1 有可能为高电平的唯一因素。R822 的右端直通灯座，灯座是逆变器的高压输出端，笔者将 R822 命名为"CCFL 反馈电阻"。

如图 10-23 所示是 OLP1 和 OLP2 的实际波形。

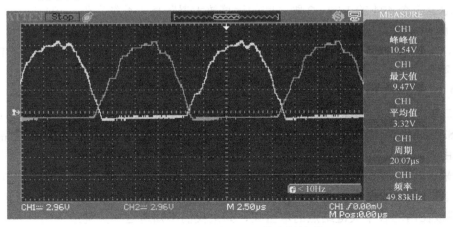

图 10-23　OLP1 和 OLP2 的实际波形

至此，我们已经比较彻底地分析了以 TL494 为核心的推挽逆变器的工作原理。

最后补充几个实测数据。

逆变器正常工作时，OLP D+为 3.0V，Q809 的基极电压为 2.8V，14V/12V 为 10.80V（灯亮）、13.44V（灯灭）。

10.5　OZ9938 驱动的全桥逆变器（四灯）电路分析

如图 10-24（清晰大图见资料包第 10 章/图 10-24）所示是某品牌液晶显示器的"电源逆变器一体板"的实物图。

通过观察不难发现，其逆变器部分是以 OZ9938 为核心的，由两个 P2503NPG（N 沟道+P 沟道的复合双场管）驱动的全桥逆变器（升压变压器为一个联合变压器）。在 10.4 节中，笔者已经从逆变器功能的角度概括并归纳了若干概念和电路，这些内容当然也同样适用于本节。

在本节中，笔者尝试以一种较为创新的表达方式来详细地介绍此逆变器的工作原理。笔者将以实际跑线为出发点，展示如何通过"实际跑线""扎实的基本元件知识""元件资料查询""大胆假设、小心验证"四者相结合的方式，引导读者逐步地将一块原本不熟悉的电路板从认识到精通其电路原理，达到能够维修的水平。

我们从联合变压器次级绕组的 4 个引脚焊盘开始介绍。

1、2、3、4 脚均分为两路。

第一路经体积稍小的蓝色陶瓷电容后直通灯座的一脚。C402、C403、C405、C406 完全相同，表面刻字为 471k 1kV（1000V/470pF/±10%）。从布线不难看出，灯电流只有通过这 4 个电容后才可到达灯管。显然，该路是用于点灯的，这 4 个电容被称为镇流电容。

第二路经体积稍大的蓝色陶瓷电容后去后级电路。C417、C414、C411、C408 也完全相同，表面刻字为 5D 6kV，其耐压为 6000V，但"5D"的含义不明确（可能是 5pF/±0.5%）。将电容表定位至 200pF 挡位，调零，依次测量：6.2pF、6.3 pF、6.2 pF、6.2 pF（对于如此小的电容来说，1pF 左右的误差是很正常的）。显然"5"指其标称容量为 5pF，"D"的含义不明确，也不像是误差等级（有可能是封装材料的代号）。经观察，这一路经布线去往下级电路，与灯座并无直接关系。显然，第二路一定不是用于点灯的，那它的作用是什么呢？考虑到它直接来自联合变压器次级绕组的引脚，笔者认为它是逆变高压的反馈。

我们继续往下追查。

先观察 C408 的后级电路，C408 与 C410 和 D403 的中间脚直通。D403 左侧的二极管正极接地，这显然是一个钳位二极管，令 D403 的中间脚始终钳位在地（0V）以上，D403 左侧的二极管是一个整流二极管，当 C408 与 C410 构成的电容分压电路对逆变高压进行分压后，D403 左侧的二极管正向偏置，将这个分压输出至后级电路。

另外 3 个电容（C417、C414、C411）的后级电路是否与 C408 的相同呢？从常识的角度出发，我们有理由推测其是相同的。继续观察以验证我们的推测。先观察 C411，经跑线后，发现了双二极管 D404，分压电容 C413，与 C408 一路完全相同。继续观察，跑线，发现 C414 也如我们猜测的一样，与 C408 一路完全相同。最后观察 C417，发现了双二极管（没找到其丝印），观察其表面刻字是否与其他三路使用的双二极管相同，的确相同。寻找周边是否有分压电容，未见。这说明这个分压电容在板子的其他位置。将此双二极管拆下，仔细观察布线，发现中间脚经布线走向左侧，跑线，终于找到一个电容（C419），用万用表复测两端的直通性：一端与双二极管的中间脚的确直通，另一端的确接地。确定 C419 就是 C417 的分压电容。总之，这 4 路具有完全一样的结构，使用了完全一样的元器件，体现出了高度的重复性。

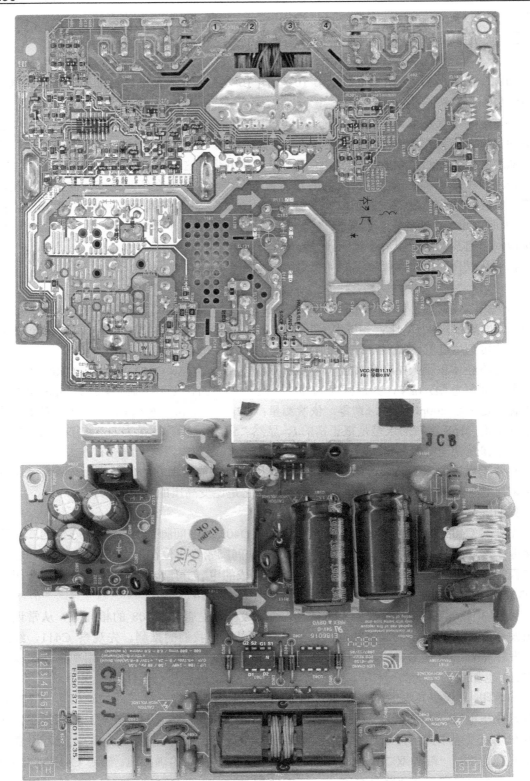

图 10-24 某品牌液晶显示器的"电源逆变器一体板"实物图

将注意力重新转回 D403，观察其右侧的整流二极管的负极，以明确此路反馈经电容分压、二极管整流后输出至何下级电路。

D403 右侧的整流二极管的负极左侧、右侧均有布线延伸。右侧布线经一个 0Ω 电阻后通往 D404 的下方：经试探法明确，是通往 D404 右侧（实物图中为下方）的二极管的负极。这意味着此两路反馈在经二极管整流后并联了。那么，剩余的两路是否也并联呢？直接用万用表测量 D405、实物图中标 4-3 的双二极管右侧的二极管的负极是否与 D403 右侧的二极管的负极直通，的确直通。这说明 4 路反馈并联。

继续观察 D403 右侧的整流二极管的负极左侧的布线，跑线，首先追至 D405，然后追至一个 0Ω 的电阻。0Ω 电阻直通 OZ9938 的一脚。经查阅 OZ9938 的数据表，此脚为 VSEN，数据表中的解释是 "Voltage sense feedback"（电压感知反馈）。显然，这是芯片用于获得逆变器输出的高压的输入脚。不难想象，既然 OZ9938 可以通过 VSEN 获得逆变高压的实时数值，那么一旦芯片监测到逆变高压过高时，肯定是可以触发某种过压保护逻辑的。

从 0Ω 电阻的上端开始继续往左跑线，终于追至实物图中标 4-3 的双二极管右侧的二极管的负极。至此，联合变压器次级绕组的 4 路过压反馈电路已经全部明确。

下面，我们将注意力转向灯座。

每个灯座有两个引脚，其中的一个引脚经镇流电容后直通联合变压器的次级绕组（这一路我们已经介绍过了），另一个引脚经较细的布线向板子的两侧延伸。

我们先跑一下 P301、P302 这两个灯座另一个引脚的外围电路。读者可能会问，笔者为什么不选择从 P303、P304 这两个灯座开始呢？这当然是有原因的。因为针对 P301、P302 的跑线过程要易于 P303、P304。具体原因如下。

我们整体观察这块"电源逆变器一体板"，会发现它有两个元器件比较密集的区域，一个位于逆变器 PWM 的周边（笔者称为"区域 1"），一个位于联合变压器的右侧（笔者称为"区域 2"）。我们再观察 4 个灯座另一个引脚的布线，发现 P303、P304 这两个灯座的布线通向了"区域 1"，而 P301、P302 这两个灯座的布线通向了"区域 2"。并且，"区域 1"与"区域 2"之间，还可观察到明显的互连布线（联合变压器正下方）。这些元器件布局的特征，给了我们关于电路功能的如下暗示。

（1）"区域 1"中除有以 OZ9938 为核心的电路之外，还具有与 P303、P304 这两个灯座有关的电路。

（2）"区域 2"中主要是与 P301、P302 有关的电路。

（3）对于"区域 1"来说，"区域 2"是"区域 1"输入源头。显然，针对同时具有 PWM 电路和灯座电路的"区域 1"的跑线难度会远大于只具有灯座电路的"区域 2"的跑线难度。为了排除不熟悉的 PWM 电路对我们的消极影响，笔者决定从 P301、P302 开始。

P301 经布线后通往 R410 和 R419，这是两个并联的表面刻字为 302 的贴片电阻，然后再经 R401 和 R413（这两个 302 电阻也是并联的）后对地。显然，这 4 个 302 构成了一个分压电路。经观察，此分压经布线送至双二极管 D401 右侧的二极管的正极，显然是整流后对 C409 充电，R405（表面刻字 203）实际上是 C409 的充电电流限流电阻。总之，P301 首先经分压，再经整流，然后经 RC（指 C409、R405）这个简单积分电路积分后，最后在 D401 的中间脚输出一个与灯座有关的某种反馈。

此时还难以判断它究竟是何种反馈，不过我们可以从常识的角度猜测一下。在逆变器这个领域，所谓的反馈无非是（灯）电流反馈、（逆变器高压）电压反馈、（灯管）OLP 反馈。考虑到电压反馈已经被我们查明，那么 D401 中间脚的反馈就只能是电流反馈或 OLP 反馈或两者皆是。看来，只有继续分析下级电路才能明确这个问题了。

在继续跑线之前，我们先明确 P302 的外围电路。这一次，笔者不打算用跑线的方式来明确 P302 的外围电路了，而是试图从同种电路应当具有高度重复性（之前的 4 路电压反馈已经充分地体现出了这个特点）这个角度出发，先观察"区域 1"中的元件是不是有重复现象。其优点在于分析电路的速度会比较快，跑线显然可靠性最高。

我们先看观察表面刻字为 302 的贴片电阻，一共有 8 个，P301 用到了其中的 4 个，还剩余 4 个（可能被 P302 所用）。我们再看双二极管，"区域 1"中共有 4 个双二极管，除去电压反馈使用的 D403、D404 和 P301 使用的 D401 外，只剩下了 D407（可能被 P302 所用），观察其表面刻字，与 D401 相同。我们再观察表面刻字为 203 的贴片电阻，一共有 2 个，P301 用了其中的 1 个，还剩下 1 个 R407（（可能被 P302 所用）。我们再观察贴片电容，一共有 4 个，电压反馈用了其中的 2 个，P301 用了 1 个，还剩余 1 个（可能被 P302 所用）。经观察和测量后，确定 P302 与 P301 的外围电路完全一样。

接下来，我们再来明确"区域 2"与"区域 1"之间的关系，入手点当然是"区域 2"与"区域 1"之间的互连布线。考虑到 OZ9938 位于左侧的"区域 2"，1、2、3 这 3 条线一定是从右向左来传输（反馈）信号的。1 号线最先被明确，它是地线；2 号线在前面的内容中已被明确了，是两路电压反馈并联后送往下级的数据线；3 号线往右侧分为两路，一路来自 D405 左侧二极管的正极，一路来自 D407 右侧（实物图中的上侧）二极管的正极。这显然是 P301 和 P302 两路反馈的输出。

这种信号的输出方式实际上在 TL494 驱动的推完逆变器中已经出现过一次了。我们以 D401 左侧的这个二极管为例，说明该路反馈向下级电路输出的过程，明确它的电路行为（但到目前为止，还无法明确它的含义）。

如果 P301 的这路反馈的确发生了作用，就必然涉及 D401 左侧二极管导通状态的变化。这就有两种可能：二极管由截止变为导通，这意味着 P301 这路反馈当前为一个低电平（比二极管的正极低）；二极管由导通变为截止，这意味着 P301 这路反馈当前为一个高电平（比二极管的正极高）。显然，这两种可能对应着逆变器要么是从正常状态转向保护状态，要么是从保护状态转向正常状态。具体的对应关系，还需要继续跑线后予以明确。

沿着 3 号线向左侧跑线，追至跳线 J306，继续跑线，追至 D408 右侧（实物图中的左侧）二极管的正极。根据重复性原理，D408 这一路反馈也应该具有 4 个 302、1 个 203、1 个陶瓷贴片电容。果然，在其上方发现了 4 个 302，在其下方发现了 1 个 203 和 1 个陶瓷贴片电容。

仔细观察布线，发现 D408 右侧（实物图中的左侧）二极管的正极还有向左延伸的布线，经跑线后发现它通往一个 0Ω 的跳线 R306 和 R325（表面刻字 334）。

此时，我们可以继续沿着 R306 和 R325 跑线，以明确这 3 路反馈与 OZ9938 或其他电路的关系。但我们更应该首先去思考 P304 的这路反馈到哪里去了，为什么没有与 P301、P302、P303 并联？

直接从 P304 开始跑线，首先发现了 2 个 302（R416、R404），但是，纵观"区域 1"，再未发现 302，也未发现 203。情况不对，这不符合重复性原则。实物本身是不会错的，错的只能是我们的假设。在这个逆变器中，4 个灯座中的 3 个反馈并联后构成一个输出信号，P304

用作另一种反馈。我们跑线，看是否能够明确 P304 这路反馈的具体含义。

　　R416、R404 是并联的关系，下端接 D402 的中间脚（此时，终于注意到实物图中标有 4-3 的二极管的丝印为 D406，印制在板子的顶端），经 D402 钳位、整流后送积分 RC（R406、C407）及 R409。R409 直通芯片的 ISEN。数据表中的解释是 "Current sense feedback"（电流感知反馈）。显然，这是芯片用于获得灯管点灯电流的输入脚。不难想象，既然 OZ9938 可以通过 ISEN 获得灯管点灯电流的实时数值，那么芯片是肯定可以根据点灯电流来了解 CCFL 的工作状态的，以便于调整逆变器的占空比，等等。

　　接下来，我们继续观察 R306、R325 的下级电路，明确 P301、P302、P303 这 3 路并联反馈的作用。R325 与 OZ9938 的供电脚（VDDA）直通，R325 显然是一个上拉电阻。0Ω电阻 R306 与 C315 直通，且 R306 的下端有布线向左上方延伸至一个三脚管 Q311。实测发现这是一个 NPN 带内置电阻的三极管，紧接着发现 Q311 的基极与 Q310 的基极相连。推测这是一个由两个 NPN 三极管构成的跟随门，且 Q311 基极的上拉电阻已经找到（R325），继续寻找 Q310 的上拉电阻，在 Q310 下方发现了布线，通往 R234。R234 一端连 Q310 的基极，一端连 VDDA。这的确是一个由两个 NPN 三极管构成的跟随门。这意味着当 R306 的反馈为高电平时，Q310 的集电极（中间脚）就为高电平；若 R306 的反馈为低电平时，Q310 的集电极将被拉低到地。经跑线，Q310 的集电极与 OZ9938 的 ISEN 是直通的，这说明该 3 路并联源于灯座的反馈，也属于电流反馈。

　　我们先总结一下：在前面的内容中，已经明确了灯座一共有 8 路反馈（是灯座数量的两倍）。其中的 4 路反馈为电压反馈，并联之后送 VSEN，1 路为电流反馈，经电阻限流和二极管整流后直接送 ISEN，剩余 3 路反馈并联后通过一个跟随门（Q311、Q310、R324）与 ISEN 发生关系，总之这也是一种电流反馈。

　　接下来，我们再跑一下 ON/OFF（实物图中为 N/F，笔者将其标为白色）信号。N/F 先向左侧延伸，然后向上侧延伸后到达 R303。R303 的上端经布线向右侧延伸至 Q301 的左下脚（控制极）。Q301 的右下脚接地，可见它是一个 N 沟道场管或 NPN 三极管。经实测，这是一个内置电阻的 NPN 三极管。当 N/F 为高电平时，Q301 导通，将 Q302 的基极电压拉低到地后令其截止。14V/12V 经 R312 及 ZD301 分压后为 Q303 的基极提供导通电压，Q303 导通。14V/12V 从 NPN 三极管 Q303 的集电极流入，从发射极流出并经 R313 限流后获得 OZ9938 的供电 VDDA。

　　在跑线的过程中，我们发现 VDDA 除为 OZ9938 供电外，一路上还连有不少元件。我们依次明确其作用。

　　从 R301 上端往右上方跑线，追至两个并联的 8202 精密电阻，它与 OZ9938 的 CT 脚相连，数据表中的解释是 "Timing resistor and capacitor for operation and striking frequency"（定时电阻、定时电容用于正常工作频率及点火频率设置）。还可在实物中观察到颜色偏白的定时电容（笔者标注为 CT）。总之，这是某种频率设定。

　　从 R301 上端往左侧跑线，首先追至由 R316 和 R326 构成的分压网络。这是两个精密电阻，其分压送 OZ9938 的 LCT 脚。我们首先计算这个分压（令 14V/12V 为 15V），为 4.41V。在数据表的亮度控制的讲述中，明确说明当 LCT 脚电压大于 3V 时，芯片采用模拟的 DIM（芯片 4 脚）控制信号而非其他两种亮度控制方式（内部 PWM 控制、外部 PWM 控制）。我们有理由猜测芯片的 4 脚一定与接口处的 DIM（笔者标为棕色）存在某种关系，跑线确认一下。接口处的 DIM 先向左侧延伸，然后向上侧延伸后到达 R311 的下端，R311 上端经布线直通芯片的 4 脚。可以判定此逆变器的 DIM 为模拟信号。

　　继续向左侧追查 VDDA 往左侧延伸的布线，追至 R315，经 C305 延时后直通芯片的 ENA（ENAble 使能）脚。

　　继续向左侧追查，又追至 R308，R308 经二极管 D301 后直通 ISEN。至此，我们已经发现了 3 路与 ISEN 有关的电路了。特别需要注意的是 R306 这个电阻，它的下端直通接口的 ILC 引脚，上端与 R308 互连后经 DD301 直通 ISEN。可见，驱动板送给电源板的这个 ILC 信号是与逆变器的过流保护有关的。我们先继续跑完 VDDA，之后再详细分析 ISEN 的具体保护内容。

　　继续向上跑线，发现 C314、R324。这两个元件的作用已经明确了，是 Q310 的上拉电阻和平滑电容。

　　继续跑线，又发现了由 R309、R310 构成的分压电路，分压直接送 OZ9938 的 OVPT 脚。数据表中的解释是"Over-voltage/over-current protection threshold setting pin"（过压/过流保护门限值设定脚）。我们首先计算这个分压（仍令 14V/12V 为 15V），为 6.67V。

　　至此，关于 VDDA 的跑线全部结束，也同时明确了 OZ9938 部分引脚的外围电路。

　　接下来，我们来跑线该全桥逆变器的驱动电路，即 OZ9938 是如何控制这 4 个场管两两成对交替导通的。

　　我们先根据全桥逆变器的结构和原理，来推测全桥逆变器使用的 4 个开关场管应该如何成对交替打开。

　　我们首先观察这个全桥逆变器升压变压器。它是个联合变压器，其初级绕组由两个独立的绕组构成，对应 4 个端点（1、2、3、4）。显然，分属于左右升压变压器的这两个初级绕组是并联的关系。因此，我们可以认为联合变压器实际上是一种具有一个初级绕组、两个次级绕组的"一进两出"的升压变压器。

　　不难发现，初级绕组的一端（1、2）与 U303 的 5、6、7、8 脚互连，初级绕组的另一端（3、4）与 U302 的 5、6、7、8 脚互连。

　　笔者将 U302 中的 N 沟道场管命名为 N1，将其中的 P 沟道场管命名为 P1；将 U303 中的 N 沟道场管命名为 N2、将其中的 P 沟道场管命名为 P2。

　　如果 P2、N1 导通，则可在初级绕组中流过从左到右的励磁电流。此时，P1、N2 截止。

　　如果 P1、N2 导通，则可在初级绕组中流过从左到右的励磁电流。此时，P2、N1 截止。

　　因此，笔者将全桥逆变器中的场管导通规律归纳为"两两成对、交替导通"。

　　我们先观察 OZ9938 的驱动脚。

　　遍历 OZ9938 的全部引脚定义，只发现了 DRV1、DRV2 这 2 个场管驱动脚。这就产生了一个问题，如何用 2 个驱动脚（有的 PWM 具有 4 个驱动脚）去驱动 4 个场管呢？这意味着每个驱动脚必然要同时用于驱动成对的场管。

　　换句话说，如果 DRV1 用于驱动 P2、N1，那么 DRV2 就必然用于驱动 P1、N2。

　　这又产生了另一个问题。在成对的场管中，一个是 N 沟道的，一个是 P 沟道的。N 沟道场管的打开需要高电平，而 P 沟道场管的打开则需要低电平，但 DRV1 同一时刻只能输出要么高、要么低的电平，这就产生了一个矛盾。对于驱动电路来说，要解决这个矛盾是非常简单的，只需要增加一个非门即可。例如，如果我们用 DRV1 去直接驱动 N1，那么我们同时还需要在 DRV1 与 P2 之间增设一个非门电路。

　　最后，我们还要考虑同步的问题，即交替导通的问题。所谓的交替导通，实际上类似于"单刀双掷开关"。当 P2、N1 导通时，P1、N2 必须截止；当 P1、N2 导通时，P2、N1 必须截止。

我们开始观察实物电路，来依次验证我们的推测。从 OZ9938 的 DRV1 开始跑线。

DRV1 经布线往右下方延伸至 R319（表面刻字 100）和 Q305 的栅极。

我们先追查 R319 的上端。经跑线后发现，R319 直通 N1 的栅极（N1G）。那么，Q305 这一路一定是用于控制 P2 的。因此，Q305 一定是 DRV1 与 PG 之间的非门电路中的一个元件，其漏极 D 接 R321 的上端，其源极 S 接地。考虑到当 DRV1 为高时，Q305 的漏极会被拉低到地，已经实现了非门的功能。那么从 R321 的上端到 P2 的栅极（P2G）之间的电路，就应该是一个跟随门了。

我们来明确一下，从 P2G 开始跑线，发现 P2G 与 Q309、Q308 的两个右下脚直通。因为 Q309 的中间脚接地，笔者判断它为 P 沟道场管或 PNP 三极管。因为 Q308 的中间脚接 14V/12V，笔者判断它为 N 沟道场管或 NPN 三极管。经实测，这是两个内置电阻的三极管。

我们将 R321、Q309、Q308、R329、R322 独立分析，看看它到底是不是一个以 R321 的上端为输入，以 Q309、Q308 并联在一起的发射极为输出的跟随门。

当 R321 的上端（实物图中红点标记处）为低电平时（DRV1 为高电平），R322 的上端也被拉低为低电平。这个低电平有两个效果：直接去拉低作用于 Q308 的基极令其截止；经 R329 后作用于 Q309 基极令其导通，将 Q309 的发射极拉低到集电极（地）。可见，的确是在 Q309、Q308 并联在一起的发射极（实物图中红点标记处）上输出了低电平。R321、Q309、Q308、R329、R322 的确构成了一个跟随门。

综上所述，DRV1 为高时，P2、N1 导通，DRV1 为低时，P2、N1 截止。

不难想象，DRV2 一路应与 DRV1 完全相同，笔者不再赘述。请读者独自分析全部过程，DRV1 和 DRV2 一定是互为反相的波形。

至此，我们比较彻底地分析了该全桥逆变器的全部工作原理。

最后，我们再观察 OZ9938 的全部引脚，将之前跑线时未明确的引脚定义补充完整。

Pin3（Timer）：外接定时电容 C306 和 C307。此引脚是芯片的保护动作延时触发时间设定脚。当 SSTCMP 脚上的电压超过 2.5V 后（由灯管损坏或灯管未插造成），Timer 脚内部的恒流源会对其外接定时电容充电，Timer 脚上的电压会不断升高，一旦超过 3V 的门限值，OZ9938 就会关闭并锁死。

Timer 脚的延时在点灯和正常工作时均可能起作用：在点灯期间，如果灯管未正常点亮，则在其设定的时间后锁死芯片；正常工作时，如果反馈出现异常，且在设定的时间后异常仍未消失，则锁死芯片。

可见，当 OZ9938 检测到任何异常情况后，首先要经过 Timer 脚的延迟才会真正地触发其保护动作。这意味着即使芯片的反馈异常，我们仍然可以人为地通过阻止 Timer 脚对外接定时电容的充电过程（令其电压无法升至 3V 的门限值），以阻断后续保护动作的真正发生。这是非常容易实现的，将 Timer 脚直接飞线接地即可。但这意味着弃置了所有反馈电路和芯片的保护机制，只应在维修时去保护以方便测量关键点数据。

Pin5（ISEN）：灯电流感知脚。一旦芯片完成点灯且 ISEN 脚上的电压大于 0.7V 后，芯片进入正常工作状态。换句话说，如果此引脚的电压在点灯后不能大于 0.7V，那么将触发芯片的保护动作。一个有意义的问题是：此引脚上的 0.7V 的高电平究竟是谁提供的呢？

通过对实物图的观察不难发现，该引脚的电压是由 R416、R404、D402、R406、C407 构成的整流分压电路提供的。正常情况下，R409 上端的电压应从 0V 线性上升至 0.7V 以上。如果在点灯时段结束后，ISEN 脚的电压未升至 0.7V 以上，芯片会认为点灯失败。

Pin6（VSEN）：灯电压（逆变高压）感知脚。绝对门限值大约为 3V，当超过此门限值后，芯片将尝试降低占空比，若此引脚电压因故未能降低到 3V 以下，将触发芯片的保护动作。

这个保护动作主要发生在点灯时段。换句话说，在点灯时段，此引脚电压首先是不能超过芯片内部设定的 3V 的绝对门限值的。如果反馈电路在 VSEN 脚产生了大于 3V 的电压，则芯片立刻判定灯管开路（点灯失败）。

另外，Pin7（OPT）也与 VSEN 脚的过压判断有关。

OPT 脚外接 R309、R310 构成的分压电路，在此引脚上分得了一个约为 2.15V 的电压。这个 2.15V 的电压比 3V 的绝对门限值具有更高的优先级。如果反馈电路在 VSEN 脚产生了大于 2.15V 的电压，则芯片立刻判定灯管开路（点灯失败）。

实践中，我们可以通过拆掉 R310 这个接地电阻人为地弃置 OPT 脚。这意味着芯片将按照 3V 的绝对门限值来判断逆变高压是否过压（灯管是否开路）。

Pin11（LCT）：这个引脚有两个功能，一个是经电容对地以设置内部亮度调节 PWM 信号的频率，另一个是选择使用外部模拟信号进行亮度调节。

10.6　BIT3193G 驱动的半桥逆变器（四灯）电路分析

如图 10-25（清晰大图见资料包第 10 章/图 10-25）所示是某品牌液晶显示器的"电源逆变器一体板"的实物图。

通过观察不难发现，其逆变器部分是以 BIT3193G 为核心的，由两个 4511GM（N 沟道+P 沟道的复合双场管）驱动的半桥逆变器。

在 10.4 和 10.5 节中，笔者已经分别详细地介绍了推挽逆变器和全桥逆变器。在本节中，笔者将详细介绍最后一种拓扑的逆变器——半桥逆变器。

通过对推挽逆变器和全桥逆变器的学习，相信读者已经建立起了有关逆变电路的一般概念、方法、态度，具备了深化认识的基础。因此，笔者将进一步在表达方式上尝试创新：并不是单纯地以科学性、正确性为原则来介绍电路的详细工作原理，而是从人感性思维的角度出发去认识电路。笔者也并不打算单纯地按照传统的思路首先对整体电路根据功能进行区域划分，然后分别描述，而是试图突出"开关"二字，力图尽可能地揭示作为开关电源的逆变器的本质。

我们首先整体观察这个半桥逆变器（电路板的背面）。

它的元件排布，是明显分为若干个区域的（从右下角顺时针开始）。

（1）以交流市电 220V 插座为起点的交流输入整流滤波电路。

（2）以开关管和 PWM 为核心的交流市电 220V 转 5V、14V/12V（变压器）初级绕组电路。

（3）以变压器次级绕组为核心的 5V、14V/12V 整流滤波电路。

（4）以 BIT3193G 为核心的逆变器 PWM 电路。

（5）以升压变压器、开关管为核心的交变电流产生电路。

（6）以灯座为核心的反馈电路。

在本节中，我们只分析逆变器部分。

在半桥逆变器的原理图中，一个场管用于给升压变压器充电，另一个场管用于放电。总之，这两个场管就已经能够胜任了。反观实物，它使用了两个 N 沟道+P 沟道的复合双场管，也就是实际使用了 4 个场管。

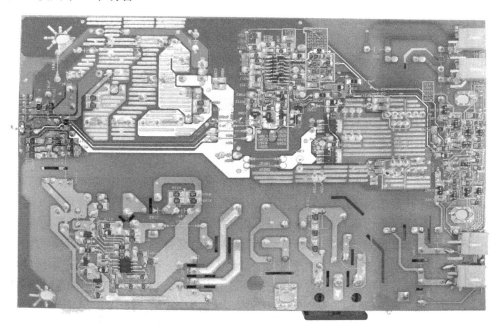

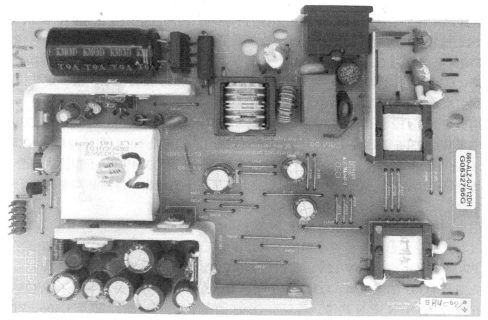

图 10-25　某品牌液晶显示器的"电源逆变器一体板"的实物图

当我们拿到一个逆变器后，最应该做的工作是什么呢？当然是分辨其拓扑类型。根据开关管的数量判断逆变器的拓扑类型显然是一个重要的方法。当我们通过查阅数据表得知 4511GM 为复合双场管后，就应该会根据此逆变器使用了 4 个开关管的事实首先推测它属于全桥逆变器。

继续观察，寻找更多的特征来支持我们的判断。我们发现 4 个开关管的 D 极全部互连，这并不是全桥逆变器的特征（全桥逆变器的开关管是两两互连的）。我们继续观察开关管的互连 D 极与初级变压器两端的互连情况。初级变压器的一端与开关管的 D 极互连，另一端却与开关管无任何关系，反而是跟地有直接的关系，这也不是全桥逆变器的特征（全桥逆变器的两端分别与一对开关管的互连端互连）。

因此，我们应该怀疑从开关管为 4 个得出的全桥逆变器的判断可能有误。接下来应该做些什么呢？我们应该继续明确 4 个开关管的关系。通过观察或直接测量（场管的控制极的直通性），明确 4 个开关管是单独驱动还是并联驱动。通过测量两个 N 沟道的栅极和两个 P 沟道的直通性，笔者发现它们两两直通。这说明两个 4511GM 是并联的关系。直接就能断定该逆变器一定不是全桥逆变器。

我们再观察 PWM 的驱动情况。

BIT3193G 只有 2 个驱动脚 Pin8（NOUT2）、Pin9（NOUT1）。无须跑线，我们就能够断定其中的一脚会用于驱动 N 沟道场管（用于放电），另一脚用于驱动 P 沟道场管（用于充电）。但是，常识又告诉我们，这里存在一个电平匹配的问题。如果我们的开关管都是 N 沟道的，Pin8、Pin9 上互为反相的驱动波形恰好可以满足 N 沟道交替导通的需要。但是实物使用的是 N 沟道+P 沟道。当一脚正在输出高电平驱动 N 沟道导通时，另一脚肯定正在输出低电平。如果我们不做任何转换，直接加至 P 沟道的控制极，则 P 沟道也会同时打开（它此时本应该截止）。换句话说，在一个驱动脚与其对应的开关管之间，一定有一个用于电平转换的非门电路在起作用。

通过跑线，我们发现 N 沟道场管由 NOUT1 驱动，经跳线电阻（JR309）、D301、R304 后直通 N 沟道栅极。P 沟道的栅极外围就比较复杂了。NOUT2 经跳线后直达 D302、R309 的右端，其左端经布线直通 Q306 的左下脚。我们再从 P 沟道的栅极开始跑线，经 JP310 后与 Q304 的右下脚、Q305 的右下脚直通。可见，Q304、Q305、Q306 及其外围电阻一定是构成了一个非门。我们来分析验证它到底是不是一个非门。

我们假定 NOUT2 当前输出低电平，看能否在 P 沟道的栅极上得到高电平。Q306 的左下脚为低电平时，Q306 应该截止（Q306 的右下脚接地，一定是 NPN 或 N 沟道）。此时，Q305 将截止（Q305 的中间脚接地，一定是 PNP 或 P）。R305 为 Q304 的左下脚提供一个导通的高电平令其导通。14V/12V 从 Q304 的中间脚流入，从右下脚流出，得到 P 沟道开关管截止所需的高电平。

我们再解决 BIT3193G 的供电问题。

通过对推挽逆变器和全桥逆变器的学习，我们已经对逆变器 PWM 的供电来源有了认识：逆变器 PWM 的供电来自 14V/12V。我们从 Pin10（VDD）逆向跑线至 14V/12V。

首先追至 Q303 的右下脚，Q303 的中间脚接 R301，R301 的另一端接 14V/12V。可以肯定，Q303 一定是 NPN 或 N 沟道。再观察 Q303 的左下脚由谁控制，追至 C306、ZD301。齐纳二极管的出现，意味着对于作为供电管的 Q303 而言，其输出电压是经过了调制的。不难想象，正确地选择齐纳二极管的稳压值，可以得到期望的 VDD。最后，我们看控制 Q301 导通的源头是不是来自驱动板送来的 ON/OFF。Q302 的左下脚就是 ON/OFF。当 ON/OFF 为高时，Q301 导通，ZD301 稳压控制 Q303 的导通程度，输出期望的 VDD。我们还可以观察到 Q303 输出的 VDD 除供芯片使用外，还向板子的右侧延伸。这说明该供电还有其他用途。

接下来，我们分析该逆变器的反馈，尤其是比较这个逆变器与之前介绍的两款逆变器的异同。笔者打算从元件的重复性入手，先将相同的元件明确出来，然后再根据其数量的特点进行分组。总之，这是采用一种与前面两节中不同的表达方式来介绍电路的。

在反馈部分，共有 8+2 个 SOT23 封装的三脚管。其中的 8 个均为表面刻字为 "A7" 的双二极管。我们猜测这 8 个双二极管应该是用于逆变高压整流反馈的二极管和等电流整流反馈的二极管。另外的 2 个 SOT23 封装的三脚管属性暂时不明，但可推测每两个灯座使用一个。还可看见 4 个表面刻字为 3001 的贴片电阻，我们推测每个灯座对应一个。还可看见 4 个表面刻字为 223 的贴片电阻，我们也推测每个灯座对应一个。还可看见 2 个表面刻字为 153 的贴片电阻，我们也推测每两个灯座对应一个。最后，还剩余一个表面刻字为 154 的贴片电阻和 D312，考虑到其左端均经布线延伸至 BIT3193G，该电阻和二极管一定是用于反馈输出（具体反馈类型待分析）的。

接下来，我们开始对号入座。先从 D410 开始。

D410 的上方是 C419，显然，逆变高压先经 C419、C420 分压，再经 D410 整流后在其右下脚输出反馈信号，这个反馈信号显然是逆变器高压的反馈。接下来，我们不再跑线，而是直接通过测量 C414、C403、C408 的一脚到底与哪个 "A7"（实物图中已用红色点标记出了这 4 个二极管）的中间脚直通来对号入座。C403 这路的归属是肉眼可见的，实测发现 D406 与 C408 的下端直通，D407 与 C414 的下端直通。

接下来，我们应该直接测量这 4 路输出是否并联（4 个双二极管的中间脚与右下脚之间的二极管的负极）。经实测，输出 4-1、输出 4-2、输出 4-3、输出 4-4 并联后经 JR306 输出给 BIT3193G。我们可以推测，这个反馈一定与 BIT3193G 的某种电压感知脚互连。经观察，它实际与 BIT3193G 的 Pin14（CLAMP）互连。果然，经查阅数据表，官方对 Pin14 的解释为 "Over voltage clamping"（过电压锁定）。

我们再观察剩余的 4 个 "A7"（实物图中已用紫色点标记出了这 4 个二极管）与灯座有何关系。首先从 D404 开始。

经肉眼观察，即可发现 D404 的中间脚直通灯座的一脚，且与一个 3001（此电阻接地）和一个 223（此电阻去了 D2）直通。显然，这是点灯电流的反馈。D404 起整流作用，整流后的反馈从 D404 中间脚与右下脚之间的这个二极管的负极输出。223 这一路显然也是一路点灯电流反馈，待明确。

接下来，我们不再跑线，而是直接用万用表去验证剩余 3 个双二极管是否也直通灯座的一脚，并且是不是与一个 3001 和一个 223 有直通关系。经试探法实测，发现我们的推测是正确的。笔者还验证了 4 个 "A7" 中间脚与右下脚之间的这个二极管的负极的直通性，发现它们是两两成对互连的。从 D404 的中间脚与右下脚之间的这个二极管的负极开始跑线，追至 R415，这是一个表面刻字为 153 的电阻。R153 的另一端与 R303 直通。R303 经布线向 BIT3193G 处延伸。我们可以推测，这个反馈一定与 BIT3193G 的某种电流感知脚互连。经观察，实际与 BIT3193G 的 Pin1（INN）互连（经过了 R323 和 R326 构成的分压电路和隔离电阻 R320）。经查阅数据表，官方对 Pin1 的解释为 "The inverting input of the error amplifier"（误差放大器的反相输入端）。

对于普通读者而言，"误差放大器的反相输入端" 实在是一种过于 "科学化" 的语言。虽然它极为科学和正确地表达了此引脚在芯片内部的电路事实，但令缺乏系统电学知识的普通读者感到费解。

在开关电源中，误差放大器是真正处于核心位置的控制因素。对于普通读者而言，都知道开关电源是用一个方波驱动一个开关管或一组互为反相的方波驱动两个开关管控制开关管的导通，以获得期望的励磁电流。实际上，方波的产生是非常容易实现的。我们可以很容易地使用非门或运算放大器，配合少数阻容即可自制一个简易方波发生器，甚至可以很容易地通过这个方波发生器去驱动开关管。那么，我们如何去控制这个方波的占空比呢？这才是开关电源真正的核心问题，与反馈是分不开的。

我们先思考驾驶交通工具时对其速度的控制过程。当我们看到前方无障碍物时，可以加速，当我们看到前方有障碍物时，开始减速。总之，对速度的控制过程首先取决于有无障碍物的判断过程，当我们一旦做出有无障碍物的判断之后，就会人为地选择令加速的因素起作用，或者人为地选择令减速的因素起作用。开关电源又何尝不是如此呢？在开关电源中，这个用于判断输出是过大还是过小的因素就是"误差放大器"。

在开关电源中，始终存在着以下两种因素：令开关管导通的因素；令开关管截止的因素。当开关电源通过反馈电路获知输出过大时，开关电源将选择令开关管截止的因素起作用（实际上是减小其占空比）；当开关电源通过反馈电路获知输出过小时，开关电源将选择令开关管导通的因素起作用（实际上是增大其占空比）。

输入到"误差放大器"反相脚反馈的具体大小，直接决定着开关电源对输出是过大还是过小的判断。换句话说，"误差放大器"就是开关电源的开关。正是通过"误差放大器"他励电路和反馈电路完美配合，获得了期望的占空比。

再回到 BIT3193G。当灯管开路时，该路反馈送来的电压会大于正常值，令"误差放大器"意识到输出过大，进而减小占空比，甚至延时后触发芯片的锁死保护。这是 OLP 保护在 BIT3193G 中的具体实现。

我们继续明确 D501（未找到丝印，笔者自定义）及其左侧的双二极管的反馈情况。通过观察就可以发现这两路反馈并联经 153 后也直通 R303。可见，该逆变器的 OLP 保护反馈实际上也是 4 路并联的。

我们继续观察 4 个 223 电阻的反馈情况。不难发现，R330 除一脚直通灯座外，另一脚直通 D2（未找到丝印，笔者自定义）的左下脚。经实测，这也是一个双二极管。其余 3 路经观察和实测后发现与 R330 这路完全相同，均分别连至 D1（未找到丝印，笔者自定义）、D2 的一个正极。

实测 D1、D2 的两个负极（各自的中间脚），发现直通。可见，这 4 路反馈也是并联的。经肉眼观察即可发现，这 4 路并联的反馈是通过 D312 输出的。我们可以推测，这个反馈一定与 BIT3193G 的某种电流感知脚互连。经观察，它实际与 BIT3193G 的 Pin15（ISEN）互连，其定义已经非常明确地说明它就是电流反馈，笔者不再赘述。

第 5 部分　几种较复杂的开关电源

　　在前面的内容中，已经介绍了一些具体的开关电源。接下来，我们要系统地介绍三种开关电源。

　　它们分别是液晶电视中的电源板和电动汽车用的大功率充电机（全桥及半桥）。

　　相对于之前介绍的开关电源，这三种开关电源的特点是拓扑种类全、功率较大、维修难度也相对较大。

第11章 液晶电视中的电源板

本章将介绍若干液晶电视中的电源板电路。

我们首先补充介绍一下液晶电视中电源板常用的 PFC 驱动芯片 NCP1606。

NCP1606 是输出功率在 300W 以内的开关电源中常见的低成本高效 PFC 驱动芯片。其引脚定义如图 11-1 所示。

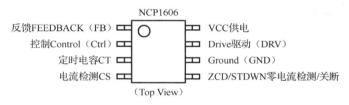

图 11-1　NCP1606 的引脚定义

Pin1（FEEDBACK）：反馈脚。外接分压取样电路，Boost 升压后的最终电压，由这个分压电路中电阻阻值的相对大小决定。它实际上是芯片内部误差比较器的反相脚。因为同相脚 REF 为固定的 2.5V，所以正常工作时，反馈脚电压为 2.5V。

Pin2（Control）：控制脚。此脚无论是从内部还是外延都等价于 3842 的 COMP 脚，都是内部误差比较放大器的输出端。实际使用时，只经 RC 后反馈至反馈脚（这是一种固定结构，可提高比较器的反应速度和稳定性）。

Pin3（CT）：定时电容脚。此脚经定时电容对地。芯片内部的一个恒流源，会对定时电容进行充电，在此脚上得到一个标准的锯齿波。

Pin4（CS）：电流检测脚。它实际上是流经 Boost 电感的励磁电流的感知脚。Boost 升压，实际上是励磁电流流经 Boost 电感、开关管后的对地过程。我们在开关管与地之间接入一个小阻值检流电阻，这样，小阻值检流电阻非对地端的电压大小就反映出励磁电流的大小。过流时，将触发芯片的励磁电流过流保护逻辑（芯片会关断）。

Pin5（ZCD/STDWN）：零电流检测/关断脚。在开关管驱动领域中，ZCD（Zero Current Detection）是一个专业术语。特指开关管在重复性的导通/截止过程中，其处于虽然导通，但实际上又并未流过电流的临界点。从时间上来说，这个临界点实际上是开关管导通的最后时刻，而下一时刻开关管应被截止。从磁场能向电能转换的角度来说，这个临界点实际上是 Boost 电感上的磁场能已经从最大到全部释放为 0 的临界点。ZCD 这个临界点对于开关管的驱动具有现实意义：如果能在此时去关断开关管，则开关管的关断损耗最小。通俗地说，虽然我们可以在任何时刻去主动地关断一个开关管，但是 ZCD 这个时刻是最理想的。这就是很多驱动开关管的电源管理芯片都具有这个引脚的根本原因。

我们看一下典型应用中 Boost 电感的绕组及其同名端与异名端情况，如图 11-2 所示。

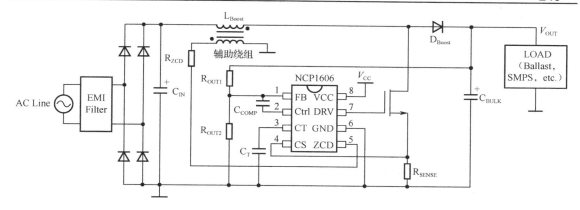

图 11-2　NCP1606 的引脚定义

当 L_{Boost} 放电时，其右端相当于充电电池的正极。此时，辅助绕组的左端相当于另一个充电电池的正极。显然，随着 L_{Boost} 的放电，这两个充电电池的电压都会持续降低。通俗地说，芯片就是通过 ZCD 这个引脚来感知 L_{Boost} 当前究竟是正在充电，还是正在放电，或者是放电的终点时刻的引脚。

Pin7（Drive）：驱动脚。该引脚一般经小阻值驱动电阻后直通开关管的栅极 G。

Pin8（VCC）：供电脚。当此引脚电压大于 12V 时，芯片开始工作。当此引脚电压小于 9.5V 时，芯片关断。芯片开始工作后，合适的电压为 10.3～20V。

11.1　长虹（iTV40650）电源板（180W）

图 11-3 所示是长虹（iTV40650）液晶电视使用的电源板（清晰大图见资料包第 11 章/图 11-3）。

这是一个由辅助电源和主电源构成的电源。辅助电源有两路输出：

（1）5VSB（丝印为 5VS，笔者遵从 ATX 电源的命名系统改称为 5VSB）；

（2）工作供电，实测输出电压为空载 15.38V。主电源也有两路输出，即 24V 和 5V。

11.1.1　EMI 及交流整流电路

EMI 及交流整流电路的起点是交流市电 220V 的两针接口，终点是全桥的两个交流脚。L 依次经 4A 熔断器、5D15 负温度系数的防浪涌电阻、L1、FL2 后到达全桥的一个交流脚。N 依次历经 L1、FL2 后到达全桥的另一个交流脚。

VR 是一个针对交流市电 220V 的过压保护电阻。正常时为开路状态，当交流市电 220V 过压后，呈短路状态。触发交流市电 220V 一端的过流保护动作（跳闸）。

R12、R13、R14 是安规电阻。当拔下市电插头后，储存在 CX1 中的电能通过其放电泄压。防止人偶然触摸市电插头插座时可能发生的触电伤害。

11.1.2　APFC 电路

总的来说，APFC 电路包括两个回路：励磁回路和放电升压回路。单纯从能量传递的角度看，APFC 电路的总起点是全桥的正极，终点是 Boost 电容的正极（C4），两者共高压侧地。

长虹 iTV40650 电源板（180W）

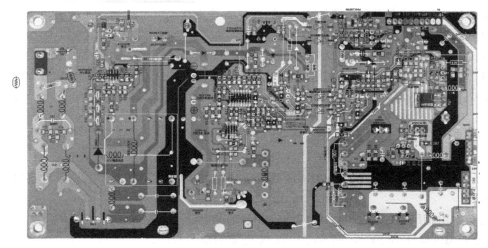

图 11-3　iTV40650 使用的电源板

　　我们先看一下励磁回路。

　　APFC 的励磁原理是 310V（红色标记）首先经过 Boost 电感，再经过开关管后对地放电。回路的起点是全桥正极处的 310V，终点是高压侧地。

　　通过观察不难发现，这个 Boost 电感实际上是以变压器（LGT-230nH-A）的形式存在的。将其拆下，通过观察和实测明确其绕组的具体引脚数量。最后发现这是一个具有两个绕组的变压器。其中一个使用的是粗线（显然是 Boost 电感），另一个是单股细线（这是用于零电流检测的辅助绕组）。绕组的具体引脚位置已经标注在了实物图中。

　　观察一下 Boost 开关管，其表面刻字为 K12A50D。这是一个东芝生产的 12A/550V 的 N 沟道场管。仔细观察其 S 极，发现其经 R1（根据色环判读其阻值为 0.12Ω）后到高压侧地。

　　至此，其励磁回路得到明确。

　　我们再看一下放电升压回路。

　　APFC 的升压原理是 Boost 电感经 Boost 升压二极管后对 Boost 电容充电。回路的起点是

Boost 电感的远离 310V 的一端，终点是 Boost 电容的正极（紫色标记）。

U2 为此 APFC 的驱动芯片，表面刻字为 NCP1606（安森美生产）。

VCC 脚经布线延伸至辅助供电区域。在后续的跑线中，发现 V_{CC} 是辅助电源产生的工作用电。

驱动脚经 R23、D11（1N4148）后直通 Boost 开关管的栅极。R54 是 GS 间的偏置电阻。需要注意的是 Q5、R28 这两个元件，Q5 的基极是 R23 送来的驱动方波。笔者拿到这个电源板时，此管已经被拆下。我们推断一下它的管型。

假设其导通，要么是从 C 到 E 导通（NPN），要么是从 E 到 C 导通（PNP）。

如果是 NPN，则 S 可以历经 Q5、R28 后到 G。如果是 PNP，则 G 可以历经 R28、Q5 后到 S。总之，这是一个令开关管的 GS 间单向短路的一个电路。显然，它是用于令开关管关断的。当驱动方波为低电平时，开关管应被截止，这正好与 PNP 低电平导通匹配。因此，判定 Q5 为 PNP。当然，它也有可能为 P 沟道的。

ZCD 为经 R27 后直通辅助绕组的非接地端。显然，我们应该把 ZCD 理解为一个电压感知脚。这个电压，反映着 Boost 电感的工作时段（指正在充电还是正在放电，或是放电结束）。芯片需要知道 Boost 电感的工作状态以决定何时去控制开关管。

FB 外接三串两并的分压取样电路。调节这五个电阻的阻值，将引起 Boost 升压的变化。

Ctrl 经 R25、C23 及 C24 后并联直通 FB。这显然是一个 RC 反馈网络。

CT 经 C26、R17 后接地。这实际上是一个利用恒流源对电容充电原理产生锯齿波的锯齿波发生器。

CS 经隔离电阻 R30 后直通 PFC 检流电阻 R1 的非接地端。显然它是对励磁电流的峰值进行采样的。

11.1.3 辅助电源电路

总的来说，功率稍大的开关电源中都会有辅助电源。辅助电源存在的意义是为主电源提供必要的工作用电。这个时序是先有的供电，或者用于为主电源驱动芯片提供直接的工作用电，或者为主电源的控制电路提供工作用电。一句话：辅助电源是主电源的电源。

我们观察一下辅助电源的主要元件。

首先是 U1，表面刻字为 P1014AP10。这是一个很常见的反激驱动芯片。其次是 T1，这是一个具有三个绕组的反激变压器。详见实物图中标注的绕组名称。最后是整流二极管。与绕组相连的二极管，是我们认识变压器的重要标志性元件。这是因为与变压器的次级绕组相连的二极管只有一个用途，那就是整流。我们先看 D5（R53 是限流电阻），这是一个位于电路板高压侧的整流二极管。我们再看 D8，这是一个位于电路板低压侧的整流二极管。这说明辅助电源有两路输出。

R43、R48 及其右侧的 CD，显然是尖峰吸收电路。

我们先明确一下次级侧的这个输出（紫色标记）。从接口处的 5VS 丝印判定其输出是 5V。我们逐一明确与 5VS 直通的元件。

先看 R66，R66 与 431 的 R 直通，且 R 还连接有对地的 R70。显然，这是分压取样。从其阻值也不难粗略算出其输出为 5V。再看 R60，上端直通"开机光耦"的光二极管的正极，显然是为光耦提供工作用电。再看 R61，上端直通"5SB 稳压光耦" 光二极管的正极，显然也是为光耦提供工作用电。再看 R57，下端直通"辅助电源关断光耦" 光二极管的正极，显然还是为光耦提供工作用电。

我们观察一下"开机光耦"和"5SB 稳压光耦"的外围电路，明确其命名依据。先看"5SB 稳压光耦"，它的命名依据是 R70 右侧的 431。431 的 C 脚直通"5SB 稳压光耦"的光二极管的负极。当 431 动作时，"5SB 稳压光耦"导通，这样，FB 就被拉低到地。P1014AP10 被关断。再看"开机光耦"，其光二极管的负极接 Q6 的中间脚（C）。Q6 的左下脚（B）经 R63 接地，同时经 R68 后直通接口的 STB。STB 是英文 Standby 的前三个字母，是待机之意。它实际上是主电源的开机信号，笔者改称为 ON。Q6 的右下脚为低压侧的地，根据这个特征，就能判定 Q6 为 NPN。Q6 表面刻字为 1AM（查为 MMBT3904）。

当 ON 为高电平时，Q6 导通，"开机光耦"光二极管导通，反馈绕组经 D5 整流得到的 15.38V 才能经光三极管送至下级电路。

11.1.4　主电源电路

总的来说，主电源电路的起点是 Boost 升压后的 380V，中间还要历经开关管、励磁绕组，终点是高压侧的地。要搞清楚一个具体电源，还要明确其具体拓扑及励磁回路。

我们先观察一下主变压器。这个变压器的初级侧只有一个绕组，那么它就只能是励磁绕组了。我们再看一下开关管，两个 K8A50D。需要特别注意的是 C6 这个酱色的 CBB。它的右端直通初级绕组，换句话说，励磁电流是一定要流经它的，请读者千万不要把电容理解成开路元件。

当 Q2 导通后，380V 按照顺时针的方向流过初级绕组、C6 后对地放电。这实际上是一个对 C6 充电的过程。当 Q3 导通后，储存在 C6 中的电能以电流的形式按照逆时针的方向流过初级绕组、Q3 后对地放电。这样就在励磁绕组中得到了方向交替变化的励磁电流。这是一个具有"隔直均流 CBB"的半桥拓扑的开关电源。

在实际电路中，Q2、Q3 具有个体差异。C6 的存在，可以消除其实际导通时所表现出来的导通差异，对励磁电流起到均流的现实作用。

最后，我们观察一下两个驱动芯片。从驱动芯片为 NCP5181，主驱动芯片为 NCP1395。这种主从驱动结构是常见的。其好处不言而喻，即驱动与控制是分开的。NCP1395 的故障率远低于 NCP5181。

我们观察一下两个芯片的 VCC，目的是明确主回路的使能。通过跑线，我们发现了 KSP2222A 这个三极管（Q4）。这是一个 TO92 封装的小功率的 NPN。我们发现只有 Q4 导通之后，芯片才能得到 VCC。

Q4 的基极与 R94、ZD1、D16、JR4 直通。基极要想获得导通的高电平，就只能从 JPR4 过来。R94 是接地泄压，ZD1 是过压对地泄压，总之是不能提供高电平的。D16 倒是可以，不过那是在 Q4 已经导通了之后，才能自己给自己供电。

JR4 经一个 2kΩ 电阻后直通"开机光耦"的光三极管的发射极。显然，"开机光耦"的实际作用就是在 ON 为高时，通过 2kΩ 电阻，Q4 的 CE 为芯片提供 15.38V 电压。"开机光耦"的命名依据被明确。

这里，我们补充一下辅助电源驱动 P1014AP10 的 VCC。通过跑线不难发现，P1014AP10 的 VCC 实际上是两路供电。一路经 R52、D6 后去 VCC；另一路是经 JR5、"辅助电源关断光耦"的光三极管、D6 后去 VCC。当在电路分析中出现多个支路时，一是要区分时序，二是要区分主次。显然，752 是不受光耦控制的，752 一定在先。其次，752 的带载能力显然不如导通后的光三极管，752 一定是次要的。次要并不是不重要，把它理解为启动供电就可以了。换句话说，当主回路工作以后，P1014AP10 的 VCC，应以光耦这路为主。这种设计显然暗示着一种内在的必要性。

接下来，我们分析 1395 的外围电路。读者不要被 1395 外围密密麻麻的元件吓倒。电路分析的难易程度，并不一定与元件的多少成正比。

我们先看芯片的上面一排（实物图背面）。除了 FB 和 BO 外，均经电阻接地或经 C 接地。像这种外接方式，实际上是不需要逻辑分析的。这是因为无论是维修还是开发，只要按照数据表中的参数选定接地电阻的阻值和接地电容的容量就可以了。就算是我们不知道 F_{min}、F_{max}、D_T、C_{ss}、C_{time} 的具体含义，也不会妨碍我们去修好它。

需要分析的是 FB 和 BO 这种引脚，先看 FB。

FB 是反馈的意思，常识告诉我们，这个引脚应该是用来稳压的。我们检测一下别的芯片，如 3842。在 3842 中，我们通过拉低 COMP 的脚电平来进行稳压。这里，3842 的 COMP 就成了 FB（3842 的 FB 已经接地了）。我们可以猜测一下，对于 1395 而言，其稳压动作是否也是通过拉低 FB 来实现的呢？

FB 外接：R36、C30、主回路稳压光耦的光三极管发射极。主回路稳压光耦的光三极管的集电极实际上是 15.38V 经 R55 送来的高电平。换句话说，如果主回路稳压光耦导通了，那么光耦实际上是给 FB 提供了一个高电平。也许对于 1395 来说，拉高 FB 的操作，就是令 1395 稳压性关断的动作。

在数据表中 FB 的释义为：为此引脚外加一个超过 1.3V 的电压，将会导致其振荡频率增加到 F_{max}。这个释义是不能够看出与稳压有关的内容的，至少没有明确地看出来。

我们不妨通过主回路稳压光耦低压侧的电路分析来推定这个事情。

再看 BO，字面意思是掉电。BO 有两路：左侧是一个从 380V 到地的分压电路，那么所谓的掉电，就是监测 380V 欠压的意思了；右侧是一个从 OUT 获得高电平的二极管，之所以这样说，是因为二极管早晚需要导通，导通的结果就是从 OUT 输出了高电平，甚至高到了能够令二极管正偏的程度。既然 BO 能监测掉电，那么反过来能不能监测 380V 过压呢？起码逻辑上是说得通的。

如果真的如我们的逻辑推导，那么 OUT 就是一个能表征开关电源是否正在工作中，且同时能表征激励程度大小的一个输出。是不是有似曾相识的感觉？这跟 3842 的 COMP 类似。1395 的 OUT 就是 3842 的 COMP。

11.1.5　次级电路

接下来，我们看次级部分的所有电路。总的来说，次级电路主要是肖特基整流电路、取样稳压电路、各种保护电路。

先看有几路输出。通过对接口丝印的观察不难看出一共有两路输出（24V、5V）。

再看变压器。这个变压器有点复杂。因为发现一共有 5 个绕组。这个结论是结合从变压器绕组的端点开始向外跑线发现的直通整流二极管得到的。这 5 路二极管分别是 D7（双二极管，两个并联为一路）、D10（双二极管，两个并联为一路）、D7（双二极管，一个为一路，共两路）、D19。这与两路输出 24V、5V 似乎存在矛盾，毕竟实际输出比接口输出多了不少。

需要特别注意的是 D7（在实物图中仅能看到丝印，被变压器挡住了）。显然，它和另外四路带有散热片的整流二极管是不同的。它无须散热，说明它应该是一个辅助用途。具体是什么辅助用途呢？

D7 送出的辅助供电历经 R80、431 的 C、R88 后直通开关管 K30A06J3 的栅极。原来这个辅助绕组是用来驱动开关管的。直接看开关管的漏极，是 EN220A 整流得到的 24V。原来 K30A06J3 是个单纯的供电隔离管。可以想象，只要主变压器被激励，主变压器就会通过 D7 这路绕组令 K30A06J3 打开。我们不妨把这个经过隔离的供电命名为 Q24V（青色标记）。

我们再分析 431 的 C 路。显然 431 在电路中动作时，只能是将 C 拉低到 A（接地）。这是一个令 K30A06J3 截止的动作。我们分析 431 的 R 的外围，明确这个截止逻辑。R 外接针对 Q24V 的分压取样电路（R62、R78）。显然只有当 Q24V 过压之后，431 的 C 才会对地导通。这是一个 Q24V 过压关断逻辑。

我们观察 Q24V 的布线，发现它有两个去处：接口和 R10 的上端。接口这处好理解，供负载使用了。R10 这路实际上与 R64、R67 构成了一个取样分压电路，取样结果送 431 的 R。R64、R67 同时与 R65 构成了一个针对 24VP 的取样分压电路。总之，R67 右侧的这个 431 的取样对象是明确的。我们看看 431 的 C 的外围，观察这个 431 是不是驱动光耦来对主回路进行稳压的。

通过观察发现，431 的 C 经布线、JR7 后直通"主回路稳压光耦"的光二极管的负极。关键是"主回路稳压光耦"的光三极管的集电极是 1395 的 FB。这样，我们就明确了"主回路稳压光耦"的命名依据。

我们再看一下 5V 的来源。这次我们从接口丝印处倒追。

5V 有两路：去向左下方 ZD3 的负极；向右经过跳线，向右下方延伸，再向下延伸到 L3 的右端。L3 的左端是 Q10（TK40P03），这显然是一个开关管，实测为 N 沟道的。

Q10 的 D 接水泥电阻的右端，水泥电阻的左端来源于 D9。至此，明确了两个 5V 绕组的命名依据。尝试后，我们得知这个水泥电阻阻值不大，实测为 0.3Ω。

接下来的重点是分析 TK40P03 的导通控制，观察其栅极 G。发现它经 R96 接地，这是一个令其截止的因素；发现它经 4.7kΩ 电阻上拉到 Q24V，这是一个令其导通的因素；发现它与一个 431 的 C 直通，这也是一个令其截止的因素。综合来看，5V 是有 Q24V 使能的，Q24V 的时序早于 5V。

我们再看一下 431 的 R，发现其外接针对 5VP 的取样分压电路。当 5VP 过压时，431 的 C 会做出接地的动作。原来这是一个 5VP 过压关断逻辑。

最后，我们来明确"辅助电源关断光耦"低压侧的外围电路。其核心是 Q7 和 ZD3（R71）、ZD4（R7）、ZD6（R72）。很明显，这三路 ZD 和 R 是并联的关系。在逻辑上，实际上是或逻辑。当三个齐纳二极管中的任何一个导通之后，都会令 Q7 导通，从而令光耦光二极管导通，进而令"辅助电源关断光耦"的光三极管导通。前文中已经提到了这个地方，指出了光耦导通后为 P1014AP10 提供主流用电的事实。

换句话说，只有三路供电的电压足够高，P1014AP10 才能获得足够的工作用电。我们反过来思考这个问题：那就是当三路供电的电压都不够高时，P1014AP10 就不能够获得足够的工作用电。原来这是一个包含着与逻辑的欠压关断逻辑。

11.2　电源板 40-E461C4-FWI1XG

电源板 40-E461C4-FWI1XG 实物图如图 11-4（清晰大图见资料包第 11 章/图 11-4）所示。

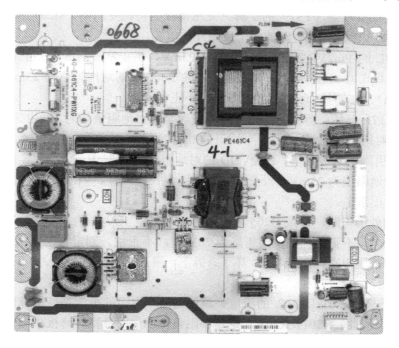

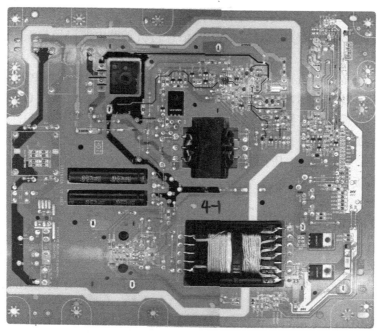

图 11-4　电源板 40-E461C4-FWI1XG 实物图

观察全部元件，发现 R201、R202 烧焦，其他元件无明显异常。

R201 上端的布线为宽大布线，估计为某个电源或地的布线。向左、向下跑线，追至 D202。发现这是一路从全桥正处的 310V 经 D301、D202 隔离后送来的 310V 供电（不妨命名为 310VD，指经二极管 D 隔离）。

R202 的下端为变压器（TS1）的 7 脚。变压器应为待机变压器。U201 为 VIPER17L。显然，TS1 应该是被 VIPER17L 驱动的一个反激开关电源。

测 VIPER17L 的 Pin2VDD 的对地阻值为 203mV，不正常。测 VIPER17L 的 Pin3CONT 的对地阻值为 1（OL），不正常。测 VIPER17L 的 Pin4FB 的对地阻值为 23mV，不正常。测 VIPER17L 的 Pin7、8D 的对地阻值为 230mV，不正常。

判定 VIPER17L 已坏。拆下，开路复测，发现全部对地阻值均为 1（内部全部开路了）。良品的开路实测对地阻值已经用蓝色字体标注在了实物图中。

复测焊盘各引脚的对地阻值。Pin2VDD 的对地阻值为 203mV，没变化，这说明存在故障点。Pin4FB 的对地阻值为 23mV，没变化，这说明存在故障点。VIPER17L 的 Pin7、8D 的对地阻值为 1.6V，正常了。

观察 Pin2 的外围电路，怀疑 D205（刻字为 C18 PH，18V 齐纳二极管）坏了。拆下，测正向压降为 160mV，不正常；测反向压降为 203mV，不正常。判定它已坏，更换良品。

观察 Pin4 的外围电路，怀疑 D203 坏了。拆下，测正向压降为 23mV，不正常；测反向压降为 23mV，不正常。判定双向短路，已坏。

最后，明确一下 R201、R202 的阻值。流经这两个电阻的电流是待机辅助电源的变压器的初级励磁电流，因此，R201、R202 一定是小阻值电阻。同批次待修板中有一个待机辅助电源的驱动芯片也为 VIPER17L，观察其是否具有类似的结构。通过观察发现，它使用的是两个 1206 的 2R7。不用找备件了，直接用台面上有的 2R0 替换。

加电。通过功率计观察到待机功耗为 0.9W，估计待机辅助电源已经起振。在接口的 3.3VSB 处测量实际输出电压为 3.3V。至此，待机辅助电源部分已经修好。

切断电源，电容放电。观察接口丝印，明确开机接口。发现丝印为 P_ON。

取一个 1/4W 的 2kΩ 电阻，直接在接口处焊接在 3.3VSBR 接口和 P_ON 接口之间。加挂试机灯泡，加电。发现试机灯泡柔和的强亮（以较慢的速度从微亮变强亮），这是 APFC 已经工作的标志。切换加电方式，直接接入市电，以令 APFC 可以正常工作。通过功率计观察到待机功耗为 5.28W。用万用表电压挡实测输出电压。实测 58V 的为 56V，实测 24V 的为 26V。

至此，此电源板一切正常。

11.3 电源板 168P-P37TWS-00

通过观察，发现这是一块"反激辅助电源"+"APFC"+"LLC 半桥"结构的开关电源。通过观察次级整流二极管的数量，结合丝印，发现其输出有三个，分别为 100V（60V）、24V、12V。

以板号"168P-P37TWS-00"为关键词，在网络上搜索，发现了一张图纸。168P-P37TWS-00 图纸如图 11-5（清晰大图见资料包第 11 章/图 11-5）所示（为了与实物匹配，已对部分细节进行了修改）。

板号：168P-P37TWS-00

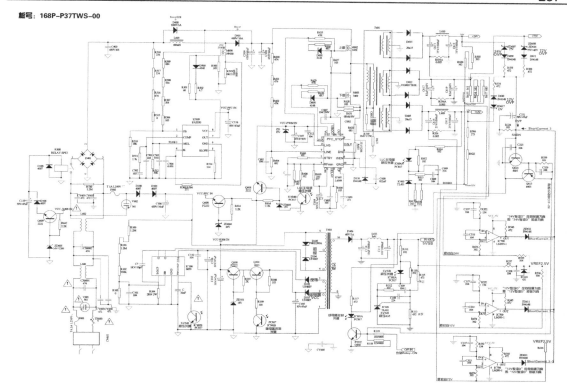

图 11-5　168P-P37TWS-00 图纸

接下来，我们将结合图纸和实物，比较完整地分析这个典型的液晶电视电源板的全部逻辑关系而非工作原理。

我们先看一下辅助电源的待机供电。

辅助电源有三个次级，对应三个整流二极管：D102、D103、D106。显然，D102、D103这两个体量较小（最常见的 1N4007）的是反馈次级的整流二极管。体量较大的 D106 则是主次级的整流二极管，根据经验，要么输出 3.3VSB，要么输出 5VSB（实际为 5VSB）。

接下来，我们需要明确 D102、D103 这两路供电的具体用途。

先看 D102 这路（后来实测为 11.8V）。这路很单纯，就是反激辅助电源驱动芯片 STR-A6059 的供电。

再看 D103 这路（后来实测为 38.1V）。它首先经过了 Q101 和 Q103 的隔离，隔离后被命名为 VCC-K808 IN。K808 是在该电源板交流输入整流部分的一个市电控制继电器。可见，只要辅助电源正常工作了，K808 就应该动作。事实上，当我们加电时，能够听到 K808 动作发出"嗒"的声音。

VCC-K808 IN 又继续经过了 Q608 和 Q608*的隔离。隔离后分别得到 VCC-PFC IN 和 VCC-PWM IN 两个供电。前者是 APFC 驱动芯片 FA5550 的供电，后者是 LLC 半桥驱动芯片 L6599 的供电。

至此，加电之后，辅助电源最先工作，同时产生 5VSB、11.8V 和 38.1V 三路输出。接下来，就应该是市电控制继电器 K808 导通了，否则，全桥的正极就无法获得另一路交流市电。我们同时可以推定，辅助电源的电能来源，并不是 D401 这个四脚全桥。我们先明确一下辅助电源较早的、从交流市电获取电能的电路。注意 F602 这个圆柱状暗红色熔断器，它的左端是一路交流市电。D100、D101 会对这个单路交流市电进行半波整流，自然能够获得足够其需要的电能。

在前面，我们已经明确了继电器 K808 闭合的条件是"辅助电源工作正常"。我们分析 K808 闭合之后的电路动作，主要是明确 APFC 与 LLC 半桥的工作次序。

APFC 和 LLC 半桥如果能够工作，首先就要求辅助电源工作正常。毕竟，FA5550 和 L6599 的供电是源自辅助电源的。只要 VCC-K808 IN 有效，Q608 和 Q608* 就能自动打开，FA5550 和 L6599 就能获得各自的供电。

因此，要明确 APFC 与 LLC 半桥的工作次序就必须明确 VCC-K808 IN 有效的时间。仔细观察图纸，不难发现 Q101 导通的控制因素是光耦 IC101。只有当 IC101 的光二极管导通后，Q101 才能够导通，Q100 才会跟随导通，VCC-K808 IN 才有效。那么问题就变成 IC101 的光二极管在什么情况下才会导通了。我们把注意力投向 IC101 的光二极管的负极。只要其负极被拉低，而同时其正极有正电压，IC101 的光二极管就会导通。

IC101 的光二极管的负极接 Q102 的集电极，Q102 的发射极接地。可见，只要给 Q102 的基极一个高电平就可以令 IC101 的光二极管的负极拉低到地令其导通了。图纸上是经 R119 上拉到一个 O/F-IN（ON/OFF IN）的信号。原来，Q102 是这个电源板的 APFC 和 LLC 半桥开机三极管。

至此，我们可以明确 FA5550 与 L6599 在开机后（获得高电平的 O/F-IN）将同时获得供电。实际上，APFC 会更早地工作。毕竟，LLC 半桥是针对 APFC 正常工作后获得的 380V 来励磁的。

接下来，我们介绍三路输出的保护电路。

在图纸的右上角有三组齐纳二极管和 1N4148 互连的结构。不难发现，只要 ZD607、ZD608、ZD617 中的一个反向击穿，就会令 B 点得到经 1N4148 隔离后的高电平。齐纳二极管如果真的反向击穿了，就说明该路当前的输出电压已经超过该路齐纳二极管的稳压值。即 72V 要超过 75V，24V 要超过 27V，12V 要超过 15V。这显然是过压保护 OVP 逻辑。

我们先不管 C 点右侧电路的具体功能，先明确 OVP 信号究竟接下来会干些什么。若 OVP 为高，则 Q614 导通。导通后的 Q614 会拉低 Q613 的基极，令这个 PNP 的三极管也导通。关键的事情来了，导通后的 Q613 就相当于一根导线（指其发射极和集电极之间），总的结果就是会令 Q102 截止，市电控制继电器 K808 断开。与此同时，APFC 和 LLC 半桥的两个驱动芯片 FA5550 和 L6599 失去供电。

最后，我们再观察图纸右下角的 339 比较器。

我们首先注意 R535A、R536A、R556 这三个电阻。通过观察实物不难发现它们都是康铜丝。问题来了，为什么在这个地方用了这样的元件呢？它们是检流电阻吗？

我们首先想一下康铜丝的应用场合。作为精密小阻值（大电流）电阻，康铜丝一定是用于大电流检流用的。可现在的问题是，这三个电阻均不在主电源三路输出的回路上。换句话说，负载所消耗的电流是根本不会经过 R535A、R536A、R556 这三个电阻的。这个"大电流"究竟在哪里？

否定之否定就是肯定。既然主电源正常工作时 R535A、R536A、R556 上不可能流经大电流，那么就只能是在主电源不正常时 R535A、R536A、R556 上才可能流经大电流。这种单纯从逻辑出发思考问题的方式就算是不能直达问题的本质，也可以给我们某些启发。

我们再分析 339。

339 的三路输出均经 1N4148 隔离，这是或逻辑。总之，只要有一路输出引发了对应放大器的动作，就应该输出高电平的 ShortCurrent_3。三路放大器的同相脚均直接经电阻接地（这意味着同相脚的电平是恒定的 0V）。反相脚外接一个从 REF2.5V 到地的分压电路（如 24V 这路，REF2.5V 经 R535A、R536A 后对地分压）。就算是三个康铜丝的阻值再小，也还是应分得一个较小的正电压。因此，在正常情况下，同相脚电压小于反相脚，三路放大器都输出低电平。

令人费解的问题是，放大器要想输出高电平，其同相脚的电压就必须比反相脚的电压大。同相脚的电压是 0V，则反相脚的电压就只能是负电平才能令放大器输出高电平。那么，这个 339 真的能输出高电平吗？答案是肯定的，否则就无须设计这个电路了。分析到这里，我们终于得到了一个有价值的结论，那就是在一种非正常的情况下，339 的反相脚会获得负电平。

问题来了，这些负电平究竟是从哪里来的呢？我们不妨从电流的方向入手。若放大器的反相脚为负电平，就意味着康铜丝的左端为负电平（此时，流经康铜丝的电流是从右到左）。这是因为其右端是恒定不变的 0V。问题又来了，康铜丝左端的负电平又是从哪里来的呢？看来看去，只能从 C613、C617、C614 这个方向来，而非 R535A、R536A、R616 这个方向。

我们再看次级的整流二极管 D615、D612、D605。假设因为某种原因，其中的一个无法反向截止（如短路），此时，次级绕组上的负的感应电动势就会出现在整流二极管的负极。这时的电源实际上是变为了负电源。

原来，339 这个电路，是监控三路输出整流二极管是否短路的检测电路。

接下来，我们介绍该板的实际维修过程。最后查到为 D603 中的一个二极管短路，更换后即正常。当然，具体过程较曲折。

观察全部元件，发现熔断器 F601 被人摘走，补件。另外，未发现其他任何明显异常的元件。

加挂试机灯泡试机，未听到继电器的闭合声。通过功率计观察到输入功率为 0.2W，估计辅助电源已经起振。实测输出电压，在 D102 的负极测得 11.8V，在 D103 的负极测得 38.1V，在 D601 的负极测得 5.2V，均正常。

观察接口丝印，在 CN602 上发现 P/ON-OF 字样，取一个 2kΩ 电阻直接与 D601 负极相连。再次加电，发现功率计读数无变化，也听不到继电器的闭合声，不启动。跑线，竟然追至孤立引脚。继续观察接口丝印，在 CN603 上又发现一个 P/ON-OF，改为将它经 2kΩ 电阻上拉至 D601 负极以获得 5V 高电平。

再次加电，听到继电器闭合声。试机灯泡柔和的强亮，估计 APFC 已经起振。同时，通过功率计观察到输入功率为 2W 并波动，同时伴随继电器重复闭合声，这是正常的。试机灯泡是一种保护手段，直接接入市电之后，继电器就不会跳了。实测主电源的三路输出均为 0V。至此，故障明确，LLC 半桥主电源没有工作。首先怀疑 LLC 半桥有问题。

进行直通性验证。验证 380V 是否直通上管的 D，直通，正常。验证下管的 S 是否到地之间为小阻值（视为测量下桥励磁电流检流电阻 R631 这个 3W 的碳膜电阻是否开路），压降很小（蜂鸣），正常。验证 HVG 是否与 D601 这个快开慢关二极管的负极直通，直通。正常。验证 LVG 是否与 D600 这个快开慢关二极管的负极直通，直通，正常。

测量上管 G 到 S 的压降，200mV，认为不正常。测量上管 S 到 G 的压降，174mV，认为不正常。平行测量下管 G 到 S 的压降，950mV，下管 S 到 G 的压降，687mV。至此，认为上管有问题。

将上管拆下，开路复测，测二极管压降，500mV，正常。触发，测触发后 S 到 D 的压降，340mV，这是一个比较正常的场管，令人感到费解。我们认为故障可能在芯片一侧而非开关管一侧。

测量 HVG 到 D601 跳线下端的压降，896mV，认为不正常。挑开这个焊盘，复测焊盘到上管 S 之间的压降，119mV，上管 S 到焊盘之间的压降，78mV，都认为不正常。至此，认为 L6599 是坏的。全新良品更换，加电试机，无变化。

又重复了若干次之前的操作，发现多次测量的结果不稳定。最典型的是有时上管 G 到 S 是 500mV 的正常值，有时又是 200mV 的短路值。维修进入了困境。

有的读者可能会问，为什么会想到去测量开关管栅极 G 与源极 S 之间的压降？这是因为 GS 间短路也是一种常见故障。但是，重复测量得到的数据不稳定，说明测量方法受限制。

之前，已经拆下上管开路测量，明确了上管是一个正常的场管。将下管也拆下开路测量，发现下管也是一个正常的场管（触发后 S 到 D 的压降为 250mV）。继续利用对地阻值法明确原芯片的好坏，测量被吹下的原芯片的各引脚开路对地阻值，并另取一全新备件测量，数据已经标注在了实物图中，发现基本正常。因此判定原芯片是好的。

我们又单独测量了 D601、R633、R626 和 D600、R628、R629 这两个驱动的好坏，确定是好的。

至此，基本上已经把这个 LLC 半桥从里到外查了一个遍，还捎带测量了一下 L6599 的 VCC，也是正常的。

维修进行到这里，陷入了真正的困境。

我们先说一下 HVG 和 OUT 脚的对地阻值为 1 的这个问题。作为最常用、最有效的测试手段之一，我们希望所有芯片的所有非接地引脚都能够测出对地阻值。但是 L6599 这个芯片告诉我们，凡事都有特例。这也正好解释了之前为什么在测量上管的 GS 间压降时多次测量得到的读数不同的原因。可见，任何方法都是有局限性的。

笔者在实际维修这个板子之前，已经精读了该板的图纸。至此，才将注意力放到整流 D 短路上来。在背面，准备从上到下逐个实测整流 D。测量的第一个就蜂鸣了。看看型号，YG902C2，这是一个双二极管，2 号管是好的。顺便检查了一下变压器次级侧的焊盘，发现好多焊点都开焊了，补了一下。

至此，突然想起在长时间观察中发现功率计间隔性地出现 3.5W 输入功率的情况，当时没有意识到这是短路保护造成的 LLC 半桥工作后又立刻保护性关断的结果。实际上之前看图纸时，就已经意识到了要测一下放大器的输出，而在实际维修时又把这件事放到一边去了。

11.4　电源板 40-E371C0-PWH1XG

通过观察，发现这是一块"反激辅助电源"＋"APFC"＋"LLC 半桥"结构的开关电源。根据次级整流二极管的数量，结合接口丝印，发现其输出为单路 24V。

遍历全部元件，发现 F1 缺件，补件。其他元件均无肉眼可见的异常。预感到不妙，没能发现外观显著异常的元件，这样的电路板维修难度往往更大，后续实际维修过程也证明了这一点。

加挂试机灯泡加电，观察功率计读数，待机输入功率为 0.45W，估计辅助电源已经起振了。在电路板背面辅助电源变压器的附近查找整流二极管，在左侧发现了三个 SOT23 封装的双二极管（据刻字查为 BAS21，250mA200V 的高速开关二极管）。实测电压，分别为 11.74V 和 24.8V，正常。实测 D212 负极的电压，0.xV，远小于 11.74V。经过事后分析，原本就应该这样。实测 DS1 负极电压，3.3V，正常。原来这是一个待机电压为 3.3VSB 的电源板。

观察接口丝印，试图明确开机引脚，找到 P_ON 的丝印。用一 2kΩ 电阻将 P_ON 开机引脚上拉至 3.3VSB。加挂试机灯泡，加电。观察试机灯泡是否柔和的强亮，灯泡不亮。观察功率计读数，仍然是 0.45W。APFC 不（没）工作。初步判定 APFC 有故障。

在板上测 APFC 开关管，基本正常。在板上测 APFC 驱动芯片 NCP1607 所有引脚对地阻值（见实物图中"原芯片在板"），基本正常。根据芯片的对地阻值，不能做出 NCP1607 坏的判定，那么需要彻底地排查一下整个回路。

测开关管 D 到 310V 的直通性（实际上是看看 Boost 电感是不是开路了），蜂鸣直通，正常。测开关管 S 到地的直通性（实际上是测励磁电流检流电阻 R322 是不是开路了），蜂鸣直通，正常。测芯片 Pin7 到开关管 G 的直通性，一般多用二极管挡，压降足够小即通，这次用的是电阻挡，阻值为 120Ω，正好是 R317 和 R318 的和。这路也是通的。

再次加电，APFC 还是不（没）工作。在 CE2、CE3 这两个主电容上只能测到 310V 而非 380V。在这个过程中听到电路板上有轻微的一声"嗒"，这应该是某个电路工作的声音。集中注意力观察，间隔一段时间后又听到"嗒"声。有意识地去观察功率计，发现在"嗒"声的一刻，输入功率从 0.45W 跳至 3.xW。难道是主电源工作了？实测 24V 输出电压，果然测到 7V 的余电。至此，推定 APFC 存在故障。

尽管已经基本认为 NCP1607 是好的，仍然决定更换一个。加电试机，故障依旧。为了确证原 NCP1607 良好，分别测出其开路对地阻值及备件良品的开路对地阻值（均标注在了实物图中）。它们基本相同，这说明原 NCP1607 确实是好的。

维修进行到这里，就只能在剩余的还未注意到的工作条件中查找可能的故障了。常识测量一下 NCP1607 关键引脚的电压。测芯片的 VCC，1xV，正常。测 Pin2Control（就是 3842 的 COMP）的电压，0.7xV。这是一个好现象，说明芯片的确在尝试工作。测 Pin1FB，2.6V，不正常。有经验的读者应该知道 NCP1607 的 FB 正常电压为 2.5V。理论基础较好的读者应该知道 NCP1607 内部的误差放大器的同相参考电压为 2.5V。FB 上的超过 2.5V 的电压，会令误差放大器输出低电平，效果是令芯片关断。故障点终于被明确了。

FB 的电压来自一个针对 380V 的分压电路，由 R304、R302、J6 跳线、R303、R305、R308、R306 构成。吹下 R306 和 R304 开路测量，发现 105 阻值偏小，只有 600kΩ，391 正常。在板侧直接测量 R302、R303、R305、R308，其阻值均与标称值吻合。看来，是 R304 阻值偏小造成反馈偏大令 APFC 不工作。所以，不是 APFC 没工作，而是 APFC 不工作。

更换 R304，未挂试机灯泡就加电试机，观察功率计。待机输入功率上来了，2.xW。实测 24V 输出，24V 回来了。

11.5　电源板 RSAG7.820.5687/ROH

RSAG7.820.5687/ROH 图纸如图 11-6 和图 11-7（清晰大图见资料包第 11 章/图 11-6 和图 11-7）所示。

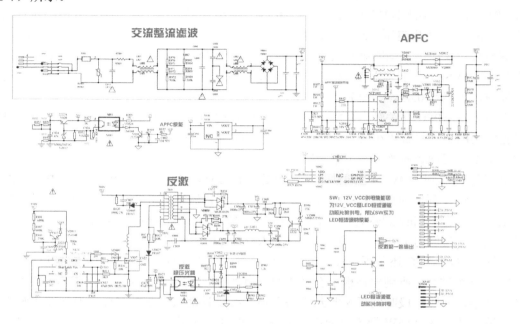

图 11-6　RSAG7.820.5687/ROH 图纸（一）

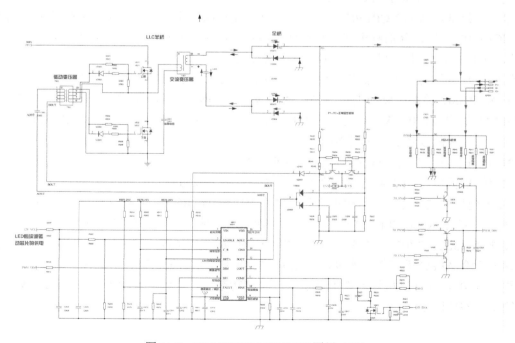

图 11-7　RSAG7.820.5687/ROH 图纸（二）

这是一块"反激"辅助电源+"APFC"+"LLC 半桥"结构的开关电源。与其他液晶电视电源板有区别的是，其 LLC 半桥驱动的是一个交流变压器，目的是获得驱动 LED 灯条的恒流源。因此，其电路还是比较有特点的。

RSAG7.820.5687/ROH 电源板如图 11-8（清晰大图见资料包第 11 章/图 11-8）所示。

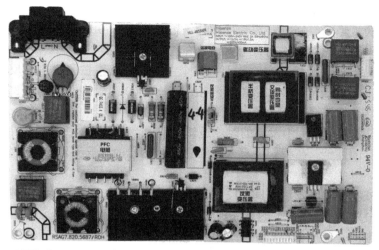

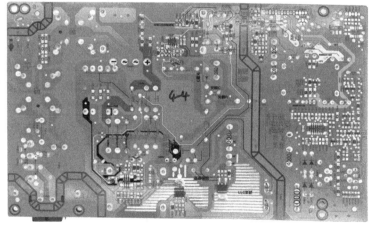

图 11-8　RSAG7.820.5687/ROH 电源板

遍历全部元件，发现 N834 炸裂。实物图中是后换的 FAN7602，原芯片已经把型号部分炸掉了，以为是 FAN7602，后来看图纸发现应为 NCP1271。竟然把芯片搞错了，耽误了几天时间。在 N834 的外围（左下方）还发现 R813、R811 烧焦，刻字已经看不清楚了。在电路板的正面，发现 3W 的碳膜电阻 R818 表皮炸裂，色环尚可分辨，阻值为 3.9Ω，实测已经烧断开路。

R811 是从 NCP1271 的驱动脚 DRV 到开关管 U807 的驱动电阻，其阻值较小。根据经验，换为 51Ω（图纸中为 47Ω）。R813 是励磁电流在检流电阻上的压降到 NCP1271 电流感知脚 CS 之间的隔离电阻，阻值应为数千欧，换为 4.2kΩ（图纸中为 3.9kΩ）。

NCP1271 到货后，换上芯片，加载试机灯泡，加电。灯泡柔和的强亮。观察功率计的输入功率，在 1～3W 之间不断跳动，不正常。直接加交流电，输入功率仍然跳动（正常是不跳动的），不正常。

实测反激的输出电压。12V 为 12.11V，正常。16V 为 0V，不正常。断电，放电，测 VD819 是否短路，的确蜂鸣短路。拆下复测，原来双二极管中的一个短路了，直接剪掉短路的这个二极管的阴极，再装回去（最后再换件），加电，实测 16V 为 19.37V，基本正常。实测 VD825 阳极的反馈 20V，实为 14.xV。

至此，反激的故障已经修好。观察功率计，输入功率在 0.3～0.6W 之间跳动，这种不稳定的输入功率是不正常的。这说明有个电路处在"打嗝"工作的状态。

对于一个液晶电视电源板而言，就那么几个主要的电路。按照时序，反激工作之后，是 APFC，最后才是 LLC 半桥电源。实测一下电压，测 C860 两引脚的电压为 376V。APFC 是好的且正在工作，这起码不是个坏消息。

但是，这与图纸分析过程中发现的时序逻辑不符合。在图纸分析的过程中，我们发现 STB 这个信号是 APFC 的使能，在我们没有人为给它使能信号的情况下，APFC 就已经工作了，这显然是不正常的。

观察这部分实物电路，发现 VD824、V810 都已经炸裂，内核都显露出来了。不过之前并没有注意到。不用说，光耦 N881 的光二极管估计也是开路或短路的，这是因为流经这三个元件的电流是一个电流。断电放电，更换 VD824、V810。实测 N881 光三极管的正向压降，1，果然跟猜测的一样，更换。

再次加电。观察功率计，很奇怪，输入功率还是在 0.3～0.6W 之间跳动。实测一下 C860 两脚的电压，竟然还是 376V，这说明 NCP1608 还在工作。

从 N881 的光三极管发射极开始跑线，看看它到底驱动了什么。经过烧焦的 R854 后直通 V820（表面刻字 1P，实为 MMBT2222）的基极。断电放电，在板上测测这个 NPN，红基极黑集电极，压降 535mV，红基极黑发射极，压降 539mV。相对大小是对的，但是压降均偏小，直接测集电极到发射极的直通性，竟然双向蜂鸣。没 MMBT2222 了，换 8050。顺便把 R854 换成 0Ω 电阻（据图纸）。

加电，观察功率计读数，待机功耗变成了"稳定的"1.85W，如图 11-9（清晰大图见资料包第 11 章/图 11-9）所示。实测 C860 两引脚的电压，310V。时序逻辑终于正常了。

图 11-9 用功率计测得的待机功率

LLC 半桥部分就不需要排查了，一定是好的。

11.6　电源板 40-E371C4-PWH1XG

电源板 40-E371C4-PWH1XG 实物图如图 11-10（清晰大图见资料包第 11 章/图 11-10）所示。

图 11-10　电源板 40-E371C4-PWH1XG 实物图

通过观察，发现这是一块"反激辅助电源"+"APFC"+"LLC 半桥"结构的开关电源。观察次级整流二极管的数量，结合丝印，发现其输出有两个，分别为 58V 和 24V。

这是一块售后板，缺件（被售后当料板拆下使用了）较多。

缺熔断器 F1，补件。观察到"反激辅助电源"驱动芯片（VIPER17）的引脚有加焊痕迹。仔细观察，发现 Pin1GND 到 C215 的布线有断线，补线。C215 是 Pin2VCC 的滤波电容。

加载试机灯泡，加电。试机灯泡一闪即灭，看来全桥是好的。测 CE2/CE3 两脚电压，310V，基本正常。在变压器 TS1 次级侧找整流二极管，发现 DS1。找到次级的地，测量 DS1 正极的电压，0V，不正常。观察功率计读数，发现无输入功率，这说明辅助电源未工作。

测量 Pin7、8DRAIN 的电压，0V，不正常，正常应为 310V（中间通常会经过隔离二极管和限流电阻）。

从 Pin7、8DRAIN 开始跑线，发现 R202、R201 烧焦开路。故障明确了：310V 无法经 D301、D202、跳线 J11、R202、R201、初级绕组后加至 Pin7、8DRAIN，VIPER17 当然不工作。将 R202、R201 替换为 2R0。

再次加电，观察功率计读数，发现有输入功率了。实测 DS1 正极电压，3.03V，有电压输出是正常的，但电压的具体值不正常（要么是 3.3VSB，要么是 5VSB，当前值偏小）。观察输出滤波部分的电路，发现 L201 附近的两个电解电容（C208、C210）缺件，焊盘有明显后焊痕迹。这实际是一个 π 滤波。补件，复测电压，3.3V，正常了。

在接口处查找开机引脚。找到两个可能的丝印 PL_ON 和 P_ON。取一个 2kΩ 电阻，先将 PL_ON 与 3.3V 连起来，观察功率计，发现输入功率不变。这说明 PFC 及主电源均未工作，PL_ON 不是开机引脚。再将 P_ON 与 3.3V 连起来，观察功率计，发现输入功率变大了，P_ON 才是开机引脚。功率计的读数则表明 PFC 及主电源应该都工作了。

测 CE2/CE3 两引脚电压，310V，不正常，这说明 APFC 未工作。测次级的两个整流二极管的中间脚的电压（先通过观察接口的丝印明确次级的地），一个为 56.3V，一个为 24.5V，正常。这说明主电源正常且已工作。

APFC 的驱动芯片是 FAN7930。加电，测其 Pin8VCC，16.xV，正常。断电放电，在板侧测 FAN7930 各引脚的对地阻值。Pin1INV，1（OL）开路，不正常。其他各引脚阻值无显著异常。图 11-11 所示是一个好的 FAN7930（2.1 电源板 40-E461C4-FWI1XG）的实测结果。

图 11-11　好的 FAN7930 的实测结果

通过比较，判定 FAN7930 损坏。

把好板上的 FAN7930 拆下来，装到该板子上，加载试机灯泡，加电。试机灯泡柔和的强亮，这是 APFC 尝试工作的标志。测 CE2/CE3 两脚电压，400V，说明 APFC 已经工作，但输出电压偏高。功率计显示的读数也说明 APFC 已经工作了，但输入功率跳动比较厉害，认为 APFC 工作不太稳定。

仔细观察，发现 C311 缺件。这是 ZCD 的滤波电容，补了一个 0805 的 102。功率计显示的输入功率跳动得不那么剧烈了，基本正常。

用电子负载实测 58V 这路的带载能力，2A 正常。此板修复。缺 CE3 待补。

11.7　电源板 40-PE4212-PWC1XG

电源板 40-PE4212-PWC1XG 实物图如图 11-12（清晰大图见资料包第 11 章/图 11-12）所示。

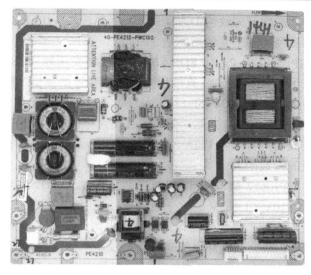

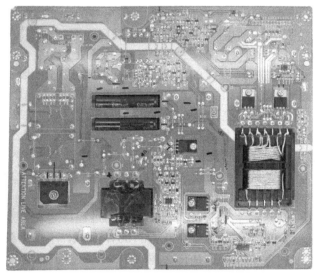

图 11-12　电源板 40-PE4212-PWC1XG 实物图

通过观察，发现这是一块"反激辅助电源"+"APFC"+"LLC 半桥"结构的开关电源。观察次级整流二极管的数量，初步判断有两路输出。仔细观察次级整流二极管的互连关系，结合丝印，发现整流二极管的输出并联，那么其输出只有一个，为 24V。

仔细观察后焊及缺件情况。发现 C302 缺件，F1 熔断器（补件）。R307、R308、R401、R412 等电阻后焊。

按时序先排查反激辅助电源。这次维修，我们就不先加电观察现象了。

找到反激辅助电源驱动 U201，用二极管挡测量各脚对地阻值，均无显著异常，初步判断 VIPER17 是好的。电路板正面向上，红表笔接全桥正，黑表笔接 VIPER17 的 Pin7、8DRAIN，测出其二极管挡压降为 1.162V。这个测量动作的目的是明确 310V 到 Pin7、8DRAIN 到底通不通（应该通）。1.162V 的这个压降，差不多等于 0.6×2V。猜测是经过了两个二极管的隔离。将板子翻过来，通过观察，跑线确认一下。问题来了，从哪里开始跑线呢？310V 要先经过变压器的初级绕组之后才能加到开关管的 D 脚，因此，当然应从 VIPER17 的 D 脚开始跑线，接着应发现初级绕组，然后经历若干元件后到达 310V。

通过观察发现，VIPER17 的 Pin7、8DRAIN 经铜皮与变压器（TS1）的 7 脚互连，所以 7 脚一定就是初级绕组近开关管的一端。直接用万用表二极管挡测量 7 脚与变压器其余脚中的哪个脚直通，判断出初级绕组近 310V 的一端，发现就是 7 脚右侧的这个脚。从此脚（初级绕组近 310V 的一端）开始向上跑线。果然，依次发现了两个 2R7、D201、J50、D301。虽然这些关于如何认识电路的技巧与如何维修好一个具体电路板无关，但笔者希望读者体会一下熟练者是如何解读万用表的读数的。

至此，我们明确了 VIPER17 基本正常，且只要两个 2R7、D201、J50、D301 正常，VIPER17 的 D 脚就能够顺利获得 310V（1.162V 的这个压降已经说明 2R7、D201、J50、D301 均正常）。通过这些维修动作，我们实际上已经确定该反激辅助电源的基本工作条件都已满足。

加载试机灯泡，加电，观察试机灯泡的亮灭情况及功率计读数。25W 试机灯泡短亮即灭，正常。功率计输入功率最大 9W，立刻跳至 2W 并迅速稳定在 $0.8x$W（小数点后第二位在 5 个字之间波动）。这个波动已经比较小了，说明反激开关电源的工作已经稳定。

接下来，应实测一下反激辅助电源的输出。观察接口丝印，找到 3.3VSB 脚及地。从接口的 3.3VSB 脚开始跑线。先找到了 C211，然后是 J14，接着是 L202，最后是 DS1（3.3VSB 的整流二极管）的负极。红表笔放到 DS1 的负极上，黑表笔接接口的地，3.3V，正常。

接下来，应该明确开机针（丝印实为 P_ON），用 $2k\Omega$ 电阻将其上拉到 3.3VSB。加载试机灯泡，加电。试机灯泡柔和的强亮，这说明 APFC 工作了。实测 C22/C23 电压，348V，稍偏低。提前已经将次级的 24V 输出挂接到了电子负载上，电子负载显示 24.079V，正常。

加 10A/240W 负载，可带载，但发现约 5s 后掉电（24V 输出跳变为 0）。这才是这块板子进入售后的真正原因：不能长时间带重载。断电，稍后重新加电，仍约 5s 后掉电。至此，笔者已经心里有数了，这个板子肯定能修好。

所谓的维修，就是一个熟悉/猜测设计者设计思路的过程。这既考验维修者的电路基础，也考验其观察能力。既然 10A 带不动，那就带 4A/100W 试试，不出意料的话，肯定是可以长时间工作的，果然可以长时间工作。这是什么逻辑？这就是过流延时保护逻辑。换句话说，这个板子应该具有一个过流检测及延时保护电路。

实际上，这已经不是我们第一次接触过流保护这个问题了。在"电源板 168P-P37TWS-00"示例中，我们就接触到了"康铜丝"+"运算放大器（运放）"的电流检测电路，只不过它是用于整流二极管的短路检测。其基本原理，还是以运放为核心的电流检测。

观察实物，找找有没有与电流检测有关的"特征"元件（运算放大器和康铜丝）。

在电路板正面，观察到了 R424 这个康铜丝。在电路板背面，观察到了 U403 这个意法半导体的 393 比较器（这里与运放的功能相同）。有比较就必须有参考（REF），再找找可能存在的 431。在背面用放大镜仔细观察 SOT23 的管子（背面靠中间、靠上边的区域）刻字，都是常见的三极管、二极管，就是找不到 43 或 431 的字样。继续翻到正面找了一下，还是没找到，也就先放弃了。

以 393 为核心，分析其外围电路。吹下芯片，实测开路对地阻值，平行性很好，是好的。观察布线，1O 兵分两路，一路经 R436、J32 去往后级，一路经 D408、J40 去往后级。这两路就是过流保护信号的输出。1–经 J20 直通 R433 的上端。J20 的下端经布线到 R432 的下端，

R432 的上端经布线直通康铜丝的左端（沿着布线往下经 J4、J33、J38 就到了变压器的地了）。原来 1-外接了一个分压电路。这时才注意到 U404（在正面被白胶遮住了，之前没发现它），把白胶去掉一看，就是 431（TO92）。再看 1+的外围，1+经 R435 隔离后直通康铜丝的右端。通俗地说，只要 1+大于 1-，393 就从 1O 发出高电平，意为过流。

实测 J20 的电压，0.094V。实在是不想拆康铜丝利用可调电源实测其小阻值并计算了。直接测量 1+电压，实测一下门限电流，9.6A/220W，基本是正常的。但是，对于已经老化的原机来说就差了一点。

接下来，我们有两个维修思路：去掉这个检测及保护逻辑；保留检测及保护逻辑且将其门限改大。但是，这两个思路都要以 LLC 半桥的实际输出功率足够为前提。要改大门限，只需提高 393 的 1-的分压即可。这也可以有两个方法：增大 R433 的值（优先选择）；减小 R432 的值。我们将门限值调大到 260W 就差不多了。

此板的维修过程就到此为止了，但思考却刚刚开始。为什么针对"加 10A/240W 负载，可带载，但发现约 5s 后掉电（24V 输出跳变为 0）"和"断电，稍后重新加电，仍约 5s 后掉电"这两个现象进行思考，会得出"电路板有过流检测及延时保护"，且其电路正常但门限值有偏差的判断的呢？这是因为稳定的电路状态往往意味着电路功能性的完整。维修的目的是根据故障现象去明确故障元件，但是，某些不正常的现象可不一定就是故障现象。过流保护实际上是电路的正常现象。

重复性的、稳定的"5s 后掉电"现象，更像是一个功能完整的电路表现出来的样子（而非电路有故障）。为了判断究竟是过流保护信号错误地产生，还是过流信号虽然没有产生但其传递电路错误地传递出了过流保护信号，我们加了 4A 轻载予以排除。如果是后者，则还应发生"5s 后掉电"的现象。

以上才是本实例真正有价值的内容。

我们甚至还应该继续分析 J32、J40 这两路过流保护信号的工作原理，可以想象，这两路保护信号很可能是去切断主回路驱动芯片的供电或 APFC 驱动芯片的供电。笔者就不再继续深入讨论了。

图 11-13（清晰大图见资料包第 11 章/图 11-13）所示是 40-PE4212-PWC1XG 接口丝印及 393 局部图。

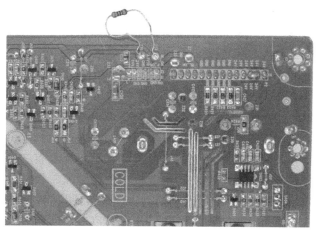

图 11-13　40-PE4212-PWC1XG 接口丝印及 393 局部图

11.8　电源板 XR7.820.276V1.1

电源板 XR7.820.276V1.1 实物图如图 11-14（清晰大图见资料包第 11 章/图 11-14）所示。

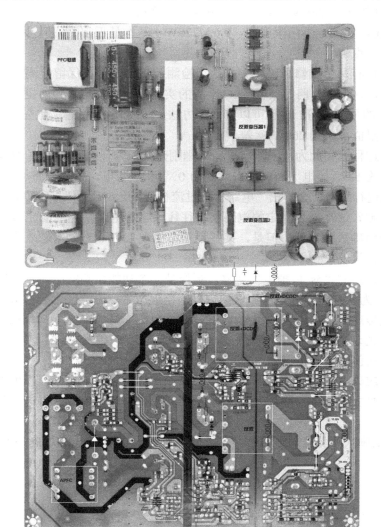

图 11-14　电源板 XR7.820.276V1.1 实物图

这是一块山寨通用板。在电路板的正面，我们可以观察到三个明显的变压器。在板子中部的散热铝片上，可以观察到三个开关管。在板子右部的散热铝片上，可以观察到一个整流二极管。根据变压器及开关管的数量，我们可以推测它是一个具有三个开关电源（一个变压器、一个开关管为一个具体的开关电源）的电源板。根据整流二极管的数量，可以推测它只有一路直流输出。特别注意 CN301 这个 2 脚接口，背面的丝印明确注明 LED+、LED−。因此，应该能够猜到该板的三个开关电源的具体用途：（1）APFC；（2）一路直流输出；（3）服务于 LED 恒流源。

电路板正面的右上角还有一个 10 脚接口，下方丝印注明其一路直流输出为 12.3V。

我们再观察一下全部芯片。

U201 为 FA5591，这是日本富士（FUJI）生产的 PFC 专用电源管理芯片。U101 为 NCP1251，这是安森美生产的反激开关电源管理芯片。U202 为 NCP1271，这也是安森美生产的反激开关电源管理芯片。U203 为 NCS1002，这是安森美生产的用于恒流控制的集成精密稳压源的运算放大器，与 358 很像。

这个板子的故障是 LED 灯不亮。最后查为 Q411 这个隔离控制 N 沟道开关管（ME04N25-G）不良。我们重点介绍它的以运放（U203）和 Q411 为核心的恒流控制过程和部分保护电路。

拿到这个板子之后，首先看了售后的维修记录：曾将 Q411 拆下另用，用别的型号场管补件后 LED 灯不亮，换回同型号场管后 LED 灯仍不亮。

既然只涉及 LED 恒流源，那么 APFC 和与 LED 恒流源无关的开关电源就应该是好的。直接加电，测量主电源的两脚电压，400V 正常；测量次级散热铝片上整流二极管的中间脚电压，12.4V（看来这是待机 12VSB），正常。测量 D305 负极电压，0V，正常（尚未查找开机脚并上拉到高电平）。待机功率 0.4xW。

在 10 脚接口上查找开机脚丝印，实为 PS-ON，观察布线，发现经 R452 跳线后直通 BL-ON。既然只有 12VSB，那么就取以 5kΩ 电阻将 PS-ON 上拉到 12VSB。焊接好后重新加电，待机功率为 4.xW，看来 APFC 已经工作了。

测量 D305 负极电压，0V，不正常。这个为恒流源服务的由 NCP1271 驱动的反激开关电源还是没工作。观察 U202 的外围电路，重点是看 VCC 和 FB。实测 VCC，1xV 正常，实测 FB，0V，不正常，芯片被关断了。

FB 是光耦的光三极管集电极，查其信号源（光二极管的负极），发现光二极管负极连接了三个元件，Q410 是 2N7002 场管，D508、D507 为两路钳位二极管。这三个元件的作用是一样的，都是通过拉低光二极管负极令光二极管导通，最终令 NCP1271 的 FB 接地，令芯片停振。

实测电压，发现 Q410 的 G 为 2V，不正常。跑线，发现信号自 R420 的左端来。继续跑线，发现 R419 是一个上拉电阻。很快，Q405 进入了视线，原来是 DIM 控制信号。DIM 只有为高电平时，才能令 Q405 导通，将 R419 提供的高电平拉低到地，Q401 才能截止，NCP1271 才有可能工作。

在实物图中，PS-ON 和 DIM 实际上是通过堆焊互连的。我们维修之前恢复了原状，现在就明白具体原因了。售后这是为了给 DIM 一个高电平才堆焊互连的。如法炮制，加电，复测 D305 负极电压，37V，正常，测 D307 负极电压，2.8V，感觉偏小。

挂 LED 灯。重新加电，LED 灯一闪即灭。不断重新加电，有时 LED 灯会正常亮。这就奇怪了，难道是 NCP1271 的带载能力不够？恒流源能消耗多大的功率啊？在 LED 灯正常亮时实测 R446、R445、R447、R448 这几个检流电阻左端电压（ISEN），0.457V。测量 NCS1002（U203）2+电压，0.458V。简单计算一下，LED 灯电流门限值为 270mA。有了电压和电流，自然不难算出功率为 10W 左右。

找到这路反激开关电源的检流电阻 R416，实测为 0.44Ω，换为 0.15Ω。加电试机，无效。那就换个全新的 ME04N25-G（新品 10 元一个）吧，正常了。

　　U203 的定义已经标注到了实物图中。1+实测为 2.22V。这是芯片集成的精密稳压源 REF，用绿色进行了标记。2+外接一个针对 REF 的分压电路（R434、R441、R444、R433）。2–经R438 直通四个检流电阻的非对地端。这路运放为恒流控制运放。1–外接一个针对 37V 的分压电路（R436、R443、R437）。当 37V 过高时，1O 输出可令 NCP1207 停振的低电平。不妨命名为 37V 过压保护运放。1–这个分压还外接 ZD406，显然 37V 过高后，会令 ZD406、ZD408击穿。观察后续电路为光耦，无须仔细分析电路，就可知道是通过光耦去切断某路供电的。笔者就不再一一明确了。

11.9　电源板 P/N:35019000 版号：KIP+L090E02C1（-03）

　　电源板 KIP+L090E02C1（-03）实物图如图 11-15（清晰大图见资料包第 11 章/图 11-15）所示。

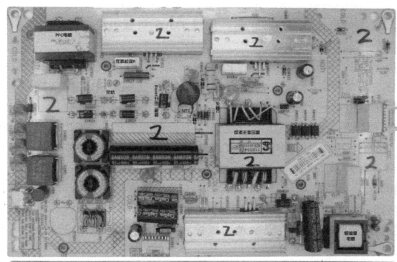

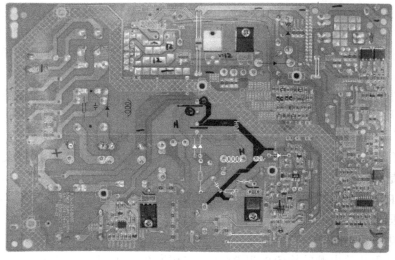

图 11-15　电源板 KIP+L090E02C1（-03）实物图

通过观察，发现这是一块"反激电源"＋"APFC"＋"恒流源"结构的开关电源。通过观察反激电源次级整流二极管的数量，判定有 1 路输出，结合接口（XS952）的丝印，该输出为12V。

仔细观察后焊及缺件情况，未发现缺件，仅发现数个元件有补焊情况。另发现接口（XS952）在电路板背面的布线已经被烧断，补线。特别是观察到某局部有元件炸裂和断线集中出现。电源板 KIP＋L090E02C1（-03）故障局部如图 11-16（清晰大图见资料包第 11 章/图 11-16）所示。

图 11-16　电源板 KIP＋L090E02C1（-03）故障局部

在全图中已经标出了元件的表面刻字。其中，1AM 是常见的 NPN 三极管 3904，VW954已经炸裂，因为它是直接驱动光耦光二极管的，所以认为它也应为 1AM。将这 4 个 1AM 全部换新。实测了一下 VW953，B 到 C 短路；VW955，全开路。为了节约时间，剩下两个就不测了。

还有一个刻字为 31AG 的 SOT23 的管子，丝印为 NW952。这说明它一定不是 1AM 这样的三极管（否则丝印应为 VW 而非 NW）。它实为 431，笔者最初也没有认出这个 431，也是在对后续电路的分析中推定它为 431 的，这才对其 31AG 的刻字恍然大悟。

NW954、NW959、NW950 是三个光耦。按照常识，其中应该有开机控制光耦、稳压光耦。

实测 NW954 光二极管压降，开路，换新。实测另外两个光耦光二极管压降，正常，暂不更换。

反激驱动芯片为 FAN6755。用万用表测各脚对地阻值，均正常，初步判断芯片是好的。

挂试机灯泡，加电试机，观察功率计读数。功率计读数在 1.xW、2.xW、3.xW 之间循环跳动。这种待机功率的波动说明有电路故障。看来，还是先要把 31AG 搞清楚。31AG 的右下脚经布线直通光耦 NW950 的光二极管负极，光三极管集电极来自 FAN6755 的 FB，原来 NW950是个稳压光耦。至此，推定 31AG 是 431。红表笔接中间脚，黑表笔接右下脚，43mV。已经击穿了，换新。图中的 RcBe：43 是指把它当作一个 SOT23 的三极管来检测（红 C 黑 E）时得到的数据。

再次加电试机，故障不变。

将 NW959、NW950 拆下，用可调电源测试其好坏，发现有一个在光二极管导通后光三极管内部开路，不区分到底是哪个了，全部换新。

再次加电试机，故障不变。

维修进行到这里，基本上把明显的故障元件都更换完了。看来，还有一些不明显的故障元件。

待机时输入功率在 1.xW、2.xW、3.xW 之间循环跳动，这说明反激实际上是处于"打嗝"状态。关于"打嗝"，实际上分为初级侧的"打嗝"和次级侧的"打嗝"。对于绝大多数反激开关电源而言，它的打嗝都是初级侧的。它实际上是反激驱动芯片经历启动过程之后，由于其 VCC 脚缺乏供电而造成停振，然后再次启动，再次停振的现象。在设计反激开关电源时，反激驱动芯片的这个工作特点常常被利用来实现某个具体的保护逻辑（保护对象都是驱动芯片本身）。因此，当"打嗝"发生时，反馈绕组的输出就成了必查的项目。

直接查 RW906 的直通性，开路，果然是它。换成台面上就有的 2R0。

另外，在观察反激反馈绕组的这路输出（VD915）时，还明确了它也是 APFC 驱动芯片（FAN7930）的供电，特别注意到 RW905 这个 10Ω 的限流电阻，中间这个 0 的刻字少了一点，怀疑已经烧断了，实测，果然开路。换成台面上就有的 30Ω。

再次加电试机，待机功率稳定了。实测 12V 输出电压，6.4V，很奇怪。断电，放电，用一个 2.4kΩ 的电阻将 PS-ON 上拉到 12V，加电。实测 12V，12.3V，正常了。原来反激在待机时为 6.4V，开机后才升高为 12V。这意味着 31AG 的 431 的 R 脚上有一个受 PS-ON 控制的动态分压电路，在此不再深入明确了。

至此，此板修复。恒流源的部分电路应该是好的，这是因为反激的时序在前，恒流源的时序在后。

11.10　电源板 168P-P42ELL-06

电源板 168P-P42ELL-06 实物图如图 11-17（清晰大图见资料包第 11 章/图 11-17）所示。

通过观察，发现其电路板背面只有一个芯片 TEA1755。通过查阅数据表，发现这是一个 APFC 和反激二合一的驱动芯片。这与从正面观察到的 L1 和 T1 也是一致的，L1 是 APFC 电感，T1 是反激变压器。根据次级整流二极管的数量，结合丝印，发现该板有两路输出，分别是 12V 和 24V。

仔细观察全部元件，发现 C35、C32 这两个电解电容缺件，补件。另发现 R115（1W）已经烧焦。R115 的左端在背面经布线、J31 后直通 U1（TEA1755）的 Pin16HV 脚。R115 的右端在背面经布线直通变压器 1 脚上方的一脚（丝印为 400V）。用万用表测量这三个标有 400V 的引脚，蜂鸣。这意味着变压器的初级绕组有一个抽头，而抽头就是 R115 的右端。

为了明确 R115 的阻值，在搜索引擎中搜索关键词"TEA1755"，仔细筛选搜索到的结果，果然有遇到过同样的问题"TEA1755 的 16 脚接的电阻烧焦，全板无电压"，还找到了一个具体的图纸。电源板 168P-P42ELL-06 部分图纸如图 11-18（清晰大图见资料包第 11 章/图 11-18）所示。

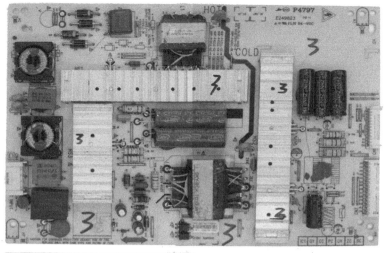

图 11-17　电源板 168P-P42ELL-06 实物图

在电路图中，查找与 TEA1755 的 16 脚有关的电阻，发现了 R22 的阻值为 10kΩ。还顺便明确了图纸中变压器的初级绕组的确是一个有抽头的绕组。用 2W/10kΩ 的电阻代换已经烧坏的 R115。

接下来，就应该直接换掉 TEA1755，这是为何呢？换句话说，为什么此时板子上的 TEA1755 一定是坏的呢？这是 R115 的功能（也就是 R115 与 TEA1755 的关系）告诉我们的。

R115 实际上是为 TEA1755 的 HV 脚提供 400V 启动高压的，它被烧坏，意味着其两端的电路中必定有一个是坏的。也就是说，要么是 HV 脚有问题，要么是变压器的这个中间抽头有问题。显然，变压器抽头就是一根铜丝，它出问题的可能性太小了。一定是 TEA1755 的 HV 高压启动脚在芯片内部出了问题，这才造成了 R115 的过热烧毁。

挂接试机灯泡，加电，观察功率计读数，同时观察 R115，我们应该能够看到 R115 重新烧焦的过程。果然，功率计显示输入功率竟然达到了 6W。随着一阵青烟，R115 又被烧焦了（见实物图）。

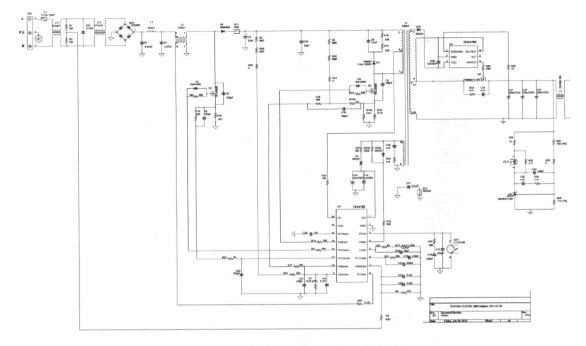

图 11-18　电源板 168P-P42ELL-06 部分图纸

直接更换 TEA1755，另将 R115 再次更换为 2W/33kΩ 的电阻。挂接试机灯泡，加电，观察功率计读数，0.4xW 且稳定。实测输出电压 11.99V、24.45V，正常。

在 CN2 上找到了 STB 的丝印，实为开机。用一 5kΩ 电阻将 STB 上拉到 12V。挂接试机灯泡，加电，试机灯泡柔和的强亮，APFC 应该已经工作了。去掉试机灯泡，直接加电，测大电容电压，380V，正常。

这个故障实际上是使用 TEA1755 的液晶电视电源板的一个通病。因为 R115 取值过小，HV 脚容易击穿，击穿后实测 HV 脚电压为 3V，正常应该为 310V。而且，已经损坏的芯片 HV 脚的对地阻值与全新良品芯片 HV 脚的对地阻值无显著差异。换句话说，无法使用对地阻值法去区分 HV 脚的好坏，这也是需要第一次遇到这个芯片、这种具体故障的读者特别注意的问题。

11.11　电源板 40-A112C1-PWE1XG

电源板 40-A112C1-PWE1XG 实物图如图 11-19（清晰大图见资料包第 11 章/图 11-19）所示，此板没有被修理好。

通过观察，发现该电源板使用了三个芯片：（1）用于 APFC 的 NCP1607；（2）用于反激的 FAN6754；（3）用于恒流源的 OZ9976（左下脚，已经拆下）。

该板的故障是 FAN6754 驱动的反激输出（12V）电压跳（打嗝）。用万用表测量为 11.3V 到 12V 跳变，用示波器可以看到明显的跳变电压。当启动后，APFC 可正常工作，但 12V 电压降低至 3V。这是典型的 12V 不带载故障。

一般来说，对于不带载的反激而言，其芯片都是好的，毕竟电源是有输出的。造成电源不带载的原因主要有三个：（1）芯片的正常供电而非启动供电不良；（2）变压器失效；（3）某种保护逻辑在起作用；（4）如果有检流电阻，检流电阻阻值变大。

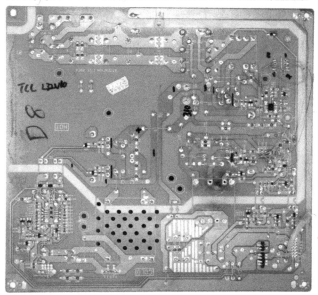

图 11-19　电源板 40-A112C1-PWE1XG 实物图

首先排查 R402 反激检流电阻（原电阻为 0.33/2W），基本正常，仍换为 0.1/2W。故障依旧。

查 FAN6754 的工作条件，4 脚 HV 电压跳变（40～300V）。这说明芯片在不断地经历启动、关断、再启动。实测四个启动电阻阻值，均正常。怀疑 C413 失容（HV 脚的滤波储能电容），换新，故障依旧。查阅芯片数据表，发现 5 脚 RT 是一个温度保护脚，此脚可经 NTC 对地泄流。当温度过高时，RT 脚电压因泄流低于 1V 门限时芯片即关断保护。此脚经 C416（1nF）

和 R416（100kΩ）对地，实测都是好的。测 RT 脚电压，跳变（0～2V）。为了排除 RT 脚的跳变引起的 HV 脚跳变，直接更换全新良品，故障依旧。

难道是变压器不良？用 3842 驱动该变压器。人为搭建 3842 工作所需的外围电路，其中涉及在电路板合适的位置打孔，飞线。加电，12V 正常。启动，12V 仍然降低，只能推定变压器不良了。

拆下反激变压器 TS1，用数字摇表（UT502）测量三个绕组间的绝缘电阻，均正常。没有电桥，无法测量具体绕组的电感量。此板报废拆件。

11.12　电源板 5800-P42TLQ-0040

电源板 5800-P42TLQ-0040 实物图如图 11-20（清晰大图见资料包第 11 章/图 11-20）所示。

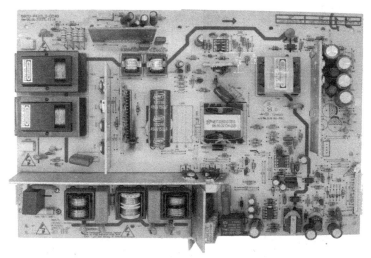

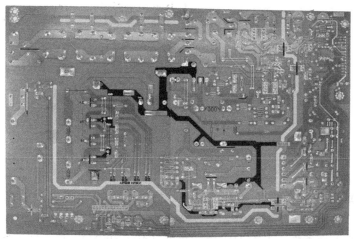

图 11-20　电源板 5800-P42TLQ-0040 实物图

电源板 5800-P42TLQ-0040 的驱动小板如图 11-21（清晰大图见资料包第 11 章/图 11-21）所示。

图 11-21　电源板 5800-P42TLQ-0040 的驱动小板

通过观察不难发现，在正面主电容 C201 的左下侧，有一个明显烧焦的电阻。要明确该板的具体故障，显然应该先明确这个烧焦电阻的作用。

我们大体观察一下烧焦电阻周边的元件。首先注意到竖装小板（实为驱动板）左侧散热片上的四个开关管（Q701～Q704），均为 8N60。这个数量让我们立刻就可以大胆推测它们应该是一个全桥开关电源所用的四个开关管。

在竖装小板的附近，除这个烧焦电阻外，我们还可观察到 R714、R711、R707 这三个电阻（均为 10kΩ）。我们有理由认为烧焦的这个电阻与 R714、R711、R707 这三个电阻是一样的。观察背面确认一下，我们发现这四个电阻均跨接在开关管的 GS 之间。原来它们是四个开关管的 GS 偏置电阻。

考虑到 GS 偏置电阻都已经烧成这个样子了，那么竖装小板（驱动板）估计也好不到哪里去。拆下，观察。不难发现其上的元件分成了四组。正好每组对应驱动着全桥中的一个开关管。

先实测一下 Q701～Q704 的好坏，发现均三脚直通，全坏了。那岂不是说明四路驱动都有坏元件？

仔细观察驱动板，发现 R786、C706 均有烧痕。实测 R786，开路。R786 应与 R788 一样，为 10R0。还发现 R787 有烧痕，实测也开路。

剩下的元件主要是 IC702 和 IC703（SOT6 封装，刻字 333），Q705 和 Q712（SOT23 封装，

刻字 337）。接下来，就需要明确这几个元件的类型了。我们还是先从实物的角度推测一下，这有利于能力的养成。

要推测未知元件的类型，就要尽可能地明确那些可以被明确的电路信息。我们首先分析一下丝印，然后再从驱动板的接口入手，看看能不能得到一些有用的信息。

IC 的丝印，说明这个刻字 333 的、SOT6 封装的元件不会是单场管或单三极管，否则，就应该用 Q 的丝印了。换句话说，Q705 和 Q712 要么是场管要么是三极管。这就是通过丝印能够获得的全部信息了。

我们再分析一下驱动板的接口。观察背面的布线，不难发现这个接口的布线是很有规律的：1、3、5、7、10、12、14、15 脚均来自驱动变压器的次级；6 脚为初级的地；2、8、11、16 脚为开关管的栅极；4、9、13 为空脚。显然，驱动板只起着一个将驱动变压器次级的驱动信号传递至开关管的作用。要明确驱动板的具体作用，自然应该从开关管的驱动原理入手。最容易想到的就是驱动信号的隔离和开关管的自举升压。换句话说，驱动板中的电路，要么是单纯的驱动信号的隔离，要么是服务于开关管的自举升压。如果是隔离，那么驱动板中只会有基本元件；如果是自举升压，那么驱动板中也只会是基本元件。这样，我们就明确了 IC 不会是复杂芯片。这就是通过接口能够获得的全部信息了。

我们重点看一下 6 脚地。因为地是最为明确的。

经过跑线，发现 Q705 和 Q712 与地有直接的关系：它们的右下脚就是地。此时，就已经能够推测出 Q705 和 Q712 要么是 N 沟道要么是 NPN 了。这是因为 Q705 和 Q712 的中间脚经 10R0 后就是两个开关管的栅极，当 Q705 和 Q712 导通后，实际上就是令两个开关管的栅极对地泄压。这是两个控制开关管截止的管子。

看来，要明确其真实型号，还是要落实到 337 的刻字上。

在淘宝网中输入"SOT23""337"两个关键词搜索。遍历搜索结果，在第一页中很快就找到了一模一样的管子。Q705 和 Q712 的真实型号被明确了，原来是 FDN337，这是个 30V2A 的 N 沟道。我们没有这个管子，用 AO3402 代替。

如法炮制，在淘宝网中输入"SOT6""333"两个关键词搜索。遍历搜索结果，在第一页中很快就找到了刻字为 333L、333S 的管子，关键是还浏览到了"液晶电源常用 6 脚电源芯片"的字样。Q705 和 Q712 的真实型号如图 11-22 所示。

查 FDS6333 数据表，得知这是一个 6 脚双 N 场管。结合驱动板的功能，可以有很大的把握推定 IC702 和 IC703 就是 FDS6333。

实测（拆下）IC702 和 IC703。先测 IC702，都直通，彻底坏了，没办法通过它验证我们的推定了。再测 IC703，红 5 黑 6，560mV，红表笔碰一下 1 脚，复测红 5 黑 6，蜂鸣。果然是一个场管。红 4 黑 2，560mV，红表笔碰一下 3 脚，复测红 4 黑 2，604mV，这个管子没办法触发，坏了。

实测（拆下）Q705 和 Q712。先测 Q712，红右下黑中间，蜂鸣，坏了。再测 Q705，红右下黑中间，560mV，红表笔碰一下左下脚，复测红右下黑中间，蜂鸣，果然是 N 沟道。

查驱动板剩余元件，均正常。换掉故障元件，补上烧焦的 A 桥上的 GS 偏置电阻，补上全桥的四个 8N60，加电试机（全桥的时序在反激辅助和 Boost 后，这两部分基本是不会出问题的），正常了。

图 11-22　Q705 和 Q712 的真实型号

11.13　电源板 168P-P42CLM-01

电源板 168P-P42CLM-01 实物图如图 11-23（清晰大图见资料包第 11 章/图 11-23）所示。

遍历所有元件，没有发现明显异常的元件。直接加电，在接口处找待机供电，发现 CPU5V 的丝印，实测输出，5V，正常，反激辅助是好的。在接口处找开机脚丝印，发现 PP-ON/OFF。用 2kΩ 电阻将 PP-ON/OFF 上拉到 CPU5V，加电，实测接口上的 12V、24V，均为 0V，不正常。

原来这个板子缺了两路供电。

观察一下布线，发现 12V、24V 是 IC301（NCP1271P65）驱动 T302 产生的。Q301 为这个反激开关电源的开关管。

红表笔接主电容 C201 正极，黑表笔接 Q301 的中间脚 D，蜂鸣。这说明 380V 可以加到开关管的 D 极（变压器的初级绕组没有开路），正常。

红表笔接 Q301 的右下脚 S，黑表笔接主电容 C201 的负极，蜂鸣。这说明励磁电流从开关管 S 流出后，可以流回地（反激的检流电阻是好的），正常。

红表笔接 NCP1271P65 的 5 脚 DRV，黑表笔接 Q301 的左下脚 G，37mV。这说明 NCP1271P65 发出的驱动方波可以正常地加到开关管的 G，正常。

以上是回路的排查。

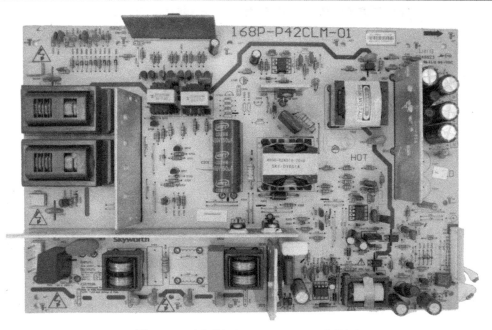

图 11-23　电源板 168P-P42CLM-01 实物图

既然回路都是正常的，那就是芯片或开关管本身的问题了。

先测出正常的电源板 5800-P42TLQ-0040 的 IC301 的对地阻值，再测出不正常的电源板 168P-P42CLM-01 的 IC301 的对地阻值（见电源板 5800-P42TLQ-0040 实物图）。发现两者没有显著差异。打算运用对地阻值法判断 IC301 好坏的方法失效了。

拆下 Q301，发现这是富士的 K3532。实测一下它的好坏，发现是好的。干脆换新，因为确实有测量正常但实际不可用的开关管。这里多说一句，维修是一个排除的过程。

加电试机，12V、24V 还是没测出来，看来 NCP1271P65 有问题。

实测 6 脚 VCC，15V，正常。实测其他各脚电压，HV 脚为 0.3V，其他脚都是 0V。对比实测正常的电源板 5800-P42TLQ-0040 的 IC301 的各脚电压，HV 脚为 12.1V，找到问题了。换 NCP1271P65，试机，正常了。

第12章　TCCH-72-25和BC2K-4830全桥充电机

在本章中，笔者将深入详细地介绍两款品牌及型号各不相同但电路基本相同的充电机：铁城充电机 TCCH-72-25 和边沿充电机 BC2K-4830。其外观及标识如图 12-1 所示。

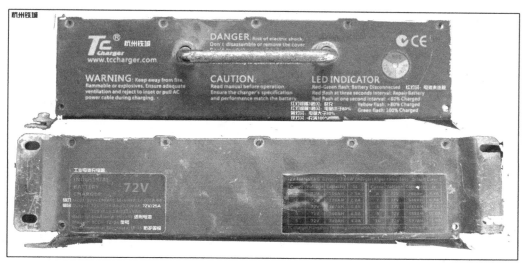

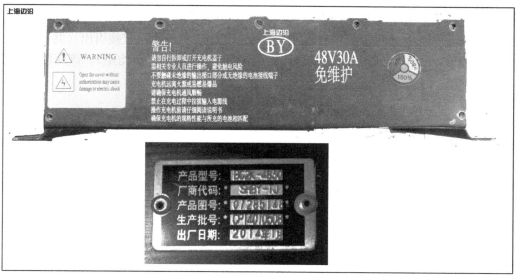

图 12-1　两款充电机的外观及标识

可见，铁城充电机的型号为 TCCH-72-25，这是一个输出电压 72V，最大输出电流 25A 的开关电源。边沿充电机型号为 BC2K-4830，这是一个输出电压 48V，最大输出电流 30A 的开关电源。

图 12-2 所示是 BC2K-4830 的带件俯视图。我们首先通过观察，初步分析一下这个开关电

源的特点。

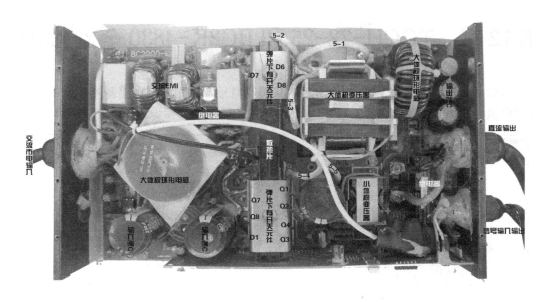

图 12-2　BC2K-4830 的带件俯视图

　　通过观察，不难发现该开关电源中体积最大的元件是一个蓝色的变压器。这个变压器的体量（及其使用的焦黑的黄蜡管），说明它是这个开关电源功率变换的核心。换句话说，它肯定是这个开关电源的主变压器，是这个具体开关电源从 AC 到 DC 变换中的关键元件。这是因为变压器才是一个开关电源的真正核心。

　　这个变压器中绕组的两端，并不是以引脚的形式出现的，而是直接引出（共 5 个端点，即 5-1 至 5-5）的，如图 12-3 所示（变压器拆自 TCCH-72-25，以下均是）。该变压器无丝印。

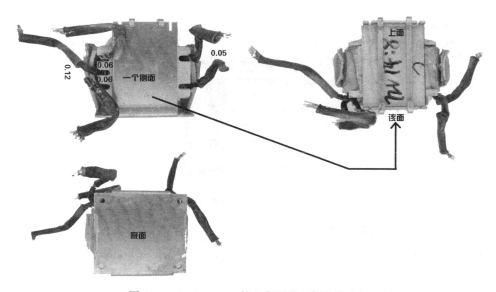

图 12-3　BC2K-4830 的主变压器（标注脚名）

　　有经验的读者应该已经能够根据这些信息（一侧为 2 个引脚，另一侧为 2 个引脚）初步判断出它可能是一个全桥拓扑所用的开关变压器，也有可能是一个推挽拓扑所用的开关变压器。至于如何认识一个变压器，请读者参考本书元件基础部分中的有关内容。

　　体积次大的是左侧的一个卧装环形电感，它被一片绿色圆形电路板和方形绝缘布遮盖住了。BC2K-4830 的 Boost 电感实物图如图 12-4 所示（丝印为 L2）。

图 12-4　BC2K-4830 的 Boost 电感实物图

　　这个电感显然与其正上方的两个用于交流市电 220V 滤波的 EMI 电感是不一样的，它不可能是单纯的滤波。我们看它所用的黄蜡管（玻璃纤维绝缘套管）已经焦煳。这说明该元件长期运行于大负荷状态，因此它必定是一个功率而非滤波元件。一个在电源中用作功率元件的单匝电感会是什么元件呢？几乎只有可能是 Boost 拓扑中的 Boost 电感。

　　体积第三大的是右上方的一个立装电感。这个比较容易猜测，它应该是次级输出滤波电感，这里不再以图片展示（丝印为 L6）。

　　体积第四大的是右侧中下方的一个黄色变压器（丝印为 L3），如图 12-5 所示。

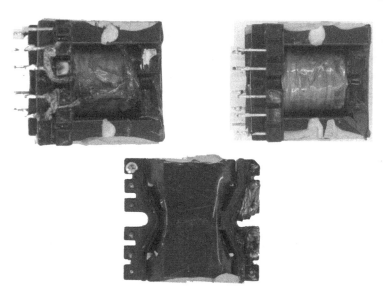

图 12-5　BC2K-4830 的 L3 电感

　　L3 是一个被铝制散热片包裹的变压器，在电路板的背面还具有一个铝制散热块。从其散热需要的角度来说，它应该是一个功率元件。我们观察一下它的引脚，明确其内部绕组的情况。通过观察，发现它只有一个绕组。这个只有一个绕组的以变压器形式存在的电感究竟是一个什么用途的功率元件（指其上应流经大电流）呢？显然，如果能够明确流经其上的大电流的具体电气含义，显然有助于我们明确其用途，不妨猜测一下。

　　不知道读者有没有注意到一点，对于这个开关电源而言，我们似乎并不能通过简单观察就能将绝大多数的元件归类为初级侧的元件和次级侧的元件。

　　纵观整个电路板，我们发现只有左上方的 EMI 滤波部分是针对交流市电 220V 的所见即所知的整流滤波电路。而对于其他绝大部分元件而言，都不能简单地仅凭借肉眼观察即能明确其初级侧和次级侧的归属。

　　虽然我们在前面已经初步介绍了蓝色的主变压器，但是如果立刻就给出 5-4、5-5 为初级侧，5-1、5-2、5-3 为次级侧的结论会令本书失去探索精神。

　　因此，我们先遍历开关电源中的大电流，然后尝试着对号入座。这种学习方式难度较大，但更为有效。

　　对于一个开关电源的初级侧来说，大电流有两个：（1）不论其具体拓扑如何，其主回路的励磁电流是一个当之无愧的大电流；（2）不论其具体拓扑如何，如果有 APFC，那么其 APFC 回路的励磁电流也是一个当之无愧的大电流。对于次级侧来说，大电流只有一个，那就是从主变压器的次级侧开始，历经次级侧的整流二极管，次级侧输出电感流出的次级侧电流。

　　考虑到我们现在已经有了 Boost 电感（L2），其上应该流过 APFC 回路的励磁电流。也有了主变压器（无丝印），其上应该流过主回路的励磁电流。我们也有了次级侧输出电感（L6），其上应该流过次级侧电流。似乎就算是没有 L3，这个开关电源也还算是完整的。因此，我们可以大胆地猜测，不管它上面流经了哪个大电流，它都不应该是直接服务于功率变换的。问题来了，L3 的用途是什么呢？

　　我们只能结合电感自身的属性，进行合理的推测。那就是 L3 可能是用于某个电流大小的感知。换句话说，L3 可能是一个检流电感。将电感应用于电流的感知是很常见的，如在开关电源中经常可以发现互感检流器。但 L3 显然不是互感检流器，这是因为它只有一个绕组，根本谈不上互感。关于 L3 的猜测先暂时进行到这里。

　　最后，我们把中部散热片上的两个弹片取下，观察一下紧贴在散热片两侧的若干管子。

　　D7 是一个四脚全桥，型号为 GBJ2510。这应该是一个 25A1000V 的整流桥。

　　D6、D8 型号为 DSEC30-04A。这应该是一个 30A（每个 15A）400V 的共阴极整流双二极管。这两个二极管应该是次级侧的整流二极管。仅需利用万用表探索其共阴极是否去往输出母线（指其输出端子中的正端子）即可确证。

　　这里我们补充介绍一下右侧的这个继电器。这个继电器距离直流输出端子很近。我们应该猜测此继电器控制的直流输出是否能够加载到直流输出端子中的正端子上。因此，暂时将其命名为"输出继电器"，还需利用万用表探索其动静触点与正端子的直通关系后确证。

　　D1 型号为 DSEC30-06B。这应该是一个 30A600V 的二极管。Q7、Q8 的型号为 IPW60R165CP，这是英飞凌的封装为 TO-247 的 21A650V 的场管。D1 是 Boost 拓扑中的二极管，Q7、Q8 是 Boost 拓扑中的开关管。

　　Q1、Q2、Q3、Q4 的真实型号因铭牌模糊而不可辨认。从其数量为 4 这一点，就应该首先猜测其为全桥拓扑使用的 4 个开关管。

　　我们再补充介绍交流 EMI 部分中的那个透明的继电器。透明，意味着我们能方便地观察其内部结构。笔者已经将观察到的触点及绕组信息标注在了功率板实物跑线图中。我们需要强调的是它的位置：它位于交流市电 220V 输入部分。因此，它很有可能是一个针对交流市电 220V 的控制继电器。换句话说，它可能控制着一路交流（最有可能是 L），或者同时控制着两路交流（L 和 N）能够通往后级，不妨命名为交流继电器。

　　至此，我们应该对这个千瓦功率级别的开关电源有了一些感性认识。

　　该开关电源由两块电路板构成。体积较大且水平的一块以插件功率元件为主，不妨命名为功率板。体积较小且竖装的一块以贴片驱动元件为主，不妨命名为驱动板。

　　接下来，我们将以功率板和驱动板实物跑线图为基础，详细地介绍该开关电源的每个具体功能电路及其逻辑。

　　BC2K-4830 的功率板实物跑线图如图 12-6（清晰大图见资料包第 12 章/图 12-6）所示。

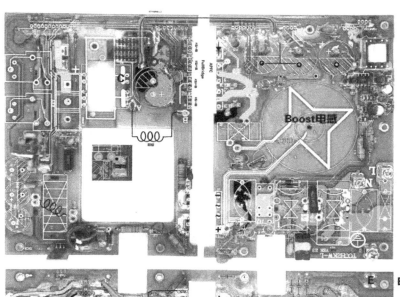
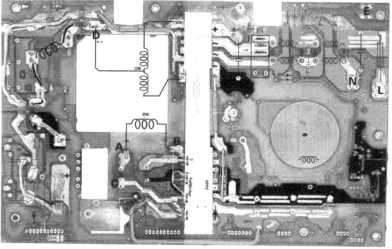

图 12-6　BC2K-4830 的功率板实物跑线图

BC2K-4830 的驱动板实物跑线图如图 12-7（清晰大图见资料包第 12 章/图 12-7）所示。

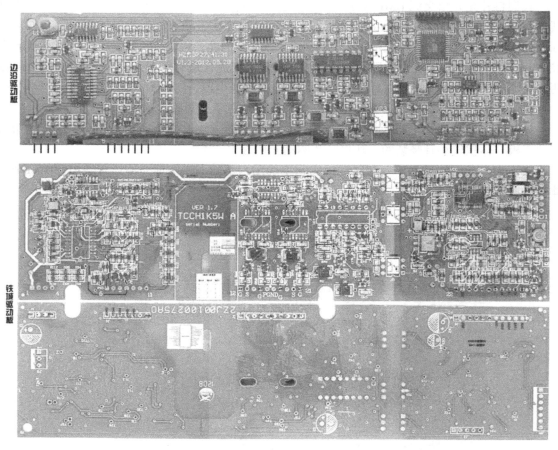

图 12-7　BC2K-4830 的驱动板实物跑线图

12.1　辅助电源

无论是 TCCH-72-25 还是 BC2K-4830，都是长×宽×高为 300mm×170mm×120mm，重约 10kg 的大电源。一般来说，在一个大（不仅指体积、质量，也指功率）电源中，是一定存在一个辅助电源的。这个辅助电源的作用是产生若干路工作的供电。换句话说，大电源都应该具备一个服务于自身的小电源。辅助电源实际上是电源的电源，意识到这一点，会是层次上的一个突破。

图 12-8（清晰大图见资料包第 12 章/图 12-8）所示为辅助电源部分的拆件实物跑线图。它位于带件俯视图的左下方。

我们首先看一下使用的芯片：VIPer20A。通过查阅其数据表，发现这是一个小功率的反激驱动芯片。

Pin1 为 OCS，振荡之意。此脚应该是开关频率设定脚。经 C40 定时电容（CT）对地，经 R16 定时电阻（RT）上拉到 VDD。

Pin2 为 VDD，这是芯片的供电脚。我们循线看一下供电的来源。沿着布线向下，又向右延伸至 C41 的正极，显然 C41（50V100UF）是 VDD 的滤波储能电容。布线继续向右延伸至 R17（10Ω）的下端，这显然是一个限流电阻。R17 的上端与 D9 的一脚直通。D9 表面刻字为 A1W（常见的双二极管，真实型号为 BAW56）。D9 的一个脚与 D14 的负极直通。从 D14 的正极开始向上跑线，可追至 D11 的左端（正极）。继续跑线，追至变压器最左侧的一脚。

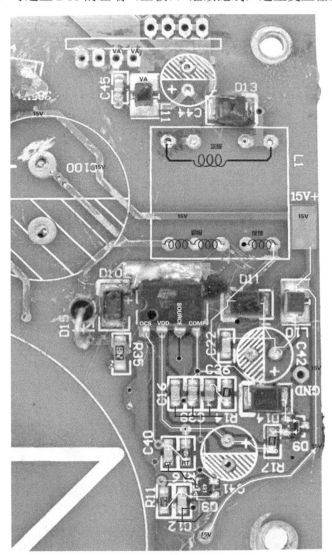

图 12-8　辅助电源部分的拆线实物跑线图

在查阅 VIPer20A 数据表时，发现有典型电路图，如图 12-9 所示。

不论其具体的反馈类型，我们发现 VDD 都是来自反馈绕组的。至此，变压器的一个绕组通过跑线明确了。

我们重点看一下 D11 这个整流二极管。其输出经 C42 储能滤波后，经 L10 输出。从 L10 的上端向上跑线，发现 15V+的丝印。至此，VDD 被明确为 15V（反馈绕组的输出为 15V）。

Pin3 为 SOURCE，芯片内置开关管的 S 极，实际上是地。

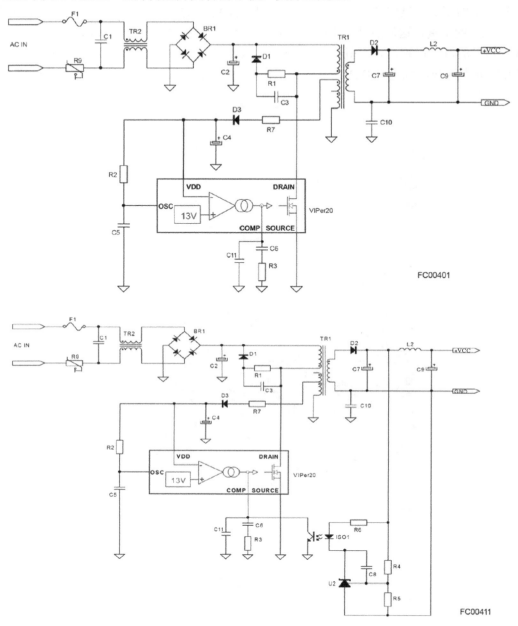

图 12-9　VIPer20A 的典型电路图

Pin4 为 COMP，这是芯片的片内开关，同时也是用于稳压的关键引脚。COMP 直通 431 的 C。随着芯片起振，COMP 上的电压逐渐升高，经 R14 后对 C36 充电，同时直接对 C39 充电。当 COMP 的电压小于 2.5V 时，R11 的上端小于 2.5V，R11 下端送至 431 的 R 的电压也小于 2.5V，431 截止。当 COMP 的电压大于 2.5V 时，431 从 C 向 A 导通，A 接地。这实际上是试图通过拉低 COMP 而阻止其上的电压继续升高的。这样，就把这个反激开关电源的占空比限定到了一个最大值，实现了反馈稳压。

Pin5～8 为 D，芯片内置开关管的 D。它应该直通初级绕组远离交流市电 220V 的一端。直接跑线，追到变压器的一个焊盘上。结合对变压器引脚上的绕组引出情况，可以确定它是初级绕组，并且能明确励磁电能的来源是 C100 的正极。C100 的正极是经 Boost 升压后的 380V。

我们再看 D10 这路，D10 这路应该是尖峰吸收。关键是要明确 R35 的阻值及下端的电压是不是一个低压（相对于开关管的关断高压而言）。经过跑线发现，R35 的下端的确是 380V（开关管关断高压可达 600V）。这里要强调一下 D15，从其方向不难看出，开关管关断时产生的感应关断高压是无法经其对 380V 泄压的，除非它是一个齐纳二极管。这里主要是一个"替罪羊"，如果关断高压过高，它会保护性地优先于 VIPer20 击穿。正常情况下，D10 及 R35 就已经足够了。

我们最后看一下次级的 D13，它显然是次级的整流二极管。这路供电没有明确的丝印，我们不妨把它命名为 VA（A 为辅助之意）。其具体电压值因信息不足，暂时无法明确。

特别注意：辅助电源是该开关电源中最先工作的电源，时序最先。

12.2　EMI 滤波及整流

EMI 滤波及整流电路的起点是交流市电 220V 输入端子（L、N、E），终点是全桥的两个交流引脚。在功率板实物跑线图中，我们用紫色代表火线 L，用蓝色代表零线 N，对布线进行着色以方便观察。

L 端子首先经过了 F3。这是一个陶瓷管熔断器（保险丝）。

C26 跨接在 L 和 N 上，它是 X1。

然后是一个具有两个绕组的电感 L8，它显然是用于交流滤波的共模电感。

我们要特别注意一下 R26 和黑色的 0.1μF 的电容。这两个元件首先串联，然后跨接在 L 和 N 上。这是个放电 RC 结构，当交流市电 220V 插座被取下后，储存在 EMI 中的电能经 R26 放电，以热的形式耗散掉，而交流插座的电压急速下降至安全范围。

接着又是一个具有两个绕组的电感 L7，它显然也是用于交流滤波的共模电感。

再然后是继电器 K2。我们先看一下 K2 的绕组，明确一下该继电器的闭合控制。15V 经 R29（68K/2W）限流后直通 K2 绕组的右脚，为其提供闭合用驱动供电。K2 绕组的左脚经 R19（75K/2W）直接接地。这说明 K2 在 15V 正常后即应闭合。我们再看一下其动静触点，明确 L 和 N 是如何加到全桥 D7 的两个交流脚上的。我们先看一下零线 N。零线 N 在经过 L7 之后，直接经布线直通全桥中与负极靠近的这个交流脚，并不受继电器 K2 的控制。我们再看火线 L。火线 L 在经过 L7 之后，经布线直通继电器 K2 的静触点 1。在继电器的绕组上无 15V 时，动触点与静触点 2 是接触导通的关系；在继电器的绕组获得 15V 供电后，动触点与静触点 2 脱离，转而与静触点 1 接触导通。继电器 K2 的闭合，实际上是将火线 L 连通至全桥中与正极靠近的这个交流脚。因此，将继电器 K2 命名为"交流继电器"是恰当的。

特别需要注意的是 R1 和 R23 这两个启动电阻。这两个电阻实际上是并联关系。其一端为火线 L，另一端在背面经布线直通全桥中与正极靠近的这个交流脚。这意味着不论 K2 是否闭合，火线 L 都可经这两个启动电阻直接加至全桥中与正极靠近的这个交流脚。

只要全桥的两个交流脚分别获得了 L（哪怕是经过 R1 和 R23 限流的）和 N，全桥就应该开始工作，对后面的容性负载充电。这里的容性负载主要指 C6、C7、C100 三个大电解电容。

充电电流的起点是全桥的正极，历经 Boost 电感、布线、D1，终点是三个大电解电容的正极。这种限流充电电路是一种必要电路。在加电阶段，如果没有限流，继电器 K2 导通后就会产生浪涌电流，显著缩短继电器动静触点的寿命。

12.3　APFC 及其 Boost 升压

本书已经在其他章节详细介绍了 APFC 及其 Boost 升压的有关知识，这里就不再赘述了。对于开关电源，BC2K-4830 的 APFC 及 Boost 拓扑如图 12-10 所示。

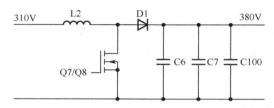

图 12-10　BC2K-4830 的 APFC 及 Boost 拓扑

需要特别注意的是 Q7 和 Q8 的互连关系。通过观察不难发现两者的 DS 是直通的，但其栅极 G 在驱动板一侧并不直通，而是分别来自驱动板（我们能猜测其在驱动板一侧一定是同源甚至是直通的）。不妨先将这两个驱动信号定义为 PFCG1 和 PFCG2。R6、R7、R8、R9 均为小阻值驱动电阻，实践中发现易烧断开路。

我们还要特别注意两对 RC。一对是 R5 和 C3，另一对是 R3 及其下方的一个蓝色陶瓷电容。前者是从两个开关管的 D 对地泄压，后者是从 Boost 电感近开关管一端对地泄压。它们与反激开关电源中的尖峰吸收本质上是一样的，都是用于开关管关断时励磁电感（这里指 Boost 电感 L2）产生的自感关断高压泄压。目的当然是保护开关管（指 Q7 和 Q8）。

我们再介绍 R15 和 C10 这对串联后跨接在 D1 两端的 RC 组合。它们是针对 D1 的保护元件，防止其反向过压击穿。

至此，功率板实物跑线图右侧的绝大部分元件都介绍过了。剩余若干陶瓷电容及塑封电容要么是 L、N 对大地滤波（C24 等），要么是升压后的 380V 对大地滤波（C4）。

12.4　全桥主回路

全桥开关电源的拓扑图如图 12-11 所示。

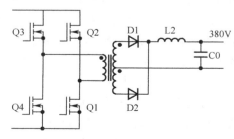

图 12-11　全桥开关电源的拓扑图

这个呈现形式并不是特别适合人类大脑的理解，我们等价变换后的变形图如图 12-12 所示。现在，它看起来就像是一座桥梁了。

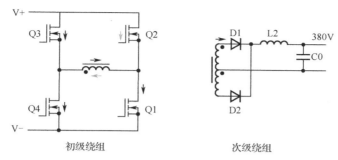

图 12-12   全桥拓扑的变形图

全桥拓扑中的初级绕组由四个开关管驱动。当 Q3、Q1 导通，且 Q2、Q4 截止时，源自电源的电流历经 Q3、初级绕组的左端、初级绕组的右端，最后经 Q1 到地。当 Q2、Q4 导通，且 Q3、Q1 截止时，源自电源的电流历经 Q2、初级绕组的右端、初级绕组的左端，最后经 Q4 到地。

这样，就在次级绕组中交替产生感应电动势，经 D1、D2 整流且汇流后输出到次级绕组。

在功率板实物图中，笔者已经用紫色和青色两种箭头标出了其励磁回路的具体路径。

需要特别注意的是 L3，其位置如图 12-13 所示。笔者自定义了一个焊盘位置 C，初级侧元件的丝印也已经与实物一一对应。

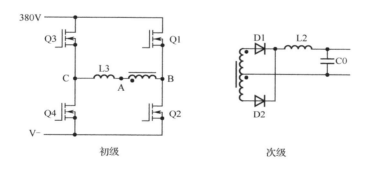

图 12-13   BC2K-4830 的全桥拓扑

可见，流过 L3 的的确是全桥回路的励磁电流。当励磁电流流过 L3 时，必然在 L3 上产生一个自感电动势。这个自感电动势的方向，也只与励磁电流的方向有关。当 Q3、Q1 导通时，为 C 正 A 负；当 Q1、Q4 导通时，为 A 正 C 负。

接下来，我们明确 L3 到底是不是一个检流电感。这意味着我们应继续分析 A、C 两点的外围电路。仔细观察 A 点在电路板正面的布线。A 点经布线向上延伸至 R4、R21、R23、30（R30）这个 3×6 的电阻矩阵（其具体互连关系已经标注在了实物跑线图 12-6 中）。

当 A 正 C 负时，L3 上的 A 端的自感电动势将被 3×6 的电阻矩阵及二极管 D2、D3 钳位到 0～380V。换句话说，A 点的电压具有最大值 380V。

当 C 正 A 负时，L3 上的 A 端的自感电动势将被 3×6 的电阻矩阵及二极管 D2、D3 钳位到 0～380V。换句话说，A 点的电压具有最小值 0V。

　　这个分析暂时否定了 L3 是检流电感的结论。问题来了，那么 L3 的具体功能是什么呢？考虑到 L3、电阻矩阵、D2、D3 与功率变换并没有直接的关系，我们可以大胆推测它们应该是一种保护电路。它们实际上是针对主变压器及开关管的泄压保护元件。也可以将其理解为主变压器的磁复位元件，实际上工作在励磁过程的关断阶段，利用电阻矩阵及 D2、D3 将主变压器初级绕组在开关管关断时产生的关断高压通过钳位及电阻热损耗的形式泄掉。因此，我们暂时可以将 L3 命名为"泄压保护电感"。实际上，L3 与主变压器的漏感处理有关。

　　我们还需要特别注意 Q3 的 S 极到驱动板接口的布线，以及 B 点到驱动板接口的布线。可以明确的是，B 点和 C 点的电压被送往驱动板处理。那么，这两点的电压在经过驱动板处理后，一定对应着一个或两个电气含义。这一个或两个电气含义是什么呢？是励磁电流的大小吗？换句话说，笔者还没有放弃明确 L3 的具体功能。

12.5　次级整流回路

　　次级整流回路的起点是主变压器的次级绕组，终点是输出端子。

　　我们先明确次级绕组负极的物理起点，它一定是次级绕组的某个引出端子。我们之前已经介绍了主变压器。即使我们不能根据经验判断出 5 个引出端子的具体属性。我们也能根据 D6、D8 与主变压器 5 个引出端子的互连关系做出某种程度的判断。

　　主变压器的 5-3 与 D8 的两个正极直通，这说明它一定不是地，而是输出。主变压器的 5-2 与 D6 的两个正极直通，这说明它也一定不是地，也是输出。那么就剩下 5-1 了。即 5-1 是这个开关电源次级绕组负极的物理起点。

　　我们注意 C32、C34 及与其互连的这两个电阻。这四个元件串联后对地。换句话说，当 5-2 输出高压后，应经此支路对地放电，这是一种保护泄压电路。它应该工作在 5-2 产生输出的开始时段，是一种泄压缓冲电路。

　　我们再看一下 C35 及与其互连的电阻，两者串联后跨接在 D8 的两端。这是针对 D8 的保护电路。

　　我们再以 5-2、5-3 为起点，逐步循线至输出端子。

　　经过 D6、D8 的整流，我们就得到了输出。在功率板实物跑线图（背面）中，笔者已经用红色标注了输出到输出正端子的物理路径。需要强调的是 K1、K3 这两个继电器。通过观察发现这两个继电器是并联的关系（包括绕组）。当继电器的动触点与静触点 3 接触导通后，输出将经熔断器 F1 后直通输出端子（J4）中的正端子。可见，将 K1、K3 命名为输出继电器是恰当的。

　　仔细观察这两个继电器的绕组，发现绕组的一端直通辅助电源产生的 VA。绕组的另一端经布线直通接口的一脚，不妨命名为 RDC（直流继电器之意）。

　　我们再看充电电流经输出端子中的负端子流回 5-1 的物理路径。首先经过一个绿色磁环电感（L4），然后再经历两个并联的贴片电阻（特写见实物图），接着经布线、L6，再次经过一个绿色磁环电感（L9）后流回 5-1。

　　我们重点看这两个并联的表面刻字为 R003 的贴片电阻（丝印为 R22）。它们应该是阻值为 3mΩ 的精密检流电阻，两个并联后的阻值为 1.5mΩ。仔细观察 R22 的外围布线，发现其两端均有布线去向接口，共有三条布线。不妨命名为 IP 和 IN。显然，如果用运算放大器去处理这两个电压，就能够得到表征充电电流实时大小的信号。

我们再观察功率板实物跑线图正面右上方的一条布线（位于 L4 的右上角布线 ），它源自 J4 中的负端子，应定义为 BAT-（电池负极之意）。我们注意 R10，R10 的下端源自 J4 中的正端子（布线在背面），应定义为 BAT+（电池正极之意）。我们注意 R20，R20 的左端源自 C27、C23、C28 的正极（布线在正面）。C27、C23、C28 的正极实际上是输出继电器闭合之后送出的直流输出。因此，应将 R20 右端的这个信号定义为 VO（OUT 输出之意）。最后，我们再看一下 LED 指示灯的三个接口，直接定义为 LED1、LED2、LED3 即可。

12.6　以 L4981A 为核心的 APFC 驱动电路

我们已经在分析功率板的过程中明确了驱动板与功率板之间接口的定义。接下来，我们深入分析该开关电源驱动板上的 APFC 驱动电路。

12.6.1　L4981 的工作环境

L4981 通过 VCC 获得供电 15V。考虑到 APFC 是高压侧电路，因此，该部分电路的地实为高压侧的地。R80 为定时电阻 RT，C50 为定制电容 CT。PUVLO 外接针对 VA 的分压电路（R81、R82）。至此 ，L4981 的基本工作条件（供电，振荡）已经满足。

12.6.2　Boost 开关管的驱动

要驱动 Boost 开关管以模拟纯阻性负载，就要完成两个工作：（1）获得交流市电 220V 的实时波形；（2）获得交流市电 220V 波形被条带化的均方根电压。这实际上是一个计算平均值的运算过程。

我们先看交流市电 220V 的实时波形采样，信号源自 J1 的 4 脚。在驱动板上，4 脚来自两个二极管（D4、D5）的负极。二极管的正极分别为 N 和 L-R（指经过继电器的隔离）。显然，这是两个半波整流叠加到一起的全波整流（馒头波）。我们把这个馒头波定义为 SIN（取其正弦之意）。

SIN 经 R111、R93、R92 直通芯片的 IAC 脚。

我们再看一下芯片对交流市电 220V 的条带化取样，关键引脚是 VRMS。

SIN 经 R112、R95、R94、布线、两个透孔、C55 滤波、R91 隔离后送至 VRMS，VRMS 同时经 R90 对地分流，C54 滤波。最后得到的 VRMS 是一个稳定的表征着交流市电 220V 当前有效值的固定电压。这样，芯片就可以根据 VRMS 在其内部结合时长进行均方根计算了，并为 Boost 开关管的驱动做准备。

GDRV 是 Boost 开关管的驱动输出脚。此脚经布线、两个透孔后直通 R97、R98、R100 这 3 个 22Ω 的电阻。我们逐路分析。

R97 这路直接去驱动 Q6 的基极。Q6 是一个表面刻字 1HC 的 SOT32 的贴片三极管（实为 8050）。如果 GDRV 为高电平，则其集电极对发射极导通。Q6 的发射极实为 15V。当 DGRV 为低电平时，Q6 截止。

R98 这路一端是经串联的 10R0 及 C58 后对地，一端是直通 Q7 的发射极。Q7 是一个表面刻字 1HD 的 SOT32 的贴片三极管（实为 8550），当 GDRV 为高电平时，首先经 10R0 对 C58

充电。而加到 Q7 发射极的高电平是否会被拉低到集电极的地，则要看 Q7 的基极电平。

R100 这路直接驱动 Q7 的基极。可见，当 GDRV 为高电平时，Q7 是截止的。当 GDRV 为低电平时，Q7 导通。此时，之前储存在 C58、C56 中的电能，都将经 Q7 的发射极向其集电极泄电。

这种利用一 N 一 P 两个三极管对 GDRV 进行放大的驱动电路结构是很常见的，它们被通俗地称为推挽驱动对管。

12.6.3　反馈

说起反馈，主要包括电流反馈和电压反馈。

我们先看电压反馈。电压反馈的信号源是 J6 的 11 脚。它在驱动板上有两路。

一路是经 R78、R79、R87、R88 及 R89 后对地。这路分压取样直接送 OVP。显然，这是过压关断逻辑。我们可以计算一下具体的过压门限值，经计算为 425V。

另一路经 R76、R77、R84、R85 及 R86 后对地。这路分压反馈又分为两路：一路直接去 VFEED，另一路再次经 R4、R118 分压后送运算放大器的 3O 处理。VFEED 这路很容易理解，基本就是用于过压后的稳压了。3O 这路还需分析 U13 的第三路运算放大器才能知道其具体作用。不过，这里有两种可能：如果是 VFEED 在先，相对于 3O 来说，VFEEF 是信号输入一侧，则运算放大器通过该反馈以获知当前输出电压的具体大小，为后续的控制提供依据；如果是 3O 在先，相对于 VFEED 来说，3O 是信号输入的一侧，则运算放大器就是在某种条件下主动通过影响 VFEED 来控制 APFC 的（如 3O 输出高电平，客观地令反馈增大，则 L4981 会稳压关断）。

我们再看电流反馈。

这个 APFC 的电流反馈有点特殊。它的信号源并不是励磁电流的检流电阻。不知道读者有没有注意到，在遍历功率板 APFC 部分的元件时，并没有发现针对 Boost 励磁电流的检流元件。这就说明 L4981 是通过其他的方式去感知 Boost 励磁电流的。

我们直接观察 ISEN 脚的外围电路，会发现其外围是一个复杂的 RC 网络。我们一一梳理如下：（1）VREF 历经 R101、R106、R109、R110 后直通 ISEN；（2）MULTOUT 历经 R105、R109、R110 后直通 ISEN；（3）CAOUT 经 R104、C59、C57 这个 RC 网络后直通 ISEN。R107、R108 均为对地分流电阻。

如果我们把 ISEN 当作输入，那么 ISEN 就是 VREF、MULTOUT 和 CAOUT 这三个输入经过复杂 RC 网络调节后的输出。仔细观察，会发现这四个信号构成了一个封闭的系统，这意味着只要 VREF 不变，其他信号就不变。这说明 ISEN 实际上被弃用了。读者不必大惊小怪，在 3842 中，其 FB 往往接地，实际上也是弃用的。

可见，该 Boost 的反馈，实际上是以电压反馈为主的。

R83、C81 是从 VAOUT 到 VFEED 的反馈 RC。

12.6.4　SS 脚的关断逻辑

此芯片的 SS 脚关断逻辑较为复杂。

正常情况下，芯片工作后，SS 脚内部的恒流源将对 J8 下方的这个黄色钽电容充电。如果 Q2（表面刻字 W1P，实为 MMBT2222）导通，则恒流源会被分流到地，芯片无法完成软启动，自然也无法起振。

　　Q2 的基极经布线、两个透孔后直通 R6 的右端。R6 的左端最后追踪至 Q20 的一脚。Q21（表面刻字 A1W），其共阳极来自 U13 的 2O。可见 U13 的第二路运算放大器实际上是可以控制 APFC 的关断的。我们暂时先分析到这里。

12.7　以 3846 和 IR2110 为核心的全桥驱动电路

　　本节将详细介绍 3846 的工作条件，以及全桥中四个开关管驱动的具体路径。

12.7.1　3846 他励源及其外围电路

　　VC（C 指集电极，实为 15V）是 3846 两路推挽对管中上管的供电，它是实际被输出的 A、B 的电平来源。VIN 则是 3846 的全局供电，也为 15V。

　　两路他励 A、B 为具有死区（这是在 3846 内部实现的）的且反相的方波。这部分电路介绍见 12.7.2 节。

　　R48 为从 RT 到地的时间电阻。

　　SYNC 为同步脚，经 R45 对地滤波，C28 耦合后输出。再经 R47 对地滤波，R46 隔离后加至 Q4（表面刻字 W1P）的基极，其发射极接地。SYNC 应为方波。可以明确的是，在 SYNC 的低电平时段，Q4 是截止的；在 SYNC 的高电平时段，Q4 是导通的。

　　C/S 脚经 R53 上拉到 VREF。我们不管它的具体含义，单纯从上拉到固定电压这个特征，就可以推定这个 C/S 正处于一个固定的且稳定的工作状态中。

　　C/S- 直接接地。

　　C/S+ 的外围电路比较复杂，我们逐一分析。

　　我们先看 R54 这路。这路来自 Q5（表面刻字 W1P）的发射极，Q5 的集电极是 VREF，基极是 CT。CT 上是锯齿波。也就是说，随着锯齿波的上升，有可能在后半段的某个时刻超过 Q5 的基极导通电压。此刻之后，Q5 就应该导通，将 VREF（5.1V）这个电压经 R54 加到 C/S+ 上。首先，这是一个令 3846 关断的电路动作。其次，这个电路动作最好命名为过流关断（实际上不是），毕竟模块图中的 X3 指的是过流检测运算放大器。

　　我们再看 R56、R41、C33 这三个对地 RC。两个接地电阻显然是用于下拉及分流的，电容用于滤波或积分。

　　我们再看 R55 这路。R55 的右端与三个元件直通：Q4 的发射极、Q19 的一个负极、Q14 的一个负极。经跑线发现，G2 经 R68 后直通 Q19 的公共阳极；G4 经 R59 后直通 Q14 的公共阳极。考虑到 G4 和 G2 实际为具有死区的反相电平，则两者经二极管隔离且并联后得到的电平总体来说是就是 IR2110 的 VCC 的电平（即驱动板一侧已经被丝印明确为 15V）。

　　这个 15V 能不能加到 C/S+ 是由 Q4 的导通状态决定的。如果 Q4 处于导通状态，则 15V 就会经导通的 Q4 被拉低到地；如果 Q4 处于截止状态，则 15V 就会加至 C/S+。15V 被加至 C/S+ 的电路动作，也是一个令 3846 关断的电路动作。

　　总的来说，该电源的设计者似乎是利用 CT 这个锯齿波和 SYNC 这个方波为 3846 的电流检测运算放大器设定了一个能够工作的时间区间。分析进行到这里，我们发现，3846 的稳压过程还未被明确。这可是不能被忽略的关键内容，我们继续分析。

我们将注意力投向误差放大器的三个脚。

E/A-与 COMP 直通。仔细观察 E/A-与 COMP 的焊盘，发现 E/A-与 COMP 是孤立的，孤立就意味着 E/A-与 COMP 和稳压无直接关系。看来，稳压的关键引脚是 E/A+。

E/A+在正面经布线向右延伸，先是经过了 J3 的一脚，然后经过 R52 的右端（左端接地），C31 的右端（左端接地），最后直通 U7（带有基极的光耦）的发射极。

考虑到 3846 的其他引脚都已经被我们分析过了，那么该开关电源的稳压毫无疑问只能通过 E/A+实现。我们干脆直接将 U7 命名为稳压光耦，然后在后续的分析中给出其信号源其他的命名依据。

在 3846 芯片介绍部分，我们已经明确了 E/A+和 3846 工作状态之间的关系，就是更大电压的 E/A+会令 3846 更倾向于正常振荡激励。反过来，也就是更小的 E/A+会令 3846 更倾向于关断。我们给定一个极端状态，那就是用电阻将 E/A+拉低到地，这一定是一个令 3846 关断的动作。

我们再换个通俗的说法，即如果给 3846 的 E/A+外加一个高电平，那么会令 3846 正常工作以发出他励方波；如果我们给 3846 的 E/A+外加一个低电平（如拉低到地），那么会令 3846 关断。

可见，无论是 C/S+还是 E/A+，在该开关电源中实际上都是 3846 的片内开关。另外，SHDN 当然是片内开关。要深入理解片内开关的概念，就需要深入理解两个体运算放大器的工作原理。

我们继续分析实物。R52 是 E/A+的下拉电阻，它是令 3846 关断的因素。显然，3846 必然是能够起振的，那就意味着在 R52 持续拉低 E/A+的同时，E/A+一定还能够从其他途径获得某个高电平以实现正常激励。这路高电平是通过导通之后的 U7 的发射极获得的。

U7 的集电极是 VREF（5.1V），只要 U7 的光二极管导通，这个 5.1V 高电平就能够经光三极管加到 E/A+上。显然，U7 是令 3846 起振的因素。R52 的阻值也是经过特别调试得到的，其分流作用足够令 3846 关断，但又不足以令 5.1V 加至 E/A+。

如果两个因素同时起作用，不就成了一个稳压过程了吗？具体来说，就是当光耦导通时，3846 处于振荡激励状态；当输出电压过高时，光耦截止，3846 的 E/A+上的高电平经 R52 对地泄压，直至 3846 关断，输出电压开始下降。

R17 的作用是在 U7 导通后为光三极管提供合适的维持其导通的电流。目的是减轻驱动 U7 的元件（实为运算放大器 LM258 的 2O）的负荷。这里多说一句，如果 R17 的阻值过小，R17 就会成为一个自锁 R：只要 U7 导通，U7 就会持续导通下去。因此，其阻值大到数百千欧。

最后，C43、D6 和 C40、D5 的作用是自举升压。

12.7.2　IR2110 驱动及其外围电路

对于一种被专门设计来驱动开关管的驱动芯片而言，IR2110 本质上是一种具有良好隔离和驱动能力的驱动芯片。它只需要像机器人一样，忠实地将他励源产生的他励信号高保真地传递给被驱动的开关管即可。因此，我们可以从门的角度将 IR2110 理解为一种硬件跟随门。

在本开关电源开关管驱动电路中，还可见 U12，其表面刻字为 HEF4001。查询数据表后发现，它是一个或非门。这个门电路的出现并不应令我们感到意外。毕竟，3846 输出的 A、

B 是一对反相的驱动信号，而开关管却需要四个驱动信号。其间，必然涉及驱动信号的复制和同步。U12 就是这个用途，它会把 A、B 同步复制一份。

在明确了 IR2110 的用途及其跟门属性之后，我们自然就明确了开关管驱动电路的起点和终点，及其输入、输出电平的匹配关系。对于我们这个开关电源而言，其开关管驱动电路的起点是 3846 发出的他励源 A、B，终点是全桥拓扑的四个开关管的栅极。

我们先看 A 这路。3846 从 A 发出的他励方波历经了三个透孔。在经过第二个透孔后，由正面布线直通 HEF4001 的 8 脚，同时经布线向下、向左、再向下后直通 HEF4001 的 6 脚。在经过第三个过孔后，经布线直通 R51 的右端，同时经布线直通双二极管 D11 的两个阴极。跑线进行到这里，我们已经能够确定或非门的 HEF4001 的确参与了驱动信号的传递（实际上是同步复制）。

我们逐一分析 A 的这三个去处。HEF4001 的 8 脚是其第三路或非门的一个输入，在明确了另一个输入后，才能继续明确其输出的电气含义。HEF4001 的 6 脚是其第二路或非门的一个输入，在明确了另一个输入后，才能继续明确其输出的电气含义。D11 和 R51 这路实际上是并联关系，即 A 经过并联的 D11 和 R51 后，直通 LIN1。D11 和 R51 是一种常见且固定的"快开慢关"结构，它能令开关管在需要导通时以较快的速度打开同时在需要截止时以较慢的速度截止。

至此，工作完成了约四分之一，尚余 HIN1、LIN2 和 HIN2。

接下来，我们应该以 LO1 为起点，明确 LO1 与开关管栅极之间的电路。理清从他励源（指3846 的 A、B）到开关管栅极的整个路径。

通过观察即可发现，LO1 经布线后直通 Q12（Q16、Q12、Q17、Q24 的表面刻字为 A1W或 A1T，均为常见双二极管）的两个阴极，同时直通 R57 的左端。不难发现 Q12 和 R57 是并联关系（"快开慢关"结构），LO1 经并联的 Q12 和 R57 后即为 Q4 的栅极驱动 G4。R58 为下拉电阻。

至此，我们终于明确了一个开关管（实为一个下管）得到他励方波的具体路径。B 路到LIN2、LO2、G2 的路径与 A 路雷同，不再介绍。

接下来，我们将注意力投向 HEF4001，分析其四路或非门究竟是如何对 A、B 进行同步复制的。我们直接从 3846 的 B 出发，循线至 D12 的两个阴极、R50 的左端、HEF4001 的 9脚。这些特征与 A 路也是基本相同的。可见，全桥驱动电路虽然看起来很复杂，但它具有复制性。我们直接观察 HEF4001 的焊盘。

在实物图中，笔者已经将 HEF4001 的定义、与之有关的跑线结果都用文字进行了标记，我们根据这些信息，明确一下 HEF4001 的具体运算结果。

我们假定当前 A 为高（记为 1），B 为低（记为 0），则对于第二路或非门而言，因为其一个输入 I4 为高 1，则不论当前的 I3（HIN2）是高还是低，其输出 O2 都为低 0。O2 是什么？O2 就是 HIN1，同时也是第一路或非门的输入 I2。

此时，对于第一路或非门而言，其两个输入就均为 1（B 为 0，I2 就是 O2 为 0），则其输出 O1 就应该为高 1。O1 是什么？O1 就是 I3（HIN2）。

因此，我们就通过运算得到了 LIN1、HIN1、LIN2、HIN2 的具体高低为 1、0、0、1。

至此，我们不仅明确了四个开关管获得他励方波的全部路径，并且明确了它们的一个状态。

总之，A 和 B 一方面直接经 RD 后去驱动 2110，一方面经 HEF4001 同步复制后再去驱动 2110。最终得到四个彼此匹配的开关管驱动信号。

我们补充介绍一下 HEF4001 的第四路或非门。其两路输出并联，这样，第四路或非门就变成了只有一个输入的非门。换句话说，即 O4 和 O3 是反相的。O4 是孤立的，这个信号并没有被使用，但 O4 是可以被赋予一个有意义的电气含义的。我们先看第三路或非门。A、B 是反相的，则根据或非门真值表，O3 就应该是 0。又因为 O4 与 O3 反相，则 O4 就应该是 1。那么 O4 为 1，就可以用来表征 A、B 处于正常的反相状态。

明确了 LIN1、HIN1、LIN2、HIN2 的具体高低，自然就能够根据跟随门的关系明确 LO1、HO1、LO2、HO2 的具体高低。笔者已经标注在了实物图中。

接下来的工作就是继续明确 LO1、HO1、LO2、HO2 与具体开关管的匹配关系。J4 接口标注的信号定义，遵从了驱动板上开关管的丝印序号。A 上、A 下、B 上、B 下定义中的 A、B，是笔者主观地赋予两个桥与 A、B 的区分，而不是 3846 中的 A、B。上是指桥的上管，下是指桥的下管。

我们发现，一个 IR2110 实际驱动的是一个桥的上管和另一个桥的下管。并且，我们在功率板一侧对全桥 AB 桥的区分与 3846 的定义正好相反，这都是探索过程中的小问题。因为我们完全可以从驱动板的 A、B 开始，利用 3846 的明确定义去反向命名桥具体的 A、B 属性。

我们最后在明确开关管的偏置，也就是 J4 接口在正面的丝印中的 13 脚 S 和 20 脚 S 的电气含义。笔者已经将其自定义为了 B 和 C。这个自定义的 B、C，指的是电路板上的两个具体的焊盘点。其具体位置已经在对功率板分析的过程中被明确了（参考图 12-11）。

我们发现，R69 是令 A 上（G3）对 C 点偏置的偏置电阻，R75 是令 B 上（G1）对 B 点偏置的偏置电阻。不仅如此，C 点还直通 VS1，B 点还直通 VS2。问题来了，BC 究竟是一个什么电压呢？就是全桥开关管中上管 S 极的电压。无论如何，我们通过观察实物得到的这个特征，最起码说明上管的驱动是必须考虑其源极 S 电压的。这就是驱动开关管导通时常常需要考虑的问题：自举。因此，对于 IR2110 的 VS 而言，"高管悬浮供电返回"这个定义，更恰当的定义应为"上管偏置电压输入脚"。可以推定，在 IR2110 内部，有一个自举升压电路，将 VS 及 VB 自举升压后以输出真正 HO 的自举升压电路。这一点，在 IR2110 内部模块图中并没有体现。但是，我们并不能因此就忽视这个驱动要素。

至此，我们完整地分析了整个开关管驱动电路。

12.8 以单片机为核心的其他电路

我们仅从硬件的角度去介绍单片机。

在维修层次，我们通常难以具备具体单片机的编程环境。我们所能做的，只能是单纯的硬件层面的一些工作。根据我们对硬件的理解，尽可能地探究其工作条件和可能的功能。

通过查阅这个单片机的资料，我们明确了其供电脚 VDD（2.4~3.6V）。经跑线发现，实为 1117 输出的 3.3V。1117 的 VIN 源自 VA（图 12-7 中用紫色进行了标记）。在我们分析功率板的过程中，并没有明确 VA 的具体电压。1117 的出现，令我们立刻就能推测 VA 的电压应该是 5V。当然，这需要实测以确认。

因为单片机的引脚均为程序配置，我们就不一一明确了，只明确一些关键的逻辑。

　　一个用于控制充电过程的单片机，起码应该具有以下功能：（1）检测电池是否已经接入。如果不接入电池（4 脚 BAT+），则充电器可能不会开启主回路（我们并没有模糊地说充电器不会工作）；（2）单片机一定能够监控充电电流的实时大小（1 脚 1O），以及主回路输出电压的实时大小（3 脚 VO2-1 或 22 脚 VO2-2）。

　　单片机还能输出一些状态指示信号，如 LED 状态灯的驱动信号（8 脚的 LED3 和 9 脚的 LED1）。

　　我们再看一下 U1 的驱动。这个光耦是受单片机直接驱动的。单纯从单片机这一侧，是无法明确其电气含义的，还应结合其后级电路分析。这部分内容，我们稍后介绍。我们再看一下 U8 的驱动。U8 是受 2O-2-2 驱动的，显然，运算放大器想向单片机传递某种信息。

　　剩余的电路，我们不再分析。

12.9　以运算放大器为核心的各种逻辑电路

　　本节是整个电路分析中最有含金量的内容。

　　本开关电源的驱动板上有两个运放（运算放大器），U6（LM258）和 U12（LM224）。

　　在本书的元件基础部分，我们已经详细介绍过运放的基本知识。并且，特别强调了运放是一种以运算或放大为具体用途的元件。在分析一个具体运放时，关键的问题在于首先需要明确其到底进行了什么样的运算和什么样的放大。其次，还需要把这个具体运放的具体运算或放大与特定的电气含义匹配起来，这才算是对该运放具有了相对彻底的理解。

　　我们先分析 U6，明确这个运放外围电路及具体用途，以及它涉及的具体运算或放大及其对应的电气含义。

　　我们先看第一路运放的外围。

　　1–实际上是源自 IN（也就是次级侧的地 GNDS）的，IN 经 R21 后直通 1–。1+实际上是源自 IP（也就是电池的负极 BAT-）的，IP 经 R20 后直通 1+。我们先不考虑 1–和 1+的其他外围电路，而是单纯地从 IP/IN 的电气含义出发，去感性地猜测一下这个运放的功能。

　　笔者在这里问一句题外话：电路分析的能力是如何提高的呢？笔者认为，应该先把一个问题适当简单化。这是因为，一旦把一个相对复杂的问题简单化以后，就有利于我们发现事物的本质。

　　当我们只考虑 IP 和 IN 与 1–和 1+的关系时，发现：第一路运放是以 IP 和 IN 为输入的。这意味着运放的输出状态是直接受 IP 和 IN 影响的。

　　当然，有的读者可能会问，R11 的左端为 1+，右端为 3.3V，运放的输出状态也必然会受到 3.3V 的影响。的确如此，但是 3.3V 作为一个固定电压对运放输出状态的影响，其显著程度显然要弱于一个随充电电流而变化的 IP。有的读者可能还会提出，与 1–直通的 R114 和并联的 C20、R23 也都会影响运放的输出状态。的确如此，但这个影响实际上是来源于 1O 的。我们纵观整个运放，发现 IP 和 IN 是唯一的两个变化的输入。

　　我们再明确 IP 和 IN 的电气含义。它们是充电电流在检流电阻 R22 的两端产生的压降，且 IP 大于 1N，且 $I_充$=（IP-IN）/0.0015A。分析进行到这里，就算我们对运放一无所知，也应该能够将运放命名为"充电电流检测运放"。问题来了，对于充电电流而言，我们需要检测它的什么参数呢？只能是电流的大小。这个推测，也是符合实践需要的：对于一个充电过程而言，充电电压、充电电流难道不是我们最关心的事情吗？因此，我们现在实际上就已经能够将第一路运放命名为"充电电流过流检测运放"。

并且，我们甚至还能给出其具体状态（指运放在什么时候输出高电平，什么时候输出低电平），就是当过流为真时，1O 为高电平；当过流为假时，1O 为低电平。

我们还能进一步定性分析高、低电平的具体电压，这是因为"作为 1+的 IP"是时钟不小于"作为 1−的 IN"的。如果我们不考虑其他输入对 1−和 1+的影响，无论当前的充电电流具体是多少，1O 都应该始终输出一个正电压。而且，随着充电电流的变化，1O 输出的这个正电压也一定会发生变化（实际为随充电电流的增大而增大）。这是因为如果 1O 输出的这个正电压不随充电电流的变化而变化，那么第一路运放就称不上"检测"，"检测"的含义本质上是指能够根据输入的变化而跟随性地发生状态的变化。对于这个运放而言，就是运放应该能够根据变化的 IP 和 IN 输出不同的电平。

为了实现 1O 输出电压可控，电路的设计者引入了其他输入（指 3.3V 和 1O）对 1−和 1+的影响。可见，运放的其他输入是实现充电电流检测的关键。换句话说，将 1+上拉到 3.3V 的 R11、将 1+下拉到地的 R10，将 1O 反馈至 1−的 R114、将 1O 反馈至 1−的 R23 才是这个运放实现充电电流检测的关键。

我们先定性地分析一下，然后再定量地计算。请读者务必参考本书元件基础部分中有关运放的内容。

3.3V 实际上是一个参考电压，它经 R11、R10 对地，实际上是通过分压电路为 1+赋予了一个电压。需要特别注意的是，这个电压会与 IP 叠加后再加到 1+上。当充电电流为 0A 时，IP 与 IN 相等。R20 与 R10 实际上是并联关系。而当充电电流不为 0 时，这个分压电路就成了本书元件基础部分的"三电阻联合分压"。

1O 首先经 R22 下拉到地，这是一个分流。与运放状态的计算是无关的。R114 首先与 R23 并联，然后再与 R21 串联。1O 实际上是经过这个 RC 网络对地分压。

我们再看 1O 的去向。1O 经 R16 隔离后直通单片机的 1 脚。根据单片机的常识，1O 应该是一个随充电电流的增大而持续增大的模拟量。

接下来，我们定量地计算，以验证之前的分析。图 12-14 所示是单独绘制的 LM358ADR 的外围电路。

我们先考虑充电电流为 0A 时的边界点。

此时，IP=IN=0V。则 3.3V 经 R11（100kΩ），再与并联的 R20（0.1kΩ）和 R10（7.5kΩ）串联对地分压。同相端应分得电压 $V+=0.00325337V$。

同时，1O 先经并联的 R114（100kΩ）和 R23（7.5kΩ）再与 R21 串联后对地分压，则可以列出包含 V_{out} 的分压公式。

令同反相虚短，即 $V+=V-$。

利用 Excel 表格作为计算工具。不难得到 V_{out}（1O 应为 0.23V），如图 12-15 所示。

设充电电流最大值为 20A，则 IP 的最大值为 20×0.0015V=0.03V。

此时，同相脚的分压电路成为"三电阻联合分压"。根据公式计算其分压（$V+$）约为 0.0166V，如图 12-16 所示。

令同反相虚短，即 $V+=V-$。利用之前计算 V_{out} 的公式即可试探出当 $V_{out}=1.2V$ 时，$V-$分得约 0.01696V，如图 12-17 所示。

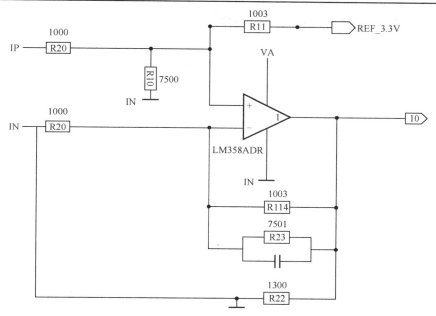

图 12-14　LM358ADR 的外围电路

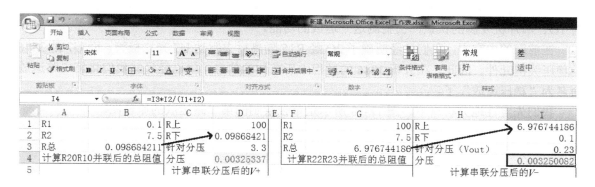

图 12-15　V_{out} 的输出电压

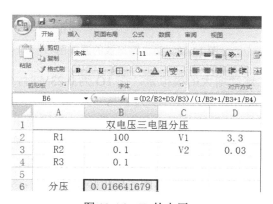

图 12-16　$V+$ 的电压

至此，我们已经完成了对第一路运放的全部定性分析和定量计算。

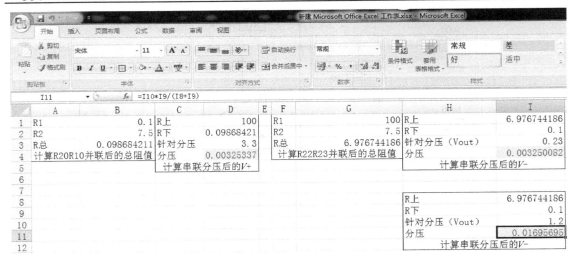

图 12-17 *V-*的电压

我们再看第二路运放的外围。

2–实际上源自 1O，1O 经 R24 后直通 2–。2+实际上源自单片机的 9 脚，两者直通。与分析第一路运放时采用的简化方法相同，我们仍然先不考虑 2–和 2+的其他外围电路，根据我们对 1O、单片机 9 脚的认识，去猜测这个运放的功能。

在前面的内容中，我们已经明确了 2O 经 R15 隔离后去驱动 U7 光二极管。而 U7 是 3846 的稳压关键元件。因此，在分析 3846 的过程中所获知的信息，就已经足够我们将第二路运放命名为"稳压运放"了。

我们先定性地分析一下。图 12-18 所示是单独绘制的第二路运放的原理图。

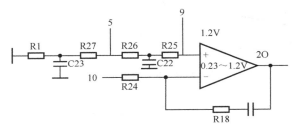

图 12-18 第二路运放的原理图

1O 是一个 0.23～1.2V 连续增大的模拟量。在 1O 为 0.23V 时，第二路运放输出的一定是高电平（指可令 U7 的光二极管导通），在 1O 为 1.2V 时，第二路运放输出的一定是低电平（指无法令 U7 的光二极管导通）。2+除直通单片机的 9 脚外，还另经串联的 R25、R26、R27、R1后对地。需要特别注意的是，R27 的上端还直通单片机的 5 脚。换句话说，2+的电压实际上只受单片机 5 脚和 9 脚的控制。而单片机决策 2+电压的具体规律，我们无从得知。但是，我们从单片机的输出范围能够推断其可能的范围，2+在必要情况下，实际上可以为 0V（指接地）到 3.3V（指拉高到单片机的供电）中的任意值。这是单片机的基本功能。

一个最有可能的情况是 5 脚输出固定电压，如 1.2V，而 9 脚呈高阻。此时，5 脚输出的这个 1.2V 固定电压就决定了 2+为 1.2V。当需要稳压时，9 脚在单片机内部经开关管对地短路

以输出 0V（也就是拉低 2+）。这样，单片机就可以既能通过第一路运放获知充电电流的实时
大小，又能通过第二路运放去控制后级 3846 的稳压过程了。

　　至此，我们明确了 U6 的全部逻辑。

　　我们再分析 U12。

　　我们先分析它的第三路运放。这是因为该运放与其他三路运放均没有关联性。

　　3+经布线过孔后直通 R115 的下端。3–和 3O 直通，经布线和过孔后直通 R118 和 R4 的上
端。这种运放实为"同相放大器"。

　　我们首先明确 3+上的电压。3+仅与 R115 的下端直通，因此，3+上的可能电压只能来自
R115 的上端。R115 的上端经 R116 后直通 U1 的发射极，同时经 R117 下拉到地。这意味着当
U1 导通时，3846 的 VREF 会历经导通的 U1、R116、R115 后加到 3+上。而当 U1 截止时，3+
又会被 R117 下拉到地（0V）。

　　可见，这是单片机在满足某种触发条件后，主动通过改变 3+的电平高低以改变第三路运
放的输出状态（指 3O 的具体高低电平），进而通过 3O 作用于后续电路的一个控制逻辑。

　　问题来了，3O 的电平变化对后级电路究竟施加了什么样的影响呢？这当然要首先明确被
3O 影响的后级信号到底是谁。通过跑线不难发现，3O 经 R4 后直通 3846 的 VFEED。VFEED
是 3846 的电压反馈输入信号。至此，我们已经有把握地说单片机能够在某种条件下去主动改
变 3846 的 VFEED 的具体电压。这个事实，值得我们深入思考。

　　图 12-19 所示是单独绘制的第三路运放的原理图。

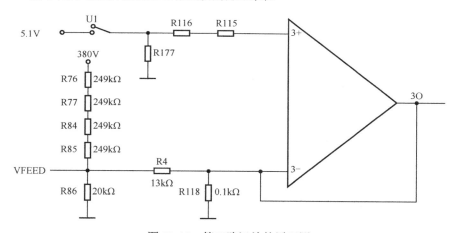

图 12-19　第三路运放的原理图

　　我们先分析 U1 截止、3+被 R117 拉低到地的情况。此时，3+为 0V。3–外接下拉电阻 R118，
另经 R4 到 VFEED。Boost 升压的 380V 分压后经 R4 送往 3–的一定是个正电压，因此 3–大于
3+，运放输出低电平。我们认为此时运放的输出实际接地，则 R4 与 R86 为并联关系。这样
即可利用欧姆定律计算 VFEED 的当前值（设 Boost 升压为 380V）。计算后为 2.4V。

　　我们再分析 U1 导通、3+为 5.1V 的情况。此时，3+一定是大于 3–的，运放输出高电平。
我们直接令 3+与 3–虚短，得到 3O 为 5.1V。再利用"三电阻联合分压"计算 VFEED 的当前
值。计算后为 6.04V。

　　VFEED 在 L4981 内部是误差放大器的反相端，误差放大器的同相端是 VREF5.1V。也就

是说，当单片机主动地令 U1 导通后，3O 会输出 5.1V，令 VFEED 的电压变为 6.04V。对于 L4981 来说，它会认为 Boost 升压过高，进而关断以令 Boost 升压下降。

原来，这是单片机主动地对 Boost 升压进行稳压的一个电路。

我们再分析其他三路运放。需要特别注意的是，其他三路运放的反相脚都是直通的。我们可以认为其他三路运放具有关联性。先分析第四路运放，不难发现，第四路运放与我们之前分析过的第三路运放一样，也是一个"同相放大器"（R1 为 0，R2 无穷大）。

4+源自 SIN，SIN 经串联的 R112、R95、R94、R91 后直通 L4981 的 VRMS。R90 是 VRMS 的下拉对地电阻。因此，VRMS 实际上应看作 SIN 经 R112、R95、R94、R91、R90 分压电路后得到的分压。这个分压经 R60 隔离后送入 4+处理，同时被 Q15 限幅到最大的 15V。

图 12-20 所示是单独绘制的第四路运放的原理图。

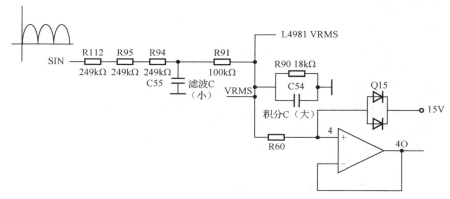

图 12-20　第四路运放的原理图

直接令 4+与 4-虚短，则 4O 就等于 VRMS。那么接下来的问题就是，VRMS 是一个固定的电压吗？如果 VRMS 是一个固定的电压，那么 4O 就是一个稳定的电压值。

尽管 VRMS 是源自 SIN 的，但 VRMS 却是固定的电压而非馒头波。这个转变并不难理解，我们熟知的交流市电 220V 经整流滤波之后，不也是从馒头波变为了固定电压（310V）吗？ C55 和 C54 这两个电容，实际上构成了一个低通滤波器，将 SIN 这个馒头波整流为了近似直线波。我们令 SIN 的峰值电压为 310V，也就是将市电当作标准的交流市电 220V，用 220V 这个有效值估算经分压电路分压后得到的 VRMS 的电压值，经计算为 4.57V。一个有意义的问题是，这个 4.57V 具有什么电气含义呢？VRMS 这个名词已经给了我们提示，4.57V 的电气含义，一定离不开交流市电的有效值。因此，我们首先将第四路运放命名为"交流市电 220V 检测运放"，它 1∶1 地将 VRMS 复制为 4O 输出。其电气含义也应该是"当前交流市电 220V 的有效值"。

我们再看第二路运放。实际上，我们在分析 L4981 的 SS 脚的外围电路时，就已经分析过了 2O（实为 2O-1）的一个功能（指 2O-1-2 这路）：通过控制 L4981 的 SS 是否能够完成软启动而间接地使能或关断 L4981。从这个角度说，第二路运放应该被命名为"APFC 关断运放"。2O-1 还具有另一路（指 2O-1-1），此路经 R3 后，直通 3846 的 STDN 脚。从这个角度说，第二路运放还应该被命名为"全桥关断运放"。我们干脆暂时把 2O-1 命名为 APFC_FULLBRIDGE_OFF。

我们再分析 2O-2 这路。2O-2 这路在经过 R70 隔离后，也分为两路：2O-2-1 和 2O-2-2。我们先看 2O-2-2。2O-2-2 经布线直通 U8 的光二极管的正极。可见，当 2O 为高电平时，U8 就会导通。U8 的导通，会将单片机 25 脚（U8）拉低。考虑到 2O 为高时已经关断了 L4981 和 3846，U8 为低的电气含义应为"L4981 已经被强制关断和 3846 已经被强制关断"。

2O-2-1 这路经 R71 后直通 1O。单纯从信号之间的关系而言，如果 1O 输出低电平，1O 可经 R71、R70、Q20 把 2O 钳位到地。但是，这与我们试图明确第一路运放和第二路运放的具体作用相关性不大。

我们将第二路运放与第一路运放有关的原理图进行绘制，如图 12-21 所示。

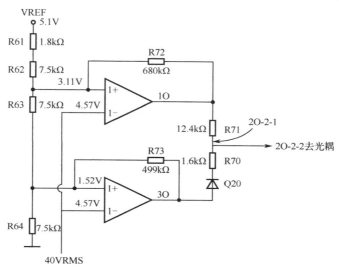

图 12-21　第二路运放与第一路运放有关的原理图

这个形式，就容易被理解。1+和 2+外接一个从 VREF 到地的分压电路。经计算 1+应为 3.11V，2+应为 1.52V。

在正常情况下，两个运放都应该输出低电平。当交流市电 220V 电压降低时，VRMS 也随之降低，当首先降低到第一路运放的门限值 3.11V 时，第一路运放开始输出高电平的 1O。此高电平的 1O 会直接作用到 U8 上令其导通，并进而拉低单片机的 25 脚。至此，单片机的 25 脚电气含义被明确：交流市电 220V 电压低。我们甚至可以根据 3.11V 的门限值估算一下此时交流市电 220V 的有效值，经计算为 150V。 那么，25 脚的电气含义还可进一步精确为"交流市电 220V 有效值低于 150V"。

如果 VRMS 继续降低，则当其降低到 1.52V 时，第二路运放开始输出高电平。我们仍然可以根据 1.52V 的门限值估算一下此时交流市电 220V 的有效值，经计算为 73.5V。2O 的电气含义早已被我们明确。第二路运放也早已被我们命名。至此，我们明确地根据第二路运放的工作过程逆推出其 AC 欠压关断的门限值为有效值 73.5V。

第 13 章　F4830PB160_200 半桥充电机

此充电机的外观及铭牌如图 13-1 所示。这是一个型号为 F4830PB160_200，由杭州铁城生产的，被天能股份选择为其 200AH 电池组配套的电动汽车充电机。

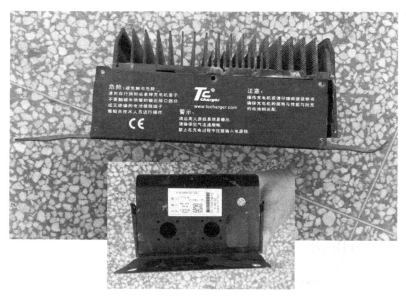

图 13-1　F4830PB160_200 的外观及铭牌

此充电机的背面如图 13-2 所示。

图 13-2　F4830PB160_200 的背面

此充电机正面如图 13-3 所示。

图 13-3　F4830PB160_200 的正面

此充电机一个小改型号的功率板实物跑线图如图 13-4（清晰大图见资料包第 13 章/图 13-4）所示。

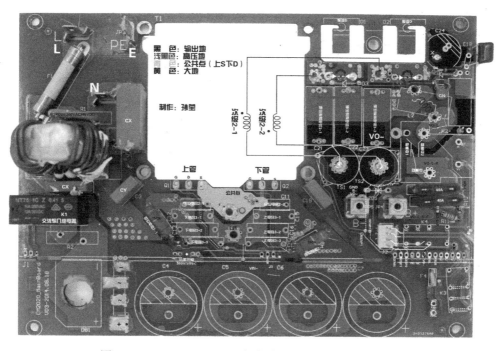

图 13-4　F4830PB160_200 小改型号的功率板实物跑线图

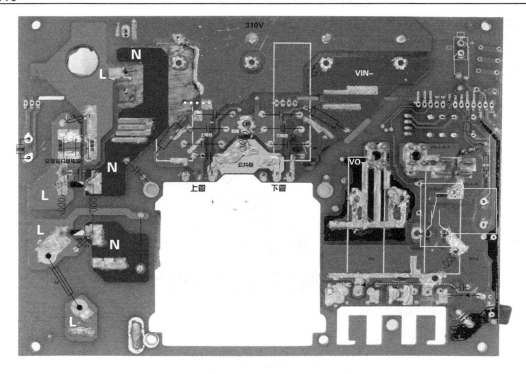

图 13-4　F4830PB160_200 小改型号的功率板实物跑线图（续）

此充电机一个小改型号的驱动板实物跑线图如图 13-5（清晰大图见资料包第 13 章/图 13-5）所示。

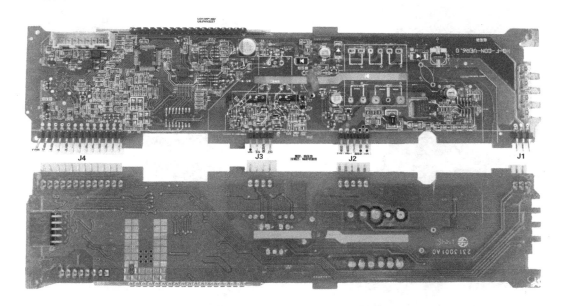

图 13-5　F4830PB160_200 小改型号的驱动板实物跑线图

我们主要以这个小改型号为依据来讲解。

13.1　功率板电路

13.1.1　交流市电 220V 输入及整流滤波

通过观察不难发现，该充电机功率板的右侧为交流市电 220V 输入及整流电路。在其正面左上角可见标记 L（火线，实物图中用紫色标记）、PE（大地线）、N（零线，实物图中用蓝色标记）的丝印及插线端子。这是交流市电 220V 的输入端子。交流市电 220V 的输入端子无疑是"交流市电 220V 输入及整流滤波"电路的起点，其终点则应是全桥的两个交流输入脚。

我们先大体观察一下交流市电 220V 输入及整流滤波电路中的元件，发现主要是熔断器、压敏电阻、具有两个绕组的共模电感，CX（跨接在 LN 之间的滤波电容）及 CY（L 或 N 的对地滤波电容）。

特别需要注意的是一个继电器 K1（12A/250VAC）。这个继电器的两侧分别是共模电感和全桥。换句话说，这个继电器也应该属于交流市电 220V 输入及整流滤波电路的。我们应有意识地猜测其为"交流输入继电器"。换句话说，K1 应该控制着交流市电能够接入全桥的两个交流输入脚。如果只控制了一路交流，那么被控制的应是火线 L，也可能两路交流都被其控制。

这是一个具有 8 个引角的通用继电器，其内部情况已经标注在了实物图中（背面）。观察它的跑线，发现只控制了火线 L 一路交流。因此，将其命名为"交流输入继电器"是恰当的。

我们再明确 K1 的闭合由谁来控制。通过观察背面的布线不难发现，绕组经布线直通驱动板与功率板接口中的 V1 和 5C。这说明 K1 是受驱动板控制的。我们以 5C 为起点，在驱动板上跑线，追至一个 16 脚的表面刻字为 ULN2003 的芯片的 12 脚（%）。这个芯片是常见达林顿阵列。

使用达林顿阵列去驱动变压器是很常见的，我们继续以 5B 为新的起点跑线，发现 5B 直通单片机。这说明继电器 K1 实际上是受单片机驱动的。

R1、R2 均为压敏电阻，分别位于继电器 K1 的前后。

DB1 为整流全桥。C4、C5、C6、C7 为滤波储能电容。C4、C5、C6、C7 要想从交流市电 220V 获得电能，DB1 就必须导通，这意味着单片机一定是早于 K1 继电器工作的。换句话说，驱动板一定能够通过其他途径获得一个早于 310V 的供电而提前进入工作状态。

13.1.2　半桥主回路

图 13-6 所示为 F4830PB160_200 的主变压器 T1。

不难发现这是一个具有 2+4 个端子的变压器。我们都知道，一个绕组应具有 2 个端子，这 6 个端子，就意味着 T1 的内部应该具有 3 个绕组。直接用万用表测量 6 个端子的互通性以明确绕组的数量，发现该变压器内部的确是 3 个独立的绕组。

通过观察，我们发现 2 个端子去往开关管附近，4 个端子去往 D1、D2 附近。因此，我们可以猜测去往开关管附近的绕组应该是初级绕组，而去往 D1、D2 附近的绕组应该是次级绕组。

问题来了，这个是一个什么拓扑的开关电源呢？这个问题是如此重要，因为这是明确一个开关电源时必须明确回答的问题。

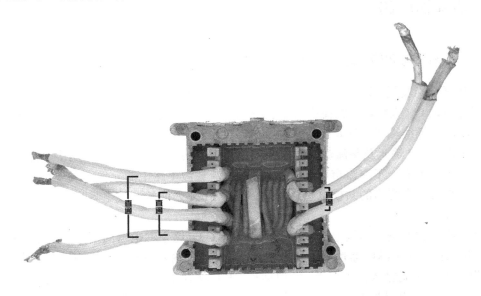

图 13-6　F4830PB160_200 的主变压器 T1

有经验的读者应该已经能够根据这些信息初步判断出它是一个全桥或半桥拓扑所用的开关变压器了，也能够否定它是推挽拓扑的开关变压器。我们只要再观察一下开关管的数量，就能够明确它的拓扑类型。

通过观察发现，该开关电源只有 Q1 和 Q2 这 2 个开关管。这说明该开关电源一定不是全桥拓扑。因为全桥拓扑需要 4 个开关管。

F4830PB160_200 的半桥拓扑主回路原理图如图 13-7 所示。

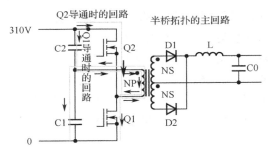

图 13-7　F4830PB160_200 的半桥拓扑主回路原理图

根据励磁电流流经的路径，我们对图 13-7 中的元件进行了自定义命名：Q2 命名为上管，Q1 命名为下管；C2 命名为上电容（实际使用了 3 个），C1 命名为下电容（实际使用了 3 个）。

为了与实物一致，我们又增加了 R7、R8 和 C10、C11，如图 13-8 所示。

R7、R8 和 C10、C11 都是钳位元件。应将其理解为开关管关断时其 D 极的钳位保护元件，保护对象为开关管。R7、C11 为一路，钳位回路的起点为 C11 的下端（高压地），历经 C11、NP 的下端，NP 的上端，R7 的下端，最后到终点 310V，实际上是在 Q2 关断时经此回路将初级绕组上产生的自感关断高压对电源放电泄压。

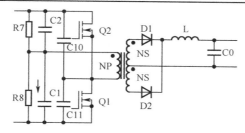

图 13-8　增加 R7、R8 和 C10、C11 后的半桥主回路

13.1.3　次级整流回路

通过观察（正面），不难发现 D1、D2 这两个体积较大的二极管。常识告诉我们，这两个二极管肯定是次级侧的输出整流二极管，它们很有可能是肖特基二极管。

在 D1、D2 的附近，还发现有 D3、D4、C20、C18（D 指二极管，C 指电容）。即使是从常识出发去猜测，也应该判断其为钳位保护元件，保护对象当然是为 D1、D2，防止其反向压降过大而被击穿。

通过观察（背面），发现 D1、D2 的两个阳极经宽大布线直通，并直通 L2 的一端。这说明 L2 一定是输出滤波电感。

我们以 L2 的另一端为起点，继续向下级跑线。发现是一个继电器 K2（12A/250VAC）。考虑到 K2 的位置位于输出电感 L2 和两个熔断器之间，我们有理由推测其为直流输出继电器。换句话说，开关电源的输出能够加到输出端子中的正端子上，是受 K2 控制的。

其内部结构在正面已经被厂家以丝印的形式标记出来了，当继电器闭合后，动触点会与静触点接 2 接触导通。可见，将 K2 命名为直流输出继电器是恰当的。

我们再明确一下继电器 K2 的控制。仔细观察布线，发现其通往功率板与驱动板接口中的 V1 和 3C。在驱动板上从 3C 开始跑线，发现其直通 ULN2300 的 14 脚（3C）。原来，这个继电器也是被这个达林顿阵列驱动的。从 3B 开始跑线，发现它也是直通单片机的一个引脚。这与 K1 的控制是完全一样的。

需要特别注意的是 TS1、TS2 这两个元件，其实物图如图 13-9 所示。

44.63Ω　　　　　46.02Ω

图 13-9　TS1、TS2 实物图

变压器两个端子穿过这两个元件之后，焊接在了功率板次级侧的地焊盘上。这种相互作用（隔空作用，不直接接触）的方式，令我们想起了变压器中初级和次级的关系。毕竟在物理上，一个变压器的初级和次级是没有关系的。因此，TS1、TS2 很有可能是电感。因为只有电感才能够隔空互感。

TS1、TS2 实为检流电感。它们检测的是两个次级绕组上的脉冲直流电流。通过观察布线，发现两个检流电感的一端并联后去功率板与驱动板的接口，令两端直接经布线去驱动板的接口。我们将这三个信号分别命名为 ISENN、ISENP1、ISENP2。

为了方便介绍，笔者还自定义了一些信号，解释如下。

VO 指"低压直流输出"。VO-、BAT-、GND 指低压输出地、电池负极和低压侧的地。VO-L 指位于电感后端（指靠近负载一侧、远离整流管一侧）的低压直流输出。VO-L-R 指经过继电器导通控制的低压直流输出，只有直流输出继电器闭合后，VO-L-R 才有效。VO-L-R-F 指经过熔断器之后的低压直流输出，显然，只有熔断器完好且直流输出继电器闭合后，VO-L-R-F 才有效。

R10、R11 为隔离电阻。VO-L-R 经 R10 隔离后直通驱动板与功率板的接口。VO-L 经 R11 隔离后直通驱动板与功率板的接口。可见，功率板通过这两个隔离电阻将 VO-L-R 和 VO-L 这两个电压送往驱动板，这一定是电压反馈。不妨将这两个信号分别命名为 FBL 和 FBLR。

最后介绍 J3 接口。它是风扇接口，供电源自 V1。

13.2　驱动板

常识告诉我们，对于任何一个开关电源来说，驱动板都是其控制核心所在。接下来，我们逐一介绍其各部分电路的具体功能。

图 13-10 所示为该驱动板的特写。

图 13-10　驱动板的特写

不难发现该驱动板具有一大一小两个变压器。

我们还很容易发现小变压器的旁边具有两个封装为 TO126 三脚管。其表面刻字为 2SB772，查为 PNP 三极管。至此，如果具有的一定的经验，应该可以猜出这个小变压器和这两个 2SB772 一定是用来驱动开关管 Q1 和 Q2 的。换句话说，小变压器应该被命名为驱动变压器。其下方的接口所对应的在功率板上的位置，也与 Q1 和 Q2 最近。

实际上，我们在功率板上已经明确了这个接口的定义。

对于大变压器而言。从其体积看，有可能是一个反激开关电源所使用的变压器。要证实我们的猜测，就需要通过观察来获得一些可靠的证据。

13.2.1　辅助电源电路

经仔细观察，发现大变压器是受 U1 控制的，表面刻字为 iW1691。直接上网搜索，虽然没有找到其数据表，但是发现了很多针对 iW1691 的文档。例如，百度文库中的内容（https://wenku.baidu.com/view/2d3cc875ff00bed5b8f31d53.html）。

在其中找到了该芯片的典型应用电路图，如图 13-11 所示。

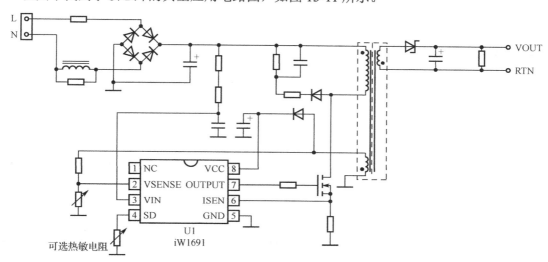

图 13-11　iW1691 的典型应用电路图

原来，这是一个典型的单管反激驱动芯片。

R68、R16、R18、R19、R49（见图 13-5）五个 1004 是启动电阻，从 310V 取得启动电流送 iW1691 的 VIN。R28（01X）是驱动电阻，直通 iW1691 的 OUT 驱动方波输出脚。R60、R56 是励磁电流检流 R，代表励磁电流大小的电压经 R54 隔离后直通 iW1691 的 ISEN。

SD 是 iW1691 的外部关断脚，经 R50 接地后弃用。

下面我们把注意力投向电路实物（见图 13-5），通过观察分析 iW1691 的外围电路。

iW1691 的 VCC 直接来自 D4，但 D4 显然是隔离二极管而非整流二极管。从 D4 的公共阳极开始跑线，追到 Q9 的右下脚。Q9 表面刻字为 1HC（常见三极管，实为 8050）。Q9 受控于 R71 和 Z11。Z11 表面刻字为 Y3W，查为 13V 齐纳二极管。继续跑线，可追至"反馈 VCC"的整流管 D5。D5 的表面刻字为 A7W（常见双二极管，真实型号为 BAV99，SOT23 封装）。

通过观察其典型应用电路图不难发现，VCC 实际上源自变压器的反馈绕组。至此，变压器中的一个绕组被我们明确。

我们再明确初级绕组。可以以开关管（Q1）的 D 为起点，与开关管的 D 直通的绕组就是初级绕组。至此，初级绕组也被明确。仔细观察初级绕组远离开关管 D 的一端，发现其经布线直通驱动板与功率板的接口中的两脚，实为 310V。

D1、R27、R69、R20、R21 为尖峰吸收 RCD。

我们继续观察变压器的次级，发现 T2 的次级有三个绕组。

左侧的绕组在板侧是开路的（指其焊盘上无引出线的空脚）。

右侧的绕组是关键次级，D2 为其整流二极管，不妨将这路供电自定义为 V1。除 D2 外，此绕组还有一个整流二极管（D3）。显然，D3 会整流出一个负电压，不妨命名为 V1-。通过观察不难发现，V1 经布线后去了驱动板与功率板的接口，看来是供驱动板使用了。结合功率板一侧的电路，发现 V1 实际上被用来驱动风扇、继电器 K1 和 K2，达林顿阵列 U4。原来这是一路工作供电。

中间的这个绕组自成体系：D13 为其整流二极管，C41 为滤波电容，R64、R31 为该路输出的空载电阻，这路供电不妨自定义为 V2 和 V2-。

有关此反激开关电源的介绍就进行到这里。

13.2.2　DC-DC（3.3V）电路

这是一个由 MP1482 驱动的典型的 Buck 拓扑的 DCDC 转换电路。前一个 DC 是 V1D8（指其经过二极管 D8 的隔离），后一个 DC 是 3.3V。

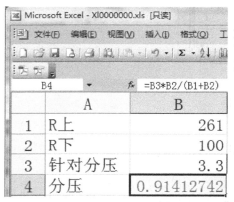

考虑到 Buck 拓扑是一种降压电路，那么可以推定 V1 的电压应大于 3.3V。通过查阅 MP1482 的数据表，发现其前一个 DC 的范围是 4.75～18V。考虑到 V1 还要去驱动继电器 K1、K2，所以 V1 很有可能是 12V。

这个电路很简单，就不再一一介绍了。

需要注意 R43（01C）和 R44（41C）这两个电阻。第二个 DC 经这两个电阻反馈回 MP1482。根据 MP1482 输出电压的计算公式，不难计算出第二个 DC 应为 3.3V，如图 13-12 所示。

图 13-12　第二个 DC 的反馈分压

通过观察及跑线，发现此路供电去往了单片机 U2。原来它是单片机的供电电路。在驱动板实物图中，已经用橙色进行了标记。

13.2.3　第一级全桥驱动电路

接下来，我们介绍这个半桥开关电源的驱动电路。在前面的内容中，我们已经猜测小变压器和两个 2SB772 是可能的驱动元件。我们应该继续观察以发现其他更为明确的驱动元件（如驱动芯片）。

通过观察，我们很容易发现 U6 这个 8 脚芯片，其表面刻字为 FAN3227。通过上网搜索，直接就找到了这个芯片的数据表。查阅后发现这是一个被专门设计来驱动开关管的驱动芯片。显然，它与 Q1 和 Q2 的驱动一定是有关系的。

此芯片的内部模块图如图 13-13 所示。

这个芯片有 A 和 B 两路。EN 是使能的意思，IN 是输入的意思，OUT 是输出的意思。我们应该从门的角度，把它理解为一个从 IN 到 OUT 的硬件跟随门，即 IN 高则 OUT 为高，IN 低则 OUT 为低。显然，两路驱动输出必然是具有死区且反相的。

我们先看一下 FAN3227 的供电，为 V1D8。我们再看一下其两路使能，发现并联后直通 V1D8，这说明此芯片一直处于使能状态。关键问题是分析其驱动源从哪里来，以及输出的驱动信号去了哪里。

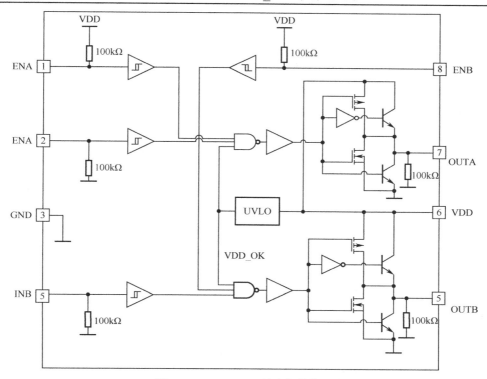

图 13-13　FAN3227 的内部模块图

以 IN 为起点跑线，发现芯片的这两路输入直接来自单片机 U2 的 28 脚和 29 脚。原来，此开关电源是单片机驱动的。以 OUT 为起点跑线，发现 A、B 分别去往 2 个 SOT23 封装的三脚管（总计 4 个三脚管）。

仔细观察，发现 OUTA、OUTB 外接的这 4 个三脚管（Q5、Q7、Q6、Q2）的刻字为 1HC、1HD（这是在另一个同型号机器上看到的，不是实物图中的这块板子）。这两个刻字均常见，实为 8050（1HC）和 8550（1HD）。这立刻就让人想到了推挽驱动对管或全桥拓扑。

再仔细观察被驱动的元件，竟然是小变压器的一个绕组。至此，小变压器被命名为"驱动变压器"的依据被找到了。我们分析具体的驱动过程。

当 OUTA 为高电平时，Q2 导通，Q6 截止。此时，OUTB 为低电平，Q5 导通，Q7 截止。V1D8 历经 Q2、初级绕组的左端、初级绕组的右端、Q7 后对地。在初级绕组中产生从左至右的励磁电流。

当 OUTA 为低电平时，Q2 截止，Q6 导通。此时，OUTB 为高电平，Q5 截止，Q7 导通。V1D8（FAN3227 的 VDD 脚）历经 Q5、初级绕组的右端、初级绕组的左端、Q6 后对地。在初级绕组中产生从右至左的励磁电流。

至此，我们发现这 4 个三脚管（Q5、Q7、Q6、Q2）实际上构成了一个全桥拓扑的驱动电路。

显然，驱动变压器的初级绕组还会通过次级绕组将其被驱动的过程同过电磁耦合传递到次级侧，并最终作用到开关管 Q1 和 Q2 的栅极上。

我们把以单片机为起点、以驱动变压器初级为终点的驱动电路命名为"第一级全桥驱动电路"。

13.2.4　第二级推挽驱动电路

接下来，我们分析一下驱动变压器次级侧的电路。不难发现驱动变压器的次级侧是由好多分立元件构成的复杂驱动电路。

这实际上是一个复杂的推挽驱动电路，我们从电路的输出开始反推。图 13-5 中用绿色标记的布线为下管的驱动（下 G），用蓝色标记的布线为上管的驱动（上 G）。四脚接口上还有两脚，一脚为全桥的负极，一脚为公共点（指上管的 S 和下管的 D，用青色标记）。

我们先复习一下场管的导通的条件：V_{GS} 需大于导通电压。反过来理解就是，V_{GS} 小于导通电压时场管截止。如果 V_{GS} 为 0V，则场管肯定也是截止的。在与电路实物对应时，我们应将 V_{GS} 为 0V 理解为将 G 与 S 短路。总之一句话，凡是驱动场管的场合，都要注意 V_{GS} 是一个相对值。与此关联的知识点是自举生压。

我们先看下管的驱动（以驱动板和功率板接口中的下 G 为起点）。通过观察，发现下管驱动一共有 4 路，我们逐一分析如下。

第 1 路，经两个并联的 39R0 后，直通 D28 的右侧负极。D28 是次级绕组的整流管（D28 的正极直通次级绕组的右脚）。显然，当左侧的这个次级绕组为右正左负时，该路会输出高电平以驱动开关管。那么，其他 3 路的作用就应该不是以输出高电平为目的了，自然就有可能是以输出或尝试输出低电平以令开关管截止为目的了。

第 2 路，经 220、导通的 Q4、Z7 后对地放电泄压。这显然是令开关管截止的电路，关键是要分析 Q4 的开关状态。

第 3 路，直通 B772 的发射极。只要将 B772 导通后的电路效果分析清楚，自然就能够明确该路的作用。

第 4 路，经导通的 Z9、C37 和 Z7 后对地放电泄压。这也是一个令开关管有截止趋势的电路。Z9（刻字为 Y7W）的稳压值是 20V。显然这是一个栅极电压过压保护电路，Z9 可被命名为"G 钳位 D"，指下管 G 的电压具有最大值，为 Z9 的稳压值+Z7 的正向压降。

我们再分析 Q4 的导通截止情况。作为 PNP 的 Q4 的基极经电阻 1301 后直通次级绕组的右端。因此，Q4 实际上是直接由次级绕组所驱动的。Q4 的发射极经 D6 后直通次级绕组的左端，这也是 Q4 为次级绕组所驱动的直接证据。下面，我们分时段详细分析 Q4 的电路行为。

当次级绕组右正左负时，右端输出高电平时段，下 G 为高电平。此时，Q4 被 1301 送来的高电平截止，且图 13-5 中红色标记的回路因 D6 反偏而实际开路。

当次级绕组左正右负时，右端输出低电平时段，下 G 为低电平。此时，Q4 被 1301 送来的低电平导通。图 13-5 中红色标记的回路因 D6 正偏而流过电流。因此，1301 是一个放电电阻。Q4 导通后，其发射极被钳位到集电极。Q4 的发射极有两路：2-b 和 2-G。2-b 是 B772 的基极，2-G 是下管的栅极。可见，Q4 的导通与否，将直接决定 B772 的导通与否，同时影响着下管的关断。

我们先分析 B772 因 Q4 的导通而导通后的电路效果，此时 B772 的 C 极和 E 极之间等价于短路。下 G 将经过导通到 B772，从其 C 极经 Z7 对地放电。可见 B772 的导通会直接导致下 G 被拉为低电平。至此，我们已经明确了有四路高电平可经 Z7 对地放电，因此，Z7 应命名为"G 放电 D"。

上管的驱动过程与下管的驱动过程基本相同。其区别在于拉低上管 G 的过程是对公共点放电，即将开关管的栅极点位拉低至公共点。这个原因就不解释了。

按道理说，上下管的驱动应该完全一样，但上管驱动多了一个 Z10 和 Z12 支路。这是一个由两个稳压二极管构成的钳位电路。方向是从 Z10 的中间脚到 Z12 的中间脚。Z10 和 Z12 互连之后，等价于一个双向触发二极管，它是上 G 的过压钳位单元，目的是将上 G 的电压限制到一个电压区间以内。

综上所述，此驱动电路实际上是个推挽驱动电路。因为其位于驱动变压器次级以后，所以将其命名为"第二级推挽驱动电路"。

13.2.5　单片机电路

最后，我们认识一下此驱动板的单片机（U2）。其型号为 TMS320F28027。

在维修层次，我们通常难以具备具体单片机的编程环境。我们所能做的只能是单纯硬件层面的一些工作。根据我们对硬件的理解，尽可能地探究其工作条件和可能的功能。因此，我们仅从硬件的角度去介绍其单片机。

在前面的内容中，我们已经明确了该单片机的供电（3.3V）。根据其数据表，我们查询到了其引脚定义，并结合跑线将一些自定义引脚标注在了实物图中，以供读者参考。

我们只介绍重点的几个反馈。

我们先看一下 ISENN、ISENP1 和 ISENP2 的反馈。ISENN 实际上就是次级侧的地。在驱动板一侧，两个检流电感感应出的感应电动势 ISENP1 和 ISENP2 会经 D14 和 D16 分别整流，然后经 01C 的隔离电阻后直接送入单片机，同时还会经过一个复杂的 RC 网络（主要是 30A 这路）后并联再送入单片机。

这个地方理解起来是比较困难的。01C 这路实际上是单片机对次级脉冲电流的实时取样，这个针对次级脉冲电流的实时取样实际上同时表征初级励磁电流的大小。它更多的是用于励磁电流的峰值电流限流的。

而 30A 这路则一定是个低通滤波器。通俗地说，就是把脉冲波变为直线波的电路，目的是获得一个可以表征脉冲波某个属性（尤其是平均属性）的稳定的电压。不难想象，这个稳定的电压越大，越能说明初级励磁电流和次级脉冲电流都是较大的，它能反映出实际的负载情况。

我们再介绍 FBLR 和 FBL 的反馈。这两路显然是经一个对地分压电路后送入单片机处理。看来，单片机会根据这个分压及其内部的门限值以判断是否执行过压逻辑（如稳压或保护），这是绝对正确的。

最后，虽然单片机掩盖了很多具体逻辑，但笔者已经尽力而为了。